方进勇 等编著

简明
高功率
微波技术

Concise
High
Power
Microwave
Technology

化学工业出版社

· 北京 ·

内容简介

高功率微波（HPM）技术与强激光技术、粒子束技术并称为三大定向能技术，其在军事上有着特殊的用途，是当今国际上研究的热点技术领域之一。

本书围绕高功率微波技术的主要研究内容，分为六部分进行论述。第一部分为第1章，介绍了高功率微波的基本定义及研究范畴；第二部分由第2章和第3章组成，介绍了高功率微波产生技术；第三部分为第4章，重点介绍了高功率微波脉冲压缩技术；第四部分由第5~8章组成，重点介绍了高功率微波效应；第五部分为第9章，主要介绍了高功率微波武器的系统组成及可能应用；第六部分为第10章，简要介绍了高功率微波告警及防护技术。

本书作者系统总结了当前HPM技术领域相关研究进展及成果，对未来技术发展提出了建设性看法。本书是一部介于科普与专业技术之间的综合性HPM技术专著，可作为HPM技术领域相关技术研究人员和工程技术人员的参考书，也可为相关定向能武器总体论证人员提供必要的专业技术参考。

图书在版编目（CIP）数据

简明高功率微波技术 / 方进勇等编著. —北京：
化学工业出版社，2022.6（2023.8重印）
ISBN 978-7-122-41096-2

Ⅰ. ①简⋯　Ⅱ. ①方⋯　Ⅲ. ①大功率-微波
技术-研究　Ⅳ. ①TN015

中国版本图书馆 CIP 数据核字（2022）第 052132 号

责任编辑：张海丽
责任校对：刘曦阳
装帧设计：刘丽华

出版发行：化学工业出版社
　　　　　（北京市东城区青年湖南街 13 号　邮政编码 100011）
印　　装：北京建宏印刷有限公司
710mm×1000mm　1/16　印张 27¾　彩插 2　字数 530 千字
2023 年 8 月北京第 1 版第 2 次印刷

购书咨询：010-64518888
售后服务：010-64518899
网　　址：http://www.cip.com.cn
凡购买本书，如有缺损质量问题，本社销售中心负责调换。

定　　价：138.00 元　　　　　　　　　　版权所有　违者必究

高功率微波技术、强激光技术和粒子束技术并称为三大定向能技术，是一个庞大而复杂的高新技术领域。本人虽然从事该技术领域研究近 30 年，但从来没有奢望要编写一部有关高功率微波技术方面的著作。因为在这个领域大家云集，就我个人的学术能力而言，与这些大家相比相去甚远，窃以为虽然有很多心得体会需要总结，但还是不要班门弄斧为好。可 2020 年的第一场春雪触动了我脆弱的神经，因为又一位关心我、爱护我、教育我的长辈伴随着洁白的雪花离开了，他就是我国著名核物理学家陈雨生将军，是他把我推荐给他的朋友范如玉研究员，由范如玉研究员和刘国治院士共同把我引入高功率微波这一技术领域，虽然我硕士研究生导师不能署上陈将军的名字，但在我心中他就是我的老师，而他也始终认为我就是他的学生，无论是在后来的学习还是工作中，他都给予了我无微不至的指导与帮助。陈将军的离世使我想起了我博士研究生的导师乔登江院士，这又是一位平易近人的学术大师，他的音容笑貌这些年来时刻萦绕在我的心头。我知道两位长者对我期许甚多，他们多次鼓励我将自己的研究成果甚至学习心得发表交流，认为学术水平有高下之分，但学术成果都是客观的结果，应当在条件允许的情况下尽量与大家分享，哪怕是失败的教训也是极有意义的。在陈将军及乔院士的鼓励下，我的博士论文主要研究成果《集成电路高功率微波效应手册》以专刊的形式得以发表，但由于当时定为秘密级，所以能够共享的研究人员有限。十余年过去了，这份手册早已解密，可限于印刷数量较少且按照当时保密要求大多已经销毁，至今仍然很难在公开渠道获得相关数据，这也成为我心中多年的遗憾。因此，本打算在工作之余对该手册进行重新整理并补充部分最新研究成果，以更加完备的状态呈现给大家以供参考，但两位长者的相继离世深深地触动了我，我决定挑战自己的极限，编写整理一部有关高功率微波技术的专著以纪念两位长者，回馈他们多年对我的教导与关爱。

《简明高功率微波技术》的具体定位是一部介于科普与专业技术之间的书籍。当前出版的有关高功率微波总体技术的专著总共有两部：一部是我的老师刘国治院士组织翻译的美国学者 Robert J. Barker 及 Edl Schamiloglu 编著的《高功率微波源与技术》，另一部是我的老师江伟华研究员翻译的美国学者 James Benford、John A. Swegle 及 Edl Schamiloglu 编著的《高功率微波》。其他著作的内容均为高功率微波专项技术，如中国工程物理研究院周传明研究员编写的《高功率微波源》及军事科学院常超研究员编写的《高功率微波系统中的击穿物理》等。这些著作普遍理论性偏强，适合于从事相关技术研究的专业人员作为参考，但对于非该专业领域的学者及欲入门开展高功率微波技术相关研究的学生则显得过于深奥。当前，在诸多大的技术论证领域，可能涉及多个专业技术方向，非专业人士了解高功率微波技术原理及发展现状的需求越来越多，因此编写一部理论性偏浅且更加强调工程实践的有关高功率微波技术的类科普书籍是极有必要的。本人从事高功率微波技术研究工作 20 多年来，先后在高功率微波脉冲压缩、高功率微波效应及高功率微波传输与发射等技术方向开展过研究工作，对高功率微波技术有较为全面的了解，因此决心对该技术领域进行系统的梳理与学习，将学习心得以专著的形式提供给各位读者，以期能够在相关论证及研究中提供高功率微波技术领域的专业技术支撑。因此，与其说这是一部有关高功率微波技术的专著，不如称之为一本专业人士的高功率微波技术学习笔记更为恰当。

本书共分 10 章：第 1 章为概述，简略地介绍了高功率微波基本定义及研究范畴；第 2 章和第 3 章主要介绍了高功率微波产生技术；第 4 章是一个单独章节，重点介绍了一种非常规高功率微波产生方法，即高功率微波脉冲压缩技术；第 5~8 章重点介绍了高功率微波效应；第 9 章主要介绍了高功率微波武器的系统组成及可能应用；第 10 章是一个单独章节，简要介绍了高功率微波告警及防护技术。

全书由方进勇编写并统稿，彭凯参与了第 2 章部分内容的编写，铁维昊参与了第 3 章和第 9 章部分内容的编写，吴江牛参与了第 4 章部分内容的编写，薛沛雯参与了第 6~8 章部分内容的编写，李奇威参与了第 10 章部分内容的编写，秦子浩参与了第 1 章部分内容的编写并对全文进行了校对。在此，特别致敬我的老师刘国治院士，是他引领中国高功率微波技术领域取得重大进展；致敬我所熟知的高功率微波技术领域开拓者——西北核技术研究院黄文华研究员、宁辉研究员、樊亚军研究员，中国工程物理研究院周传明研究员，西南交通大学刘庆想教授，电子科技大学蒙林教授，国防科技大学张建德教授和舒挺教授等，他们都是我在学术研究中的良师益友，向他们表示衷心的感谢。特别感谢我的好友彭建昌博士及张冠军教授对本书全文的仔细审阅和宝贵建议。本书的编写还得到了空间微波技术国家重点实验室基金的资助，在此一并表示感谢。

本书在编写过程中参考和引用了大量国内外文献，本书的完成离不开这些文献作者的开创性工作，在此表示深深的谢意。他们的许多表述都几近经典，编著者如果刻意避免抄袭之嫌而有意改变其表述纯属画蛇添足，因此在参考与引用过程中部分论述几乎原文呈现以体现本书笔者对原作者的尊重。科研工作者发表论文的初衷就是利于自己的科研成果能够为其他研究人员提供参考及借鉴，本书对相关参考与引用已经竭尽全力进行了详细标注，绝无任何侵犯诸位同仁知识产权的恶意，如有疏漏或标注不当，敬请提出异议并及时与我取得联系，我将虚心接受并在未来的版本中予以修正，同时也向您表示深深的歉意。

虽然竭尽全力，但囿于理解水平及能力，书中难免有不妥之处，敬请广大读者不吝批评指正。

编著者
2021 年 12 月

目　录

第 10 章　高功率微波防护技术　/　406

第 1 章

概述

本章简要介绍高功率微波基本概念及几大技术研究方向，包括高功率微波产生技术、高功率微波效应研究、高功率微波武器应用技术及高功率微波告警防护技术等。当然，由于高功率微波是一个很大的技术领域，不同的学者有多种分类方法。本书的分类逻辑是围绕如何产生高功率微波、高功率微波有何效能及高功率微波如何应用等展开论述。

1.1 高功率微波基本定义及研究范畴

高功率微波，顾名思义，首先，它是一种电磁波，其频段在微波频段范围；其次，这类电磁波具有高功率的特点，这是相对于常规应用于通信及雷达的电磁波而言的。高功率微波一般定义为频率 300MHz～300GHz、功率大于 100MW 的电磁波[1,2]。但随着高功率微波技术领域的不断拓展，在实践中该定义既显得过于宽泛，又很难覆盖当前高功率微波技术发展现状。当前高功率微波有三类主流发展方向，第一类是窄带高功率微波（NB-HPM）技术方向，脉冲具有中心载频，微波频率通常在 L～Ku 波段，脉冲宽度通常在几十 ns 至百 ns 量级，频带宽度通常低于 100MHz，这类脉冲通常具有极高的峰值功率，一般认为需要达到 GW 量级；第二类为超高功率超宽带高功率微波（UWB-HPM）技术方向，脉冲无中心载频，多数采用高压快速放电的方式获得，脉冲重复频率通常在 1kHz 以下，脉冲宽度大多在 ns 量级，频率上限最高不超过 2GHz，具有极高的峰值功率，通常认为需要达到 GW～10GW 量级；第三类为超高重复频率超宽带高功率微波技术方向，这类技术是最近十年来发展起来的一个新的高功率微波技术分支，相较于超高功率超宽带高功率微波脉冲，其脉冲重复频率需达到百 kHz 量级，峰值功率需要达到 MW 量级，其他特征二者基本是一致的。概括起来可以认为：**脉冲功率直接达到 GW 量级，或脉冲功率达到 MW 量级**

同时脉冲重复频率达到百 kHz 量级的电磁波统称为高功率微波，脉冲宽度通常在 ns 至百 ns 量级。

高功率微波技术按照大类可分为：高功率微波产生技术，即研究如何从技术上获取高功率微波；高功率微波效应研究，即研究高功率微波对各类目标的作用机理及规律，尤其是对电子器件及系统的效应机理及作用规律；高功率微波应用技术，即研究如何应用高功率微波，其主要应用方向是定向能高功率微波武器。

1.2　高功率微波产生技术

按照不同的高功率微波脉冲类别，高功率微波产生技术又可分为窄带高功率微波产生技术、超高功率超宽带高功率微波产生技术及超高重复频率超宽带高功率微波产生技术三个技术类别。由于应用的范围不同，当前，国内外主要的研究力量大多集中在窄带高功率微波产生技术研究方向，其他两个研究方向相对偏弱，甚至有部分学者将其整体归于脉冲功率技术研究的大类。

1.2.1　窄带高功率微波产生技术

窄带高功率微波产生技术主要包括驱动源技术及高功率微波器件技术[3-5]。驱动源的作用是将工业用电转化成 MV 量级、几十 kA 量级的脉冲高压，利用真空二极管产生高能电子束，电子束的速度接近于光速。驱动源主要有两种类型——Tesla 变压器型和 Marx 型。Tesla 变压器型主要利用脉冲变压器进行升压，将初级电压由 kV 量级提高到几百 kV 至 MV 量级；Marx 型主要靠电容并联充电、串联放电实现电压倍增，还有一些其他类型的驱动源，如基于半导体 SOS 断路开关的驱动源、基于爆磁压缩的驱动源等，后面章节会有详细介绍。

窄带高功率微波最典型的特点是高峰值功率（GW 量级）和低重复频率（单次～百 Hz），其通常利用相对论器件获得。相对论器件包括虚阴极振荡器、相对论反波管、相对论磁控管、相对论速调管及相对论回旋管等，与常规雷达上使用的速调管、磁控管等传统电真空器件最大的区别在于，相对论器件需要工作的电子束能量极高，电子的速度接近光速，这也是这类器件称为相对论器件的根本原因。典型的窄带高功率微波源系统组成框图如图 1-1 所示，主要由整流升压单元、脉冲变压器或 Marx 发生器、真空二极管、相对论器件、模式转换及辐射天线等部分构成，另外还需要有额外的辅助系统，通常包括真空机组、水冷系统、测试系统等，部分高功率微波源还包含超导系统。

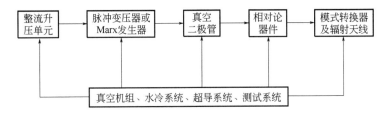

图 1-1　典型窄带高功率微波源系统组成框图

　　整流部分通常把 380V 工业交流电转换成直流电压，升压部分在转换的过程中进行初步升压，直流电压一般达到 kV 量级，脉冲变压器或 Marx 发生器的作用是将 kV 量级的电压进一步升高到 MV 量级，高压作用于二极管上形成高能电子束，电子束进入相对论器件，通过波束相互作用将电子能量转换成微波能量，产生的高功率微波经过模式转换器转换成适宜于天线发射的模式，由辐射馈源喇叭辐射到自由空间。

1.2.2　超高功率超宽带高功率微波产生技术

　　超高功率超宽带高功率微波脉冲最典型的特征是无中心载频，超高峰值功率（GW～10GW 级），极窄脉冲宽度（ns 级），脉冲重复频率较低，通常不超过 1kHz，一般利用超高气压气体开关通过气体击穿放电获得[6-8]。典型的超高功率超宽带高功率微波源系统组成框图如图 1-2 所示，包括整流升压单元、脉冲变压器、形成线、高压气体开关、辐射天线及附属系统等。

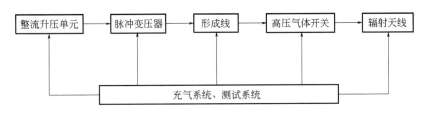

图 1-2　超高功率超宽带高功率微波源系统组成框图

　　整流升压单元将工业用交流电变换成直流并进行升压，脉冲变压器进一步将电压提高到 MV 量级，注入形成线达到希望的脉冲宽度，高压气体开关击穿放电形成冲击脉冲，通过天线辐射出去。其频谱分布通常在直流至 1GHz 以下，低频成分很难辐射，为了提高辐射效率，高压开关内的气体压强一般需达到几十 MPa 甚至百 MPa 以上，通常选择氢气作为工作气体。

1.2.3 超高重复频率超宽带高功率微波产生技术

超高重复频率超宽带高功率微波脉冲典型特征是脉冲宽度 ns 量级，脉冲重复频率百 kHz 以上，脉冲功率 MW 量级或更高。这类脉冲通常只能利用半导体器件获得[9-11]。在功率较低的情况下可以用雪崩三极管获得。图 1-3 所示为利用半导体器件获取该类脉冲的典型系统组成框图。

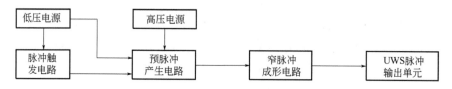

图1-3　超高重复频率超宽带高功率微波源系统组成框图

如图 1-3 所示，系统主要由脉冲触发电路、预脉冲产生电路、窄脉冲成形电路、脉冲输出单元等组成。触发单元的作用是提供预脉冲产生电路的基准频率，控制系统的重复频率；预脉冲产生电路的作用是产生脉冲前沿 1～2ns、脉冲宽度 10ns 左右、电压幅值（50Ω负载）kV～几十 kV 量级的预脉冲；窄脉冲成形电路的作用是将预脉冲前后沿进一步陡化，同时压缩输出脉冲宽度；脉冲输出单元主要为匹配天线，其作用是将产生的超宽带高功率微波脉冲辐射出去。

由于雪崩三极管或二极管承受功率较小，大多需要采用类似 Marx 电路提升输出电压，另外该类器件最高重复频率通常在 10kHz 量级，欲达到更高的脉冲重复频率则可以采用多路并联输出的形式，采用这类器件获取的脉冲功率通常在百 kW 量级。欲获得更高的脉冲重复频率及输出功率需要采用大功率半导体器件，俄罗斯人发明的 SOS 器件可以将脉冲功率提高到 MW 量级甚至更高，脉冲重复频率也可达到百 kHz 以上。有关这类器件的应用在后面章节中会有详细介绍。

1.2.4 高功率微波脉冲压缩技术

利用相对论器件能够较容易地产生 GW 量级的高功率微波，但整个高功率微波源系统效率偏低，且受限于散热及能量供给，这类高功率微波源一次工作时间通常在分钟级。当前，基于相对论器件的高功率微波源的整体能量利用效率通常在 10% 以下。常规电真空器件，典型如速调管的微波能量转换效率已达 50% 甚至更高，但其输出脉冲功率普遍在 MW～几十 MW 量级。脉冲压缩技术研究的目的即将常规电真空器件输出的脉冲功率为几十 MW 的长脉冲（几个 μs 量级）压缩至几十 ns 量级，峰值功率提高到 GW 量级，如果压缩效率能够达到 50%，则整体能量利用效率较基于相对论器件的高功率微波源仍有较大优势。

　　脉冲压缩方法及原理展示了一条获取高功率微波极有希望的技术途径，但在实践中却遭遇巨大挫折，最主要的问题是脉冲压缩系统的功率容量难以突破几百 MW 量级，同时系统能量损耗也非常大，应用于脉冲压缩系统开关的稳定性也比较差。脉冲压缩技术在国内外研究二十余年后基本处于停滞状态，必须有新的理论突破，该项技术才能够进一步发展[12-15]。有关脉冲压缩技术的未来发展路径将在后续章节中详细介绍。

1.3　高功率微波效应

　　高功率微波效应主要研究高功率微波对各类目标的作用效果及作用机理，通俗地讲就是研究高功率微波到底能够干什么。人们研究高功率微波的初衷就是将其作为一种定向能武器，因此必须回答作为武器的作战目标是什么，损伤机理是什么，如何才能更有效地毁伤目标。高功率微波效应研究的重点是电子器件效应及电子系统效应。高功率微波生物效应作为一类特殊的效应，也有科研人员持续开展了多年的研究工作，利用高功率微波武器直接攻击对方人员好像并没有获得理论及实验结果的支持，但有学者研究，利用高功率微波有可能打开脑颅内的特殊血脑屏障，为治疗脑疾病提供特殊通道，这也许是高功率微波技术能够造福人类最正面的报道了。

1.3.1　电子器件高功率微波效应

　　电子器件是各类电子系统的最基本组成元素，研究电子器件高功率微波效应有可能从本质上回答高功率微波武器的作用机理，优化高功率微波武器参数设计。高功率微波电子器件效应从大的方面可分为微波类器件高功率微波效应、集成电路高功率微波效应及分立器件高功率微波效应等三大类别[16]。

　　电子器件高功率微波效应实验研究通常采用注入法，高功率微波模拟源通常针对窄带高功率微波武器参数进行设置，极少有利用超宽带高功率微波源或其模拟源进行注入实验研究，因此，在无特殊说明的情况下，器件级高功率微波效应实验通常是针对窄带高功率微波效应而言的，其损伤机理可归纳为场效应和热效应两类。典型电子器件高功率微波效应实验系统组成框图如图 1-4 所示，包括高功率微波模拟源、微波定向耦合器、电子器件及其工作平台、器件正常工作支持设备，实验器件也即效应物及附属监测设备，包括示波器、微波功率计及器件检测设备等。

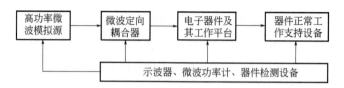

图1-4 电子器件高功率微波效应实验系统组成框图

实验中，将器件固定在特定工作平台上，由外部支持设备提供器件正常工作的条件。通常可以设定器件正常工作和不工作两种状态，如集成电路芯片可以选择加电与不加电两种状态；微波放大器可以选择加电并注入小信号的正常工作状态，或选择只加电无注入信号状态，或不加电状态。由高功率微波模拟源向器件注入模拟高功率微波信号，大多数时候高功率微波模拟源能够覆盖高功率微波信号典型特征并有较大范围的扩展，如脉冲宽度可以由几十 ns 扩展至几十μs，脉冲重复频率可以由单次扩展到几 kHz 等。可以选择在线实时监测器件工作状态以判定受到高功率微波脉冲作用时器件是否受到干扰或损伤，也可以选择注入高功率微波信号后将器件由工作平台取出通过专业器件监测设备对器件损伤情况进行判定。一般情况下，微波器件选择在线状态监测，集成电路器件选择离线检测，通过调整模拟信号源输出信号的参数，获取电子器件随微波频率、脉冲宽度及脉冲重复频率变化损伤阈值的规律，为高功率微波作为武器攻击提供最基本的依据，为电子器件抗高功率微波加固提供参考。

电子器件的高功率微波损伤机理通常有热效应和场效应两种说法。认为热效应的学者建议高功率微波应该向长脉冲、高能量方向发展，脉冲宽度最好能够达到μs量级；认为场效应的学者建议高功率微波的发展方向首先应该获取极高的脉冲功率，脉冲能量可以作为次要因素进行考虑。电子器件的效应实验研究初步表明：

① 在微波频率及脉冲重复频率固定的条件下，当脉冲宽度低于百 ns 时，器件的损伤阈值随着脉冲宽度的增加基本呈线性下降关系；当脉冲宽度大于百 ns 而小于500ns 时，损伤阈值与脉冲宽度的关系基本成开平方下降关系；当脉冲宽度大于 1μs 后，损伤阈值几乎不再降低。

② 在微波频率及脉冲宽度固定的条件下，器件的损伤阈值随脉冲重复频率增大而降低。与单次相比，脉冲重复频率达到 100Hz 时损伤阈值通常可以降低一个量级；但当脉冲重复频率继续增加时，损伤阈值降低很小；脉冲重复频率为 1kHz 时的损

伤阈值与 100Hz 时的损伤阈值基本相当。

基于大多数器件高功率微波效应的实验结果推论，高功率微波对电子器件的损伤归根到底应该是一种特殊的热效应，是微波作用于电子器件产生的瞬时热量与器件自身散热能力博弈的结果。当脉冲功率很高而脉冲宽度在百 ns 以下时，微波作用于电子器件产生的热量无法在短时间内散发，形成器件局部 PN 结击穿或电连接线烧毁；当脉冲宽度达到百 ns 以上时，器件承受微波产生的热量与器件自身散热达到一定的平衡，当平衡被打破时器件则会发生损毁。因此，高功率微波对器件的损伤效应可以概括为绝热效应和热平衡效应，当脉冲宽度极窄时绝热效应占主导地位，当脉冲宽度很宽时热平衡效应占主导地位，关于这个脉冲宽度的分界线，当前实验结果为 100ns 左右。因此，从能量利用效率的角度看，百 ns 以下的高功率微波能量利用效率最高，对应的能量阈值最低，而这也正是相对论器件高功率微波源的典型特征，这一效应机理为 GW 级几十 ns 脉冲宽度的高功率微波应用奠定了坚实的理论与实验基础。随着集成电路集成度的进一步提升，未来不排除最高高功率微波能量利用效率对应的脉冲宽度进一步降低到几十 ns 的可能性。

1.3.2 电子系统高功率微波效应[17]

高功率微波作为一类武器最终作用的是电子系统，而电子系统是由成千上万的电子器件按照固有的逻辑结构连接而成的。就分类来看，电子系统可以涵盖小到一台收音机、大到一架飞机的巨大范畴。因此，电子系统级高功率微波效应事实上包含了电子设备的高功率微波效应，而电子设备更多是指具有某一类特点的电子产品，如导弹引信、地雷、GPS 接收机等。当然，系统级的电子产品，如计算机、电子侦察接收机、雷达及无人机等，仍然是该类效应研究的重点，电子系统的高功率微波效应可直接为高功率微波武器靶向目标的选择提供依据。为简单计，本书不再对电子设备进行单独分类，将简单的电子产品及复杂的电子设备直至由多台电子设备组成的电子系统统称为电子系统，因此电子系统高功率微波效应的研究对象可以概括为除去具有单一功能的电子器件或电子器件的集合体（典型如微波放大器、混频器、滤波器等）以外的电子设备及电子设备的组合体。

电子系统的高功率微波效应研究通常采用辐照法。辐照源既可以是窄带微波源，也可以是超宽带微波源，既可以采用模拟高功率微波源，也可以直接利用高功率微波源进行辐照实验。大多数时候，辐照实验在微波暗室内进行，但对于系统级的移动目标，典型如无人机等，则需要在室外开阔场地进行。

下面进一步就电子系统辐照实验作简要说明。用于辐照实验的高功率微波模拟源即覆盖高功率微波相关参数特征且功率为 MW～10MW 量级的微波源，通常由电真空器件（如速调管、磁控管）产生，利用具有较低增益的喇叭天线，可以在较短距离获得电子设备或系统的功率阈值；辐照实验也可以直接采用高功率微波源进行辐照，此时会选择增益更低的辐射天线，通常是具有一定直径的馈源喇叭。无论是高功率微波模拟源还是高功率微波源，都具有极高的辐射功率，尤其是高功率微波源通常还会伴有 X 射线等高能射线辐射，因此实验中人员的安全防护就显得尤为重要。电子系统高功率微波效应实验系统组成框图如图 1-5 所示，共包括三个区域：高功率微波源位于强辐射屏蔽室内，通过辐射喇叭将高功率微波辐射至微波暗室；电子设备或系统处于微波暗室辐射喇叭的前方，承受来自喇叭天线的微波脉冲辐射，微波暗室中通常还有其他辅助设备用以保证电子设备或系统正常工作，安装的摄像头能够对效应物进行场景监测；示波器、微波功率计及电子系统状态监测设备则处于测量间中，测量间通常具有良好的电磁屏蔽，以确保实验人员的安全。改变高功率微波源运行参数，通过监测电子设备或系统的工作状态获取扰乱或损伤的确切阈值。

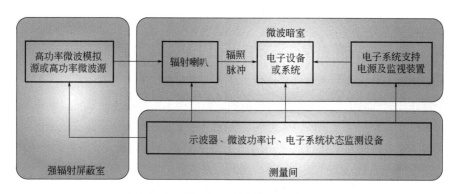

图 1-5　电子系统高功率微波效应实验系统组成框图

电子系统高功率微波效应从作用形式上看，可分为前门耦合和后门耦合两种类型。所谓前门耦合，通常是指高功率微波通过电子系统的接收天线及天线后的传输通道进入电子系统，使电子系统发生工作扰乱或损伤；所谓后门耦合，通常是指高功率微波通过电子系统机壳的孔、缝及电缆连接物等进入电子系统内部，使电子系统发生工作扰乱或损伤。对于电子系统来说，通常也可以分为两大类：一类是有明确工作频率的电子设备或系统，典型如雷达、卫星导航接收机、电台等，这类电子系统的效应作用途径通常以前门耦合为主；另一类是没有明确工作频率的电子设备或系统，典型如计算机、汽车等，这类电子设备或系统的效应作用途径则全部为后门耦合。在本书以后的论述中也基本按照电子系统有无典型工作频率进行分类，从作用效果看，窄带高功率微波通常通过前门耦合作用于电子系统，而超宽带高功率微波通常通过后门耦合作用于电子系统，这主要是由于两类脉冲具有不同的频谱特征决定的。

1.3.3　生物高功率微波效应

高功率微波的生物效应是一类特殊的微波效应，为了与前两节保持一致，本书将其称为生物高功率微波效应。其研究目的是获取各类生物在高功率微波作用下的效应规律及阈值，最终目的是获取高功率微波对人体的可能作用效果，将高功率微波直接作为作用于人体的武器[18]。

在二十世纪八九十年代，当科技工作者最初获取高功率微波脉冲时，由于其具有极高的峰值功率，因此将其直接作为一种作用于人体的电磁武器被寄予厚望。最初的期望是利用超高的微波功率辐照到人体形成的极高场强对人体器官造成类似于电子器件击穿一样的崩溃性损伤，甚至有不靠谱的科普专家报道了俄罗斯利用高功率微波武器将几千米外的山羊打得血肉模糊。在引进俄罗斯高功率微波源的同时，第三军医大学及第四军医大学的学者同步开展了生物高功率微波效应实验，选取的效应物为狗、兔子及小白鼠等，出乎研究者预料的是，GW 级的高功率微波源对实验动物几乎没有可以观察或测试到的影响，在实验初期曾经有兔子被放到 GW 级高功率微波源的输出馈源前端 1m 的距离，功率密度达到几十 kW/cm^2，而在高功率微波源连续发射近百个脉冲后，兔子没有丝毫可观测到的变化，更不要说是死亡了。后续的效应研究表明，高功率微波生物效应更多的是微波加热的结果，在经过高功率微波模拟源长时间辐照后，动物由于身体温度逐渐升高，出现各种机能减退甚至死亡状况。由于 GW 级高功率微波源工作时间通常在分钟量级，且总能量并不高，因此，利用高功率微波作为武器直接作用于人体很难达到希望的作战效果。

生物高功率微波效应研究牵引出的两个方面的应用值得进一步关注：一是无载频的超宽带脉冲对生物血脑屏障的作用，有效应研究表明，利用超高场强无载频超宽带脉冲可以局部打开血脑屏障，这为未来脑疾病的用药提供了新的途径；二是热效应的应用，利用百 kW 级毫米波连续波微波源发射微波作用于人体，可使人体瞬间有灼伤的感觉，可以实现几百米量级的应用。客观地看，百 kW 级连续波微波已经不能归于传统的高功率微波范畴，但由于其具有极高的平均功率，仍然可以将其归属于高功率微波研究的一个特殊技术分支。

1.4　高功率微波武器及应用

毋庸讳言，高功率微波最直接的应用就是高功率微波武器。作为定向能武器的一个重要领域，美国和俄罗斯均在高功率微波武器应用方面投入了巨额资金并开展了相关研究工作。美国甚至还报道了装备于导弹的高功率微波武器[19]。当前，高功率微波武器最直接的应用是作为陆基武器进行反导、反雷达、反无人机等，利用超宽带高功率微波扫除地雷也是一个重要的应用方向。未来，高功率微波武器将逐渐向海基、空基甚至天基应用方向发展，但局限于高功率微波技术发展水平及部分指标的物理发展极限，这类武器要想达到理想的实战效果将面临巨大的技术挑战，估计还会有很长的路要走。

典型的高功率微波武器系统通常由三大部分构成，包括高功率微波源系统、传输与发射系统、跟踪瞄准及控制系统等。高功率微波源系统的主要功能是产生高功率微波，根据高功率微波脉冲类型可分为窄带高功率微波源、超高功率超宽带高功率微波源及超高重复频率超宽带高功率微波源等多种类型；传输与发射系统的主要功能是将高功率微波源产生的高功率微波脉冲辐射出去，其通常由传输线、模式转换器、馈源及特殊结构天线构成；跟踪瞄准及控制系统通常由微波雷达、光学跟踪设备及控制计算机等构成，通过微波雷达发现目标，引导光学跟踪设备对目标进行跟踪瞄准，利用控制系统设置合理的高功率微波脉冲参数，选择合适的时机发起对目标的攻击。

紧紧围绕高功率微波武器系统的应用，高功率微波应用技术的研究重点首先在于如何提高高功率微波源系统效率，并在轻量化、小型化方面取得实质性的突破，当前高功率微波源系统重量普遍在数吨量级，这样的重量显然在空基及天基应用方面存在着巨大的障碍；其次，高功率微波击穿问题也是一个重要的研究方向，如何选取馈源面材料及对材料进行处理进一步提高发射系统功率容量是一个需要重点关注的核心问题；此外，高效可靠的跟踪瞄准系统也是高功率微波武器应用必不可少的条件。此外，高功率微波应用技术研究还包括攻击目标的选择及作战效能评估、作战模式分析及作战路径规划等多个技术方向。

1.5 高功率微波防护技术

有矛就有盾，高功率微波技术的发展使高功率微波作为一类定向能武器的可能性大大增加，效应研究也表明高功率微波可以在特定条件下对电子系统、电子器件造成扰乱或损伤，如何对高功率微波进行防护逐渐在相关国家提上研究日程。

当窄带高功率微波武器对目标发动攻击时，通常通过目标电子设备的天线主瓣通道进入目标，损伤通道内的电子器件。如果能够提前预警，在感知到高功率微波即将发动攻击或在攻击的初期将天线转向，则高功率微波只能由天线旁瓣进入通道，作用于通道内微波器件的功率将会减小几个量级，大大提高微波器件的生存能力，使整个电子系统免受高功率微波武器攻击影响。高功率微波预警最大的困难是如何感知高峰值功率的窄脉冲，因为感知器件将面临高功率微波脉冲的直接作用，大多数器件并不具备直接对抗高功率微波的能力。

高功率微波武器除了通过电子设备的前门耦合对设备进行攻击外，后门耦合也是高功率微波武器一个有效的攻击途径，尤其是超宽带高功率微波武器更是通过后门耦合直接作用于地雷、计算机等，造成电子设备扰乱或损伤[20]。实践表明，对电子系统、设备的孔缝进行合理设计及屏蔽，或对连接电缆进行有效屏蔽，均可大大削弱高功率微波对电子系统的作用效果，这些都是在实践中主要实施的抗高功率微波加固手段。另外，对于前门耦合，对 TR 管、限幅器进行合理配置，通过两类器件联合削弱进入低噪声放大器前端的微波功率，也是当前抗高功率微波加固研究的重点。

1.6　小结

高功率微波技术属于一个广阔的技术领域，包括高功率微波源技术、高功率微波效应研究及高功率微波应用技术研究等。本章首先对高功率微波的主要特征进行了简单梳理，对高功率微波的基本定义进行了简要归纳，概括认为：脉冲功率直接达到 GW 量级，或脉冲功率达到 MW 量级同时脉冲重复频率达到百 kHz 量级的电磁波统称为高功率微波，脉冲宽度通常在 ns～百 ns 之间。接着，本章对高功率微波产生方法进行了简要介绍，具体包括窄带高功率微波产生方法、超高功率超宽带高功率微波产生方法及超高重复频率超宽带高功率微波产生方法等，同时介绍了一种特殊的高功率微波产生方法，即高功率微波脉冲压缩方法。然后，本章对高功率微波效应研究进行了简要介绍，包括电子器件高功率微波效应、电子系统高功率微波效应及生物高功率微波效应等。本章最后对高功率微波应用技术及告警防护技术进行了概括。本章介绍的主要内容将在后续章节中展开论述，通过本章的归纳，希望能够提供给读者一个大致的高功率微波技术轮廓，便于后续深入学习与理解。

参考文献

[1] Benford J, Swegle J A. High-Power Microwaves [M]. Norwood, Mass: Artech House, 1992.

[2] Barker R J, Schamiloglu E. 高功率微波源与技术 [M].《高功率微波源与技术》翻译组，译. 北京：清华大学出版社，2005.

[3] 丛培天. 中国脉冲功率科技进展简述 [J]. 强激光与粒子束，2020，32（2）：025002.

[4] 宋法伦，金晓，李飞，等. 20GW 紧凑 Marx 型重复频率脉冲驱动源研制进展 [J].

强激光与粒子束，2017，29：020101.

[5] 彭建昌，苏建仓，张喜波，等. 20GW/100Hz 脉冲功率源研制 [J]. 强激光与粒子束，2011，23（11）：2919-2924.

[6] 刘金亮，樊旭亮，白国强，等. 紧凑型 Marx 发生器高功率微波源研究进展 [J]. 强激光与粒子束，2012，24（4）：757-764.

[7] 樊亚军. 高功率亚纳秒电磁脉冲产生 [D]. 西安：西安交通大学，2004.

[8] 石磊，樊亚军，朱四桃，等. 高压氮气亚纳秒开关放电特性实验研究 [J]. 强激光与粒子束，2005，17（7）：1079-1082.

[9] 梁勤金. 固态高功率高重频脉冲源的研究与发展 [J]. 电讯技术，2019，59（10）：1227-1236.

[10] 丁臻捷，浩庆松，苏建仓，等. 基于半导体断路开关的 8MW，10kHz 脉冲发生器 [J]. 强激光与粒子束，2009，21（10）：1575-1578.

[11] 孟凡宝. 高功率超宽带电磁脉冲技术 [M]. 北京：国防工业出版社，2011.

[12] 方进勇. HPM 脉冲压缩技术研究 [D]. 西安：西北核技术研究所，2001.

[13] 宁辉，方进勇，李平，等. 高功率微波脉冲压缩技术实验研究 [J]. 强激光与粒子束，2001，13（4）：471-474.

[14] 姜治北. 高功率微波作用下的计算机系统失效机理研究 [D]. 成都：电子科技大学，2006.

[15] Vikharew A L，Gorbachev A M，Ivanov O A. 100MW active x-band pulse compressior [C]. Particle Accelerator Conference，New York，1999.

[16] 刘国治. 高功率微波效应. 大气传输名词解释 [J]. 实验研究，2000，23（1）：1-5.

[17] 乔登江. 电子元器件高功率微波效应 [J]. 抗核加固，1993，10（2）：1-12.

[18] 李洪平. 微波接收机高功率微波效应与机理研究 [D]. 成都：电子科技大学，2015.

[19] 王宁，金雪雁. 高功率微波国外发展现状以及与电子战的关系 [J]. 航天电子对抗，2018，34（2）：61-64.

[20] 周壁华，陈彬. 电磁脉冲及其工程防护 [M]. 2 版. 北京：国防工业出版社，2019.

第2章
窄带高功率微波产生技术

典型的窄带高功率微波通常可以认为是峰值功率达到 GW 量级,具有中心载频,脉冲宽度几十 ns,脉冲重复频率百 Hz 量级的电磁波。在更广泛的认识上,峰值功率可降低到百 MW 量级,脉冲宽度可降低到 ns 量级。由于高功率微波器件物理击穿机制的限制,脉冲宽度达到百 ns 以上、脉冲重复频率达到 kHz 量级还有较大的难度。从效应引导的结果看,对于窄带高功率微波武器,追求更高重复频率的实际意义并不是很大,当脉冲宽度达到百 ns 量级后再追求脉冲宽度进一步提高也并不是当前窄带高功率微波产生技术努力的方向。当前窄带高功率微波产生技术的研究重点依然是提高单台高功率微源的能量利用效率,努力减小高功率微波源的质量与体积,峰值功率保持在 3～5GW,利用功率合成技术进一步提高高功率微波系统发射功率至 10～100GW 量级。

2.1 窄带高功率微波源系统组成

窄带高功率微波源系统由两大部分组成:第一部分是脉冲功率源,或者称为脉冲驱动源;第二部分是高功率微波器件,包括相对论返波管、相对论磁控管、相对论速调管等。另外,附加的整流增压设备、磁场装置、真空装置、散热装置等也是系统必备的。其他设备还包括辐射用的模式转换器及馈源、电压电流及微波功率测量装置及仪器等。基于 Tesla 变压器驱动源及相对论返波管的典型窄带高功率微波源系统组成如图 2-1 所示。

如图 2-1 所示,高功率微波源系统由脉冲驱动源及高功率微波器件两大部分构成。驱动源系统包括初级电源,储能及升压系统,脉冲形成线,主开关,传输线,二极管及附属供油、供气、供水装置和真空系统等。初级电源的作用是将工业用电转换成 kV 量级的高压直流,对储能电容或储能电感充电;储能及升压系统将储存能量转换成几百 kV～MV 量级的高压作用于脉冲形成线上;脉冲形成线决定了驱

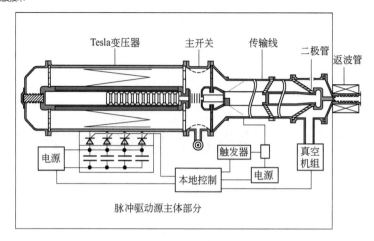

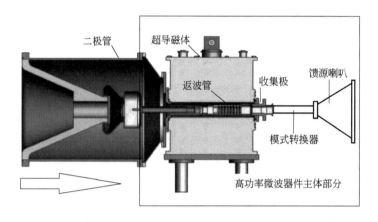

图 2-1 典型窄带高功率微波源系统组成

动源输出脉冲宽度及脉冲电流的大小，通常会达到数十 kA 量级；当形成线充电电压达到开关工作阈值时，开关导通，形成线上的高压经过传输线作用到负载，负载通常为真空二极管，通过场致发射产生高能电子束，将驱动源储存能量转换成电子束能量，电子束出射速度接近光速。传输线的作用为真空二极管与形成线之间阻抗匹配，防止反射对输出脉冲波形的影响，提高能量利用效率及束流品质因数，理论上讲，传输线的长度最好与形成线的长度一致，形成线、传输线及负载的阻抗应当一致。高功率微波器件类型很多，结构各不相同，但其作用机理都是相同的，即将高能电子束能量转换成高功率微波能量，输出 GW 量级的高功率微波，本章后半部分将重点就各类高功率微波器件的组成结构、工作原理、设计原则等进行较为详细的介绍。

2.2 高功率微波脉冲功率驱动源

从高功率微波技术历史发展脉络上看，高功率微波技术根植于脉冲功率技术，是脉冲功率技术的一个新的技术分支。与高功率微波技术相比，脉冲功率技术可谓一门相对古老的技术，其最初伴随着核技术的发展而兴起。大型脉冲功率源通常用于核效应模拟等工作，其体积及质量都远远超出我们对一般电子系统的认识，是名副其实的大科学装置。而高功率微波驱动源是众多脉冲驱动源中的一类，既有一般驱动源的共有特征，又有自身的特殊之处。概括起来，小型化及轻量化是高功率微波驱动源不同于其他类型驱动源的最主要特点。

2.2.1 高功率微波脉冲功率驱动源发展概况

脉冲功率驱动源的主要用途是向负载提供电磁能量，既可以直接对负载放电产生电磁脉冲经由天线辐射出去，也可以通过负载先产生高能电子束，进一步将电子束能量通过不同器件或材料转换成 X 射线、γ 射线、激光及高功率微波等。脉冲功率源与产生强流粒子束的设备结合在一起又称为粒子加速器，而用于产生高功率微波的驱动源必定首先要产生高能电子束，因此，也可认为高功率微波脉冲驱动源就是一类适用于高功率微波器件波束能量转换特殊用途的电子加速器。

脉冲功率驱动源的基本思想是将低电压、长脉冲系统的能量在时间上压缩，为高功率微波器件提供高电压、大电流脉冲，实现此目标的技术途径有多种。根据功率调制方案的不同，脉冲功率系统可分为电容储能型和电感储能型两种。前者常用脉冲形成线和闭合开关作为功率调制手段，优点是效率高、输出波形好、脉宽长、可重复运行，以及阻抗范围大，易与高功率微波器件匹配等，但缺点是储能密度低、体积庞大等；而后者则用储能电感和切断开关作为功率调制手段，与前者相反，其优点是储能密度高（通常比前者高 1~2 个数量级）、系统结构紧凑，缺点是不易实现高重复频率运行、输出电压波形不好（一般为三角波）、输出脉冲阻抗与多数高功率微波器件阻抗不易匹配、其电路关键部切断开关的技术不如电容型脉冲功率系统所用闭合开关技术成熟等。但 SOS 断路开关器件的出现改变了电感储能型脉冲功率源不能高重复频率运行的缺点，脉冲重复频率甚至可以达到 kHz 量级，不过其高输出阻抗的特点对高功率微波器件并不友好，而且由于击穿限制，重复频率能够达到 kHz 量级的高功率微波器件尚未出现。目前，脉冲功率驱动源除了要满足高功率、长脉冲以及高重复频率和多脉冲等发展趋势外，还要体积小、重量轻、紧凑化、可携带，以满足实际应用的需要。为此，世界各主要国家正开展脉冲功率驱动源各种关键器件技术的研究与攻关[1]。早期的驱动源以 Marx 型居多，其主要应用于闪光照相、辐射探测和抗核加固等研究领域。20 世纪 70 年代，中国工程物理研究院研制了 6MV 高阻抗电子束加速器"闪光一号"；20 世纪 90 年代，西北核技术研究院建成了 1MA 低阻抗电子加速器"闪光二号"（图 2-2），中国工程物理研究院建成了 12MeV 的直线感应加速器。这些大型高功率脉冲装置的建成，标志着我国脉冲功率加速器研制能力开始进入国际先进行列。2000 年以后，西北核技术研究院建成了集成多项先进技术的多功能加速器"强光一号"（图 2-3），中国工程物理研究院建成了"阳"加速器，清华大学建成了 PPG-1 装置。2002 年，中国工程物理研究院研制了输出电子能量 20MeV 的"神龙一号"直线感应加速器。2010 年以后，中国工程物理研究院相继建成了 10MA 的 Z 箍缩装置"聚龙一号"（图 2-4）与猝发多脉冲 20MV 的闪光照相装置"神龙二号"（图 2-5），电功率水平从 TW 级提升到 10TW 级，我国成为继美国之后第二个拥有此类设备的国家[2]。

图 2-2 闪光二号

图 2-3 强光一号

图 2-4 聚龙一号

图 2-5 神龙二号

这些大型脉冲驱动源主要用于将电子束（或离子束）能量通过打靶产生 X 射线

或γ射线，用于核模拟及核试验，为我国核技术研究做出了重要贡献，奠定了我国核技术领域国际领先地位。这类大型装置产生的高能电子束（离子束）既可以与靶目标相互作用产生高能射线，也可以利用波束作用器件产生高能激光或高功率微波。事实上，我国最初开展的准分子激光技术研究及虚阴极振荡器产生高功率微波技术研究都是借助于这类装置开展的。20 世纪 90 年代中期，西北核技术研究院曾经利用"闪光二号"作为驱动源，利用虚阴极振荡器产生了 GW 量级的高功率微波。2000年以后，随着适用于高功率微波产生的专用驱动源的研制，这类平台就逐渐淡出高功率微波技术应用领域，但不可否认的是，正是这类初始应用于核技术研究的大小驱动源平台孵化和催生了高功率微波这一新兴技术领域。

这类大型驱动源（加速器）平台从一开始就不是为产生高功率微波而设计的，其存在的局限性是显而易见的，体积庞大，质量动辄达到几百吨级，平均功耗几百kW，脉冲大多单次运行或重复频率极低，输出阻抗与高功率微波器件严重失配，束波能量转换效率极低（<1%），即使能够利用这类平台产生 GW 甚至 10GW 量级的高功率微波，将其作为武器应用也几乎是不可能的。基于高功率微波器件技术的发展，研制质量在 t～10t 量级、脉冲功率在 10～40GW 量级、脉冲重复频率在几十Hz～百 Hz 量级、平均功率在百 kW 量级的高功率微波驱动源已经成为一种新的技术需求。但不可否认的是，高功率微波驱动源最初的突破仍然是以 Marx 发生器为核心发展起来的。俄罗斯人另辟蹊径，将脉冲变压器与形成线一体化设计，发明了基于 Tesla 型变压器的高功率微波驱动源。其他类型的驱动源还包括爆磁压缩驱动源和直线储能型驱动源等，下面就几类典型的高功率微波驱动源作一简要介绍。

在 Marx 型高功率微波驱动源方面，美国的研究独具特色。美国 APELC 公司研制的一系列陡化前沿的 Marx 发生器广泛应用于窄带高功率微波驱动源中[3]。陡化前沿 Marx 发生器利用分散电容，使每一级气体火花开关在导通前具有较大的过电压，从而保证各级开关顺序快速导通。基于这种发生器的高功率微波源的主要特点是结构紧凑、性能可靠、制作成本低廉、可重复频率运行。美国 APELC 公司研制的 40级 Marx 输出电压高达 0.8MV，脉冲宽度 30ns，脉冲功率 12.8GW，重复频率 3～5Hz。美国得克萨斯大学也研制成功一种基于陡化前沿的 Marx 发生器的高功率微波源，Marx 发生器共 25 级，每一级由 4 个 25nF 的云母电容器并联，以减小电感，增加电容量[4]。每一级电容器之间用 1mH 的电感作为隔离元件，每级火花开关间隙 2.3mm，安装在电容器中心，并有一个通孔使各级火花间隙相连通，这样便于高压气体在各开关火花间隙之间流动，有利于开关同时导通。他们利用该驱动源直接驱动虚阴极振荡器，脉冲电压 500kV，能量 500J，脉冲前沿 50ns，脉宽 200ns，可在 10Hz 的重复频率下稳定运行。单次运行时，获得峰值功率 100MW、脉冲宽度 150ns 的高功率微波脉冲。其实验装置及典型输出波形如图 2-6 所示，整个装置长约 150cm，主直径为30cm，结构非常紧凑。

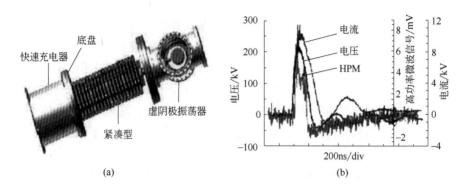

图 2-6 得克萨斯大学研制的高功率微波源实验装置及典型输出波形

美国还设计了一种 13 级盘状传输线型 Marx 发生器[5]，单层盘状传输线直径为 32cm，厚度小于 2cm，每一个盘状传输线堆积串联成 Marx 结构。系统设计以短脉冲串形式运行，采用火花隙气体开关。在 10～12 级结构中，圆柱筒直径为 50cm，长度小于 50cm，结构非常紧凑。研制的 10 级 Marx 发生器能在 40Ω 的负载上得到幅值为 500kV、平顶脉冲宽度为 200ns 的输出。除美国以外，瑞典、法国、韩国等也开展了基于 Marx 发生器形式的高功率微波驱动源研究，瑞典研制的基于 Marx 发生器的高功率微波源实验装置及典型输出波形如图 2-7 所示，发生器装在一个内径 200mm、长 1.12m 的铝管中[6]。实验中，Marx 发生器输出电压 430kV，峰值功率 2GW，能量 400J，输出微波频率在 4～4.5GHz 之间，微波功率为 40MW，可以看到，微波功率极低，波形很差，由此可以判断该类驱动源省略了脉冲形成线等关键部件，是一类极为简单的窄带高功率微波驱动源。

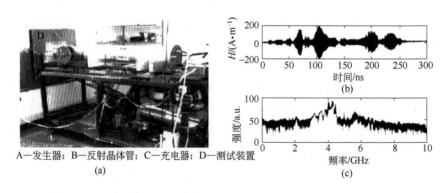

A—发生器；B—反射晶体管；C—充电器；D—测试装置

图 2-7 瑞典研制的高功率微波源及典型输出波形

　　法国圣路易研究所研制了一种超紧凑的可重复频率运行的 Marx 发生器[7]。其初步实验采用 4 级叠加结构，每一级由 8 个并联电容器、2 个充电电感和 2 个火花开关组成，如图 2-8 所示。电容器制成特殊的柱状结构，容量为 1.1nF，能承受 70kV 的高压；电感长 20mm，直径为 18.2mm，电感值为 17.8μH；开关电极为球状不锈钢材料，直径为 12mm，电极间隙为 4mm。单级模块直径为 200mm，高 36mm。发生器采用同轴结构，第一级开关是触发开关，其他的是自击穿开关。内部充高气压 SF6 气体用来绝缘。当电容器充电到 50kV 时，在 50Ω 负载上获得了脉冲电压 165kV，上升前沿 14ns 的电脉冲。这种发生器的结构非常紧凑，并且易维护及测量。模块化的结构可以方便地改变发生器的级数。这种类型的 Marx 发生器利用循环气体和铜钨电极，可以实现更高重复频率运行；当电容器的级数达到 20 多级时，输出脉冲电压将达到 850kV。韩国研制的可重复频率运行的 Marx 发生器共有 25 级，全长 150cm，直径为 60cm，每级由 4 个陶瓷电容器、火花开关和隔离电感组成，设计的开路电压为 1MV，脉冲宽度为 40ns[8]。该发生器能够以脉冲串形式短时间运行。需要说明的是，一台性能优越的高功率微波驱动源只有 Marx 发生器是完全不够的，脉冲形成线、开关、脉冲传输线及真空二极管等都是不可或缺的；否则，高功率微波器件很难获得束流品质因数较好的电子束，能量利用效率也必定大打折扣。

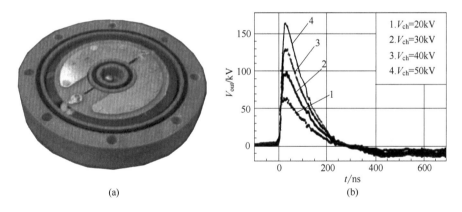

图 2-8　法国研制的 Marx 发生器单级结构和单次运行输出波形

　　基于 Marx 发生器的高功率微波驱动源在国内也有系统性成果，国防科技大学和中国工程物理研究院在该技术方向均开展了很好的研究工作。中国工程物理研究院先后研制成功多台基于 Marx 发生器的高功率微波驱动源[9,10]，指标较高的一台驱动源在 16Ω 负载上实现了重复频率 10Hz、脉冲宽度 150ns、峰值电压大于 400kV 的连续多脉冲输出。改造后的加强版驱动源能够在 18Ω 负载上实现重复频率 5Hz、脉冲宽度 160ns、峰值电压大于 600kV 的连续多脉冲输出，脉冲总功率达到 33GW。

最新的报道成果为：Marx 型脉冲功率源体积为 2.5m³，质量为 2.2t，指标为 1MV/20kA/180ns，重复频率为 1～50Hz，平面二极管负载在 30Hz/16GW 状态下可以稳定运行 10s。驱动源结构及实物如图 2-9 所示，详细技术指标如表 2-1 所示。

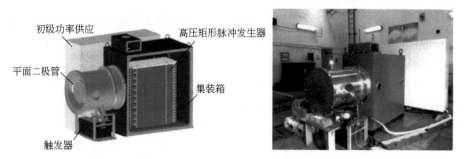

图 2-9　高功率微波驱动源结构及实物

表 2-1　高功率微波驱动源主要技术参数

参数	值	参数	值
级数	20	触发源输出电压/V	80
每级电容	39nF/100kV	触发源能储/J	56
充电电感/μH	20	电容/nF	1.95
充电电压/kV	±50	电感/μH	1.8
负载阻抗/Ω	50	每级能储/J	195
负载电压/MV	～1	总能储/kJ	3.9
负载电流/kA	～20	每 PFN 能储密度/（kJ/m³）	23
最大重频/Hz	30	初级功率源/kW	120
系统抖动/ns	6	总体积/m³	2.5
脉冲触发源抖动/ns	2	总质量/t	2.2

　　国防科技大学研制了 10 级陡化前沿 Marx 发生器[11]，采用 3nF 低电感脉冲电容器与大功率金属电阻分别作为储能元件和隔离元件，发生器直径为 0.22m，长度为 1.6m，当二极管阴阳极间距为 15mm 时，二极管电压约 150kV，束流约 1kA。该 Marx 发生器的储能器件改为电感时，可在 8.2Hz 的重复频率下运行。近期该大学又研制了一台具有混合技术特色的 PFN-Marx 脉冲驱动源，系统由 PFN-Marx 发生器、脉冲充电单元、重频触发单元等组成。PFN-Marx 发生器模块采用全电感隔离，直径为 480mm，长度为 700mm。脉冲充电单元采用中储电容加脉冲变压器方法，单次充电可以满足 10 次输出。重频触发单元采用变压器和磁开关一体化设计的全固态

Marx 发生器技术，输出电压大于 50kV，前沿小于 100ns。脉冲发生器早期输出电参数为单次 10GW，脉冲宽度 100ns，前沿 10ns，阻抗 40Ω。重复频率工作时输出功率 7GW，重复频率 5Hz。近期驱动源参数可调整为：单次 10GW，脉冲宽度 70ns，前沿 10ns，阻抗 50Ω。重复频率工作时稳定输出功率 8GW，重复频率 10Hz。他们利用该平台，在脉冲功率 5GW 条件下驱动相对论磁控管在 S 波段获得了约 1GW 的高功率微波输出，如图 2-10 所示。

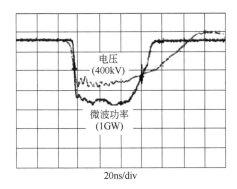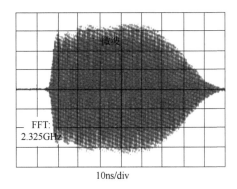

图 2-10　磁控管实验电压、微波波形与微波频率示意图

在 Tesla 型高功率微波驱动源方面，俄罗斯无疑是技术最为领先的。俄罗斯的重复频率脉冲驱动源性能优越，俄罗斯科学院强电流电子研究所的 Tesla 型 SINUS 系列驱动源，输出从几 ns 到数十 ns 的脉冲，重复频率 100Hz，峰值功率最大 40GW；SINUS 系列驱动源配合相对论返波管在 20 世纪 90 年代即形成了高功率微波源系列产品，高功率微波典型输出指标为：微波脉冲功率 1GW，脉冲宽度 20ns，脉冲重复频率 100Hz，最高工作频段可至 X 波段。这些产品先后出口到欧美各国，我国多家单位也先后引进了该系列产品，从 20 世纪 90 年代中期开始，我国逐渐摆脱了以"闪光二号"为代表的大型驱动源平台，以 SINUS 系列驱动源为实验平台逐渐成为我国开展高功率微波技术研究的主要手段。西北核技术研究院引进的 SINUS881 高功率微波驱动源的输出指标为电压 800kV，电流 8kA，脉冲宽度 30ns。在此基础上，西北核技术研究院近年来先后研制成功了基于 Tesla 变压器技术的"红柳"系列 TPG400、TPG700 驱动源。国防科技大学也研制成功了 CHP01 驱动源，驱动源的输出功率可达 20GW，脉冲宽度几十 ns，脉冲重复频率最高可达 100Hz，如图 2-11 所示；在 2010 年代，西北核技术研究院和国防科技大学又先后研制成功了基于 Tesla 变压器的 40GW 驱动源，驱动源输出脉冲宽度 60ns，单次输出功率大于 40GW，50Hz 重复频率工作状态下输出功率约 20GW。后续国防科技大学还先后研制成功多台基于 Tesla 变压器的紧凑型高功率微波驱动源，典型系统如图 2-12 和图 2-13 所示，用于开展多类高功率微波器件实验研究，在高功率微波源小型化方面进行了很好的探索。

图 2-11 Tesla 变压器内磁芯及 20GW/100Hz 脉冲功率源整机

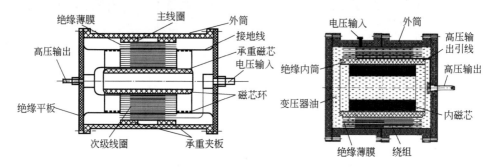

图 2-12 两种带绕式 Tesla 变压器示意图

图 2-13 Tesla 变压器紧凑型重频脉冲发生器

当驱动源输出功率达到 20GW 以上时，整体质量已经达到 10t 量级，40GW 驱动源的整体质量更是达到几十吨量级，显然这与高功率微波武器小型化、模块化的总体应用需求方向并不相符。此后，国内外单独追求单台高功率微波驱动源输出功率的竞赛便基本告一段落，研究质量在几百 kg 量级，输出功率在 10GW 量级的驱动源成为当前主流研究方向，单台高功率微波源输出微波脉冲功率一般为 3～5GW，更高的高功率微波脉冲功率则希望通过功率合成来实现。

除了 Tesla 变压器型高功率微波驱动源及电容储能 Marx 型高功率微波驱动源外，电感储能型高功率微波驱动源也是一个重要的技术发展方向。电感储能型脉冲功率源具有储能密度高、传输功率大、体积小等优点，但其需要大容量的断路开关。断路开关技术是发展电感储能技术的关键，从早先的电爆炸开关到现在的等离子体熔蚀开关，目前已有 20 余种不同形式的断路开关，它们在不同的场合有着不同的用途。电爆炸开关、等离子体熔蚀开关等在大功率 ns 级短脉冲的产生方面有很大优势，但只能在单次或低的重复频率下工作。DSRD 等半导体断路开关在小功率高重复频率下有良好的特性，但其电压低、电流小，不能满足高功率微波产生的实际需求。

1991 年，俄罗斯电物理研究所的科学家们发现了 P+-P-N-N+结构的整流二极管具有在几十 ns 时间内截断高密度电流的能力，这种现象被称为半导体断路开关（Semiconductor Opening Switch，SOS）效应[12-15]。SOS 效应的发现促进了能连续重复频率运行的半导体断路开关和基于这种开关的高平均功率脉冲发生器的发展和应用。基于 SOS 技术的全固态高重复频率脉冲功率源与同等功率水平的以高压气体开关为基础的脉冲功率源相比，具有体积小、重量轻、造价低、寿命长和在高重复频率方面有巨大发展潜力等优点，SOS 的恢复时间仅为 μs，其重复频率最高可达 MHz。基于 SOS 的脉冲功率源能够在强流电子束、X 射线产生、半导体电解质材料特性研究、空气电晕放电去除有害物质研究、泵浦气体激光辐射及高功率微波产生方面发挥重要作用，特别是它的长寿命优点不仅会为高功率微波武器化提供新的技术支持，更将推动脉冲功率技术在工业领域的广泛应用。

俄罗斯叶卡捷琳堡电物理研究所研制成功的 SOS 型 S 系列全固态驱动源，输出几十 ns 脉冲，重复频率可达几 kHz，峰值功率 GW 级。西北核技术研究所于 2000 年开始基于 SOS 的脉冲功率源关键技术和系统建立等相关研究工作，2003 年建成了输出指标 200kV、1kA、2kHz、脉冲宽度约 35ns、平均输出功率超过 10kW 的 SOS 型脉冲功率源胡杨 200（SPG200），如图 2-14 所示。后续又成功研制了基于 SOS 断路开关的胡杨 700（SPG700）高功率微波驱动源，具体指标为：电压 700kV，电流 5kA，脉冲宽度 40ns，脉冲重复频率 500Hz。同时，西北核技术研究所在基于 SOS 脉冲功率源上开展了高重复频率强流电子束产生、长寿命阴极实验、绝缘介质的高重复频率击穿实验和低磁场无箔二极管实验研究等应用研究工作[16]。

其他类型的高功率微波驱动源还包括爆磁压缩驱动源及直线变压器型驱动源等。紧凑型爆炸脉冲电源主要包括蓄电池初级能源、螺线圈型爆磁压缩发生器、电爆炸丝功率调节系统、隔离间隙开关及负载等部分。蓄电池初级能源为爆磁压缩发生器提供种子电流，爆磁压缩发生器实现电流及电磁能量放大（通过发生器内爆炸

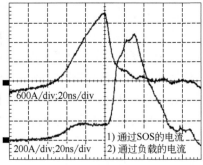

600A/div;20ns/div

200A/div;20ns/div

1) 通过SOS的电流
2) 通过负载的电流

图 2-14 SOS 型脉冲功率源胡杨 200 脉冲发生器及实验波形

管膨胀运动压缩空腔内磁场做功，把炸药化学能转换为电磁能），电爆炸丝功率调节系统对爆磁压缩发生器输出电流进行脉冲压缩，通过隔离间隙开关锐化后在负载上输出快前沿、高电压、高功率电脉冲。中国工程物理研究院研制的 04 型发生器驱动的紧凑型爆炸脉冲电源长度小于 1.2m，直径为 0.4m，质量约 100kg。能够在 3μH 电感负载上获得脉宽约 10μs、峰值为 100kA 的脉冲电流输出；当负载电阻为 8.7Ω 时，输出电功率大于 20GW。国防科技大学也开展了基于爆磁压缩技术的高功率微波驱动源技术研究，研制的脉冲驱动源能够在相关负载上产生 352kV 脉冲电压，脉冲上升沿约 10ns，驱动源系统如图 2-15 所示。这类脉冲驱动源最大的缺点是很难实现重复频率运行。

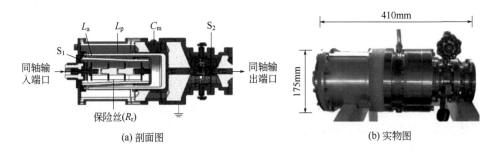

L_a L_p C_m S_2

S_1

同轴输入端口

同轴输出端口

保险丝(R_r)

410mm

175mm

(a) 剖面图　　　　　　　　　　　(b) 实物图

图 2-15 基于爆磁压缩技术的高功率微波驱动源

随着长脉冲微波器件的发展，对脉冲功率源的功率、重复频率和电子束输出品质（宽度等）的要求越来越高，迫切需要对长脉冲的脉冲功率源开展广泛研究。20 世纪 90 年代末，美、俄、法、日等国提出一种命名为直线型变压器（LTD）的模块化结构[17-21]，该装置采用模块化设计，绝缘要求低，运行维护方便，同时参数调整灵活高效，紧凑廉价，能够无须任何脉冲压缩手段而产生快上升沿的高功率脉冲直接驱动负载[22,23]。基于直线变压器的驱动源主要特点是将所要求输出的负载电压分布在 N 个脉冲形成子系统之间，输出电压只有在负载上形成高压。由于脉冲形成在较低的电压下实现，所以该类型驱动源适合于重复频率运行，这种技术实质上是一种分布在真空中的变压器，脉冲功率系统的尺寸可以显著减小，设备工作起来像一串 1:1 的脉冲变压器，每个变压器在阴极上产生一个电压增量 V，N 个变压器即可在阴极上形成峰值电压为 NV。电子科技大学报道了他们研制成功的一种直线感应驱动源，能够在 5kA/800kV 和 10kA/800kV 两种模式下工作，脉冲宽度约为 80ns，脉冲重复频率分别为 20Hz 和 10Hz。

2.2.2 Marx 型高功率微波脉冲功率驱动源

2.2.2.1 技术特点

如前所述，高功率微波技术发展初期，其实验平台基本上是基于传统研究核技术的脉冲驱动源开展的，而这类脉冲驱动源大多为 Marx 型，典型结构如图 2-16 所示。可以将整个驱动源概括为三大部件和四个系统。三大部件是：Marx 发生器、脉冲形成线和二极管。四个系统是：电源系统、真空系统、油或水处理系统及控制系统等。大多数驱动源在主开关与真空二极管之间设有脉冲传输线起匹配作用，但单纯从功能实现来看，脉冲传输线并非必要部件。

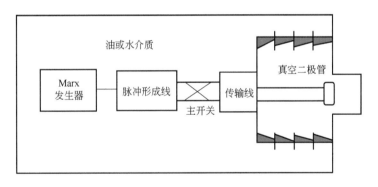

图 2-16 Marx 型高功率微波脉冲功率驱动源典型结构

驱动源最主要的特色是采用 Marx 发生器作为储能及升压单元，它是用德国人马克斯教授的姓命名的。马克斯教授于 1923 年发明了这种并联充电、串联放电，以达到电压倍增的装置。典型脉冲驱动源工作流程是：先用 Marx 发生器形成一个 μs 量级的高压脉冲，然后利用脉冲形成线进行整形，在二极管上得到几十 ns 级的高压脉冲，产生强流电子束。Marx 发生器主要由电容器、开关和充电电阻或充电电感组成，其工作原理可以简单地概括为"并联充电、串联放电"。实际的 Marx 发生器线路有多种变形线路，其中常用的有 Z 型线路、S 型线路和混合型线路。Marx 发生器中开关一般采用充气火花间隙开关，除开始一个或数个是外触发击穿外，其余后面开关全部是过电压自击穿。在串联击穿过程中，只有当所有开关都击穿后，所有电容器才能通过开关串联，形成串联放电回路，开始对负载放电。典型 Marx 型电路原理如图 2-17 所示。

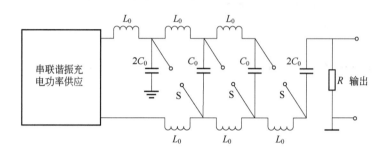

图 2-17 Marx 型电路原理

随着高功率微波技术的不断发展，对适用于高功率微波器件研究的新型基于 Marx 发生器的高功率微波驱动源研究提出了新的技术要求，其中最主要的特点是小型化和重复频率工作。当前，最具特色的小型化 Marx 型高功率微波驱动源的 Marx 发生器一般采用电感隔离代替传统的电阻隔离，利用重频高压电源对 Marx 发生器充电，通过对充电电源和脉冲触发源的同步控制，实现 Marx 发生器的重频工作。低阻抗 Marx 发生器的储能电容一般采用陶瓷电容器或薄膜电容器。其中，陶瓷电容器一般多个并联为一级，多级沿轴向层叠排列，重复工作频率 1～20Hz，Marx 发生器的储能密度为 10kJ/m³ 左右[24]。采用薄膜电容器的 Marx 发生器可以达到更高的储能密度，国外研制的 500kV 紧凑型 Marx 功率源[25]储能密度达到 19kJ/m³，输出功率约 9GW，采用气体绝缘功率密度达到 50GW/m³；国内采用变压器油绝缘的低阻抗 Marx 型发生器[26,27]储能密度约 14kJ/m³，在 12Ω 阻抗负载上输出功率达到 20GW，功率密度约 33GW/m³，重复频率 30Hz，可连续 10s 重频运行。2018 年，中国工程物理研究院报道了他们最新研制成功的一台重复频率低阻抗紧凑型 Marx 脉冲驱动源，采用气体绝缘和薄膜电容器储能等技术，实现了高储能密度和高功率密度，在 12Ω 低阻抗负载上最高获得 30GW 的输出功率[28-31]。

另外，有研究表明，减小 Marx 发生器串联放电回路的总电感可以减小其充电时间，降低了对后面储能系统的耐压要求，有利于系统的小型化，这类 Marx 发生器也被称为快 Marx 发生器。快 Marx 发生器的主要特点是采用低电感电容器、开关等部件，同时在结构设计上尽量减小回路的电感，从而实现快脉冲输出。目前，基于快 Marx 发生器输出的脉冲前沿可以达到 100ns 左右[32]。基于快 Marx 发生器可输出快上升前沿脉冲的特点，美国的圣地亚国家实验室利用脉冲形成网络（PFN）代替储能电容器，实现了多组脉冲形成网络串联放电输出 600ns、700kV 的高压脉冲。受限于电源的功率，该装置重复频率仅为 1Hz，其后续发展计划是通过提高电源的功率以及对触发系统进行升级以实现重复频率达到 100Hz。美国的泰坦公司基于 PFN-Marx 技术路线研制的紧凑型可重复运行的脉冲功率源也已实现在 50Ω 的负载得到 450kV、脉宽为 450ns 的脉冲，其重复频率可以达到 20Hz。在 PFN-Marx 拓扑结构中，Marx 发生器集成了储能、升压、成形三大功能，该技术路线在实现脉冲功率源紧凑化方面具有独到的优点，并可有效地提高系统的能量传递效率。

　　基于 PFN-Marx 升压技术实现的高功率紧凑型重复频率脉冲功率源继承了 Marx 发生器的特点，在 Marx 发生器中除了第一级开关采用外部触发外，其他各级都是过压击穿，因此对开关抖动、触发系统的要求较低。但从另一个角度看，也正是由于 Marx 发生器在导通过程中其电位逐级升高，使得更高级的开关过压击穿，Marx 发生器中除了第一级开关以外，其他各级都不能直接接地，这使得一些具有高重复频率工作能力的触发开关，如储氢闸流管、真空开关等，在 PFN-Marx 技术路线的应用受到限制，阻碍了 PFN-Marx 技术路线向更高的重复频率发展。同时，由于采用自击穿开关，因此开关的寿命、稳定性、可靠性影响了脉冲功率源系统的稳定、可靠工作。另外，由于 Marx 发生器固有的电压累积叠加问题仍然存在，因此需要考虑对地绝缘耐压，并且随着级数的增加，绝缘耐压的要求越来越高，需要使用变压器油或者高压气体作为绝缘介质，使得系统结构的小型化受到一定的限制。同时，受限于电容器、开关和结构尺寸带来的固有电感，进一步减小脉冲前沿也同样受到一定的限制[32]。概括起来，基于 Marx 发生器的高功率微波驱动源具有结构简单、储能密度大、输出阻抗低及可重复频率运行等特点，是当前占据主流地位且极具发展前途的一类高功率微波驱动源。

2.2.2.2　典型 Marx 型高功率微波驱动源简要设计规范

　　基于 Marx 发生器的高功率微波驱动源种类繁多，设计结构形式各不相同，但其设计基本思路是一致的。一台典型 Marx 型高功率微波驱动源应当包括以下几个部分：Marx 发生器、脉冲形成线、主开关、传输线及真空二极管。有关脉冲形成线、主开关、传输线和真空二极管的设计要点与基于 Tesla 变压器型高功率微波驱动源基本是一致的，在后续章节中会有详细介绍，因此本小节有关主开关、传输线及真空二极管的设计不再做详细介绍，仅以西北核技术研究院设计研制的 Marx 型低阻抗强流脉冲高功率微波驱动源（MC55 驱动源）为例，简要介绍一下典型 Marx 型高功率微波驱动源的 Marx 发生器部分的设计规范。当然这里介绍的是传统的 Marx 发生器设计方案，有关其他类别新型 Marx 发生器的设计请参阅更加专业的文献。

任何一台高功率微波驱动源在设计之初都大致有一个标的服务对象，这个服务对象就是某一类或几类高功率微波器件，根据高功率微波器件的特点及希望获取的高功率微波脉冲参数，回推确定脉冲驱动源的设计参数。以 Marx 型高功率微波驱动源 MC55 为例，其研制的目的是开展同轴型虚阴极振荡器实验，希望利用该驱动源获取功率为几 GW，脉冲宽度为几十 ns 的高功率微波输出[33]。由于虚阴极振荡器的最佳运行阻抗为 10～20Ω，效率约为 5%，基于此确定了该高功率微波驱动源的具体组成及相关参数。该驱动源由 Marx 发生器、10Ω 水介质单筒形成线、高压自击穿开关、水介质传输线及真空二极管组成。设计指标为：能够输出电压 500kV、电流 50kA、脉冲宽度 50ns 的强流电子束。Marx 型 MC55 高功率微波驱动源系统组成框图如图 2-18 所示。下面依据该驱动源各部分逐一介绍以下系统设计流程及规范。

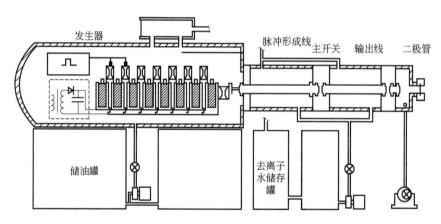

图 2-18 Marx 型 MC55 高功率微波驱动源系统组成框图

（1）Marx 发生器设计

在高功率微波驱动源 Marx 发生器的设计中，有两个设计要素需要重点考虑：一是为了获得较高的能量转换效率和电压转换效率，Marx 发生器等效串联电容 C_m 和脉冲形成线集总电容 C_{Pl} 应近似相等，而且应尽量减小发生器串联电阻 R_s；二是为了提高脉冲形成线的击穿电场阈值，应尽量减小谐振充电时间，这就要求 Marx 发生器的等效串联电感 L_m 尽量减小。

为了减小 Marx 发生器的串联电感，应该选择自身电感较低的电容和火花隙开关。以 MC55 高功率微波驱动源为例，在当年设计时，选择的电容器为锡脉电器厂生产的 CBB93 型高压低感电容器，具体指标为：容量 80nF，工作电压 100kV，电感小于 25nH；火花隙开关使用的是美国 Maxwell 公司生产的低电感火花隙开关，其工作电压 100kV，充 0.2～0.3MPa 的 SF_6+N_2 混合气体，电感值约为 40nF。该两类器件均代表了当时低感电压及低感开关的最高水平。当然，随着新型高压、低感、高容量电容器技术的不断发展，现在高压电容器能够选择的范围较十余年前要宽泛得多。至于选择何种类型的电容器及开关，既和所设计的驱动源具体参数有关，也和体积、质量、成本等因素相关，但总的原则是：要选择的器件在满足其他相关指标条件下，器件自身电感一定要小。

事实上在电容器及开关选型之前有一项工作是必须预先开展的，即脉冲形成单元设计。脉冲形成单元包括形成线、主开关和传输线。其设计要点在本章有关 Tesla 变压器型高功率微波驱动源设计中会有详细介绍，基本原则是：脉冲形成线的电长度应为希望获取脉冲宽度的 1/2；开关应当损耗低、响应快且可以调节；传输线应该满足形成线与负载匹配条件；脉冲形成线的等效阻抗、传输线的等效阻抗与负载（真空二极管）阻抗应当尽量一致；所有单元组件都应当满足绝缘安全条件。以 MC55 加速器为例，其设计的水介质单筒线内外直径分别为 10.16cm 和 45.4cm，长度为 84cm。电参数为：波阻抗 $Z=10\Omega$，电长度 $\tau=25\text{ns}$，等效电容 $C_{\text{Pl}}=2.5\text{nF}$。主开关使用自击穿火花隙气体开关，具有较低的串联电感和杂散电容，可以减小预脉冲并确保有较快的脉冲上升沿。主开关的击穿电压可以通过改变开关内所充气体的压力来进行灵活调节。

在脉冲形成线的等效阻抗及集总等效电容确定后，理论上讲，Marx 发生器的等效串联电容应该设定与形成线的集总电容相等，但考虑到整个回路串联电阻带来的损耗与失配，由初级电容至脉冲形成线的充电能量利用效率假定为 70%～80% 是比较合理的。因此，Marx 发生器的总串联电容实际应当比脉冲形成线的集总电容要大一些才能抵消损耗对整体指标带来的影响。以 MC55 高功率微波驱动源为例，其设计的脉冲形成线集总电容约为 2.5nF，在单只电容器选型基本确定的情况下，其设计的 Marx 发生器总级数为 24 级，整个发生器的等效串联电容 C_{m} 约为 3.33nF。由于该驱动源选择的火花隙开关和高压电容的工作电压均为 100kV，因此 Marx 发生器可以采用单级充电的直线型结构，其电路简图如图 2-19 所示。另外，为了减小回路电感，Marx 发生器机芯采用紧凑连接，开关与电容器之间利用铜板连接，机芯放置在尼龙板上并用夹板固定。发生器中的充电电阻 R_{c} 和接地电阻 R_{g} 均采用阻值约 10kΩ 的硫酸铜水溶液电阻，发生器前 10 级使用触发器外触发，后 14 级利用过电压自击穿。Marx 发生器机芯、高压直流电源和触发器均封装在一个 $\phi1\text{m}\times5\text{m}$ 的油桶中，内部充满变压器油，以有效提高整个发生器的耐压绝缘强度。

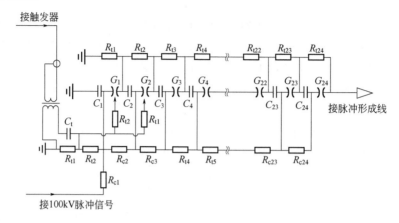

图 2-19　Marx 发生器等效电路图

（2）Marx 发生器参数估算

事实上，在 Marx 发生器与脉冲形成线、开关、传输线及真空二极管一起设计完成后，一台驱动源的主体部分设计工作就可以告一段落了。但在投入研制之前，还需要对相关参数结合实际设计结构进行估算，以最终确定整体设计是否合理可行。对于 Marx 发生器来说，能否对脉冲形成线进行有效充电及充电电压是否达到预期设计指标是整个驱动源设计成功与否的基本判据。Marx 发生器采用谐振充电的方式将能量传递给脉冲形成线，其充电过程可以用简单的 RLC 回路进行等效，如图 2-20 所示。图中，C_m 为 Marx 发生器的等效串联电容，L_m 为发生器回路电感，R_s 为等效串联电阻，C_{Pl} 为形成线电容。因此，要计算该回路的充电过程，还需要对 Marx 发生器的两个重要参数进行估算，即 Marx 发生器的等效串联电感和串联电阻。

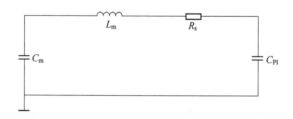

图 2-20　Marx 发生器对形成线谐振充电等效回路

Marx 发生器串联电感主要由储能电容器的电感、开关间隙火花通道电感、引线电感组成。在本节介绍的 MC55 高功率微波驱动源中，由于 Marx 发生器采用的是 24 级传统型连接方式，而且发生器机芯与外筒之间为准同轴结构，因此可以使用同轴导线电感计算公式估算其引线电感，计算如下：

$$L = 2b\left(\ln\frac{D}{d} + 0.25\right) \tag{2-1}$$

式中，d、D 和 b 分别为同轴导线的内外半径和长度，cm；L 为导线电感，nF。

代入相关结构参数后，计算得到引线产生的电感约为 2μH。另外，Marx 发生器选用的每个储能电容自感和开关间隙火花通道电感分别为 25nH 和 40nH，即储能电容和开关总电感分别为 0.6μH 和 0.96μH。由此，可以估算出该高功率微波驱动源设计的 Marx 发生器的串联电感约为 3.76μH[34]。

Marx 发生器的串联电阻主要包括火花电阻 R_{sp} 和引线电阻。火花电阻可根据罗姆普-韦策尔火花理论给出的经验公式进行估算如下：

$$R_{sp} = \frac{2}{U_m}\sqrt{\frac{pd^2}{\pi a}}\sqrt[4]{\frac{L_m}{C^3}} \tag{2-2}$$

式中，p 为气压，0.1MPa；d 为火花隙间距，cm；气体特性常数 a 取 $0.1\text{MPa}\cdot\text{cm}^2\cdot\Omega^{-2}$；$C$ 为 Marx 发生器等效串联电容 C_m 与形成线集总电容 C_{Pl} 的串联值，nF；U_m 为形成线充电电压，MV。

以 MC55 驱动源为例，在初级电容充电电压 50kV 条件下，可以初步设定以下参数：$U_m = 1.2\text{MV}$，$p = 0.25\text{MPa}$，$L_m = 3.76\mu\text{H}$，$C_m = 3.33\text{nF}$，$C_{Pl} = 2.5\text{nF}$，$C = 1.43\text{nF}$，$d = 1.3\text{cm}$，这些参数中 U_m 为估算值，还需要在后续计算中进行迭代验证。由式（2-2）可得 Marx 发生器中开关火花电阻约为 8.8Ω，引线电阻利用欧姆定律并考虑趋肤效应可估算出约为 2.8Ω，因此发生器的总串联电阻约为 11.6Ω[34]。

对于图 2-20 所示的 Marx 发生器对脉冲形成线充电的等效 RLC 回路，在 C_m、L_m、R_s 及 C_{Pl} 均已知的情况下很容易对 C_{Pl} 获取能量的过程进行计算，以评估是否满足相关设计指标。该 Marx 发生器后续实际测量表明，谐振回路振荡周期约为 220ns，由此推算出等效串联电感约为 3.77μH，串联电阻约为 11.5Ω，与前期估算值基本一致，Marx 发生器及脉冲形成线满足驱动源的整体技术设计要求。

（3）驱动源系统测量

一台驱动源在完成设计及研制后，测试、调试与优化改进是驱动源系统达标必不可少的步骤。对于一台基于 Marx 发生器的高功率微波驱动源而言，需要测试的参数主要有：Marx 发生器充电电压、Marx 发生器放电电流、脉冲形成线电压、脉冲传输线电压、电子束流强。这些参数均需要利用精细设计的专用设备进行测量。以 MC55 高功率微波驱动源为例，其在整个驱动源中布置了 5 个测试点，用以监测驱动源的运行状态并获取相关运行参数：

① 采用分压比为 10000 的电阻分压器对 Marx 发生器充电电压 U_0 进行测量。

② 采用灵敏度为 200A/V 的自制 Rogowski 线圈对 Marx 发生器放电电流进行测量。

③ 脉冲形成线电压 U_{PFL} 和传输线电压 U_{OL} 分别采用两个微分型电容分压器进

行测量，传输线电容分压器灵敏度为 310kV/V，形成线电容分压器灵敏度为 400kV/V。

④ 电子束带来 I_{diode} 使用自制的自积分 Rogowski 线圈进行测量，其灵敏度为 1.5kA/V。

这些测量器件及设备都远远超出了一般电子测量的范畴，属于典型的专用超高压测量设备。MC55 驱动源测量系统布局如图 2-21 所示。

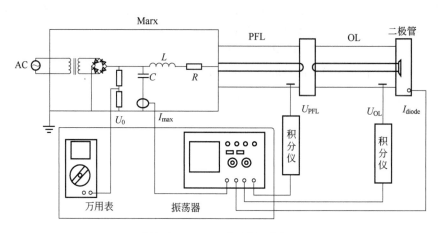

图 2-21 MC55 驱动源测量系统布局

（4）高功率微波驱动源性能指标复核判定

利用平板二极管和同轴二极管对设计研制的 MC55 高功率微波驱动源电子束参数进行测试，以检验驱动源是否满足预期技术指标。在平板二极管为负载的情况下，充电电压 U_0=55kV 时，气体主开关击穿电压为 1.36MV，二极管电压约为 550kV，二极管电流约为 51kA，电子束脉冲宽度约为 50ns，总输出脉冲功率大于 25GW，总体能量利用效率约为 49%，达到了预期设计指标。脉冲形成线电压 U_{PFL}、二极管电压 U_{diode} 及二极管电流 I_{diode} 实测波形如图 2-22 所示。至此，一台合格的 Marx 型高功率微波驱动源即宣告设计研制完成。

后续利用该高功率微波驱动源开展了同轴型虚阴极振荡器产生高功率微波实验研究，获得了功率大于 1GW，脉冲宽度约为 50ns 的 S 波段高功率微波脉冲，如图 2-23 所示。该研究工作的开展进一步检验与验证了该 Marx 型驱动源驱动高功率微波器件产生高功率微波的能力。

本节以西北核技术研究院设计研制的 Marx 型低阻抗强流脉冲高功率微波驱动源（MC55 驱动源）为例，简要介绍了典型 Marx 型高功率微波驱动源的 Marx 发生器部分的设计规范。希望通过本节的叙述，读者能够对该类型高功率微波驱动源的基本特点及设计要点有一个基本认识。由于新技术的不断发展，十余年来基于 Marx 发生器的高功率微波驱动源技术也取得了巨大进展，特别是 PFN-Marx 型高功率微波驱动源独具特色，也已成为当前高功率微波驱动源研究的热点，有关其他多类新型基于 Marx 发生器的高功率微波驱动源设计，请参阅更加专业的文献，这里不再一一赘述。

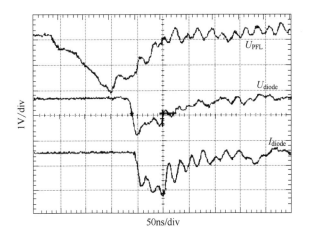

图 2-22　脉冲形成线电压 U_{PFL}、二极管电压 U_{diode} 及二极管电流 I_{diode} 实测波形

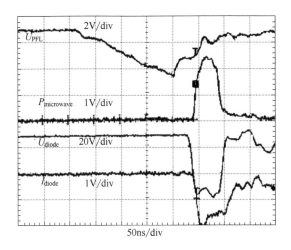

图 2-23　同轴型虚阴极振荡器脉冲形成线电压 U_{PFL}、微波功率 $P_{microwave}$、
二极管电压 U_{diode} 及二极管电流 I_{diode} 实测波形

2.2.3　Tesla 型高功率微波脉冲驱动源

2.2.3.1　技术特点

Tesla 型驱动源是高功率微波脉冲驱动源的最主要类型，根据驱动负载的要求不

同，当前国内外设计研制了多台 Tesla 型高功率微波驱动源，该类驱动源是当前开展高功率微波技术研究具有主导性的实验平台。Tesla 型高功率微波驱动源最经典的代表为俄罗斯研制的 Sinus 系列驱动源。西北核技术研究院研制了同样基于 Tesla 变压器的"红柳"系列驱动源，可称之为中国的 Sinus 系列。其中，TPG700 驱动源与 Sinus881 技术指标基本相当，该驱动源是我国早期开展高功率微波技术研究的关键性平台，在高功率微波产生方面取得了多项标志性成果，为我国高功率微波技术发展做出了重要贡献。TPG700 驱动源及后续加强版驱动源的局部照片如图 2-24 所示。

图 2-24　Tesla 型"红柳"系列高功率微波驱动源局部照片

　　一台典型 Tesla 型高功率微波驱动源必定包含以下几个部分：初级充电电源、Tesla 变压器与脉冲形成线、气体触发开关、传输线、真空二极管。其核心是 Tesla 变压器与脉冲形成线一体化技术。充电电源事实上也可以整体认为是 Tesla 变压器的初级部分，其主要作用是将工业交流电整流对电容进行充电，通过晶闸管对 Tesla 变压器初级线圈进行放电，电容器上的电压通常不大于 1kV。Tesla 变压器在次级线圈末端形成高压，次级线圈末端与脉冲形成线内筒相连，形成线内外筒之间充电形成高压，触发气体开关动作，高压由传输线进一步施加到真空二极管负载上，由阴极发射出强流电子束，电子束的总能量一般达到 10GW 量级，高能电子束再与各类高功率微波器件相互作用，将电子束能量转换成高功率微波，最后由天线辐射出去，完成高功率微波产生的整个过程。

　　Tesla 变压器，又叫空芯变压器或双谐振变压器，其最早由美国人尼古拉·特斯拉（Nicola Tesla）于 19 世纪末发明并获得专利[35]。Tesla 变压器最大的特征是其不含铁芯，完全由两个空芯的线圈组成变压器的初、次级绕组，通过空气导磁和结构上的耦合来实现能量传输。Tesla 变压器具有低成本和容易产生高压的特点，主要应用可以归纳为三个大的方向：绝缘材料和绝缘子的耐压测试、雷电研究和代替 Marx

发生器产生高压脉冲来驱动各种负载。与铁芯式变压器相比，Tesla 变压器利用空气导磁，其输入/输出具有很好的线性度，同时由于成本低且可以很好地调节体积和次级绕组的匝间距离等结构参数，从而控制杂散电容，因此在高电压等级和高频脉冲的应用条件下，Tesla 变压器型脉冲源具有明显的优势。例如，Tesla 变压器输出的高频衰减振荡波形与电力系统中由于开关操作或对地电弧故障等产生的高频振荡过电压类似，因此可以用于电气材料和绝缘子等相关设备的耐压特性试验。Tesla 变压器可以通过增大次级绕组的匝数来实现高的变比，同时由于输入/输出的线性度很好，可以通过提高初级电压来获得等比增大的次级电压，进而以较低的成本来输出几百 kV 到几 MV 的高压，因此 Tesla 还常被用于长距离放电的研究。

在脉冲功率技术发展早期，Tesla 变压器应用于驱动源的主要目的是对形成线进行充电，替代采用多级火花间隙的 Marx 发生器，但由于功率低且电压很难提高，一段时间内甚至曾经处于放弃的状态。但当高功率微波技术出现后，对高重复频率的需求促进了该项技术的进一步革新。俄罗斯大电流物理所的研究人员发明了将 Tesla 变压器和脉冲形成线一体化结构，推进了该项技术在高功率微波技术领域的快速发展。相比于 Marx 结构，Tesla 变压器在产生高压的同时避免了多数量开关和大容量电容器的使用，高变比也降低了对充电电压的要求，同时无磁芯的结构不需要承受磁性材料饱和与频率限制的问题，因此该类脉冲源在紧凑性、稳定性、可靠性、重频运行以及寿命等方面都有很大优势。Sinus 系列高功率微波驱动源的 Tesla 变压器结构如图 2-25 所示。它的主要特点是：

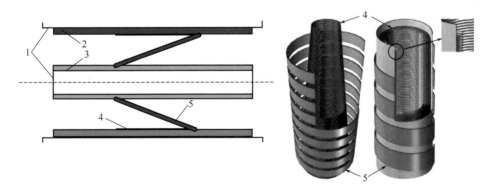

图 2-25　Sinus 系列高功率微波驱动源的 Tesla 变压器结构

1—传输线内外筒；2—外开环磁芯；3—内开环磁芯；4—初级绕组；5—次级绕组

① Tesla 变压器与同轴形成线结构一体化。变压器的单匝初级线圈装在形成线外筒的内表面上，次级线圈装在绝缘体的锥形筒上，高压输出端与形成线的内筒相

连接，使得整个装置结构十分紧凑，内部充填变压器油绝缘介质。

② 为了提高变压器的耦合系数，在变压器中采用了开路磁芯，紧贴在外筒内表面和内筒外表面上，虽然不同于一般变压器的闭路磁芯结构，但仍然能够克服完全不用磁芯漏磁较大的缺点。

③ 为了重复频率运行，主开关采用吹气结构，氮气从垂直于击穿通道方向吹入，提高了开关工作稳定度，易于实现高重复频率，同时也能够起到冷却降温作用。

2.2.3.2 典型 Tesla 型高功率微波驱动源简要设计规范

本小节以西北核技术研究院研制的 TPG700 加强版高功率微波驱动源（又称为 20GW 源）[36,37]为例，简要介绍一下基于 Tesla 变压器的高功率微波驱动源设计规范。由于 TPG 系列驱动源的命名基本遵循输出电压的原则，如 TPG400 输出电压为 400kV，TPG700 输出电压为 700kV，下面介绍的 20GW 源输出电压为 1MV，因此为了后续表述方便，这里不妨将该驱动源称为 TPG1000 驱动源，其组成结构如图 2-26 所示。需要说明的是，在西北核技术研究院发表的相关论文中后续有 TPG2000 高功率微波驱动源的报道（宋玮等. X 波段相对论返波管谐振反射器，2010），TPG2000 驱动源输出指标为电压 0.6～1.3MV、电流 8～15kA，可工作于 20GW/100Hz 及单次 30GW 两种状态。TPG1000 驱动源并未见相关文献报道，是笔者出于叙述方便而在本书中临时命名的，并不代表该驱动源的实际名称，该驱动源在相关文献报道中的名字是 20GW 源。

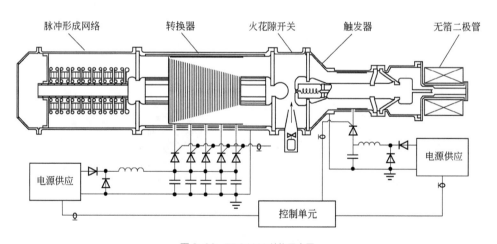

图 2-26 TPG1000 结构示意图

在设计一台高功率微波驱动源之前，一些最关键的参数必须确定，包括总功率、负载电压、电子束流强、脉冲宽度及脉冲重复频率等。而驱动源的这些参数均和期望通过高功率微波器件获取的高功率微波脉冲参数密切相关。驱动源输出总功率、电流及电压值由负载阻抗决定，而负载阻抗又由高功率微波器件的等效输入阻抗决定，两者要尽量做到匹配一致。但事实上这只是一种理想状态，因为任何一类高功率微波器件的输入阻抗都不是无限调节的，大多数高功率微波器件的输入阻抗只能在很小的范围内变动。例如，相对论返波管是典型的高阻器件，其输入阻抗就很难降低到 10Ω 以下，而虚阴极振荡器则是典型的低阻器件，其输入阻抗很难达到几十 Ω，同样的道理，高功率微波驱动源的等效阻抗也很难大范围变化，在升压方式确定以后，其可选择范围更小。典型如 Tesla 型高功率微波驱动源，输出阻抗通常较高，比较适合与高阻型高功率微波器件匹配。而 Marx 型高功率微波驱动源的输出阻抗通常较低，比较适合与低阻型高功率微波器件匹配。因此，总的来说，基于体积、质量、功耗及材料击穿阈值等多方面的限制，一台高功率微波驱动源的输出阻抗是各种因素折中的结果。当驱动源的输出阻抗确定后，脉冲形成线、传输线及真空二极管就有了最基本的设计依据。

第二步最重要的是确定驱动源的输出总功率。驱动源的输出总功率与期望获取的高功率微波脉冲功率密切相关，根据当前高功率微波器件的束波能量转换效率，通常会在 $1:10\sim1:3$ 之间选择。通俗地讲，如果高功率微波驱动源的输出功率为 10GW，则利用高功率微波器件获取 $1\sim3$GW 的高功率微波功率是比较现实的。高功率微波功率获取的大小完全取决于高功率微波器件自身的效率，据报道，当前高功率微波器件束波能量转换效率可以达到 40% 以上，但受限于失配及传输线、开关的功率损耗，驱动源的总功率与能够获取的高功率微波功率之比达到 5:1 是很有必要的。典型如 Sinus881 驱动源，输出电压 800kV，电流 8kA，总脉冲能量 6.4GW，配合相对论返波管获得了功率为 $1.2\sim1.5$GW 的高功率微波，与驱动源总功率之比约为 1:5。另外，高功率微波驱动源的运行重复频率与希望获取的高功率微波脉冲重复频率是完全一致的，但驱动源输出脉冲宽度要比希望获取的高功率微波脉冲宽度要宽，主要原因有两点：一是高功率微波器件有一个起振时间，二是驱动源输出高能电子束流也同样存在一个逐渐增强平稳输出直至逐渐消亡的过程。一般情况下，若希望获得的高功率微波脉冲宽度宽 20ns，设定驱动源的输出脉冲宽度比是很有必要的。典型如 Sinus881 驱动源，输出脉冲宽度为 40ns，利用相对论返波管获得的高功率微波脉冲宽度为 $20\sim22$ns。概括起来，高功率微波驱动源的初始关键参数确定原则如下：

① 输出阻抗与高功率微波器件尽量匹配。

② 输出总功率与希望获取的高功率微波功率之比约为 5:1。

③ 输出脉冲宽度应当比希望获得的高功率微波脉冲宽度增加 20ns 左右。

④ 脉冲重复频率与希望获得的高功率微波脉冲重复频率一致。

对于 TPG1000 高功率微波驱动源，最初期望其能够作为相对论返波管器件实验平台，获取 3GW 以上的高功率微波功率输出，脉冲宽度约为 20ns，脉冲重复频率最高可达 100Hz。结合相对论返波管的输入阻抗，确定该驱动源的设计指标为：负载阻抗 40Ω，输出功率 20GW，脉冲宽度 40ns，脉冲重复频率 1～100Hz。在驱动源 Tesla 变压器初级参数等主要单元保持不变的前提下，通过初级储能电容器充电电压的设定，配合主开关和二极管工作状态的调整，该驱动源输出功率可以在 5～20GW 之间调节，有利于各类高功率微波器件实验的开展。由于该驱动源最大输出功率约为 20GW，在其研制单位通俗地称之为 20GW 源。在高功率微波驱动源关键参数确定后，即进入驱动源实质性设计阶段，下面结合驱动源的各个组成部分进行设计要点的简要介绍。

（1）Tesla 变压器与脉冲形成线一体化设计

① 脉冲形成线设计。

与 Tesla 变压器一体化的脉冲形成线设计要遵循三个约束条件：一是形成线的特征阻抗设定为 40Ω，二是形成线的长度与输出脉冲宽度密切相关，三是脉冲形成线承压以后各部分形成的电场强度满足不击穿条件。另外，形成线的体积、质量等也是需要考虑的因素。脉冲形成线为同轴结构，由内筒和外筒两部分组成，内外筒之间局部设有介质绝缘支撑，通常以变压器油作为内外筒之间的绝缘介质。在忽略内筒及外筒金属筒壁厚度的条件下，设内筒导体半径为 r_i，外筒导体半径为 r_o，绝缘介质变的介电常数为 ε_r，则

$$Z_0 = \frac{60}{\sqrt{\varepsilon_r}} \ln \frac{r_o}{r_i} \qquad (2\text{-}3)$$

设脉冲形成线最大充电电压为 U_{max}，则形成线内筒和外筒表面的电场强度 E_i 和 E_o 可以计算如下：

$$E_i = U_{max} \left/ \left(r_i \ln \frac{r_o}{r_i} \right) \right. \qquad (2\text{-}4)$$

$$E_o = U_{max} \left/ \left(r_o \ln \frac{r_o}{r_i} \right) \right. \qquad (2\text{-}5)$$

当选定绝缘介质并确定工作模式时，介质击穿的场强 E_{br} 即可认为是常数，在高压结构设计中，Martin 击穿场强公式被广泛采用，可由该公式求出击穿场强：

$$E_{br} = 0.5 T_{eff}^{1/3} A^{1/10} \qquad (2\text{-}6)$$

式中，T_{eff} 为形成线有效充电时间，μs，定义为形成线达到最大场强 63%的时间；A 为电极面积，定义为与最高场强偏离不大于 10%的面积。

由式（2-4）和式（2-5）可知，由于 $r_i < r_o$，内筒表面的场强总是大于外筒表面

的场强，因此在击穿设计时主要考虑的是防止内筒发生击穿，即满足 $E_i < E_{br}$。概括起来，对于脉冲形成线的设计可以总结形成以下约束条件：

$$\begin{cases} Z_0 = \dfrac{60}{\sqrt{\varepsilon_r}} \ln \dfrac{r_o}{r_i} \\[2mm] E_i = U_{max} \bigg/ \left(r_i \ln \dfrac{r_o}{r_i} \right) \\[2mm] E_{br} = 0.5 T_{eff}^{1/3} A^{1/10} \\[2mm] E_i < E_{br} \end{cases} \qquad (2\text{-}7)$$

如果按照 TPG1000 高功率微波驱动源设定的相关初始指标，则 $Z_0 = 40\Omega$，选择变压器油作为绝缘介质，$\varepsilon_r = 2.3$，则 $\ln(r_o / r_i) = 1.01$，$r_o / r_i = e$，$r_o \approx 2.72 r_i$，即外筒半径与内筒半径之间需要满足的比例关系。驱动源的总功率为 20GW，意味着负载电压约为 900kV，而形成线的电压应当满足负载电压 2 倍的要求。考虑到匹配损失及损耗，形成线的充电电压达到 2MV 是极有必要的，由此可以计算出 $E_i \approx 2 / r_i (\text{MV}/\text{cm})$，至此只需要计算出最高击穿场强 E_{br}，满足 $E_i < E_{br}$ 条件即可基本完成形成线结构设计。

但欲求 E_{br} 还必须知道两个参数：一是形成线有效充电时间 T_{eff}，二是内筒表面积。而有效充电时间又与 Tesla 变压器设计的具体参数有关，表面积则和形成线的长度密切相关，形成线的长度又与驱动源输出脉冲宽度相关。在形成线内外筒之间的绝缘介质确定的条件下，形成线的长度 L 与输出脉冲宽度 τ 的关系如下：

$$2L = \dfrac{C\tau}{\sqrt{\varepsilon_r}} \qquad (2\text{-}8)$$

式中，C 为光速。

如果选择变压器油作为绝缘介质，则 $\varepsilon_r = 2.3$，输出脉冲宽度 $\tau = 40\text{ns}$，可计算出形成线长度 $L \approx 3.95\text{m}$。但即便如此，仍然无法计算出 E_{br} 的具体数值，也无法确定脉冲形成线内筒及外筒的半径。至此，表面上可能陷入一个死循环：形成线结构尺寸不定，Tesla 变压器就无法设计，Tesla 变压器不确定，形成线充电时间就无法确定，由此最高耐击穿电压也就无法确定，形成线内筒及外筒的半径也就无法确定。在实际工作中，采用假设法来解决这个问题的：先设定内筒半径为一个工程经验值，再通过迭代法优化出最佳尺寸。当然还有更简单的办法，那就是根据 E_{br} 的工程经验值直接设定内筒半径。脉冲功率技术领域多年的研究经验表明，E_{br} 值约为 100kV/cm，即形成线内外筒表面场强小于 100kV/cm，认为可以满足抗击穿条件，系统不存在电压击穿的威胁。基于这一工程经验值，TPG1000 驱动源的内筒半径最小可以设定为 20cm，则外筒半径约为 54.4cm，总长度约为 3.95m。类似的，在 40GW

驱动源设计中，遵循这一原则设计的内筒半径约为 54.4cm，外筒半径约为 1.5m，考虑到金属筒厚度及安装需要，整个驱动源的直径将达到 3m 以上，可以想象该驱动源是多么的庞大。

② Tesla 变压器设计。

Tesla 变压器是驱动源设计的核心。TPG1000 高功率微波驱动源 Tesla 变压器的结构如图 2-27 所示。在形成线外筒的内壁上及内筒的外壁上贴有开环磁芯，主要材料为带状硅钢片。变压器的初级只有一匝，紧贴在外筒内壁的开环磁芯上，次级有几千匝，末端与形成线内筒相连[37]。需要设计的参数有：与初级线圈相连的储能电容及放电控制电路、次级线圈匝数及开路磁芯。

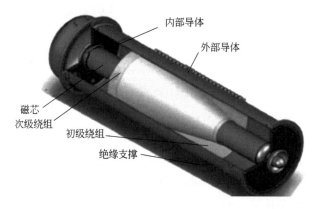

图 2-27　TPG 系列高功率微波驱动源 Tesla 变压器结构示意图

Tesla 变压器初级回路一般包括初级储能电容、晶闸管开关及初级线圈等。当与 Tesla 变压器相连接的脉冲形成线结构参数确定后，初级回路的电感值可以相对给定，同时结合驱动源总体输出参数确定单脉冲总储存能量。在总储存能量确定的条件下，初级充电电压越高，则所需要的储能电容值越小。在初级电感确定的条件下，较小的储能电容就意味着回路具有较高的特征阻抗，有利于减小初级回路的工作电流以及回路阻抗带来的能量损耗，但这是充电电压提高有利的一面，不利的因素是初级充电电压的提高将会带来绝缘安全的隐患。工程上需要选取合适的充电电压以保证变压器初级回路绝缘安全可控，通常以不高于 1000V 为宜。以 TPG1000 驱动源为例，单次脉冲宽度 40ns，脉冲功率 20GW，因此单次脉冲总能量约为 800J，如果设定初级电容充电电压为 800V，则很容易求出所需电容值约为 2.5mF，但这是极为理想的情况。考虑到形成线、开关、传输线及负载失配所带来的能量损耗，认为脉冲输出总体能量利用效率达到 60% 是比较客观的，因此初级储能电容值需要达到 4.5mF 左右才能保证在负载上获得 20GW 的功率输出。另外，如前所述，在变压器初级匝数固定的情况下，初级回路工作电压的提高将同时引起次级线圈匝间电压的增高，增大次级线圈匝间绝缘压力，因此需要合理设计次级线圈的匝数及匝间距，以保证高电压重复频率工作时的绝缘安全。以 TPG1000 驱动源为例，如果初级匝数为 1 匝，充电电压为 800V，在耦合系数接近于 1 时，欲在形成线上达到 2MV 左右的高压，则次级线圈的匝数需要约 3000 匝。概括起来，TPG1000 驱动源 Tesla 变压器的工程设计参数为：初级储能电容约 4.5mF，初级充电电压 800V，初级线圈 1 匝，次级线圈约 3000 匝。

对于应用于高功率微波驱动源的 Tesla 变压器而言，其贴附于外筒内壁及内筒外壁的开路磁芯是保证 Tesla 变压器获得高耦合系数的关键。因此，开路磁芯的设计也是该变压器设计极为核心的关键技术之一。对于具有开路磁芯的 Tesla 变压器，当耦合系数满足 $1-K \ll 1$ 时，其耦合系数 K 可以表示如下：

$$K \approx \left[1 - \frac{2}{3} \frac{r_o^2}{L_K(L_T - L_K)} F(\beta) \ln \beta \right]^{\frac{1}{2}} \tag{2-9}$$

式中，$F(\beta) = \frac{(\beta-1)(2\beta-1)}{\beta^2}$，为结构参数因子；$\beta = \frac{r_o}{r_i}$，为形成线外筒与内筒半径之比；$L_K$ 为初级线圈长度；L_T 为磁芯长度。

Tesla 变压器的耦合系数与开路磁芯的纵横比有关，在设计中应当充分考虑工程实现及技术工艺的可行性，选取合适的 Tesla 变压器开路磁芯纵横比，以保证耦合系数不低于 0.95。

当 Tesla 变压器初级、次级及开路磁芯设计完成后，与脉冲形成线一起，整个驱动源的核心部件 Tesla 变压器与一体化的脉冲形成线设计工作才算基本完成，后续的大量工程化工作和特殊工艺问题还需要在实践中具体解决。可以说，过程性经验在一台性能优越高功率微波驱动源的研制过程中不可或缺，在有些时候甚至直接决定了一台驱动源性能的好坏。在完成 Tesla 变压器与脉冲形成线一体化设计后，脉冲形成线达到最大电压的充电时间，即谐振充电的半周期时间 t_{ch} 为

$$t_{ch} \approx \pi \left(C_{op} L_{so} \frac{\alpha}{1+\alpha} \right)^{\frac{1}{2}} \tag{2-10}$$

式中，$L_{so} = \frac{\mu_0 \pi n_1^2 r_o^2}{3L_K} F(\beta)$ 为初级储能漏感，μ_0 为真空磁导率，n_1 为初级线圈匝数；$\alpha = \omega_{02}^2 / \omega_{01}^2$ 为 Tesla 变压器振荡回路失调系数，ω_{01}、ω_{02} 分别为初级回路及次级回路的本征振荡频率；C_{op} 为初级回路储能电容值，$C_{op} = n_2^2 C_2$，C_2 为形成线等效电容，n_2 为次级线圈匝数。以 TPG1000 驱动源形成线输出脉冲宽度 40ns 设

计为例，形成线等效电容约为 500pF，次级线圈 3000 匝，则初级回路的储能电容约为 4.5mF。应用式（2-10）结合 TPG1000 驱动源形成线及 Tesla 变压器初级线圈及次级线圈磁芯参数可知，该驱动源脉冲形成线的充电时间约为 84μs。该数据可反过来对系统的抗绝缘强度进行核算，以进一步对系统参数进行优化迭代。

（2）重频主开关设计

在高功率脉冲技术中，开关技术具有特殊重要的地位，它不仅决定了脉冲功率装置的输出特性，甚至是脉冲功率系统成败的关键。在脉冲功率中，得以应用的开关要能传输几十 GW 甚至 TW 级功率，时间抖动在 ns 范围，才能使能量有效地传输到二极管（负载），还要求开关具有较低的电感和损耗电阻。通常的一些开关（如气体开关、油开关、水开关等）基本上能够适应这些要求，随着脉冲功率技术的不断发展，许多新型开关（如多通道开关、磁开关、半导体开关、光导开关、等离子体开关等）都得到很大发展。

应用于高功率微波驱动源的开关也有多种类型，但技术最为成熟及应用最为广泛的还是气体开关。以 TPG1000 驱动源为例，其采用的也是气体开关，这一点与 Sinus 系列高功率微波驱动源是完全一致的。开关的击穿过程是十分复杂的，许多学者对此进行了大量系统研究。以气体开关为例，可以从宏观机制来描述开关的工作特性，通常可以通过开关放电时获得的电压和电流波形得到放电过程的主要信息，把放电开始理解为间隙中电流开始迅速增长同时电压迅速下降的过程，也就是说，火花间隙中形成流柱放电后，火花通道中的电流即迅速增长，火花电阻从很大值（此值主要由流柱放电所决定）变成了接近于零。

下面是一些与开关运行有关的工作参数：

① 过压倍数 β 定义为：$\beta = \dfrac{V_P}{V_B}$，即开关击穿时脉冲电压 V_P 与静态击穿电压 V_B 之比，用来表征击穿延时快慢。

② 工作系数 m 定义为：$m = \dfrac{V_O}{V_B}$，即开关的工作电压 V_O（充电电压）与静态击穿电压 V_B 之比，用来表示开关的可靠性，避免非受控自击穿现象发生。

③ 火花通道电阻 $R_U(t)$，根据火花通道中能量平衡条件，公认的经验公式为

$$R_U(t) = \dfrac{d}{\sqrt{\dfrac{2a}{P}\int_0^t i^2 \mathrm{d}t}} (\Omega)$$

式中，P 为开关中所充气压，0.1MPa；d 为电极间隙距离，cm；i 为开关通道中的电流，A；a 为常数，对于空气和氮气，$a = 0.1\mathrm{MPa}\cdot\mathrm{cm}^2/(\mathrm{S}\cdot\mathrm{V}^2)$。

假设电极上的电位降可以忽略，在这种情况下，放电电流 i 和电场强度 E 之间

的关系为

$$i = \pi r^2 n_e b_e eE$$

式中，n_e 为电子密度；b_e 为电子迁移率；e 为电子电荷；r 为通道半径。

④ 开关中火花放电常数 θ，火花放电 θ 是为了分析考虑火花电阻时放电回路中的过渡过程而引入的，其表达式为：$\theta = \dfrac{2pd^2}{aV_0^2}$。可以用其表征火花电导率增长的特征时间，$\theta \propto \dfrac{1}{p}$，这些结论是开关设计的重要参考。

⑤ 开关的导通时间和持续时间，定义 τ_p 为开关时延，t_k 为开关导通时间，亦称开关的动作或击穿时间，t_p 为开关的放电持续时间，三者关系如图 2-28 所示。

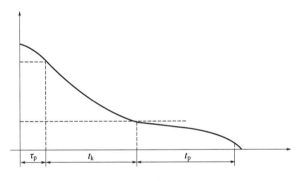

图 2-28　开关的导通时间和持续时间示意图

以上简单地引述了学者们总结的与开关密切相关的一些工作参数，有关各类开关的详细工作过程讨论可以参考更加专业的文献。就 TPG1000 Tesla 型高功率微波驱动源来说，可以确定以下开关设计原则：

① 由于形成线充电电压达到 2MV 量级，因此开关的耐击穿性能，尤其是绝缘支撑的耐击穿性能应当充分考虑。

② 开关的结构应当尽量简单，使用方便，开关的电极间距或充气气压应具有一定的调节余量，以便对开关的工作电压及击穿响应进行调节。

③ 介质板的厚度应充分满足各部分的压力要求。

开关的设计主要包括两部分内容：一是主开关参数及结构设计，二是主开关触发器设计。

① 主开关参数及结构设计。

主开关电感及导通电阻是影响主开关输出脉冲上升前沿的主要因素。为了减小主开关的输出脉冲上升时间，设计开关工作于较高气压（p）、较小间距（d）状态，以减小电感项和电阻项时间常数。主开关最大工作电压为 2.0MV，考虑到电场不均匀系数，设计主开关 pd 值为 6～15MPa·cm，设计主开关间距为 6～10cm，气压为 1.0～

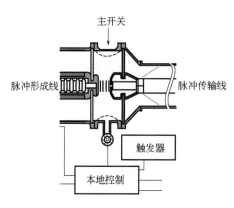

图 2-29 TPG1000 驱动源重复频率主开关结构示意图

1.6MPa。开关电极设计为棒-板结构，有利于提高开关工作稳定性；负极性击穿有利于提高击穿电压，可进一步减小开关电感，陡化脉冲前沿；较小的阴极尺寸所对应的工作区较小，较大的阳极结构有利于加快开关工作区热扩散。因此，设计开关为较小尺寸阴极结构与较大尺寸阳极结构。TPG1000 气体开关结构如图 2-29 所示。

② 主开关触发器设计。

主开关触发击穿时，开关间隙工作于欠压击穿状态，设计主开关欠压比为 80%。设计二级耦合 Tesla 变压器产生触发脉冲，触发脉冲幅值为 150～200kV，触发脉冲前沿为 5～7μs，触发器与脉冲传输线设计为一体，结构上是传输线的一部分。设计要点与前述的 Tesla 变压器与形成线一体化设计要点完全一致，只是变压器输出电压、电流要小得多，整体的功率损耗与驱动源总输出功率相比可以忽略不计。

（3）传输线设计

传输线最主要的功能是实现脉冲形成线与负载之间的匹配，避免反射对输出波形的影响，提高电子束的品质因数。如果脉冲形成线的等效电阻为 Z_1，负载阻抗为 Z_2，则传输线的阻抗为 $Z_0=\sqrt{Z_1Z_2}$，即可实现匹配。但实际情况并非那么复杂，在一台高功率微波驱动源设计初期，高功率微波器件的输入阻抗基本确定，作为产生高能电子束的真空二极管的阻抗也基本确定，而脉冲形成线的阻抗设计指标与负载阻抗一致，这样脉冲传输线的阻抗事实上已经确定，与脉冲形成线及二极管阻抗一致即可。如果选取的绝缘介质不变，则传输线的内外筒半径与脉冲形成线一致，其长度尽量与脉冲形成线的长度相当或更长以消除反射波二次反射对输出波形的影响。但实际情况是，由于整个脉冲形成线的长度已经达到数米，如果传输线的长度与形成线一致，则整个脉冲驱动源总长度将达到十几米以上，无论是体积还是质量都太过庞大。因此，在实际设计中，脉冲传输线的长度可以比形成线略短，在匹配较好的情况下，其长度可以设计为脉冲形成线长度的一半甚至更短，由此可以节省大量的体积与质量。

传输线除了匹配形成线与负载外，还是气体开关触发器，即二级 Tesla 变压器的一部分，触发脉冲幅度通常在 $100\sim200kV$，触发脉冲前沿通常为几个 μs，其设计要点与前述的 Tesla 变压器与形成线一体化设计要点基本一致，这里不再赘述。

（4）**真空二极管设计**

对于输出系统来说，可以选择水负载或干负载等对输出电压电流进行测试，但建立高功率微波脉冲发生器的目的是将高功率脉冲能量转换成高能电子束。为此，需要一个高电压、低电感的真空二极管来作为传输线的负载。传输线对二极管负载放电的过程，也就是二极管中形成高电压产生大电流的过程，最终实现把脉冲形成线中所储存的能量有效地交给二极管负载。真空二极管一般分为 4 个区域，如图 2-30 所示：二极管绝缘体，用来分隔开传输线区的变压器油或者去离子水与二极管的真空界面；真空磁绝缘传输线（MITL）区，由阴极杆与管体构成；阴-阳极间隙区，电子从阴极发射，在间隙电场中获得加速，许多时候，研究人员直接将阴阳极间隙称为二极管，因为二极管中的主要物理过程就发生在这个区域，这是产生强流电子束最核心的部分；带阳极靶或阳极箔的真空室，电子束打到阳极靶上可以产生 X 射线等用于实验研究，也可以由箔窗引出进一步开展其他方面的应用。对于高功率微波驱动源，二极管产生的高能电子束直接引入高功率微波器件，中间无须箔窗，因此又称为无箔二极管。在驱动源输出指标相关调试中，通常金属板作为阳极，直接测量电压、电流值，获取驱动源输出总功率、脉冲宽度及脉冲重复频率等相关参数。

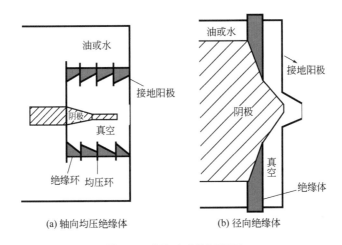

(a) 轴向均压绝缘体　　　(b) 径向绝缘体

图 2-30　典型二极管结构示意图

理论上讲，如果脉冲形成线与传输线完全匹配，脉冲形成线的能量可以完全交付给传输线。同样，如果二极管与传输线完全匹配，传输线中的能量可以完全交付给二极管。实际上，由于分布参数的影响、开关能量损耗等原因，中间有一个能量传输效率的问题，如何做到最佳设计，得到最大的能量传输效率是设计中的核心问题。二极管设计中必须考虑到的两点重要因素为：运行时绝缘体不需要频繁拆卸，取二极管绝缘安全因子近似为 2；电子轨迹不得截获绝缘体，三相点处电场必须控制在允许值以下。有关二极管的相关物理参数的详细设计请参考更加专业的文献。此处以TPG1000高功率微波驱动源为例，其设计的径向绝缘型平板二极管如图 2-31 所示。

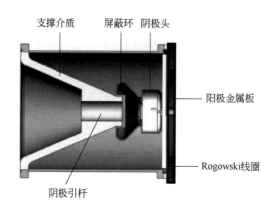

图 2-31 TPG1000 Tesla 型高功率微波驱动源二极管结构示意图

二极管设计的工作是确定其各项物理参数。为了使系统能量利用效率最高，设定二极管的电阻与传输线匹配，即 $R = 40\Omega$，在匹配状态下，二极管承受电压为 1MV，此时电流为

$$I = \frac{V}{R} = \frac{1000\text{kV}}{40\Omega} = 25\text{kA} \tag{2-11}$$

利用低电阻二极管顺位饱和电流模型进行二极管物理尺寸设计，二极管的电流为

$$I = 8.5g\gamma\ln[\gamma + (\gamma^2 - 1)^{0.5}] \tag{2-12}$$

对于大纵横比锥形阴极有 $g = \left[\ln\tan\dfrac{\delta}{2}\right]^{-1} \approx \dfrac{R_c}{d}$，$\delta$ 为半锥角，R_c 为阴极半径，d 为阴阳极间隙。γ 为相对论因子，计算如下：

$$\gamma = 1 + \frac{V}{0.51} = 1 + \frac{1.0}{0.51} \approx 3 \tag{2-13}$$

式中，V 为二极管电压，单位为 MV。将数据代入式（2-12）可得

$$I = 8.5 \times 3 \times 1.76g \approx 44.9\frac{R_c}{d}(\text{kA}) \tag{2-14}$$

如前所述，如果二极管设计为匹配状态，则 $I = 25\text{kA}$，结合式（2-14）可得

$$\frac{R_{\rm c}}{d} \approx 0.557 \qquad\qquad (2\text{-}15)$$

对于二极管来说，与传输线达成阻抗匹配的主要影响因素为阴阳极间隙，以上关系式基本确定了该驱动源二极管阴极头半径与阴阳极之间的关系。工程上基于阴极发射能力及电子束均匀性考虑，阴极头半径通常会选择在 10cm 左右，如果该驱动源二极管负载阴极半径选择为 10cm，则阴阳极间隙距离约为 18cm 即可满足匹配条件。另外，二极管的设计还包括屏蔽环设计及绝缘子（绝缘支撑）设计等。工程设计经验表明，如果三相点处的电场强度小于 30kV/cm，屏蔽环表面电场强度小于 300kV/cm，则系统是安全的，因此屏蔽环的半径有一个可选择范围。另外，表面与电力线呈 45°夹角的绝缘子有最佳绝缘效果，在绝缘子前端加屏蔽环以降低三相点的电压，可通过调整屏蔽环的半径来优化绝缘结构。基本要求为：电压分布沿绝缘子表面均匀下降，避免局部产生高场强，屏蔽环边缘附近的电场较强，场发射电子较多，过屏蔽环边缘附近的电力线不能与绝缘子表面相反，防止电子落在绝缘子表面，在绝缘子与阳极夹角保持一定的前提下，这一点由足够大的屏蔽环半径来保证，同时还要采取绝缘子消除气泡，表面抛光，避免材料缺陷等措施。详细的二极管设计请参考更加专业的参考文献，这里不再详述。

（5）驱动源附属系统设计

一台功能完备的 Tesla 型高功率微波驱动源除了包括 Tesla 变压器、脉冲形成线、开关、脉冲传输线及二极管负载外，还需要很多附属系统以保障驱动源正常工作，包括供气系统、供油系统、水循环系统、真空系统及测试系统等。另外，在整个驱动源内部形成线内外筒之间还需要有必要的绝缘支撑，这些都需要精心设计。测量系统在前面章节中已有概述，其是驱动源性能达标不可或缺的条件。供气系统、供油系统、水循环系统及真空系统都相对较为常规，符合相关要求即可。下面针对绝缘结构的设计要点进行简单介绍。

绝缘结构又称为绝缘子，其设计具体内容又包括 Tesla 变压器、主开关、传输线和二极管绝缘设计。绝缘分析及优化是结构设计的重要组成部分，通常采用数值模拟手段获取形成线、传输线及二极管等关键绝缘部位的静电场分布。传输线中间支撑绝缘是绝缘设计的重要内容之一，该绝缘子承担着结构支撑和高低压强隔离的功能，在力学结构上必须满足一定的要求，而相应结构的绝缘安全则是结构定型设计的前提。如前所述，二极管中的油-真空隔离绝缘是整机高电压绝缘的关键环节之一，特别是绝缘子真空侧绝缘是设计的重点。Tesla 变压器有机玻璃支撑体是其关键的绝缘环节，由于空气中的沿面闪络电压较变压器油要低，因此，Tesla 变压器内导体支撑绝缘子中，主开关一侧的表面是绝缘设计的重点。为减小支撑体的沿面场强，需要重点对内外电极结构进行优化设计，以减小关键部位的电场强度，满足系统绝缘安全条件。

2.2.4 SOS型高功率微波驱动源

2.2.4.1 技术特点

高功率微波驱动源本质上是一类能量转换设备,其核心功能就是把储能装置储存的电磁能量通过某种形式传递给负载,也即各类高功率微波器件。前面介绍的Marx型高功率微波驱动源及Tesla型高功率微波驱动源本质上都是利用电容进行储能的,Marx型驱动源靠Marx发生器"并联充电、串联放电"将电压由低压转换成高压,Tesla型驱动源靠Tesla变压器实现低压到高压的转换。无论是Marx型高功率微波驱动源还是Tesla型高功率微波驱动源,在完成对脉冲形成线充电后,都需要一个开关来实现对负载进行放电,而这个开关在放电之前是开路的,放电时则是短路的,大多数为气体放电自击穿开关,部分具有外触发功能。

就储能方式来看,既可以用电容储能,也可以用电感储能。使用电感储能具有储能密度高、传输功率大、几何体积小等优点,但电感储能元件对负载放电必须采用断路开关,即平时开关处于导通状态,储能元件对负载放电时开关处于开路状态,这一点与电容储能型高功率微波驱动源对开关的要求恰恰相反。一段时期以来,高低压、大电流、响应快、恢复快的断路开关是电感储能型高功率微波驱动源进展缓慢的主要障碍。如前所述,1991年,俄罗斯人发现了P^+-P-N-N^+结构的整流二极管具有在几十 ns 时间内截断高密度电流的能力,这种现象被称为半导体断路开关(Semiconductor Opening Switch,SOS)效应。随后,这类开关被引入到脉冲功率技术中,大大促进了电感储能型高功率微波驱动源技术的发展。基于SOS技术研制的高功率微波脉冲驱动源具有体积小、重量轻、造价低、寿命长等优点,尤其是在高重复频率运行方面有巨大发展潜力,可谓是一类新型的高功率微波驱动源[16]。

基于SOS的高功率微波驱动源可适合从几十Ω到开路的负载。负载恒定时,发生器的输出稳定度高,输出电压幅值的抖动为3%～5%;其所有的部件均为固态,工作中不需要做参数调整、操作简单、寿命长以及可在较高的重复频率下连续工作等都是该类驱动源的优点。但也应当看到,该驱动源未来发展也存在着一定的局限性,首先,这种SOS型驱动源的效率比较低,一般为30%左右,这样大部分能量将耗散在磁开关、SOS等器件中,由于热量不能有效地散去,限制其重复频率的进一步提高;其次,发生器的体积和质量主要取决于磁开关的体积,而磁开关的体积近似正比于脉冲能量;另外,由于磁开关及电容器结构的限制,油介质绝缘性能利用率较低。当单次能量较高或者输出电压较高时,发生器的体积和质量增加很快,使这种发生器结构紧凑的优点不复存在。因此,基于SOS的高功率微波功率源适合产生几百MW到几GW的脉冲输出。此外,基于SOS的高功率微波驱动源输出阻抗普遍较高，很难达到百Ω以下，使得很难匹配到合适高效的高功率微波器件。因此，较长一段时期以来，该类型高功率微波驱动源并没有在产生窄带高功率微波方面占据主导作用。随着超宽带技术的不断发展，该类型的驱动源当前在超宽带高功率微波领域逐渐占据了重要地位，在后续章节中会有进一步的介绍。

2.2.4.2　SOS 型高功率微波驱动源工作流程与设计要点简析

本小节以西北核技术研究院研制的"胡杨 200"SOS 型高功率微波驱动源、"胡杨 700"SOS 型高功率微波驱动源以及中国工程物理研究院研制的 10MW 级小型高重复频率 SOS 脉冲驱动源为例，简要介绍一下 SOS 型高功率微波驱动源的系统组成、工作流程及设计要点。

（1）典型 SOS 型高功率微波驱动源系统组成及工作流程

图 2-32 所示为西北核技术研究院研制的"胡杨 200"SOS 型高功率微波驱动源系统电路组成框图。驱动源由初级充电单元（PCU）、磁压缩单元（MCU）、SOS 功率放大单元（SAG）、控制器以及辅助电路等几部分构成。PCU 单元的作用是将市电（三相、50Hz、380V）通过整流二极管 $VD_1 \sim VD_6$ 和电容器 C_0 转换成电压约为 500V 的直流电，利用电感 L_1、L_2、L_3 和电容 C_0、C_1 以及晶闸管组成的谐振回路产生幅值约为 1kV、脉冲宽度约为 16μs 的电压脉冲馈入 MCU 单元，PCU 单元主体部分采用风冷，半导体部分需采用水冷散热；MCU 也即磁压缩单元，共有三级，由两个脉冲变压器（PT_1 和 PT_2）、一个磁开关（MS）和三组高压陶瓷电容器（C_2、C_3、C_4）组成。脉冲变压器及磁开关的磁芯由磁性材料薄带卷绕而成；SAU 作为最后的功率放大组件，压缩来自 MCU 的能量获得几十 ns 的高压脉冲。MCU 和 SAU 单元均需要放置于变压器油中以提高系统绝缘强度。"胡杨 200"SOS 型高功率微波驱动源的设计指标为：200kV、1kA、2kHz、脉冲宽度 35ns、平均时长功率 10kW、脉冲功率 2GW[16]。

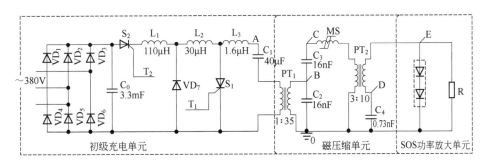

图 2-32　"胡杨 200"SOS 型高功率微波驱动源系统电路组成框图

图 2-33 所示为西北核技术研究院研制的"胡杨 700"SOS 型高功率微波驱动源

系统电路组成框图。与"胡杨 200"驱动源略有不同，研制者以功能划分将该驱动源也分成三大部分：第一部分是串联谐振恒流充电电源模块，该模块为系统提供电压 2.5～3.0kV 的初级能源，电源的总输出功率为 215kW，由 5 台串联谐振充电电源并联工作，每台输出功率为 45kW；第二部分是初级充电单元模块，即图 2-32 中左边 PT₁ 的电路部分，其主要功能是形成电压为 5kV、宽度为 45μs 的脉冲并馈入下一级的高压单元模块，初级充电单元模块置于空气中；第三部分是高压单元（HVU）模块，由磁脉冲压缩器和 SOS 器件构成。磁脉冲压缩器由 4 组瓷介质高压脉冲电容器、2 个磁饱和脉冲变压器和 2 个磁开关组成，磁饱和脉冲变压器磁芯由硅钢薄带绕制，磁开关磁芯由非晶薄带绕制而成；SOS 器件由 40 只 SOS-180-4 型半导体断路开关串并联组成（10 串 4 并），额定工作电压为 1.8MV，正向泵浦电流及驱动时间为 2.4kA、400ns，反向泵浦电流及驱动时间为 8.4kA、65ns[16]。

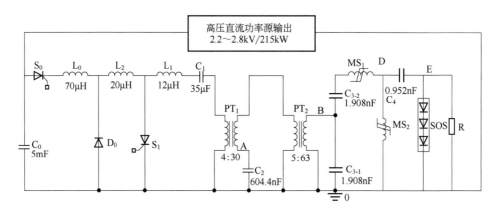

图 2-33 "胡杨 700" SOS 型高功率微波驱动源系统电路组成框图

磁压缩单元压缩前级馈入的低压宽脉冲，为 SOS 提供满足要求的正反向泵浦电流，SOS 在反向驱动电流达到最大值时快速关断，在负载上形成高压脉冲输出，这一部分高压模块完全置于变压器油中。与"胡杨 200"驱动源的不同之处主要有两方面：一是初级电压提高到了 2.5kV，这主要是为了提高初级回路的特征阻抗，减小电路的阻性损耗和得到窄的前级脉冲；二是磁脉冲压缩器的级数由 3 级增加到了 4 级，这主要是为了更进一步提高输出脉冲电压及功率。"胡杨 700"驱动源的设计指标为：输出电压 700kV、输出电流 5kA、脉冲宽度 50ns、重复频率 500Hz。

由以上介绍的"胡杨 200" SOS 型高功率微波驱动源和"胡杨 700" SOS 型高功率微波驱动源可知，一台典型的 SOS 型高功率微波驱动源事实上应该由三大模块组成：第一部分是充电电源模块，其作用是将市电转换成 kV 量级的准高压直流电，为后级电路提供充裕的电磁能量；第二部分是充电储能模块，高压直流通过谐振充

电的方式将能量存储于电感、电容之中；第三部分是高压形成模块，主要由磁压缩
变压器和 SOS 断路开关组件组成。其作用是将充电储能模块储存的相对较低电压
（几 kV 量级）、较长脉冲宽度（几十 μs）的电磁能量通过脉冲变压器升压，断路
SOS 开关断开，在变压器末级形成新的放电回路，获取几十 ns、几百 kV 的高压
脉冲。概括起来，SOS 驱动源的大致工作流程为：整流初步升压——谐振充电储
能——变压器组前级受电——SOS 开关短路，变压器末级空载运行——SOS 开关断
路，变压器末级对负载放电。需要强调说明的是，在 SOS 开关断路之前，SOS 开关
处于短路状态，变压器末级回路与末级电容一起形成空载高压，此时的负载阴阳极
之间事实上处于短路状态，没有功率输出；当 SOS 开关处于断路状态时，变压器末
级线圈及末级电容上形成的高压才能够施加到负载上，在负载上形成几十 ns、几百
kV 的高压脉冲。如果负载为真空二极管，则可以产生高能电子束，进一步将电子束
输送到高功率微波器件以获取高功率微波脉冲。

（2）典型 SOS 型高功率微波驱动源设计要点示例

中国工程物理研究院的科技工作者详细报道了一台小型 SOS 驱动源的设计及
研制，下面以该驱动源为示例，简单介绍一下 SOS 型高功率微波驱动源设计要点，
以使读者对该类型驱动源设计有一个基本的认识。该 SOS 型驱动源是为了开展高重
复频率及长脉冲研究而研制的，总功率并不高。在 100Ω 负载上输出电压约为 30kV，
脉冲宽度为 80ns，脉冲重复频率为 1500Hz，脉冲总功率约为 10MW。因此，严格
意义上讲，该驱动源并不能称为传统意义上的高功率微波驱动源。尽管其输出功率
较低，但其设计规范及流程与"胡杨 700"等大型 SOS 高功率微波驱动源并无本质
差别，其简要精练的设计流程在了解 SOS 驱动源设计方面具有比较高的参考价值，
这也是本小节着重将该驱动源设计简要介绍给读者的主要原因。图 2-34 给出了该
SOS 型脉冲驱动源的电路原理图。

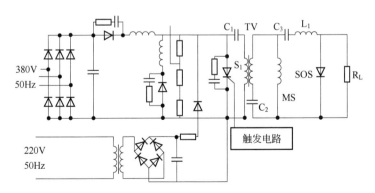

图 2-34　SOS 型脉冲驱动源电路原理图

该小型 SOS 驱动源工作流程为：三相交流电通过整流滤波后给初级储能电容器 C_1 谐振充电，当触发电路输出触发脉冲触发开关 S_1 后，C_1 通过开关 S_1、脉冲变压器 PT、磁开关 MS 给电容器 C_2 充电到最大值后，C_2 通过电感 L_1、SOS 开关给电容器 C_3 充电，同时给 SOS 开关提供正向泵浦电流；在 C_2 给 C_3 充电过程中，磁开关 MS 将由非饱和状态过渡到饱和状态，在磁开关饱和状态下，C_3 通过 L_1、MS、SOS 开关形成放电回路给 SOS 开关提供反向泵浦电流；当放电电流增大到一定值时，SOS 开关截止；由 L_1 和 C_3 将能量输出给负载 R_L。为有效提高单次工作情况下的输出脉冲电压幅度及重复频率工作情况下第一个输出脉冲的电压幅度，给 C_1 附加了 RC 充电回路[38]。

① 触发脉冲开关设计。

根据驱动源技术指标要求，合理选择驱动源的各系统组成核心器件的性能参数。综合分析确定，该驱动源的触发开关 S_1 由 KK 系列 1200A/1500V 晶闸管两只串联而成，单只参数为：通态平均电流 $I_T = 1200A$，断态重复峰值电压 $U_{DRM} = 1500V$，通态峰值电压 $U_{TM} = 2.6V$，断态重复峰值电流 $I_{DRM} < 60mA$，反向重复峰值电流 $I_{RRM} < 60mA$，门极触发电压 U_{GT} 为 $1.0 \sim 1.6V$，门极触发电流 I_{GT} 为 $80 \sim 102mA$，关断时间 $t_g < 2\mu s$，开通时间 $t_{gt} < 20\mu s$，通态电压上升率 $du/dt > 500V/\mu s$，断态电流上升率 $di/dt > 200A/\mu s$。由于晶闸管串联工作时各器件开通时间不能完全一致，造成最后开通的器件将承受全部电压，该器件会因过压击穿而损坏。因此，除了选择有相同静态工作参数的器件外，还需要对器件的触发开通性能进行动态测试，即通过监测两串联器件的触发脉冲和器件两端的工作电压以确定两只器件是否可以满足同时工作的要求。另外，在晶闸管处于正向和反向阻断状态时，串联情况器件流过相同的漏电流，但由于器件自身性能的差异，承受的电压会相差较大，故在实际电路中还需要采用分压电阻进行均压，本电路总设计选择的均压电阻为 510Ω。最后，为能吸收器件反向阻断时由于 di/dt 引起的器件过电压，在晶闸管两端还需要采用阻容吸收电路来消减过压对器件带来的影响，设计中可以通过实际测试晶闸管两端的电压降选取合适的吸收电阻和电容器值。在该驱动源电路中，最后选取的吸收电阻为 5Ω，电容器值为 $0.2\mu F$，可使反向阻断时因 di/dt 引起的器件过电压达到最小，进而有效防止器件击穿损毁[38]。

② 脉冲变压器及磁开关设计。

脉冲变压器是该类驱动源的关键部件之一，其核心作用是进行电压提升。根据整体设计要求，该驱动源的脉冲变压器选用了玻膜合金材料（$\Delta B = 2.9T$），外形尺寸为 $\phi 300mm \times \phi 200mm \times 25mm$。初、次级匝数比为 1:30，初级用 20mm×50mm 铜带，次级用 $\phi 2.5mm$ 漆包线 4 组并联绕制，全部用有机玻璃骨架。磁开关用矩形磁滞回线较好的金属玻璃材料（$\Delta B = 2.4T$），磁芯用两块外形尺寸为 $\phi 130mm \times \phi 50mm \times$

ϕ 20mm 的磁芯叠加而成，考虑在高重复频率条件下工作时磁芯散热问题，两块磁芯间用有机玻璃隔开，间距为 8cm。该结构设计及材料选择既保证了脉冲变压器高效的能量转换，又有效保证了系统的绝缘与散热[38]。

③ SOS 断路开关设计。

SOS 型驱动源的核心部件是 SOS 断路开关，其性能参数直接决定了该驱动源的输出阻抗、输出功率及输出脉冲形状。SOS 开关需要在大电流情况下快速关断，以使能量最大限度地作用到负载之上。理论上讲，很多片 SOS 单元二极管串、并联组合可得到任意电压和电流的 SOS 开关，SOS 开关能在高重复频率下工作，其最高工作频率主要由开关散热条件决定，在较好的散热条件下，其工作频率可达 5kHz 以上。在串联组合时，为防止单元片表面不平引起接触不好，出现片间打火击穿，串联前一定要对单元片的两个接触表面进行表面去污及抗击穿老练处理。

SOS 单元二极管在正向泵浦电流期间，在二极管内形成高密度的等离子体区；在反向泵浦电流期间，高密度的等离子体消失使 SOS 二极管断开，二极管为通常意义的断开开关。基于 SOS 开关的工作原理，合理设计选择 SOS 开关正向泵浦及反向泵浦产生至关重要。经综合考虑，该驱动源设计的单元断路开关主要参数为：耐压为 3kV，正向泵浦电流为 150～300A，正向泵浦时间为 150～400ns，反向泵浦电流为 0.5～1.0kA，反向泵浦时间为 40～100ns。每个单元断路开关由 4 个相同结构的 SOS 单元二极管串联而成，串联后的单元断路开关焊接在矩形铜片上，铜片起散热作用。由于 SOS 开关由多个单元断路开关串联组成，故矩形铜片还会起到额外的高压均压作用。与回路储能电容相比，SOS 开关分布电容很小，可忽略不计。因串联使用时 SOS 开关中每个单元断路开关的正向泵浦电流、正向泵浦时间、反向泵浦电流、反向泵浦时间几乎一样，故每个单元断路开关性能轻微差异不会影响 SOS 开关性能。但是，如果 SOS 开关是单元断路开关串联后又多组并联使用时，就需要仔细考虑每组并联分支的性能。该驱动源设计的 SOS 开关由 20 片 SOS 单元断路开关通过串联组合而成，用两个铝材料极板和三根有机玻璃杆固定，不存在并联情况，因此性能整体较为稳定。

④ 驱动源调试。

如前所述，一台驱动源在完成设计及研制工作后，必要的测试与优化是必不可少的环节。由于本小节介绍的小型驱动源输出电压不高，很难利用真空二极管产生高能电子束，因此，选择固态电阻直接对其性能进行测试是比较简单的做法。考虑到高压绝缘，该加速器将高压部分都放置于变压器油中。负载选用大功率的氧化膜电阻，利用高精度电阻分压器测试输出电压，测试前先用幅值为 100V、脉冲宽度为 50ns 的矩形脉冲对该分压器进行标定。实验测试表明[38]：在单次情况下负载为 300Ω 时输出电压为 46kV，脉冲宽度约为 80ns；在负载为 100Ω 和重复频率分别为 10Hz、

500Hz、1000Hz 和 1500Hz 条件下，输出电压为 30kV，脉冲宽度为 80ns、脉冲幅度离散<2%。整体输出指标达到了最初设定的技术要求。负载 300Ω，单次工作条件下的输出电压波形如图 2-35 所示；负载 100Ω，重复频率为 1000Hz 和 1500Hz 的实验输出波形如图 2-36 所示。结果显示，该 SOS 驱动源相较于 Tesla 型驱动源及 Marx 型驱动源具有高重复频率运行的潜在优势。

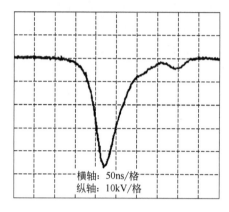

图 2-35 单次实验输出电压波形（300Ω）

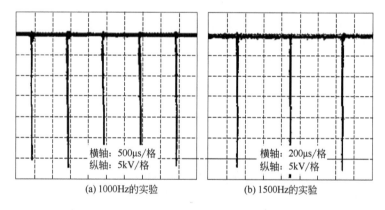

(a) 1000Hz的实验　　　　　　　　　　(b) 1500Hz的实验

图 2-36 100Ω负载下电压输出波形

2.2.5　其他类型高功率微波驱动源

除了 Marx 型高功率微波驱动源、Tesla 型高功率微波驱动源及 SOS 型高功率微波驱动源外，还有一些其他类型的高功率微波驱动源也值得关注，其中较有代表性的高功率微波驱动源还包括爆磁压缩型高功率微波驱动源和直线变压器型高功率微波驱动源等。

2.2.5.1　爆磁压缩型高功率微波驱动源

任何一台高功率微波驱动源事实上都需要经过三个工作过程：储能、升压及能量释放。Marx 型高功率微波驱动源通过电容储能，利用 Marx 电路特有的"并联充电、串联放电"的物理规律形成高压，通过气体自击穿闭路开关实现对负载的能量释放；Teals 型高功率微波驱动源通过电容储能，通过 Tesla 变压器升压，同样利用气体自击穿闭路开关实现对负载的能量释放；SOS 型高功率微波驱动源通过电容、电感储能，通过脉冲变压器升压，利用 SOS 断路开关实现对负载的能量释放。相较于这些类型的高功率微波驱动源，爆磁压缩型高功率微波驱动源最本质的特色是其能量主要来源于炸药的化学能，通过发生器内爆管膨胀运动压缩空腔内磁场做功，把炸药化学能转换成电磁能，再通过一系列的能量递换，最终在负载上形成快前沿、高电压、高功率电脉冲。有关爆磁压缩型高功率微波驱动源的设计可参阅更加专业的文献，这里借助于中国工程物理研究院研制的 20GW 紧凑型爆磁压缩高功率微波驱动源，简单地向读者解释一下该类型驱动源的大致工作流程。20GW 爆磁压缩型驱动源的电路框图如图 2-37 所示。

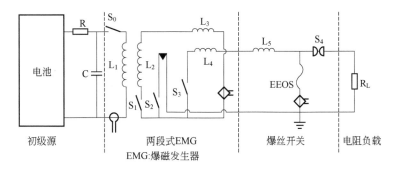

图 2-37　20GW 爆磁压缩型驱动源的电路框图

如图 2-37 所示，整个驱动源的工作过程为：当初始能源（蓄电池初级能源内 200μF 电容器组 C）通过爆炸闭合开关 S_0 给 L_1 提供的电流达到最大值时，雷管引爆炸药驱动短路开关 S_1 闭合，通过 L_1 与 L_2 的耦合，在 L_2 中俘获磁通。随着炸药爆轰的不断推进，扩张的中心管压缩 L_2 中的磁场，通过中心管与磁场的相互作用，不断把炸药化学能转变为电磁能，从而在 L_2 的负载 L_3 中实现电流和电磁能量放大。当扩张的中心管运行到短路开关 S_2、S_3 处时，发生器第 1 级工作结束，第 2 级开始运行。由于 L_3 和 L_4 的耦合，短路开关 S_2、S_3 闭合后，在 L_4 中俘获磁通。随着扩张中心管的不断推进，L_4 中磁场得以不断压缩，从而在负载（储能电感 L_5）中获得大电流，能量以磁场能形式储存在 L_5 中。当扩张的中心管运行到线圈 L_4 末端时，发生器第 2 级运行结束[39]。

当发生器第 3 级开始运行时，电流流过 L_5 和 EEOS 中金属丝，金属丝被加热并经历一系列热物理过程，包括固态加热、熔化、液态加热、气化及复杂的电爆炸等过程。随着金属丝加热状态的变化，电阻率不断增加，并在金属丝两端产生数百 kV 的脉冲高压，引起隔离间隙 S_4 导通，电感 L_5 中的磁能快速转换成电能，以高功率脉冲形式输送给负载 R_L。隔离间隙开关 S_4 的作用在于陡化电爆炸丝输出脉冲的上升沿，为负载提供快前沿的高功率脉冲[39]。

该爆磁压缩型高功率微波驱动源的实物照片如图 2-38 所示[39]。其最主要的特点是体积小、结构紧凑、质量小。在获得 20GW 输出功率条件下，其长度小于 1.2m，直径为 0.4m，质量约为 100kg。该类型高功率微波驱动源在某些对体积、质量有一定限制的场合具有特殊的应用价值。

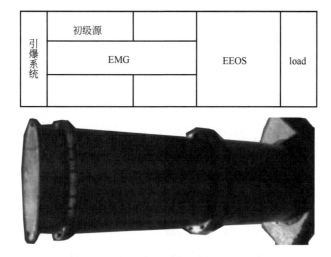

图 2-38 爆磁压缩型高功率微波驱动源结构及实物

2.2.5.2 直线变压器型高功率微波驱动源

直线变压器型高功率微波驱动源（Linear Transformer Diver，LTD）与 Marx 型高功率微波驱动源最主要的区别是该类型驱动源不需要脉冲形成线，可以直接驱动负载。该类型驱动源等效电路如图 2-39 所示。

整个驱动源由一组 N 个 LTD 模块及次级回路负载构成，每个 LTD 模块又由多个 LTD 模块子单元组成。每个 LTD 模块子单元包含储能电容及火花隙开关，可看成一个 1:1 的变压器，M 个单元同时放电可以在次级回路负载上获得 M 倍电压。每个 LTD 模块的初、次级回路均绕在磁芯上，通过磁芯进行耦合，当初级电容储能结束后，开关击穿形成初级电流，通过磁芯在次级上产生感应电压，直接驱动负载。由于单个 LTD 模块提供的次级电流有限，通常采用若干个 LTD 模块进行并联。典型 LTD 模块结构实物照片如图 2-40 所示，LTD 驱动源组成结构示意图如图 2-41 所示[40]。

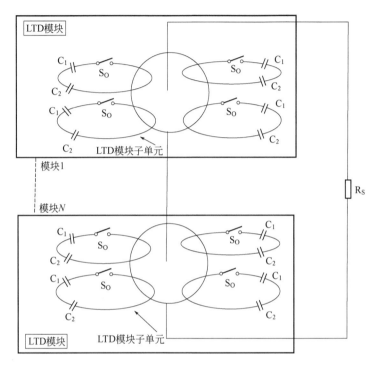

图 2-39　LTD 驱动源电路示意图

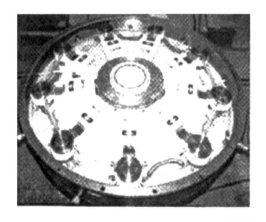

图 2-40　LTD 模块结构实物照片

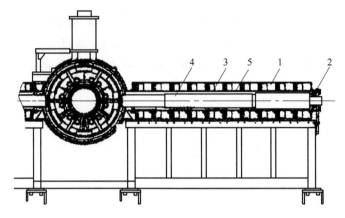

图 2-41 LTD 驱动源组成结构示意图

1—变压器模板；2—紧固件；3—圆柱体；4—中心导体；5—保护圆筒

LTD 驱动源具有以下典型特点：

① 在初级储能一定时，LTD 通过多路并联放电，减小了每一路电容器的容量，电流上升时间变短，可以实现短脉冲输出，节省脉冲压缩段，直接驱动负载。

② 初级电容器充放电均为并联进行，工作电压较低，一般在百 kV 量级，降低了系统绝缘要求。

③ 模块由许多独立放电子单元构成，某一个子单元的故障对其他子单元的影响较小，便于维护与检修。

④ LTD 模块是相对独立的工作单元，可以采用一定数目的模块通过串并联满足对输出脉冲的要求，同时模块化也会使系统更加紧凑，便于系统维护。

LTD 驱动源虽然有很多优点，但在高功率微波技术领域，该类型驱动源至今仍然较少，并非主流的高功率微波驱动源类型。初步分析认为，在没有脉冲形成线的情况下，驱动源输出脉冲的上升沿过慢可能是一个主要因素，理论上讲，可以通过增加子单元减小初级储能电容获取更快的脉冲上升沿，但其代价是增加了系统的复杂度。当前，国内见诸报道的LTD驱动源，典型如中国工程物理研究院研制的100GW LED 驱动源的输出脉冲上升沿约为 60ns，西北核技术研究院报道的 500kV/300kA LED 驱动源的脉冲上升沿约为 200ns，当然，不可否认的是这两款驱动源并不是为专门开展高功率微波技术研究而研制的。接近于常规高功率微波驱动源指标的是电子科技大学报道的 8GW LED 驱动源，其输出脉冲宽度为 80ns，脉冲重复频率为 10～20Hz。从该驱动源技术指标看，比较适合作为开展高功率微波器件研究的平台，但为什么该类型驱动源没有在当今高功率微波技术领域占据主导地位，仍然需要进一步的观察与思考。笔者认为，研究者在跳出方波是最"完美"的 HPM 波形认识的局限性之后，基于 HPM 武器小型化的本质需求，研制的驱动源在未来将有较大的应用空间。也许该类驱动源近年来已经广泛应用，只是出于保密的原因而少见报道。

2.3　窄带高功率微波器件

2.3.1　窄带高功率微波器件发展概况

2.3.1.1　器件整体概述

所谓高功率微波器件，通俗地讲就是能够将脉冲功率源产生的高能电子束能量转换成高功率微波能量的设备或装置。按照与电子束相互作用的微波简正模来区分，高功率微波器件可以分为慢波器件与快波器件。快波器件中参与束波互作用的简正模的相速度大于真空中的光速，典型代表是自由电子激光，而慢波器件中相应简正模的相速度小于真空中的光速。按照驱动微波源的电子束运动与电磁场的方向关系，可分成平行场器件、正交场器件和空间电荷型器件。在前两种器件中，微波是从近似稳态下成长起来的，工作频率由束波互作用区内的简正模决定[41]。

平行场器件（或称 O 型器件）所加磁场为保持运动中的强流电子束的截面形状不散焦而要求始终要与电子运动在同一轴线上，强流电子注是在器件的互作用区中高速运动时与高频电场发生互作用同时进行能量交换，在整个过程中磁场不参与注波的能量交换，只起引导电子束运动的作用，所以 O 型器件中的磁场也被称为引导磁场。O 型器件中，慢波线或谐振腔组成了强流电子束与高频场发生能量交换的互作用区。而要发生能量交换，首先是要求电子束被电子枪加速到需要的直流速度，电子束以高速到达并进入互作用区，开始以不断失去动能的形式把电子束的能量交给激励起的高频场，最后以较低的速度离开互作用区并被位于作用区末端的收集极收集。强流电子束进入与离开互作用区所产生的速度之差也就是高频场所获得的能量，整个过程中，转换效率取决于电子的"剩余速度"。目前的研究与应用常采用的高功率微波源器件中，相对论返波管（RBWO）、相对论行波管（RTWT）、相对论速调管（RKA）、多波切伦柯夫发生器（MWCG）、多波衍射发生器（MWDG）、自由电子激光器（FEL）以及相对论衍射发生器（RDG）等都属于 O 型器件[41,42]。

正交场器件（或称 M 型器件），主要得名于其磁场与电场的方向相互垂直，因此这种器件也被看作是二维器件，M 型器件的磁场始终参与电子运动与能量的整个交换过程。同 O 型器件一样，电子注必须在器件的互作用区内运动并与高频电场发生互作用才能实现能量交换，实现微波的输出；不同的是，M 型器件的互作用区是由器件的阴、阳极形成的。达到一定速度的强流电子束在互作用区高速运动时不断丢失自己的位能，以这种方式不断地把能量提供给高频场，最终以近乎同步的速度离开器件的互作用区，并打在阳极上。M 型器件的工作效率主要取决于强流电子束所具有的位能。相对论磁控管、磁绝缘线振荡器等都属于 M 型器件[42]。

高功率微波源器件中，除了 O 型、M 型器件外，还有一种空间电荷型器件，虚阴极振荡器（VCO）即属于空间电荷型器件。实际上，虚阴极振荡器并不只是单独的一种器件，它包括了 vircator、reditron、反射三极管、同轴型 vircator 以及反馈型 vircator。虚阴极振荡器能达到很高的输出功率，频带范围也很宽，其在频率 1～10GHz 的范围内有 GW 级的输出能力。虚阴极振荡器还具有结实、简易、可调、高功率、多功能等众多优良特性，因此它将继续在高功率微波的舞台上占据重要地位[42]。到目前为止，研究发现的这类器件的主要局限性在于其低效率，不过因为它具有在低阻抗条件下工作的能力，在某些特殊环境下仍占据独特的优势。这三种类型的器件各具优势，如何选择要视具体的条件与需要达到的目的而定。窄带高功率微波器件分类大致如表 2-2 所示。

表 2-2　窄带高功率微波器件分类

类型	慢波器件	快波器件
O 型器件	相对论速调管	自由电子激光器
	相对论返波管	回旋振荡管
	相对论行波管	回旋行波管
	渡越时间振荡器	回旋返波管
	多波切伦柯夫振荡器	—
M 型器件	磁绝缘线振荡器	交变场磁控管
	相对论磁控管	—
	正交场放大器	—
空间电荷型器件	虚阴极振荡器	—

另外，品质因子是衡量高功率微波器件的一个重要参数，它等于峰值微波功率乘以频率的平方，即 Pf^2。它反映了器件的工作频率与输出峰值功率之间的关系，当频率较高时，许多微波源的峰值功率与 f^2 成反比。但对低于 10GHz 的频率范围，这个趋势并不明显。品质因子的另一个重要意义是对于一个固定的天线口径，微波在靶上的功率密度与 Pf^2 成正比，所以 Pf^2 是对定向能和功率输送的微波源进行评价的理想参数。图 2-42 描绘出了各种器件在过去几十年中为获得较高的品质因子而取得的技术进步。1940—1970 年，传统微波器件即各类微波管将 Pf^2 提高了 4 个数量级，此后就没有了明显的进展。虽然发展速度缓慢，但有些传统器件的品质因子仍在继续提高。高功率微波从 Pf^2 约为 1 起步，并在之后的 20 年里又将 Pf^2 提高了

4 个数量级。到目前为止，品质因子最高的微波源是自由电子激光。也许用图 2-43
描述各类高功率微波器件的能力更加直观，由该图很容易了解各类器件当前对应不
同微波频率的输出功率水平[43]。

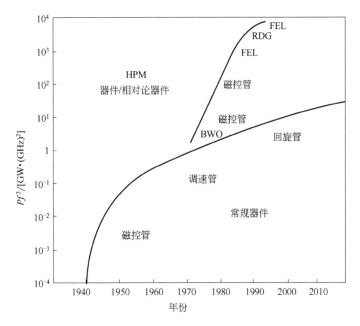

图 2-42　Pf^2因子的发展路线

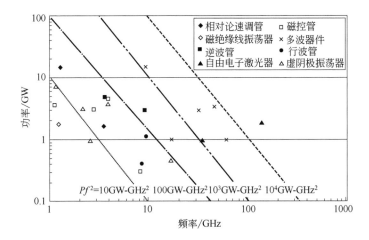

图 2-43　典型高功率微波源的峰值功率

以上罗列了多种类型的高功率微波器件，每种类型器件的工作机理各不相同，

但其核心目的只有一个，即如何高效地将高功率微波驱动源提供的高能电子束能量转换成微波能量。详细对每一类器件进行论述是一件极为困难的事情，客观上看，每一类器件都可以用一部或几部专著进行详细介绍，这显然大大超出了本书的基本定位。避繁就简，下面章节仅就国内研究较多的几类典型高功率微波器件进行简要介绍，以使读者对高功率微波器件有一个基本的认识。

2.3.1.2 器件分类简介

（1）相对论返波管

相对论返波管与常规返波管具有相同的工作原理，都是利用慢波结构上的返波与电子注相互作用，从而产生微波振荡。返波管是一类不需要输入信号，靠自激就能够产生频率连续可调的电磁波振荡的振荡器。它是切伦柯夫器件中的一种，对它的研究也已经比较成熟。返波管之所以能够产生出微波信号，是由于穿过它的电子束在运动的过程中和管子中的波发生了相互作用，而管子中的波是一个返波，这也是返波管得名的原因[44]。返波管虽然是振荡器，但是仍然可以通过调节工作电压来改变管子的工作频率，与常规返波管工作于较低电压状态相比，用于激励相对论返波管产生高功率微波的电子束能量非常高，电子束速度接近光速，这也是该类器件称为相对论器件的根本原因。相对论返波管利用高能量、高电流的强流相对论电子束来产生高功率微波电磁辐射。某类型相对论返波管典型结构如图 2-44 所示。

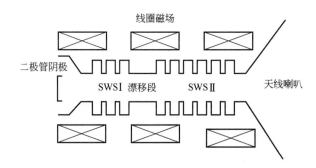

图 2-44 相对论返波管振荡器装置结构

返波管系统主要由以下几个部分组成[45]：

① 二极管阴极，基于脉冲驱动源系统，主要用于产生相对论电子束。

② 慢波结构（Slow Wave Structure，SWS），保证电子束速度与电磁波相速同步从而实现能量互换的区域，是相对论返波管振荡器核心结构。

③ 引导磁场系统，保证电子束能够顺利通过慢波结构而不提前打在器件壁上，起着对电子束进行引导与约束的作用。

④ 天线辐射系统，对产生的射频微波经过天线向空气辐射。事实上，由于返波管输出微波模式并不适合于天线辐射，在辐射天线与返波管之间往往需要利用模式转换器进行模式变换。有关模式变换器的具体作用会在后续章节中介绍。

作为利用受激切伦柯夫辐射机理的典型振荡型高功率微波器件，相对论返波管（RBWO）在国内外都得到广泛的研究。在 20 世纪 70 年代，美国康奈尔大学（Cornell University）的 Nation 利用 200～500kV、30～40kA 的环形相对论电子束，对相对论返波管进行的最初实验仅仅获得了输出微波功率为 10MW、脉宽为 30ns、频率在 X 波段范围内、效率为 0.05%的实验结果[46,47]。但经过几十年尤其是近二十余年的发展，相对论返波管的输出功率获得了质的飞跃，已经能够实现基于束流数 kA、能量数百 keV 的强流相对论电子束产生数 GW 的微波输出，频率在 S、C、X、Ku 波段甚至更高。根据相关报道，利用相对论返波管在 X 波段已经能够实现最高输出微波脉冲峰值功率在 10GW 左右，束波转换效率达到 47%。俄罗斯更是报道了一种单脉冲的相对论返波管，在 8～12.5GHz 频率范围内均具有极高的输出功率及束波转换效率，频率在 10GHz 时，脉冲功率为 15GW，脉冲宽度为 60ns，波束功率转换效率高达 50%，辐射能量高达 10kJ。相对论返波管具有高功率、高效率和适合重复频率工作等特点，主要适用于高功率雷达、电子对抗设备和大功率通信设备等方面。表 2-3 列出了国内外相对论返波管获取的主要实验结果。

表 2-3　相对论返波管的主要实验结果

波段	研究机构	工作电压/kV	工作电流/kA	输出功率/GW	脉宽/ns	效率/%
L	中国国防科学技术大学	703	10.6	1.05	38	14.4
S	中国国防科学技术大学	980	10	1	100	20
	中国国防科学技术大学	820	8	2	119	30.5
	俄罗斯托姆斯克大电流研究所	—	—	5	25	30
C	中国西北核技术研究所	760	9	2.8	101	41
X	中国西北核技术研究所	900	9	2.5	20	31
	中国西北核技术研究所	601	7.1	2.15	25	50
	中国工程物理研究院	740	7	1.15	22	22
	俄罗斯强流电子学研究所	—	—	3	6	20
Ka	俄罗斯强流电子学研究所		2	0.4	0.2～0.25	—

相对论返波管当前重点开展的几个研究方向值得进一步关注：

① 高重复频率技术研究。相对论返波管的一大优势是能够重复频率工作，当前

063

的最高工作频率可达 100Hz 左右，但从平均功率角度，显然希望还能继续提高，一度希望能够达到几百 Hz 甚至 kHz 量级。但高功率微波效应表明，当脉冲重复频率达到 100Hz 以上时，损伤目标整体阈值下降并不明显，因此，从应用的角度看，较高的脉冲重复频率并没有获得很好的效费比。另外，较高的脉冲重复频率也意味着驱动源的整体平均功率需要成倍地提高，在当前技术条件下，除 SOS 型驱动源外，其他类型的驱动源很难达到 kHz 量级，但 SOS 型驱动源输出阻抗很高，电子束品质因数相对较差，并没有与之匹配良好的高功率微波器件，因此，追求更高的脉冲重复频率从基础条件方面尚不完全具备，追求在百 Hz 量级条件下稳定长时间运行是当前相对论返波管研究的主要目标。目前，在以超导磁体为相对论返波管振荡器的重复频率工作提供引导磁场前提下，研究人员已经能够获得 X 波段功率为 3GW、脉宽为 30ns 的高功率微波输出，脉冲重复频率达到 100Hz，运行时间由最初的 10 余秒推进到现在的分钟甚至几分钟量级。

② 长脉冲技术研究。相对论返波管的输出脉冲宽度一度只能达到 20~30ns，脉冲缩短现象是所有高功率微波器件的共性问题。但效应研究表明，在脉冲宽度为 100ns 左右时器件能量损伤阈值最低，物理追求更高的能量利用效率，研究者希望能够将相对论返波管的输出脉冲宽度提高到百 ns 量级甚至更高。限制相对论返波管输出脉冲宽度继续增大的因素很多，主要是由于相对论电子束提前打在返波管壁上终止，导致高功率微波辐射微波脉冲宽度明显小于电子束脉冲宽度。提高电子束束流品质、增强外加引导磁场场强等方法可以有效地解决脉冲缩短问题。另外，返波管末端电子束收集极的散热问题也是引起脉冲缩短及整个器件运行时间的重要因素，需要综合考虑解决。

③ 低磁场技术研究。相对论返波管的一大劣势是需要外加引导磁场，且引导磁场往往很高，无法利用普通电磁铁提供，在大多数条件下，当脉冲功率大于 1GW 时往往需要采用超导磁场，这大大增加了系统体积、质量及功耗。研究在较低磁场下高效运行的相对论返波管是一个重要的技术方向。当前，围绕着降低磁场强度、提高输出功率，科技工作者提出了很多思路，典型如俄罗斯科学家研究发现带谐振反射腔（Bragg 反射腔）的相对论返波管能够工作在较低磁场下，同时也有较大的微波输出，慢波结构前谐振腔不仅能起到截止颈的作用，还可以对电子束进行预调制，使得相对论返波管可以工作在较低磁场下。但总的来看，低磁场相对论返波管并没有获得质的技术突破，在非超导磁场条件下的一般输出功率很难达到 2GW 以上。

④ 高工作频段技术研究。相对论返波管输出的微波频率一度主要集中在 S、C、X、Ku 波段等厘米波段微波，更高的工作频率意味着返波管内径更小，击穿问题更加严重，在 Ku 波段以上很难获得 GW 级以上的功率，这严重限制了相对论返波管在毫米波段的应用。近年来，科技工作者将相对论返波管技术研究推进到毫米波段

并初步取得了不错的结果：2005 年，中国工程物理研究院应用电子学研究所利用相对论返波管在 8mm 波段获得了 35MW 的微波输出；2018 年，西北核技术研究院报道了一种基于 TM_{02} 模式低磁场相对论返波管，数值模拟表明，该器件能够在 1T 引导磁场下获得功率为 493MW、频率为 29.3GHz 的微波输出，随后的实验研究表明，在二极管电压为 580kV、电流为 3.56kA、引导磁场 1T 条件下，利用该返波管获得了功率为 286MW、频率为 29.3GHz、脉宽约 10ns 的微波输出。这些研究成果，为相对论返波管在毫米波段应用进行了有益探索。

⑤ 锁频锁相技术研究。与放大器件相比，振荡器件最大的劣势是输出微波频率及相位并不可控。经过 40 余年的研究，单台高功率微波输出功率似乎已经达到极限，最高 10GW 左右。要想获得更高的微波功率，功率合成是一条可行的技术途径，包括多台源波导内合成及空间功率合成。功率合成最基本的条件是输出微波脉冲载频及相位可控，为了获得更高的功率，国内外对相对论返波管锁频锁相技术进行了有益探索，并获得了一定进展。如西北核技术研究院报道了他们开展的相关数值模拟研究，将外加功率由二极管区注入相对论返波管中，注入功率为 50kW、注入比为 −18.3dB 时，返波管输出的相位抖动在 ±20° 范围内；注入功率提高至 120MW，注入比为 -14.5dB 时，注入信号对相对论返波管输出的频率实现了有效牵引。

⑥ 等离子体填充及系统优化技术。在相对论返波管慢波结构中填充等离子体后，不但可以提高束波转换效率，同时电子束的传输有可能降低甚至不使用引导磁场。美国马里兰大学的研究小组首先完成在相对论返波管填充等离子体并进行实验，实现返波管在束压为 630kV、束流为 2.5kA 条件下，得到 600MW 的微波输出，效率为 40%，同等条件下比没有填充等离子体的返波管提高约 8 倍。多年来，研究者还对相对论返波管系统结构（二极管阴极、返波管结构、模式转换器和辐射天线）不断进行优化设计，研究各个参数对输出微波的影响，使相对论返波管能够与脉冲功率源和模式转换器及天线辐射喇叭达到较好的匹配工作状态，以进一步提高器件的微波输出功率和束波转化效率。

（2）多波切伦柯夫振荡器

多波切伦柯夫振荡器（Multiwave Cerenkov Generator，MWCG，如图 2-45 所示）由俄罗斯大电流研究所的科研人员于 1983 年首先提出。该振荡器的产生源自相对论返波管在超高功率运行遇到了慢波结构内高频击穿的限制[48]。如果单纯从外观比较多波切伦柯夫振荡器与相对论返波管的结构，几乎看不出本质的差别。所不同的是，相对论返波管通常工作在 TM_{01} 基模状态，而多波切伦柯夫振荡器则工作在过模状态。

多波切伦柯夫振荡器作为一种过模慢波器件，在结构上具有以下特点：①慢波结构的尺寸大，其直径至少为对应工作频率的几个自由空间波长；②使用了两段慢

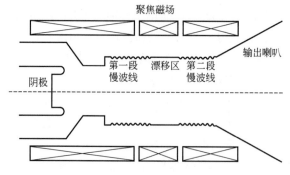

图 2-45　多波切伦柯夫振荡器的结构示意图

波结构，它们之间由一节漂移空间隔开。结构特点一方面使得互作用空间直径大为增加，这有助于减小平均功率密度，增加器件的总功率容量；另一方面使得慢波线与漂移区之间将产生一定的反射，这种反射有助于稳定器件的工作模式。

多波切伦柯夫振荡器的基本工作原理为：电子注在第一段慢波线内与自身激发的同步慢波相互作用，获得速度调制；漂移区为快波区，电子束在漂移过程中将在第一级慢波结构中获得的速度调制转化为密度调制，形成电子预群聚；在第二段慢波线内，预群聚的电子束与同步慢波有效地相互作用，从而产生高功率相干微波。多波切伦柯夫振荡器作为目前功率最高的高功率微波器件之一，俄罗斯、美国和中国在理论和实验上对其进行了研究。表 2-4 给出了国内外相关的研究结果。

表 2-4　多波切伦柯夫振荡器的主要实验结果

研究机构	工作频段	工作频率/GHz	功率/MW	效率/%
美国马里兰大学	C	—	0.1	5
俄罗斯大电流研究所	X	9.5	0.2～15	3～50
	Ka	30	0.1～3	3～20
中国国防科学技术大学	X	9.59～10.4	0.1	10

理论分析认为，多波切伦柯夫振荡器具有很高的输出功率以及较高的效率，但它具有以下几个缺点[48]：

① 注波互作用结构纵向尺寸较长，一般两段慢波结构加上漂移段有十几甚至二十几个周期的慢波结构长度。

② 工作磁场要求高，一般要达到 2T～3T。

③ 器件的多波特性要求其工作在 π 模附近，以达到选频的作用，但在 π 模附近时，波的群速几乎为零，所以尽管器件内部产生的微波功率很高，但难以输出。

　　因此，如何改进注波互作用结构提高输出功率，如何降低工作磁场以及器件的小型化等方面是未来多波切伦柯夫振荡器的研究方向。当前，无论是国外还是国内，该类型器件相对于其他类型器件的研究整体开展得还是偏少，国内仅有国防科技大学和电子科技大学部分学者开展了相关研究工作并取得了一些较为初步的成果。

（3）相对论速调管

　　相对论速调管（RKA）可以认为是传统速调管的升级版。两者工作机理完全相同，不同之处在于传统速调管用于产生电子束的阴极为热阴极，且电子束电压通常在百 keV 以下。相对论速调管电子束电压通常超过 500keV，且用冷阴极发射，电子束速度接近光速。根据不同的束流阻抗和与阻抗相关的群聚机制，相对论速调管可以分为两类：一类是高阻抗相对论速调管，其工作阻抗为 $1k\Omega$ 量级，它的工作方式与传统速调管十分相似，只是电压较高，这类高功率速调管的大多数是为了 RF 直线加速器（RF linac）研制的，这种高阻抗速调管又可分为弱相对论器件（工作电压接近 500kV）和强相对论器件（工作电压接近或超过 1MV）；另一类为低阻抗相对论速调管，其工作阻抗接近或低于 100Ω，在这种情况下，空间电荷将会起到很重要的作用，成为产生群聚的主要机制，具有不同于传统速调管的一些独有特点。

　　相对论速调管与传统速调管工作原理基本一致，可以利用传统速调管的组成、结构及原理对该类器件有一个基本认识。传统速调管放大器是一种微波真空电子器件，可根据速度与密度调制原理将电子束的动能转换为电磁波的能量以实现输入信号的放大。器件具体包括以下几个部分：电子枪、引导电子束的轴向磁场、高频束波互作用区、微波的输入和输出耦合器、电子束收集器，其工作原理如图 2-46 所示[49]。具体束波能量转换过程为：在二极管中产生束流品质良好的电子束，在轴向引导磁场的作用下电子束穿过数个谐振腔到达收集极。每一个谐振腔在漂移管一侧都有一个间隙。输入微波信号在第一个谐振腔里激励起共振电磁模。当电子束通过这

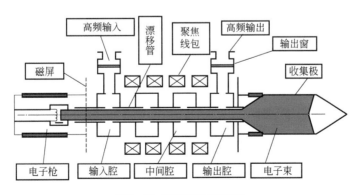

图 2-46　速调管的结构示意图

个间隙时，电子会受到间隙上高频电场的加速或减速，取决于当时的谐振腔相位，使得通过谐振腔后电子束中的电子速度均发生了变化。电子束在谐振腔之间的漂移管空间里传输时，电子束中较高速的电子能够追赶上较低速的电子，形成电子束的群聚。由于漂移管空间的半径足够小，以至于电磁波不能在谐振腔之间传播。因此，谐振腔之间的信息来往只能通过电子束。发生群聚的电子束在下游的谐振腔中激励起振荡模，它反过来又进一步增强电子束中电子的群聚。因此，输入信号在下游的谐振腔中被逐渐放大，而在最后一个谐振腔里作为输出微波信号被提取，电子束的动能被转换成微波能量[43]。

相对论速调管最早由美国海军实验室（NRL）的 Moshe Friedman 和 Victor Serlin 等于 20 世纪 80 年代提出。1987 年，NRL 研制出了工作在 L 波段的相对论速调管，该速调管由一个重入式输入腔、重入式中间腔和重入式输出腔组成[50]。向设计的速调管中注入功率为 3GW 的强流相对论电子束，在输出腔中获得了功率为 1.8GW，脉宽范围在 30～50ns 的微波输出；该研究还表明在微波输出功率降至 500MW 时，其脉宽能扩展到 140ns[51]。1990 年，NRL 为了提高输出腔的功率容量，将矩形波导侧向输出方式改为同轴波导轴向输出方式[52]。1991 年，Friedman 等利用该结构进一步提高了输出微波功率，在 L 波段频率 1.3GHz 注入 1MV、35kA、160ns 的强流相对论电子束，实验产生了高达 15GW 功率的微波输出，效率为 42%，脉宽约为 50ns，创造了当时 L 波段的最高峰值功率纪录。器件在微波输出功率为 6GW、脉宽为 100ns 的条件下可以实现稳定地运行[53]。

与此同时，其他相关机构也在 L 波段开展了对 RKA 的研究，其中 Los Alamos 国家实验室的研究人员在实验中采用让电子束收集极远离输出腔间隙的办法，得到了功率为 500MW、脉冲宽度长达 500ns 的微波输出[54]；Maxwell 国际物理公司的研究人员通过去除有导体环的间隙以增加 RKA 的脉冲长度和重复频率，最终在 200Hz 重频实验下得到了功率为 300MW、脉冲宽度为 80ns 的微波输出；Air Force Philips 实验室的研究员也成功研制出能够产生脉冲宽度为 200ns、微波输出功率为 1GW、电子效率为 20% 的 RKA[55]。对 RKA 的研究从 L 波段提升至 S 波段时，为确保漂移管能有效截止工作模式和提高微波提取效率，NRL 减小了原用在 L 波段的三腔结构尺寸，并且使用了双间隙输出腔，在 S 波段频率 3.5GHz 上实现了 1.7GW 的微波功率输出，其效率高达 60%[56]。当对 RKA 的研究向更高频段发展时，器件的整体尺寸会变得更小，腔体的间隙宽度也会随之变小，这将使间隙处的纵向电场显著增强，易发生高频电场击穿。为此，Friedman 等提出了将谐振腔均采用加垫圈的间隙（washer loaded gap）方案进一步提高相对论速调管的工作频率。

国内相关单位于 20 世纪 90 年代也相继开展了相对论速调管技术的研究，至今已经在 L、S、X 频段器件的研究中取得较好的研究成果。在 S 波段的研究中，中国工程物理研究院黄华等设计的 RKA 输出功率已能达到 1.73GW，输出脉宽为 110ns，增益高达 51dB[57]。此外，国防科学技术大学也对 RKA 开展了研究。张泽海等利用电压 505kV、电流 6.5kA 的电子束，在实验中获得了功率为 700MW、脉宽为 30ns、效率约 22% 的稳定微波输出[58]。在 X 波段对 RKA 的研究中，国防科学技术大学戚祖敏等在实验中得到了功率为 1.1GW，增益为 42.6dB，效率为 27% 的微波输出[59]。高功率脉冲速调管目前主要的实验结果如表 2-5 所示。

表 2-5　高功率脉冲速调管的主要实验结果

波段	研究机构	工作电压 /kV	工作电流 /kA	脉宽 /ns	输出功率 /GW	效率 /%
L	美国海军实验室	1000	30	160	4	40
S	美国海军实验室	—	—	—	0.85	30
	中国工程物理研究院	—	—	110	1.73	—
		700	6.5	20	1	24
		550	4	120	0.5	22.7
	中国国防科学技术大学	505	6.5	30	0.7	22
C	中国西北核技术研究所	760	9	101	2.8	41
X	美国斯坦福加速器中心/劳伦斯·利弗莫尔国家研究所	1300	0.6	—	0.3	38
	中国国防科学技术大学	580	6.9	105	1.1	27
Ku	中国国防科学技术大学	480	12.8	16	1.5	24

相对论速调管是一种线性束器件，其基本工作原理与振荡器相同——把强流相对论电子束的动能转化为微波的电磁能。但与振荡器的不同之处在于，速调管放大器中的初始微波信号需要从外部注入，也正是因为这一特点，速调管放大器辐射微波的频率和外部注入信号始终保持一致。随着对相对论速调管放大器的深入研究，其输出功率在 L、S 波段都相继达到 GW 量级，相对论速调管频率相位稳定的优点及其锁频锁相的特性，让其成为高功率微波空间合成源的最佳应用选择。

就当前相对论速调管的研究趋势来看，其在以下技术方向值得深入观察：

① 新型结构速调管技术。当前，见诸报道的速调管类型包括径向线相对论速调管、同轴型相对论速调管、膜片加载型相对论速调管、多注相对论速调管、带状相对论速调管、多腔相对论速调管、多轴相对论速调管、回旋相对论速调管、宽带相对论速调管、跨波段相对论速调管等，这些相对论速调管既具有速调管的一般特性，又具有自身的一些独有特点。

② 高频段技术研究。追求更高的工作频率始终是高功率微波器件的一个共性需求，当前相对论速调管的研究热点已经由 L、S 波段扩展到 Ku 甚至毫米波及 THz 波段。

③ 对于相对论速调管而言，由于调制深度的逐步提升，器件中场强最大、最容易引发射频击穿的位置是最后的输出腔，虽然能够通过合理倒角、优化结构设计等方法使场强在一定程度上能够降低，但在获取更高功率时不能根本解决问题。

一般而言，相对论速调管为了实现各个作用腔之间的截止，会工作在低阶模式，这也使得器件的几何尺寸受到限制。将相对论速调管设计成过模结构，并引入高阶工作模式，通过设计低阶模隔离腔或在漂移管中填充吸波材料等手段来实现谐振腔之间的互相隔离和高功率微波的放大输出，能有效提升器件整体的功率容量。因此，探索相对论速调管过模工作模式也是当前研究的一个热点。

（4）相对论磁控管

相对论磁控管是将脉冲功率技术和爆炸阴极发射技术应用到普通磁控管上，利用数百 kV 电压、数十 kA 电流驱动，获得高功率微波输出的正交场电真空器件。与相对论返波管由普通返波管演化而来类似，相对论磁控管的基本工作原理与普通磁控管并没有本质差异，不同在于，相对论磁控管工作电压更高，电子束速度接近光速，因此，绝缘击穿问题更加严重，整体效率方面与普通磁控管还存在着较大的差距。可以参照普通磁控管的组成及工作原理对相对论磁控管有一个基本的认识。

磁控管[60,61]是一种应用广泛且典型的正交场微波振荡管，它由阴极、阳极以及提取能量的输出结构组成，如图 2-47 所示。阳极块上沿着角向均匀分布着许多偶数个数的谐振腔，这些谐振腔起着振荡回路的作用，它决定了磁控管的振荡频率。根据谐振腔的不同，磁控管的阳极块结构大致分为两类：同腔结构——阳极块的每个谐振腔的大小和形状都是相同的，如图 2-48（a）（b）所示；异腔结构——阳极块是由两组大小或者形状不同的谐振腔间隔排列组成的，如图 2-48（c）（d）（e）所示。

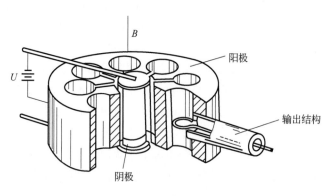

图 2-47 磁控管的基本结构

磁控管的阴极结构主要是用于发射电子，阳极块结构上的谐振腔用于振荡产生高频场，阴极与阳极之间加上了直流电压，在轴向加有恒定磁场。电子在磁场和电场的作用下，在阴极和阳极之间运动，同时与高频场互作用，把直流能交给高频场，并最终打上阳极，完成束波能量转换。磁控管的输出结构主要用于把高频场能量提取出来，根据提取方式的不同，主要分为轴向提取结构和径向提取结构[60-62]。

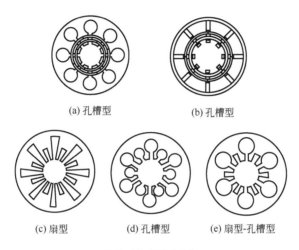

(a) 孔槽型　　　　　　　　　　　　(b) 孔槽型

(c) 扇型　　　　　　(d) 孔槽型　　　　　(e) 扇型-孔槽型

图 2-48 阳极块结构

相对论磁控管是普通磁控管对强流相对论电子注情况的扩展，它使用冷阴极技术而不是常规磁控管中的热阴极技术，它必须通过大电流、高电压驱动，还必须考虑相对论效应的影响。它具有结构简单，很容易得到 GW 量级的输出功率和 kHz 量级的重复频率等特点。20 世纪 70 年代，美国科学家首次研究出世界上第一支相对论磁控管，这支相对论磁控管采用 6 个扇形结构的谐振腔，获得了 900MW 的瞬时功率，工作频率为 4.6GHz[63-66]。这引起了许多科研人员的兴趣。20 世纪 80 年代，磁控管的输出性能大幅提升，将峰值输出功率提高到几千 MW。频率从原始 S 波段向上延伸到 X 波段（1980 年），向下延伸到 L 波段（1991 年）[67,68]。20 世纪 70 年代末，苏联核物理研究所的科研人员采用两端封闭的 6 腔相对论磁控管获得了 10GW 的输出功率，2.9GHz 的频率，总效率达到 43%，这是当时已有报道中功率最高的相对论磁控管[69,70]。此后，苏联 Tomsk 研究所采用 12 腔结构，阴阳极间隙为 1cm，在电压为 0.7MV、电流为 22kA 的条件下，获得了 8.3GW 的输出功率，工作频率为 2.4GHz。同时他们还对半开和全闭两种谐振系统进行了对比研究，发现半开系统得到的总效率和输出功率都优于全闭谐振系统[70,71]。苏联科学院的科技工作者采用 6 腔结构，在电压为 360kV、电流为 14kA 的条件下，得到了 1.7GW 的输出功率，微波频率为 3.0GHz[70,71]。20 世纪 80 年代后期，美国也掀起了对相对论磁控管的研究热潮。美国 PI 公司的科技工作者采用 6 腔结构，获得了单腔提取 2.4GW，双腔提取 3.6GW 的高功率微波输出。他们的实验是在 CAMEL 和 CAMEL-X 上进行的，脉冲形成线使用的是水线，阴极使用的是 10cm 长天鹅绒阴极[70,71]。1995 年，PI 公司对调谐磁控管进行了报道，在 L 波段，频率 f 为 1.21GHz，调谐带宽达 24%；在 S 波段，频率 f 为 2.82GHz，调谐带宽为 33%，输出功率为 400～600MW[71,72]。当前，国外对相对论磁控管的研究[63-66]主要集中在美国密歇根大学（R. Gilgenbac h）、新墨西哥大学（E. Schamiloglu）和美国空军研究实验室（M. Haworth）等研究机构。

国内，1993 年开始有对相对论磁控管进行研究的报道，近年来取得了许多不错的成果。电子科技大学设计出一个 S 波段 6 腔相对论磁控管，工作电压为 434MV，工作电流为 12.5kA，束流宽度为 70ns，产生了 430MW 的高功率微波，微波频率为 2.65GHz，脉冲宽度为 40ns[72]。为了使相对论磁控管更加小型化，该单位后续又成功地研发了永磁包装相对论磁控管[71]。国防科技大学的赵林使用 6 腔 S 波段相对论磁控管，在工作电压为 746.9kV、电流为 16.4kA、磁场强度为 0.7T 的条件下，获得了 3.59GW 的脉冲功率，微波频率为 3.42GHz，效率为 29.3%；在 P 波段相对论磁控管研究中，在电压为 856kV、电流为 5.36kA、外加磁场 B 为 0.45T 的条件下，得到了 1.0GW 的平均输出功率，微波频率为 0.93GHz，束波转换效率为 21.6%[73]。

相对论磁控管是普通磁控管在高电压、大电流情况下的直接拓展，它以冷阴极（场致发射阴极）取代了普通磁控管中的热阴极。相对论磁控管结构简单，而且可以很容易地得到 GW 级的功率输出和 kHz 量级的重复频率。表 2-6 列出了世界上一些主要研究机构在相对论磁控管方面取得的主要实验研究成果。

表 2-6 相对论磁控管的主要实验研究结果

波段	研究机构	工作电压/MV	工作电流/kA	输出功率/GW	频率/GHz	效率/%
X	俄罗斯高尔基应用物理所	1	12	4	9.2	12
C	美国 MIT	0.36	12	0.9	4.6	20
	美国国际物理公司	1.2	50	6.9	4.5	10
S	俄罗斯托姆斯克研究所	1	23	10	2.9	43
	美国斯坦福大学	0.5	4	1	3	50
	中国电子科技大学	0.434	12.5	0.43	2.65	7.8
L	美国国际物理公司	0.75	7	1	1.1	19
		0.5	10	0.4	1.08～1.36（可调谐）	8

　　结构紧凑、小型化和频率可调谐是高功率微波源重要的发展方向。当前，相对论磁控管由于具有结构简单、微波输出功率高、适合长脉冲和重复频率运行等特点，成为最为成熟的高功率微波器件之一。目前的研究重点是尽量提高相对论磁控管的效率，并缩小系统的体积和质量以适应多种小型化应用需求。围绕这一需求，各国学者进行了大量研究，其中透明阴极和衍射输出结构是相对论磁控管提高效率方面最广泛的两种手段。透明阴极由多根离散的金属条代替传统的中心实心圆柱形阴极，可以在阴极表面产生角向的电场，使阴极表面发射的电子被角向电场捕获形成角向漂移，产生电子的预群聚现象，加快电子与高频场的相互作用，缩短相对论磁控管的起振时间。目前已有的径向输出相对论磁控管虽然可实现频率调谐，但在输出特性、紧凑化和小型化等方面仍然有许多不足。轴向输出相对论磁控管是通过在磁控管末端连接一个特殊的喇叭天线，从而实现微波的直接轴向提取。与径向输出相对论磁控管相比，轴向输出相对论磁控管具有结构更加紧凑、有利于高功率微波输出、外加磁场系统也会更紧凑的特点。通过相对论磁控管的束波转换效率，实现频率较大范围可调、功率频段进一步提升，在未来很长一段时期内都将是该类器件研究的重点。

（5）磁绝缘线振荡器

　　磁绝缘线振荡器（MILO）是一种典型的 GW 级、低阻抗的高功率微波器件。它可以看成是直线形的磁控管，它利用高功率传输线的自磁场使阴极发射的电子不能直接越过间隙[48]。磁绝缘线振荡器的阳极具有慢波结构，从而使阴极附近漂移的电子与轴向传播的电磁场发生相互作用并产生微波。磁绝缘线振荡器具有的另一大优势是它不需要外加磁场，这样就省去了相关的线圈、电源和冷却系统等，同时还有利于设计具有较大断面的振荡器，提高系统整体的功率容量。

　　图 2-49 所示为一类典型硬管 MILO 的结构。由该图可以大致了解 MILO 的基本结构及其产生并输出高功率微波的工作过程。器件输入端加载一般为几百 kV 的适当输入电压，在输入电压产生的强电场作用下，将电子从阴极的侧面爆炸式地发射出来。发射区一般设在第三个叶片到阴极末端。器件中阴极杆的端头会有部分深入收集极以便于向作为电子收集极的阳极发射向上运动的电子，运动中产生的电子束流叫作负载电流。负载电流会产生一个环绕阴极的角向磁场。该磁场可以对由阴极与主慢波结构对应部分的侧向发射的电子束产生磁绝缘的作用，因此负载电流又可叫作磁绝缘电流。在阴阳极间径向电场和环绕阴极的角向磁场的共同作用下，阴极杆与主慢波结构对应侧发射的电子沿器件轴向右做云漂移运动。当器件结构参数和物理参数达到一个合理值时，可使阴极发射电子的漂移速度和主慢波结构所产生的微波的相速度接近，这时电子束与辐射场之间会发生非线性束波作用，作用过程中微波场从电子束中吸收能量，最终生成高功率微波。同轴波导中的 TEM 模通过模

式转换器转变为圆波导中的 TM_{01} 模，高功率微波经过提取间隙提取后最终由天线辐射出去[74-76]。

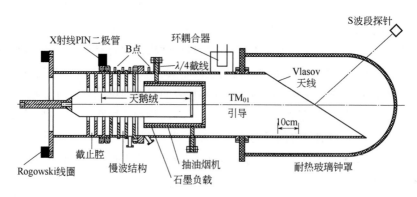

图 2-49 硬管 MILO 的结构

最早的磁绝缘线振荡器是由美国空军武器实验室的 Lemke 和圣地亚国家实验室的 Clark 于 1987 年提出的[74-77]。1990 年，Lemke 等又提出了可以轴向提取微波功率的新 MILO 模型[78]。1995 年，Clark 又与 Lemke 等设计了一个负载限制型 MILO 模型并对该结构进行了计算模拟和实验研究[79]，在输入电压为 525kV 的情况下，轴向提取并稳定输出的微波功率可达 1GW，工作频率在 1.2GHz[80,81]。后续他们的研究工作大部分针对如何解决脉冲缩短问题和如何增大微波输出能量问题及利用常规微波管制造技术制作的硬管 MILO 等。实验表明，经过多次改进后的硬管 MILO，在一个脉宽为 300ns、工作电压为 475kV 的电子束驱动下，微波输出功率可达 2.0GW，功率转换效率约为 7%，频率约为 1.2GHz，微波脉宽为 175ns，单脉冲能量为 350J。国外对 MILO 的研究，除了美国之外，英国的 Eastwood 等于 1997 年提出了渐变型 MILO。不同于常规 MILO，渐变型 MILO 采用了渐变式的慢波结构，其二极管设置和轴向提取能量方式都有自己的特点，渐变型 MILO 具有结构简单、紧凑等优点，类似于同轴波纹波导，它不需要外加聚焦磁场和精细准直的外部电子束源。与常规的 MILO 相比，在相同的输出微波功率下，渐变型 MILO 的能量转换效率更高，由此可以大大减小其对功率源的要求。但渐变型 MILO 的工作阻抗高于常规 MILO，其与低阻抗的常规 MILO 相比，较易出现发射电子不稳定以及非轴对称所导致的模式竞争等问题。俄罗斯、法国和韩国近年来也有关于 MILO 的研究报道[79]。

20 世纪 90 年代末，国内一些研究机构也开始了对 MILO 的研究，包括中国工程物理研究院和国防科技大学等单位[79]。其中，中国工程物理研究院的杨郁林、丁武等对 Clark 设计的 MILO 模型进行了数值模拟验证并理论设计了更高性能的 MILO

模型,丁武等的工作还包括对磁绝缘线振荡器的空间电荷调制和辐射的理论研究等。2003 年,国防科技大学的张晓萍博士研制的 C 波段 MILO 器件,在输入脉宽为 80ns、电压为 437~464kV、电流为 36~39kA 的条件下,获得的微波功率为 1.6~1.7GW,微波频率为 3.60~3.66GHz,微波脉宽为 33~38ns,功率转换效率大于 9%。2005 年,中国工程物理研究院的陈代兵等研制出 1.22GHz 硬管 MILO,在工作电压为 450kV、电压脉宽约为 l00ns、工作电流为 30kA 的条件下,实验中测得输出微波功率大于 1.5GW,微波频率为 1.22GHz,微波脉宽约为 20ns,功率转换效率约为 10%。2020 年,国防科技大学报道了他们研制的一类硬管 MILO,输出功率大于 3GW,脉冲宽度大于 40ns,工作频率为 1.2GHz。表 2-7 列出了磁绝缘线振荡器国内外部分实验结果。

表 2-7　磁绝缘线振荡器的部分实验结果

波段	研究机构	工作电压 /MV	工作电流 /kA	输出功率 /GW	脉宽 /ns	效率 /%
L	美国圣地亚国家实验室	0.525	1.2	1.5	—	—
	美国空军实验室	0.475	1.2	2	175	7
	英国原子能管理局	0.475	—	1.7	100	—
	中国国防科技大学	—	1.78	3	—	10.9
	中国工程物理研究院	0.45	1.22	1.5	20	10
S	中国国防科技大学	—	2.64	2	40	
C	中国国防科技大学	0.437~0.464	3.6~3.66	1.6~1.7	33~38	9

　　磁绝缘线振荡器（MILO）是一种 GW 水平的同轴正交型器件。由于磁绝缘线振荡器的阴极可以做得大一些,使其阴极表面的功率密度较小,这样器件的工作阻抗会比较低,所以它还是一种低阻抗的器件。由于其工作时所用的直流磁场是由器件内部的电流提供的,所以它不需要外加磁场。电子的漂移速度由器件中的直流磁场和正交直流电场共同决定,磁绝缘线振荡器产生的直流磁场可阻止电子从阴极发射到阳极,这种自绝缘机制和低阻抗性质可杜绝阴阳极之间的电子击穿,并允许器件产生非常大的输入/输出功率。概括起来,低阻抗、无外加磁场及功率容量大是该类器件的主要优点。

　　但由于 2/3 以上的电流用于产生绝缘磁场,所以 MILO 功率转换效率不高,目前大约在 10%[79]。当前,磁绝缘线振荡器的研究大多还集中在 L、S、C 等较低的微波频段,同时,在磁绝缘线振荡器的长脉冲实验过程中发现了明显的脉冲缩短现象,输出的微波脉宽明显短于输入的电子束脉宽。因此,磁绝缘线振荡器未来的发展方向将主要集中在如何拓展工作频段、提高工作效率以及解决在长脉冲条件下的脉冲缩短问题等几个方面。

（6）虚阴极振荡器

虚阴极振荡器是一种高功率空间电荷器件，如图 2-50 所示，它具有结构简单、输出功率大、易调谐、不需要磁场聚焦、质量小和能产生μs 级宽度的脉冲等优点。这些优点使其特别适合与磁通压缩发生器一起应用于微波弹[48]。下面对其基本工作原理进行简单阐述。由于电子带有负电荷，在阴极与阳极之间会形成负空间电荷，它将拒斥电子离开阴极表面。当负空间电荷场足够大时，阴极不再发射电子，在空间就会形成一个电位为零甚至更低

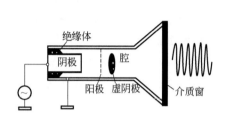

图 2-50 虚阴极振荡器（轴向提取）结构示意图

的区域，它就是虚阴极。在虚阴极处，电子注的静电势能将等于它的动能，导致部分电子被反射，同时也会有一部分高能量电子会离开虚阴极（也称为透射电子）。电子的反射和透射将引起虚阴极处空间电荷场密度降低，空间电位升高，阴极又可以发射电子，这又引起空间电荷场增大，空间电位又降低，电子的反射和透射现象再次出现。周而复始，电子注由稳态传输状态变成了不稳定的振荡状态。反射电子在阴极和阳极之间来回振荡，以及虚阴极位置本身的振荡，进而产生微波辐射[48]。

由于虚阴极振荡器是依靠电子注的不稳定振荡来产生微波的，这就导致其具有效率很低及辐射微波模式杂，多模并存，频谱太宽，难以做到单模、单频振荡等缺点。在克服以上缺点的过程中发展出了以下几种典型的虚阴极振荡器[48]：

① 横向提取虚阴极振荡器。在普通的轴向提取虚阴极振荡器中，微波的模式一般以 TM_{0n} 模为主，但 TM 模的实用性不大。而横向提取虚阴极振荡器的微波引出方向垂直于电子注的传输方向，可以输出很纯的 TE_{10} 模，较易控制其频率和相位。但转换效率通常比轴向提取虚阴极振荡器要低，一般不超过 1%。

② Reditron 管和反射三极管虚阴极振荡器。Reditron 管虚阴极振荡器的基本结构为将二极管放入纵向磁场中，采用开有环形窄缝的厚阳极来替代原来的阳极薄膜或栅网。阴极发射的电子在磁场的作用下形成了空心电子注，它在磁场的引导下通过阳极窄缝到达虚阴极处。此时，电子将被反射，但由于其在磁场下的引导半径发生了变化，反射电子无法再次通过阳极窄缝而只能打在阳极上。因此，只有虚阴极本身的振荡能产生微波辐射，这就减少了反射电子与阴极发射电子相互作用而引起的电子横向发射和能量零散，提高了虚阴极的效率。

③ 同轴虚阴极振荡器。同轴虚阴极振荡器是利用同轴型二极管中电子束的径向

运动超过空间电荷限制流，从而在阳极箔内部形成环状虚阴极。被环状虚阴极反射的电子在虚阴极和阴极形成的势阱中振荡，从而产生微波辐射。它具有以下特点：可以对电子注进行预调制，从而提高效率；同轴虚阴极的特定结构使得虚阴极更易形成；激励环状虚阴极振荡需要更高的电子注电流。因此，输入功率得到提高，进一步使输出功率得到提高。对应虚阴极振荡器的结构示意图如图 2-51 所示。

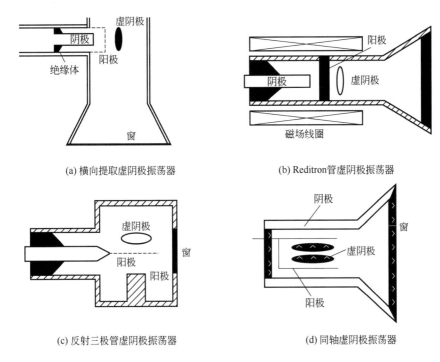

(a) 横向提取虚阴极振荡器　　　　　　(b) Reditron 管虚阴极振荡器

(c) 反射三极管虚阴极振荡器　　　　　　(d) 同轴虚阴极振荡器

图 2-51　几种典型的虚阴极振荡器

自 20 世纪 70 年代末利用虚阴极振荡激励获取高功率微波的设想首次在实验得以证实以来，世界各国研究机构也相继提出一系列新的概念及结构，对不同系统装置开展了实验研究。有关虚阴极振荡器的早期报道可见于由俄罗斯 Tomsk 的研究小组采用反射三极管虚阴极振荡器进行高功率微波产生的实验。随后，研究人员根据入射电子束的发射方式、微波提取结构或者反射电子的抑制等因素考虑提出了新的设想，发展了多种新型的虚阴极振荡器结构，包括能量轴向及侧向提取型平板虚阴极振荡器，以及同轴虚阴极振荡器等。

在所有类型虚阴极振荡器中，同轴型虚阴极振荡器是研究得最多且最有前途的一类高功率微波器件。1993 年，西北核技术研究所首次在高功率微波技术领域独立提出同轴 VCO 概念[82]，初步建立了同轴 VCO 的一维理论模型，分析了同轴二极管束流特性，通过数值模拟方法获取其结构参数对效率的影响规律[83,84]，并开展了初步的实验研究[85]。在进一步研究工作中，他们在理论和数值模拟上验证了 TE_{11} 模式与电子束的耦合作用不可忽略的结论[86]。同时还提出了多种抑制模式竞争的措施，在实验中获得了输出功率大于 1GW、效率约 7%的较为纯净的 TE_{11} 模式输出[87,88]。此外，他们也对该类型器件的脉冲缩短的抑制方法展开了研究，并在实验中获得了脉宽接近 100ns 的高功率微波输出。近年来，该研究单位也研究了束流预调制对效率的影响，并于 2008 年设计了一种三阳极同轴 VCO 结构，得到了束波转换效率约 20%的数值模拟结果[89]。针对多层阳极在实验中带来电子散射及等离子体生成的问题，研究团队采用金属环取代多层阳极网来构成一种半开放式的调制腔结构，得到了效率约 17%并具有宽带调谐能力的器件[90]。

美国的得克萨斯理工大学几乎与西北核技术研究所同时提出同轴 VCO 的概念。他们分析了该类型器件的结构特点，在数值模拟和实验中研究了其结构参数以及阴阳极电极性对器件效率的影响规律，并在早期研究工作中获得了输出功率约 400MW、效率约 2%的实验结果。为了提高器件效率，他们通过在输出波导区引入条形反射片来增强电子束与 TE_{11} 模式之间的谐振，经过优化设计，在实验中获得了功率约 900MW、效率约 5.5%的微波输出。在进一步的研究中，该研究单位还通过实验研究了输入电脉冲宽度对输出功率的影响，探索了该器件的频率选择机制，提出了"虚腔"的概念，并结合实验结果讨论了该"虚腔"的谐振频率与微波主频的关系[91]。

俄罗斯的强流电子学研究院较早地提出了采用谐振腔对入射电子束进行预调制的思想，于 2002 年提出了一种双间隙的平板 VCO，并对其开展了系统的研究，其实验结果验证了束流预调制可作为提高器件微波产生效率的一种有效方法。2010年，他们将束流预调制机制应用于同轴 VCO 中，设计了相关实验装置，在实验中获得了输出功率约 300MW、效率约 5%、带宽约为 7%的实验结果。从 2003 年起，韩国的光云大学开始对同轴 VCO 进行数值模拟及实验研究工作，主要研究了阴阳极间隙和微波反馈机制对效率、频率以及模式的影响。其实验结果表明，在输出波导下游区域引入环形反射器或条形反射器，将有利于输出功率的提高以及微波频谱的改善，最终获得了纯净的 TM_{01} 模式输出。此外，英国的伦敦大学提出了在传输波导区中引入挡板来吸收漂移电子的方法，并且从理论上研究了轴向电场对虚阴极形成的影响。瑞典防御研究机构（Defence Research Agency）通过向同轴虚阴极振荡器引入一种对称放置的分段阴极，得到了较为纯净的 TE_{11} 模式输出。印度主要研究了二极管区主要物理参量对同轴虚阴极振荡器功率转换效率的影响，并通过实验证明天鹅绒阴极比石墨阴极能产生更高的微波功率输出。中国物理工程研究院对同轴 VCO 的谐振效应进行了初步分析，并开展了相关实验研究，通过系统优化，获得了脉冲功率峰值大于 500MW 的实验结果。2005 年度，国防科技大学的李志强、舒挺等学者在 SPARK-04 强流相对论电子束加速器上，对轴向反馈式虚阴极振荡器进行了实验研究，采用远场测量方法对其激励的高功率微波辐射进行了测量，测得了微波辐射主模及辐射功率。结果表明微波辐射主模为 TM_{01} 模，辐射功率大于 500MW，微波转换效率大于 3%，辐射频率约 3.6GHz，微波脉宽大于 20ns[86]。国内外有关虚阴极振荡器的部分实验结果如表 2-8 所示。

表 2-8　虚阴极振荡器的主要实验结果

研究机构	工作电压/MV	工作电流/kA	频率/GHz	输出功率/GW	效率/%
美国空军武器实验室	4	80	1.17	7.5	2.3
美国 Harry Diamond 实验室	—	—	1	20	—
美国洛斯阿拉莫斯国家实验室	—	—	0.6～1.0	8.5	0.7
韩国光云大学	0.3	21	6.68～7.19	0.2	3.2
俄罗斯托姆斯克核物理研究所	—	—	2.9	1.2	17
	—	—	3.1	1.5	6
中国台湾核能研究所	—	—	8.2	1.4	6
中国工程物理研究院应用电子学研究所	0.35	23	3.3	500	6.2
中国国防科学技术大学	—	—	3.6	500	3

　　虚阴极振荡器是一种强非线性空间电荷效应高功率微波产生器件，通过利用强流电子束自身强空间电荷场使虚阴极形成于其漂移空间内，再由虚阴极的振荡状态引起束流调制及电场振荡，进而激励高功率微波的产生。作为一种新型的高功率微波器件，其具有结构紧凑、输出功率高以及宽带可调谐功能等天然优点。与其他类型的高功率微波器件相比，该类型器件还具有无需电子束引导磁场的工作能力，使得系统装置在组成、体积及质量上具有明显的优势。然而，其束波转换效率较低的缺点成为阻碍其发展的瓶颈问题。在过去多年的研究工作中，研究人员主要通过寻找新概念或新型结构的虚阴极器件来克服其不足，在保持结构紧凑及无须外加引导磁场的优势前提下，研究人员主要通过引入谐振增强机制，优化阴阳极结构及其材料，抑制模式竞争或脉冲缩短等途径来提高微波产生效率，以促进其应用化目标的实现。同时也必须看到，束流预调制手段对于提高效率、改善频谱和增强调谐能力等也具有十分重要的作用。但不可否认的是，至今为止，能够得到确认的束波转换效率仍然普遍低于 10%，近 5 来，国内几乎没有相关虚阴极振荡器研究论文的发表，

这预示着该类器件在发展过程中遇到了极大的困难，与其他类型高功率微波器件相比，虚阴极振荡器的效率普遍很低，工作的频率也仅限于 X 波段以下，并且虚阴极的使用寿命有限，这些都严重限制了它的应用范围。因此，提高效率、拓展工作频带和提高使用寿命是未来虚阴极振荡器研究的方向。

（7）回旋振荡管

如果认为窄带高功率微波脉冲功率需要达到 GW 量级，或至少需要达到 100MW 量级，则回旋振荡管很难称得上是高功率微波器件。但如果按照 Pf^2 的定义，则该类器件可以与现有的大多数高功率微波器件的 Pf^2 值相当。该类器件最大的特点是工作在毫米波及亚毫米波段，另外，其输出脉冲宽度远远超过其他类型的高功率微波器件，可以在 MW 量级实现接近连续波输出。基于以上两个特性，回旋振荡管在高功率微波拒止武器方面得到特殊应用。

高功率 MW 级功率回旋管的总体结构如图 2-52 所示，其主要由电子枪、谐振腔、准光模式转换器、降压收集极以及各部分对应的磁场线圈组成。一般来说，目前研制的回旋管主要在电子枪和谐振腔上有区别，电子枪系统可采用单阳极或双阳极结构、单电子注和双电子注等不同结构；谐振腔通常采用单腔、复合腔或同轴腔结构。针对不同模式、不同功率，采用不同结构，以便得到更高功率输出和减小模式竞争[92]。电子枪作为回旋管的"心脏"，为其提供空心电子注。高功率回旋器件是以真空电子为驱动的辐射源，电子束质量对大功率器件尤其重要。回旋管的输出功率和效率与电子枪的输出电子注息息相关，电子注的质量有助于提高回旋管的输出功率与效率。电子枪一般采用磁控注入式，在阴极发射电子注，在电磁场的正交作用下做回旋运动。在阴极区，电子注主要受电场主导，电子注一边从电场获得能

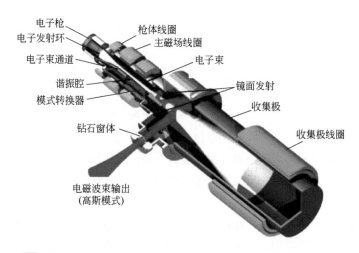

图 2-52　高功率 MW 级功率回旋管的总体结构示意图（见彩插）

量，一边进行能量交换。此时电子注的纵向速度与横向速度在阴极区受电磁场作用是非线性变化的。在电子注进入等位区后，磁场主要进行电子注的换能和绝热压缩，电子注的速度比逐渐增大，引导中心半径逐渐减小，在互作用区附近，磁场趋于平滑，电子注参量趋于稳定[92]。

除了拒止武器，高功率 MW 级回旋管的主要应用方向为核聚变研究方向。目前，利用核聚变产生能量是解决未来人类对能源需求的主要手段。利用磁约束实现受控核聚变的环形容器［托卡马克（Tokamak）装置］是当前世界上用于研究聚变的主要途径。电子回旋共振加热（ECRH）作为托卡马克装置中的一种电子加热方法，具有很好的定域性，因而已成为托卡马克装置中最常用的加热方法。在过去数十年中，电子回旋波对等离子体的有效加热特性已经在磁镜、托卡马克和仿星器等装置上得到证实。在环向托卡马克装置上，电子回旋共振加热功率沉积的位置控制可以通过调节纵向磁场强度或在固定纵向磁场强度下改变发射天线功率入射角度来实现，从而可以改变电子温度的分布。ECRH 是作为托卡马克装置的重要辅助加热系统，是目前最有效的一种加热方法，相对于其他加热方法，该系统具有以下优点：

① ECRH 具有良好的局域性，一般采用高斯波束输出，因而微波功率所沉积的区域就较小，ECRH 的局域性就很好。

② ECRH 相对于其他加热系统，较易操作。

③ 在托卡马克装置中可以产生初始等离子体。

④ ECRH 还可以通过控制等离子体的势能，增加电子垂直于约束磁方向的能量。

常用的电子回旋共振系统主要由高功率回旋管、高压电源、真空波导传输系统、集束光学发射天线、控制系统、机械系统、辅助电源系统、超导低温系统、真空系统和冷却系统组成。已经建成和正在建设中的可控热核聚变项目要求 ECRH 系统提供 10～30MW 的输出功率（工作频率为 140GHz 或 170GHz）。在国内，中科院等离子体物理研究所在原有的超导托卡马克装置 HT-7 的基础上，建立了新型先进实验超导托卡马克实验装置 EAST。这些实验装置利用 ECRH 系统满足产生聚变的温度条件。在 ECRH 系统所要求的频率范围内，由于受其自身尺寸的限制，速调管、磁控管、分布作用放大器以及交叉场放大器等常规微波发生器无法实现高功率输出。因此，在高功率微波发生器领域，利用电子回旋脉塞（Electron Cyclotron Maser，ECM）的不稳定性产生高功率微波的回旋管在该领域扮演着不可替代的重要角色。为了满足 ECRH 系统的要求，每支回旋振荡管的输出功率通常需要达到 MW 级的功率；同时，为了实现电子回旋共振加热的定向、集中、耦合效率高以及远程可控等特点，每支回旋振荡管必须能够工作在单模条件下，即实现严格的线性或椭圆极化条件下的轴对称窄束毫米波输出。这样的回旋振荡管可以解决电子回旋谐振加热系统在高频段（加热频率为 110～170 GHz）的功率不足、连续波条件下功率源技术不成熟等问题[92]。长脉冲/连续波（CW）工作状态下的回旋管系统框图如图 2-53 所示。

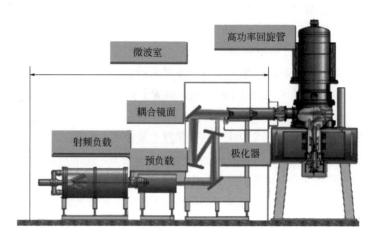

图 2-53 长脉冲/连续波（CW）工作状态下的回旋管系统框图

目前，国际热核实验反应堆 ITER 计划刚刚起步，其核心托卡马克装置需要一批频率在 100～170GHz、单管功率大于 1MW 的连续波（脉宽约 1000s）的毫米波回旋管，通过多个回旋管同时工作，给 ECRH 提供连续波大功率。作为 ECRH 系统的核心，高功率回旋管的研究在国外已开展一段时间，并取得了一定的成果。目前俄罗斯、美国、德国（欧盟）、日本等国都正在开展高功率（0.1～1MW）短脉冲/长脉冲/连续波工作的单模毫米波回旋管的研究工作。

德国卡尔斯鲁厄研究中心（FZK）在欧盟是主要从事回旋管研究的机构，其研制的 118GHz 连续波回旋管，输出功率可以达到 0.7MW，所研制的回旋管脉宽为111s，连续波功率为350kW，目前已被应用在瑞士洛桑托卡马克（TCV）电子回旋波系统。FZK 还为大超导仿星装置 W7-X 系统研制了 140GHz 连续波准光输出回旋管，该回旋管的输出功率可以达到0.9MW，输出效率为35%，脉宽为1800s，输出的能量能够达到 1.66GJ。作为 ITER 计划成员，俄罗斯科学院应用物理研究所（IAP）研制了多种不同功率级别连续波回旋管。IAP 设计的 170GHz 连续波回旋管，在输出脉宽为1000s 时，输出功率为 0.8MW，效率为 55%；在输出脉宽为 570s 时，可获得 1MW 的输出功率和53%的效率。同时，俄罗斯科学院应用物理研究所还在积极探索更高输出功率的 ITER 用 170GHz 连续波回旋管，可在脉宽 0.1s 下获得 1.44MW 输出功率和41%的效率。日本原子能研究所（JAERI）也积极参与 ITER 计划，研制出了 170GHz、MW 级连续波回旋管，当输出脉宽为 800s 时，能够达到 1MW 的输出功率和55%的效率；在脉宽 3600s 下，可获得 0.8MW 的输出功率和57%的效率。美国通信与功率工业公司（CPI）针对 ITER 计划，研制了 110GHz、0.5MW 的回旋管和 140GHz、1MW 连续波回旋管。140GHz 连续波回旋管脉宽为 30min，输出功率能够达到 0.9MW，效率为 33%[92]。

目前，140GHz MW 级回旋管的最大输出时间为 30min（由 CPI/KIT/CRPP/CEA/TED 联合研制）。功率大于 0.9MW 的回旋管，输出功率的世界纪录由欧盟的 140GHz 回旋管保持：30min 的 0.92MW 功率输出，97.5% 的输出高斯模式纯度，利用降压收集极装置和能量回收技术取得了 44% 的效率。日本的 170GHz 回旋管保持着最大能量输出的纪录：60min 内输出了 2.88GJ 的能量（功率 0.8MW）。同时，该回旋管还是 1MW 输出功率条件下的最高输出效率（57%）纪录保持者。目前，日本、俄罗斯和美国的研究团队正在测试连续波回旋管的功率极限。在国内，电子科技大学及国防科技大学的学者对回旋管进行了探索性研究，能够获得百 kW 量级功率输出，其应用超高频率的 THz 频段发展，利用回旋管产生大功率 THz 波也许是一个非常好的技术方向[92]。当前，国际上回旋管的主要研究成果如表 2-9 所示。

表 2-9　高功率回旋振荡管的主要实验结果

频率/GHz	研究机构	工作电压/kV	工作电流/kA	输出功率/GW	效率/%	脉宽/ns
95	美国 CPI 公司	93	75	2	28.7	连续波
110	美国麻省理工学院	96	40	1.67	42	—
	美国 CPI 公司	96	40	1.4	37	5
	俄罗斯应用物理研究所（IAP）/GYCOM	—	—	0.93	36	2
	日本原子能研究所/东芝公司	—	—	1.2	39	4.1
140	美国 CPI 公司	80	45	0.92	35	3600
	俄罗斯应用物理研究所（IAP）/GYCOM	—	—	0.96	36	1.2
	欧洲回旋管联盟	81	40	0.92	45	3600
170	俄罗斯应用物理研究所（IAP）/GYCOM	94	55	1.47	42	0.1
		—	—	1.02	53	240
		—	—	0.8	55	800
	日本原子能研究所/东芝公司	72	38	1	55	800
		—	—	0.6	57	3600
	欧洲回旋管联盟	93	80	2.2	30	0.001

回旋振荡管是一种基于自由电子受激辐射原理的高功率源器件，它填补了毫米

波及亚毫米波段高功率器件的空白，除了应用于受控热核聚变的等离子体加热外，在 THz 方向也具有较好的发展前景。但从传统高功率微波技术领域看，探索几十 MW 甚至百 MW 量级以上的微波输出也许在定向能武器应用方面更有价值，而这恰恰是当前回旋振荡管很难达到的技术指标，当然，在如此高的频段下其他高功率微波器件也很难达到。有学者探索利用相对论返波管在毫米波段获取 GW 量级高功率微波，如果能够实现，则回旋振荡管在高功率微波技术领域的应用价值将进一步消减，也许应用于毫米波拒止武器将是其未来在高功率微波技术领域内研究的主要价值。

2.3.2　典型窄带高功率微波器件设计要点

上节对当前主流研究的高功率微波器件进行了简要介绍。如前所述，每种类型高功率微波器件的工作机理各不相同，但其核心目的只有一个，即如何高效地将高功率微波驱动源提供的高能电子束能量转换成微波能量。每一类器件都可以用一部或几部专著进行详细介绍，能够从轮廓上对各类器件进行介绍已经十分困难，如果从设计上再对各类器件进行介绍几乎是不可能完成的任务，因为每一类器件都有不同的子类，概括起来估计有几十种之多。因此，本节基于本书的基本定位，选择每种高功率微波器件具有代表性的一个子类，就其设计要点进行简要介绍，以便读者对该类器件的设计有一个基本的了解与认识。

2.3.2.1　相对论返波管

在前面章节中已经对相对论返波管的工作机理进行了介绍，这里再进一步对其具体束波能量转换过程进行简要描述。相对论返波管（RBWO）利用脉冲功率源产生的强流电子束和结构波（电磁波模）相互作用形成相干振荡并辐射微波。强流电子束在引导磁场约束下通过真空波导器件时，电子束会产生振荡，即空间电荷波，波导模式中结构波（电磁波）相速与频率满足以下关系：

$$v_{p} = \frac{\omega}{\beta} = \frac{c}{\sqrt{1-(f_{c}/f)^{2}}} = \frac{c}{\sqrt{1-(\lambda/\lambda_{c})^{2}}} \tag{2-16}$$

式中，v_{p} 为电磁波相速；$\beta = \frac{\omega}{c}\sqrt{1-(f_{c}/f)^{2}}$ 为电磁波相位常数；ω 为电磁波角频率；c 为光速；λ_{c} 为截止波长；f_{c} 为截止频率。

式（2-16）也可以称作电磁波色散关系。由于传播状态满足 $f_{c}<f$，$\lambda<\lambda_{c}$，所以式（2-16）表明 $v_{p}>c$，即电磁波传播速度大于电子传播速度。因此，电子束产生的空间电荷波无法与波导模式中的结构波相互作用，也就无法实现能量的转换而产生相干辐射[45]。

将波导器件内壁改成周期性变化的波纹波导，起到减小电磁波的相速 v_p 的作用，使得 $v_p < c$，这样电子的运动速度 v_b 和结构波（电磁波）的相速 v_p 满足产生相干辐射的同步振荡条件。周期变化波纹波导即形成相对论返波管的核心区域慢波结构。图 2-54 所示为一般慢波结构的色散关系（ω，k）曲线，表示慢波结构相速与波数之间的关系。从图中可以看出，空间电荷波与慢波结构的结构波有多个交点，相对论返波管振荡器中电子束实际上是与波导模式中 TM_{01} 模的-1 次空间谐波相互作用而产生相干辐射[45]。

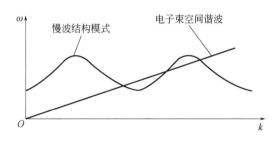

图 2-54　慢波结构色散曲线

如图 2-55 所示，电子的运动速度与 TM_{01} 模的-1 次空间谐波的相速大小相近，方向相同；而谐波的群速即慢波结构色散曲线的斜率则与电子运动速度相反，因此也称为返波。相对论返波管振荡器工作基本原理是：强流相对论电子束在磁场的引导和约束下与慢波结构中电磁波（结构波）的-1 次空间谐波相互作用产生微波；相对论电子陆续通过慢波结构的时间存在差异，因此先通过慢波结构的相对论电子与结构波作用后产生的微波向后传播，接着作用在后通过慢波结构的相对论电子上，振荡被放大；慢波结构前的截止颈对放大的微波进行反射，重新经过相对论返波管的慢波结构最后被天线系统辐射出去[45]。

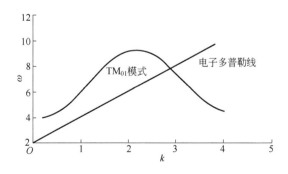

图 2-55　TM_{01} 模的-1 次空间谐波与电子束关系

相对论返波管可称为高功率微波领域第一管,当前已经衍生出多种类型及结构。下面以国防科技大学葛行军、张军等设计的 S 波段 GW 级长脉冲相对论返波管[93,94]为例,简单介绍一下返波管设计要点与流程。他们设计的谐振式相对论返波管具有结构简单、纵向尺寸较短、束波转换效率较高等优点,其结构示意图如图 2-56 所示,主要由环形阴极、截止颈、慢波结构(SWS)、反射器、锥波导、收集极和导引磁场等部分组成。其中,反射器的主要作用是通过调节其半径来改变慢波结构下游的反射系数,从而改变返波和前向波的幅值之比,提高器件束波转换效率[93]。

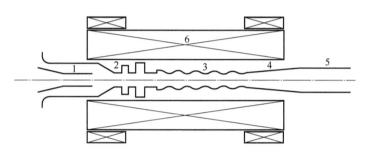

图 2-56　双谐振腔长脉冲 RBWO 结构示意图

1—环形阴极;2—双谐振腔;3—非均匀慢波结构;4—锥波导;5—收集极;6—导引磁场

(1) 一般设计要点

针对在长脉冲及重复频率运行下的特点,结合对关于脉冲缩短问题的研究与分析,对 S 波段长脉冲重复频率运行 RBWO 提出了以下几点设计原则:

① 较大的阴阳极轴向间距。为了尽量减少阴极等离子体轴向膨胀对微波脉冲缩短的影响,设计 S 波段长脉冲 RBWO 时,应采用较大的阴阳极轴向间距。

② 较大的电子束与 SWS 之间的距离。阴极等离子体沿径向的膨胀对微波脉冲的缩短有着重要影响,电子束与 SWS 之间的距离应取足够大,以避免由于阴极等离子体沿径向的膨胀造成的脉冲缩短。

③ 较大的收集极至束波相互作用区的距离。为防止由于电子收集极处产生的等离子体膨胀至束波相互作用区,影响器件工作,导致输出微波脉冲提前终止,采用较大的收集极与束波相互作用区之间的轴向距离。当 SWS 至电子束收集极之间的距离小于 10~12cm 时,将会导致由于收集极阳极等离子体向慢波结构膨胀而带来的微波脉宽缩短。

④ 带水冷结构的电子束收集极。当 RBWO 在重复频率运行时,大量的电子最终收集至波导壁上,电子能量的沉积会导致波导壁局部发热,引起材料放气和强烈的二次电子发射,从而对高功率微波的传输造成严重的影响。所以,在设计中采用带水冷结构的电子束收集极,其循环的水流可以有效地带走沉积的热量,满足

RBWO 重复频率运行的需要[93]。

（2）截止颈、慢波结构及收集极设计

慢波结构前端采用两个谐振腔来取代截止颈，主要作用如下：

① 对电子束进行预调制。双谐振腔对电子束进行了预调制，使电子束发生了较明显的预群聚，有利于在慢波区发生充分的束波相互作用，提高束波转换效率。

② 反射向二极管区泄漏的微波。谐振腔由于其本身的谐振特性，同样能达到截止颈的效果，即反射向二极管区方向传输的微波，避免造成的不利影响。采用两个谐振腔能实现对向二极管区泄漏的微波的全反射。

③ 减小阴极等离子膨胀影响。采用双谐振腔结构，避免电子束刮擦或轰击谐振腔，削弱器件内部射频场，可以有效削弱由于阴极等离子体的径向膨胀而造成的脉冲缩短[94]。

非均匀慢波结构采用变波纹深度来提高后段慢波结构与电子束的耦合阻抗，增强束波相互作用。同时，增大波纹深度还有利于降低结构波的相速度，使其与因把能量交给微波场而被减速的电子的速度继续保持同步，使电子持续交出能量，进而提高束波互作用效率。大半径收集极可以降低收集极处电子的密度，减少因电子轰击收集极而产生的二次电子的数量，进而削弱收集极处等离子体对微波产生的影响。同时，增大收集极与束波相互作用区之间的轴向距离，防止由于收集极处产生的等离子体膨胀至束波相互作用区，导致输出微波脉冲缩短[89]。

（3）粒子模拟

进行粒子模拟的目的是确定返波管所有结构的具体尺寸，其中重要的结构尺寸包括慢波结构深度及长度、谐振腔半径及长度、收集极半径及长度等。首先，需要建立粒子模拟结构模型，设定电压、电流等条件；然后，利用专业模拟软件对相对论返波管各个组成部分进行优化，获取理想的数值模拟结果。粒子模拟通常采用专用软件 Karat 或 Magic 进行，这部分内容非常专业，可参阅相关文献。

以本节介绍的 S 波段 GW 级长脉冲相对论返波管为例，粒子模拟的条件为：二极管电压约为 930kV，电流约为 10.5kA，导引磁场大小约为 1.8T。长脉冲重频加速器的输出电压波形设置二极管电压参数：上升沿为 60ns，下降沿为 60ns，半高宽约为 160ns。采用粒子模拟程序分析器件中电子束的传输及束波相互作用的物理过程，进行电磁结构优化。数值模拟给出了输出微波随时间的变化规律，分析可知微波振荡较稳定，输出功率约为 3.3GW，效率约为 33.8%，微波频率为 3.75GHz。在二极管电压半高宽为 160ns 的条件下，微波的半高宽约为 135ns，可实现 100ns 级长脉冲微波输出[93,94]。

（4）引导磁场设计

磁场强度及磁场场型对高能电子束束流品质影响巨大，也是决定整个器件效率的关键因素。有关引导磁场的设计请参阅相关专业文献。

（5）器件测试

任何一支器件在完成设计加工后，必须与高功率微波驱动源进行联调以最终确定器件是否满足相关指标，这本身就是一项极为复杂的系统工作。有关测试及调试的具体内容及步骤请参阅更为专业的文献，但就本节介绍的 S 波段 GW 级长脉冲相对论返波管来说，其建立的测试系统如图 2-57 所示。可以大致知道，对高功率微波器件的调试并不容易，高功率微波器件与驱动源的配合也是整个高功率微波源能否高效输出的关键环节，模式转换器及辐射喇叭的稳定工作也是判断输出波形正常与否的必备条件[94]。

(a) 加速器及微波源

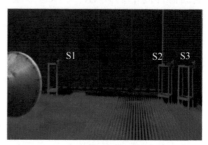
(b) 微波测量系统

图 2-57　实验测试系统

2.3.2.2　多波切伦柯夫振荡器

由前面的介绍可知，多波切伦柯夫振荡器的产生源自相对论返波管在超高功率运行遇到慢波结构内高频击穿的限制。如果单纯从外观比较多波切伦柯夫振荡器与相对论返波管结构，两者的构造几乎是看不出有什么本质的差别。所不同的是，相对论返波管通常工作在 TM_{01} 基模状态，而多波切伦柯夫振荡器则工作在过模状态。但也有学者利用相对论返波管开展工作于非基模状态下的研究，2018 年，西北核技术研究院报道了他们设计的一款 Ka 波段 TM_{02} 模式低磁场相对论返波管，数值模拟表明，该器件在 1T 引导磁场下可以获得功率为 493MW、频率为 29.3GHz 的微波输出，工作模式及频率与理论设计一致。随后，他们基于模拟中的结构参数开展了初步的实验研究，当二极管电压为 580kV、电流为 3.56kA、引导磁场为 1T 时，获得了功率 286MW、频率 29.3GHz、脉宽约 10ns 的微波输出。实验获得的微波频率与数值模拟一致，但是微波功率与数值模拟结果有明显差异，并且微波脉冲后沿有明显的缩短，研究者分析认为在低磁场下后端谐振腔链受到电子轰击是导致该问题的主要原因[95]。就一般意义上看，相对论返波管即使工作在过模状态，其主要工作模式也只有一个，而多波切伦柯夫振荡器可以允许多个模式共存，这也许就是两者之间最本质的差异。本小节以国防科技大学武大鹏博士设计的 Ka 波段过模切伦柯夫型高功率微波振荡器[41]为例，对该类器件的设计进行简要介绍，便于读者对该类器件设计有一个基本认识。

具有分段慢波结构和输出腔的 Ka 波段多波切伦柯夫振荡器的结构如图 2-58 所示，主要由相对论二极管、准直孔、慢波结构、漂移段、导引磁场、输出腔等部分组成。设计该器件的目的是希望能够在 Ka 频段获得 GW 量级的高功率微波脉冲。

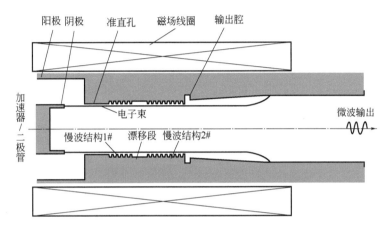

图 2-58 分段慢波结构和输出腔的 Ka 波段多波切伦柯夫振荡器的结构

相对论二极管用于在脉冲功率加速器的驱动下产生电子束，通常为采用冷阴极的相对论无箔二极管。相对论无箔二极管的优势在于，避免了电子与阳极箔碰撞产生的等离子体影响束波互作用区的电动力学结构。冷阴极的电子发射机制为爆炸发射，可以产生远远大于传统热阴极的阴极电流。在粒子模拟中，通常采用直接在阴阳极间隙上施加具有一定分布的电压，而不出现具体的加速器结构。粒子模拟软件中通常提供束流发射和自洽的爆炸（Explosive）发射等多种阴极电子发射模型，设置合理的情况下，各种模型都可以得到接近实际的模拟结果；导引磁场用于引导电子束稳定地沿系统轴向传输；准直孔用于去除发射角度偏差过大的电子，避免其轰击慢波结构造成不必要的损伤，同时也起到反射部分微波的作用。粒子模拟中，导引磁场可以采用 Superfish 等软件模拟产生，或者简单地使用螺线管磁场分布的一般表达式进行计算。

慢波结构是电子束与微波交换能量的主要区域，不同微波源的慢波结构区可能差别很大。图 2-58 利用分段式慢波结构和输出腔来提高功率效率，同时设置了锥形波导结构，用以缓解电子束收集极附近的等离子体对束波作用的影响。采用分段式慢波结构和提取腔的 Ka 波段多波切伦柯夫振荡器的工作过程如图 2-59 所示。极产生的电子束，经过准直孔进入慢波结构区域，发生波束相互作用，然后在锥形波导后部被收集。电子束在第一段慢波结构中，主要发生速度调制；在漂移段部分，电子束发生群聚，形成"群聚块"；通过漂移段长度的合理设计，可使电子束"群聚块"进入第二段慢波结构时处于微波场的有效减速相位，从而产生更为有效的相互作用。束波作用产生的微波向微波源后部传输，经过输出腔时，部分微波被反射回慢波结构区，产生反馈进一步增强束波相互作用。

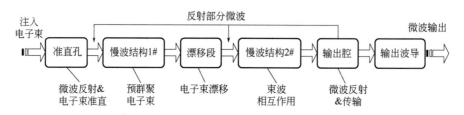

图 2-59 波切伦柯夫振荡器的工作过程示意图

由于过模慢波结构器件的径向尺寸较大，允许多个模式同时存在，工作模式的选择是需要重点关注的内容。过模慢波结构中，TM_{01} 模式、TM_{02} 模式等可能同时存在，它们在横截面上具有不同的电场分布形式，即可能存在多个不同的"横向模式"。横向模式一般可利用设置合适的电子束位置来控制。电子束主要沿轴线方向运动，主要与轴向电场发生相互作用。在具体慢波结构尺寸下，慢波结构中 TM_{01} 模式、TM_{02} 模式和 TM_{03} 模式的轴向电场分布在不同的径向位置上。可以看出，在特定条件下，TM_{01} 模式的轴向电场主要集中在慢波结构表面附近，而 TM_{02} 模式和 TM_{03} 模式的轴向电场峰值位于轴线附近。据此，慢波结构附近的电子束应该主要与该位置有较集中轴向电场的 TM_{01} 模式发生相互作用[41]。

与相对论返波管设计类似，多波切伦柯夫振荡器设计的主要工作也是利用数值模拟软件来实现的。目前，常用的高功率微波器件模拟软件主要有：美国 MRC（Mission Research Corporation）的 MAGIC、Los Alamos 实验室的 ISIS、俄罗斯研制的 KARAT，国内的主要有西北核技术研究院研制的 UNIPIC 和电子科技大学研制的 CHIPIC 等。图 2-60 所示为 PIC 粒子模拟的基本流程。粒子和场按时间顺序演进，在给定的时刻，电场和磁场在空间网格上插值得到各处的场值，场值按照粒子的力方程对粒子施加作用力，从而推动粒子的速度和位置发生变化。这一过程中，需要考虑粒子在模拟边界上的损失和增益，如粒子的发射或吸收过程，如果存在粒子的碰撞，还引入蒙特卡罗碰撞模型。而后，将粒子运动后的速度和位置信息在空间网格上插值得到各处的电荷量和电流，按照场方程计算得出新的电磁场分布。

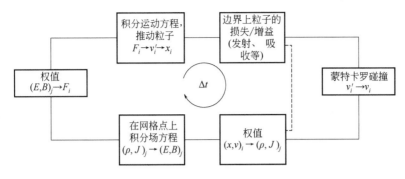

图 2-60 PIC 粒子模拟基本流程示意图

该器件结构基本确定后，武大鹏博士等开展了系统的器件粒子模拟。采用多种方法，优化了器件的功率流分布；同时在慢波结构部分引入了尺寸渐变结构，保持和提高了功率效率。在导引磁场为 0.95T 条件下，当电子束电流为 3.2kA、二极管电压为 450kV 时，得到的输出微波功率为 0.52GW，对应的功率效率为 36.1%，频率为 32.3GHz。采用粒子模拟中获取的场分布数据，用数值方法推算出了器件在实验中输出模式的组分。通过与既有器件实验数据的比较，验证了该方法的有效性。据此方法分析发现，器件输出功率饱和后，其输出模式功率占比和相位关系稳定，慢波结构前后的反射对于器件输出模式组分影响明显。据此，通过调整结构，使设计的器件在慢波结构过模比大于 4.6 的条件下，输出微波中 TM_{01} 模式的功率占比达到 90%[41]。

在利用数值模拟方法完成器件优化设计后，即进入器件研制及调试阶段。与相对论返波管调试类似，器件的测试仍然需要高功率微波驱动源及多类测量装置。在对器件进行实验研究的过程中，研究者使用电子束目击靶观察了磁场导引下电子束的传输情况，选取发射均匀性更好的石墨阴极用于实验研究；利用色散线法测得器件输出微波的频率为 32.1GHz，与粒子模拟结果相接近；采用荧光灯阵列得到了圆周对称性良好的圆环状微波激励发光图像，证实器件输出微波模式具有良好的圆周对称性；通过实验方向图与理论推算方向图的比较，证实器件输出微波中 TM_{01} 模式的功率占比约为 90%，各个模式之间的功率占比和相位关系稳定；在导引磁场为 0.95T 条件下，当二极管束流为 6.2kA、电压为 530kV 时，测得的微波远场辐射功率为 0.35GW，对应的功率效率约为 10.7%，脉冲宽度约为 16.0ns；在导引磁场为 0.95T 的条件下，当电子束流为 9.9kA、二极管电压为 605kV 时，测得微波远场辐射功率为 0.63GW，脉冲宽度约 10.5ns；在二极管电压小于 600kV 时，器件连续工作 10 次，输出微波脉冲波形一致性较好，功率波动在 5% 以内。测量结果表明，该多波切伦柯夫振荡器具备了在 Ka 波段输出 GW 级高功率微波的能力[41]。

2.3.2.3 相对论速调管

概括起来，相对论速调管的工作过程中包含以下几个阶段：电子束发射、速度调制、群聚过程、激励谐振腔、再调制、再群聚、再激励谐振腔、耦合输出高频能量，最后则是剩余的电子束收集。典型相对论速调管结构如图 2-61 所示，其工作过程与一般速调管工作过程基本是一致的。

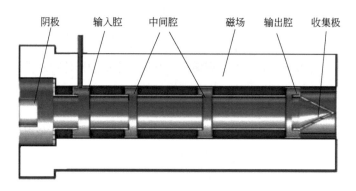

阴极　　输入腔　　中间腔　　　　磁场　　输出腔　　收集极

图 2-61　典型相对论速调管结构示意图

速调管通常由阴极、输入腔、中间腔、输出腔、收集极和聚焦系统构成。从阴极发射的均匀电子束在轴向引导磁场的作用下，经过阳极加速，以一定的速度通过输出腔高频间隙，此时从输入腔波导口处注入的微波信号就会在高频间隙处产生交变电压，当这个高频间隙的交变电压遇到从阴极发射的均匀电子束时，二者就会发生相互作用。如果高频电压处在正半周期，则穿过间隙的电子束会受到其作用而开始加速运动；相反，如果高频电压处在负半周期，则会对电子产生减速作用，高频电压的瞬时大小直接决定了电子被加速或者减速的程度。在经过输入腔高频间隙后，漂移管中电子的速度已经发生改变，有快有慢，即产生了速度调制。但是此时速度快慢不同的电子束的相对位置还没有发生变化，即电子束的电流密度没有发生变化，还是处于均匀的状态。产生速度调制的电子束进入漂移管后，因为漂移管内部存在等电场空间，电子束将作惯性运动，速度快慢不同的电子之间开始发生相互追赶现象，即速度较快的电子会逐渐赶上速度慢的电子。经过这个过程，漂移管中的电子束开始变得疏密不均，逐步由均匀状态变为一团一团的疏密间隔状态，此时便认为电子束已经由之前的速度调制变为密度调制。通常把电子束一团一团的密集区域称为群聚块，把形成群聚块的过程称为群聚。当群聚的电子束通过漂移管到达中间腔间隙处时，中间腔内部被感应起高频电流，这个高频电流作用到中间腔间隙处，形成更强的高频电压，高频电压对运动的电子束作用，使其受到更强的速度调制。高度群聚的电子束运动到输出腔间隙处，输出腔内部会被激励起强度很高的感应电流，并使输出腔处于强烈谐振的状态。输出腔间隙处感应出高频电压，此高频电压又反过来对间隙处的电子束产生作用。部分高度群聚电子束在电压负半周期通过间隙时，受到高频电压作用，电子束的速度会减小，动能降低，失去的动能交给了高频场。并不是全部的电子束都会在电压负半周期通过输出腔间隙，还会有少部分电子束在感应电压正半周期通过输出腔间隙，这部分电子束会吸收高频场的能量而产生加速作用。总的来说，在高频场与群聚电子束互相作用的过程中，被减速电子的数量要远远多于被加速的电子数量。也就是说，电子束交给高频场的能量要远大于从高频场获得的能量，交出的能量通过输出波导传输，经过输出窗，最后到达天线上，经天线辐射到空间。这样，高频信号就被放大了。被高频场提取了能量的电子束最后会轰击到速调管末端的收集极上转化为热能。

　　相对论速调管是在传统速调管基础上发展起来的，为了提高输出功率及束波能量转换效率，先后发展了多种结构类型的器件，包括膜片加载宽间隙速调管、同轴输出速调管、三轴输出速调管、径向线速调管、多腔速调管等，如图 2-62 所示。

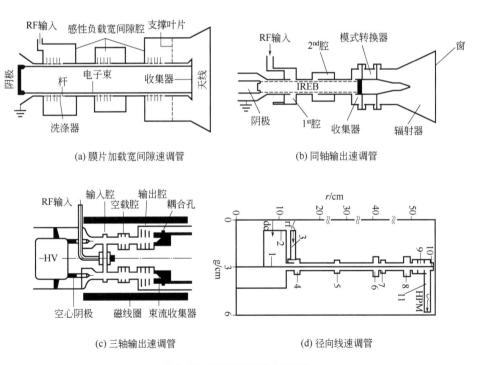

(a) 膜片加载宽间隙速调管　　　　　　　(b) 同轴输出速调管

(c) 三轴输出速调管　　　　　　　(d) 径向线速调管

图 2-62　各类型速调管结构示意图

　　下面以电子科技大学李士锋博士研制的同轴型毫米波 GW 级相对论速调管放大器[91]为例，对典型的同轴型相对论速调管设计进行简要介绍。相对论速调管的设计随着需求的不同而不同，不同的应用需求对速调管的性能要求也不同。当功率要求达到数百 MW 时，需要结合脉冲功率技术采用环形强流相对论电子束驱动速调管。由于环形电子束存在，实际上高频结构也与常规速调管不同。为了实现高功率容量、高效率注波互作用，结合同轴速调管放大器和过模结构的特点，李士锋博士设计了一种大尺寸相对论同轴速调管放大器（Oversized Coaxial Relativisitc Klystron Amplifier，OCRKA），其结构示意图如图 2-63 所示。该器件由二极管产生电子束、TM_{03} 模式单间隙输入腔、单间隙中间腔、三间隙中间腔、三间隙输出腔、同轴输出波导组成。另外，输出辐射模式转换器和输出辐射喇叭天线也是整个系统中的重要组成部分。这些部件决定了器件的工作性能，需要对这些结构进行物理设计与模拟优化。根据实验平台以及已有的实验设备参数，确定基本的设计参数为：器件工作频率为 30.5GHz，输入微波功率不大于 5kW，电子束电压为 500kV，电子束电流为 6kA，聚焦磁场不大于 1T[96]。

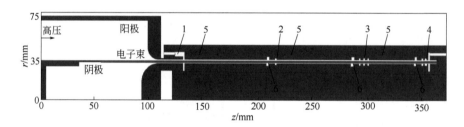

图 2-63 Ka 波段高过模相对论同轴速调管放大器结构示意图

1—输入腔；2—第一中间腔；3—第二中间腔；4—输出腔；5—衰减材料；6—谐振反射器

整个设计过程需要完成的设计工作依次为：

① 电子束产生与传输。在无箔二极管中环形空心阴极材料通过爆炸发射方式产生环形 IREB，是高功率微波器件最常用的一种电子束源。加速器产生的脉冲高压传输到二极管区后形成电场分布，在阴极表面的场强高于阴极材料的发射阈值时产生电子。电子离开阴极表面后由磁场和电场分布共同决定其运动状态，进而影响电子束的品质、引入漂移管的效率，甚至影响漂移管中的传输效率。通过分析和优化二极管区的电位分布提高电子束产生品质、提高电子束的引入效率和提高电子束在漂移管中的传输效率，并进行电子束在漂移管中的传输特性分析。为了实验中参数调节具有参考价值，利用粒子模拟软件建立二极管完整模型，利用全三维电磁模拟软件 CST 模拟二极管区电位分布，改变漂移管入口处电场分布，以提高电子束传输效率，对阳极电子束入口处进行倒角，有效改善入口附近的电场分布，最后再利用

PIC 模拟的方法验证改进结构后的效果。

②　输入腔设计。对于该相对论返波管，由于其输入腔注入功率不大于 5kW，低功率注入信号在输入腔内建立的射频场强度较弱，不会产生射频击穿，所以可以采用单间隙结构。基模工作的同轴谐振腔由于空间原因，不便于设计耦合结构，为此采用 TM_{03} 模式谐振腔作为输入腔，增大输入腔的结构尺寸，降低输入腔的加工装配难度，二维模拟中采用同轴耦合方式进行简化模拟，优化腔体间隙上下高度，使电子束通道中的电场均匀分布，有助于电子束注波互作用的一致性，有助于器件的稳定运行。

③　中间腔设计。电子束经过输入腔速度调制并在下游漂移管中进行密度调制使得电子束携带高频分量，调制后的电子束激励中间腔，在中间腔中感应出射频场分量，射频场进一步对电子束进行速度调制。由于中间腔中感应的射频场场强要高于输入腔，所以对电子束的速度有更深的调制。器件为了获得高增益，通常需要多个中间腔提高调制深度。该器件采用两个中间腔，当电子束经过第一个中间腔后，其调制比更大，这样的电子束进入第二个中间腔感应出非常强的射频场，在第二个中间腔的间隙电压甚至可能超过电子束电压，所以第二个中间腔中很容易造成电子反转、射频场击穿。为了降低第二个中间腔射频场，采用多间隙的中间腔结构。结合高频结构分析建立单间隙中间腔、三间隙中间腔，通过数值模拟研究这几个谐振腔的热腔特性，最终确定适合的工作腔体参数。

④　输出腔设计。输出腔采用三间隙扩展互作用结构，同时前两个间隙工作在 TM_{01} 模式，最后一个间隙工作在 TM_{03} 模式。TM_{03} 模式间隙横向结构尺寸大，有助于降低射频场强及输出耦合结构的装配难度。为了提高提取效率，间隙之间的距离需要逐渐减小，保证速度同步。当电子束经过多间隙输出腔时，在每个间隙交出部分能量，使得电子束的平均速度降低，这就需要间隙之间的周期逐渐减小以实现最大的电子效率，称这种结构为非均匀周期输出腔。利用粒子模拟仿真方法进行优化设计，在模拟中利用预调制电子束驱动输出腔，改变输出结构的周期长度使得输出功率达到最大。同时，设计一个均匀周期的输出腔结构进行对比，非均匀周期输出腔的输出功率要大，相应地具有较高的电子效率。对于优化后的输出腔结构，数值模拟显示电子束在前两个间隙处损失了大部分能量，在第三个间隙处损耗的能量小于前两个间隙，这反映了第三个间隙的互作用程度要弱，体现了设计的 TM_{03} 模式的特点。前三腔调制后的电子束携带非常高的射频分量，电子束进入输出腔中激励起的射频场非常高，达到了 MV/cm 量级。需要通过改变电子束半径研究不同结构的功率容量问题。在粒子模拟中监测输出功率和对应的最大射频场场强，调整参数使得输出功率维持在 1GW 左右，模拟结果证明增大谐振腔横向尺寸可以有效地降低射频场场强。因此，为了得到高的功率容量，可以增大器件的横向尺寸，

即增大过模比。

⑤ 谐振反射器设计。由于同轴谐振腔漂移管对 TEM 模式不截止，谐振腔会产生模式泄漏，转换为 TEM 波在漂移管传播，这样会在相对论速调管中产生能量的耦合，从而产生自激振荡现象。一种有效的解决办法是采用同轴谐振腔反射器，谐振腔的径向长度约为一个波长，导体的边界条件决定了在反射器内外导体表面轴向电场为零，则在反射器径向中心位置应为零。因此，当电子束通过谐振反射器时不会被反射器内的射频场作用，从而不会影响器件的工作。通过优化内外导体半径可以选择谐振反射器的中心频率，提高反射系数。经过优化得到在器件中心频率处的反射效率最大，并得到谐振反射器的轴向电场分布。从漂移管一端入射的 TEM 模式会被全反射，在反射器中心处轴向电场分量为零，上下谐振槽内方向相反。在器件中引入 TEM 反射器时还需要考虑其对谐振腔的影响，为此需要建立研究谐振腔和反射器之间距离的影响模型。通过改变谐振腔和反射器之间的距离得到不同的反射效率，设定最佳间距，研究反射器与谐振腔之间的距离对器件谐振腔的谐振频率的影响。数值模拟表明，随着距离的减小，谐振腔的谐振频率逐渐增大，为此需结合反射效率和对频率的影响选择适合的距离。

⑥ 模式变换器设计。器件产生的微波通过同轴波导耦合出来，以 TEM 模向后端传输，需要转化为圆波导 TM_{01} 模激励圆锥喇叭天线。由于输出同轴波导尺寸非常大，直接转化为 TM_{01} 模非常困难，所以需要先将大尺寸 TEM 通道渐变到小尺寸下再进行模式变换，本示例设计的模式变换器在超过 200MHz 范围内反射系数小于 $-30dB$。中心频率处的 TEM 模——TM_{01} 模的转换效率大于 99.99%，模式变换器中最大的电场强度为 1827V/m，经换算当波导中传输 1GW 功率时最大电场强度为 817kV/cm，低于击穿阈值。

⑦ 辐射天线设计。为了实现 Ka 波段高功率的辐射，需要设计一个圆锥喇叭天线，本示例设计的天线口面采用抛物面型。数值模拟发现，增大天线长度实现口径的增大可以有效降低天线口面的电场强度。增大天线窗的圆心角可以很好地匹配辐射带宽，实现宽频带内低的驻波比特性。天线窗片的厚度决定了天线工作中心频率，需要通过数值模拟获得窗片最佳厚度。本示例设计的天线的功率容量约为 840MW，其主瓣方向角度为 16°，最大方向角增益为 13.9dB。天线端口带宽特性较好，在 30～31GHz 范围内端口注波比小于 1.3，在可接受范围内。

本示例设计的输入腔、输出腔、TEM 谐振反射器、模式变换器及辐射天线结构如图 2-64 所示，具体尺寸请参阅李士锋的博士论文。以上器件设计完成后，还需进行器件加工组装，进一步与高功率微波驱动源配合联调测试，以验证是否满足相关设计指标。

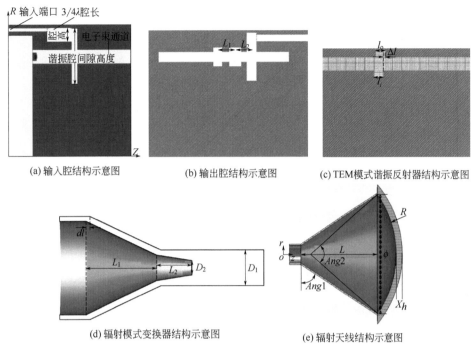

(a) 输入腔结构示意图　　　　(b) 输出腔结构示意图　　　　(c) TEM模式谐振反射器结构示意图

(d) 辐射模式变换器结构示意图　　　　(e) 辐射天线结构示意图

图 2-64　相对论速调管部分组件及配套器件结构示意图

2.3.2.4　相对论磁控管

在前述章节中，我们已经对磁控管的工作原理进行了简要介绍，如前面章节所述，磁控管是应用最普遍也是最重要的一种 M 型器件，而相对论磁控管则是普通磁控管在高电压、强电流情况下的特殊状态。所以，相对论磁控管的原理和普通磁控管基本一致，只是存在一定的特殊性。磁控管的结构相对简单，主要结构由阴极、阳极和能量输出结构组成。阳极腔一般由多个角向均匀分布的谐振腔构成。阴极位于中心的导体圆柱，电子从阴极发出，在正交的静电场和静磁场的相互作用下达到阳极，在此过程中，电子将阴阳极之间的位能转换给高频场，最后由输出结构传输到负载。阳极之间的谐振腔可以形成高频的振荡回路，也可以收集阴极发射出的电子。磁控管的工作频率、工作模式、工作模式的稳定性以及输出性能都与阴极、阳极结构密切相关。典型磁控管结构如图 2-65 所示。

笔者查阅了上百篇文献，发现很难对相对论返波管设计给出程序性的概述，基本认识为：相对论返波管的设计主要围绕确定阴极半径、阳极半径、谐振腔等三部分展开，而这三者又相互交联，必须进行一体化设计。不同的谐振腔形状及微波提取方式是相对论返波管多样性的原因之一，以谐振腔形状区分，当前比较有代表

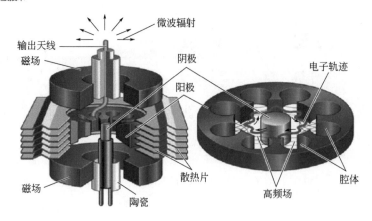

图 2-65 磁控管基本结构（见彩插）

性的相对论磁控管包括 A6 型相对论磁控管和旭日型相对论磁控管等。A6 型相对论磁控管是最经典的相对论磁控管，它具有结构简单、质量小、工作电压低、输出功率高等许多优点，但是其工作时的模式隔离度较小，不适合采用添加隔膜带的方法提高隔离度；旭日型异腔结构的相对论磁控管在抑制模式竞争、提高管子稳定性方面表现优异，其谐振系统由大小和形状都不同的两个谐振腔排列而成，大腔的谐振波长长而小腔的谐振波长短，有利于抑制模式竞争，进而提高管子工作的稳定性。两类相对论磁控管横截面如图 2-66 所示。

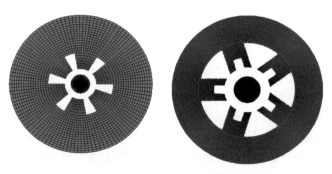

(a) A6型相对论磁控管截面　　　　(b) 旭日型相对论磁控管截面

图 2-66 A6 型和旭日型相对论磁控管截面

　　由于很难简单地对相对论磁控管设计进行概述，本节以国防科技大学史迪夫博士[97,98]研制的改进型同轴相对论磁控管为例，列出该器件的结构模型及整体装配图（图 2-67、表 2-10 和图 2-68），以使读者进一步对相对论磁控管有一个直观的了解与认识，该类磁控管的谐振腔类型比较接近旭日型结构。

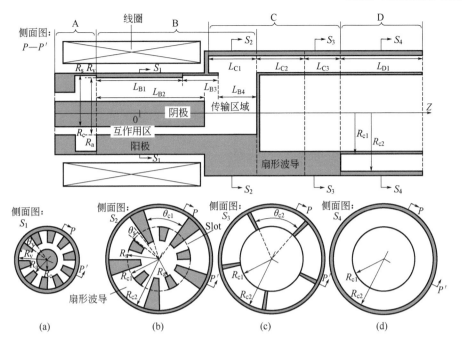

图 2-67 相对论磁控管的结构模型

表 2-10 相对论磁控管的结构参数

参数	R_c/mm	R_a/mm	R_v/mm	R_s/mm	R_{c1}/mm	R_{c2}/mm	θ_v/(°)	θ_l/(°)	θ_{c1}/(°)
取值	11.0	18.0	30.0	32.0	34.0	48.0	18.0	18.0	54.0

参数	θ_{c2}/(°)	L_{B1}/mm	L_{B2}/mm	L_{B3}/mm	L_{B4}/mm	L_{C1}/mm	L_{C2}/mm	L_{C3}/mm	L_{D1}/mm
取值	67.5	72.0	90.0	30.0	32.5	40.5	40.0	30.0	70.0

在结构参数中，阴极半径、阳极半径和谐振腔半径均为较敏感参数，它们对相对论磁控管的工作性能影响较大。因此，一方面为了保证阳极半径、谐振腔半径与模拟结构参数尽量一致，阳极块整体采用了一次成型的线切割方式进行加工，与加工多个阳极块再进行装配的方式相比精度较高，可以有效避免由装配带来的误差；另一方面，为了保证阴极与阳极块同心，研究者利用了一个由高分子材料制作的空心圆筒来检查同心，空心圆筒的内径与阴极直径间隙配合，空心圆筒的外径与阳极直径间隙配合。通过调节位于加速器面板上的调同心结构，当阴极、阳极块、空心圆筒三者同时间隙配合时，即表明阴极与阳极块已调至同心[93]。相对论磁控管的个别部件加工实物如图 2-69 所示。该类高功率微波器件结构简单紧凑，是一类较为高效且在当前占据主流地位的高功率微波产生器件。

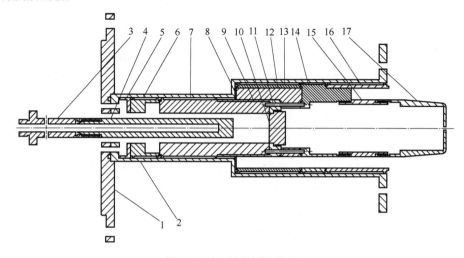

图 2-68 相对论磁控管的装配图

1—外筒始端法兰；2—外筒；3—阴极座；4—阴极；5—同轴输入腔垫环；6—同轴输入腔；7—阳极块；8—耦合腔垫环；
9—阳极耦合筒；10—阳极耦合筒盖；11—插销；12—耦合腔；13—耦合腔外导体；14—同轴插板；15—同轴输出内导体；
16—同轴输出外导体；17—同轴输出内导体过渡段

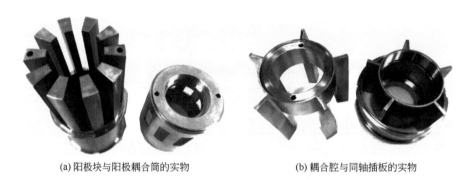

(a) 阳极块与阳极耦合筒的实物   (b) 耦合腔与同轴插板的实物

图 2-69 同轴相对论磁控管个别部件加工实物

2.3.2.5 磁绝缘线振荡器

典型磁绝缘线振荡器（MILO）系统主要由慢波结构、阴极、收集极、支撑杆、模式转换器、天线等几个部分组成，如图 2-70 所示。

MILO 各个部分的大致功能[99]为：

① 慢波结构。慢波结构是使其中所传输的电磁波在某方向上的相速减慢的结构。在微波管中之所以要用慢波结构，就是为了使进入微波管的高频信号即电磁波得到放大，要求电子束与电磁波能长时间相互作用，以电子为媒介将直流能量变换为高频能量。慢波结构中束波互作用非常重要，为了使电子束与电磁波长时间相互

100

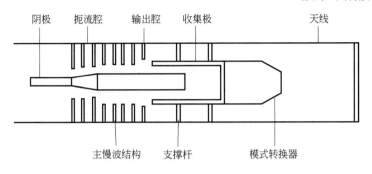

图 2-70　MILO 的结构示意图

作用，有效地与高频电场进行能量交换，使磁绝缘线振荡器维持高频振荡，不断输出微波能量，需要电磁波在电子束前进方向上的传播速度与电子束的漂移速度相等，电子轮辐在慢波结构完成一个周期运动时，谐振腔中高频场的相位正好反向，即电子的漂移速度近似等于谐振腔中高频场的相速度。在慢波结构中，电子束在正交的电磁场和同步高频场作用下形成群聚，群聚的电子束又激励高频场增长，增长的高频场又进一步对电子进行调制，促使电子继续群聚，直到波达到饱和，束波能量交换达到动态平衡，这样才能达到比较好的微波输出。

② 扼流片。扼流片的作用是阻止微波功率向二极管区泄漏。扼流腔在合适的相位条件下反射后向行波，使后向行波叠加到前向行波上，减小微波场的建立时间，减小微波脉冲起振时间，从而提高微波输出功率和增大束波转换效率。

③ 变阻抗阴极。阴极用于发射电子，由于扼流片的内径小于慢波结构叶片的内径，当 MILO 工作时，扼流片与阴极之间的场强大于慢波结构与阴极之间的场强，就可能会在扼流片与阴极之间发生直流场强击穿而导致电流泄漏，使得慢波结构与阴极之间参加互作用电子数减少，导致磁绝缘线振荡器的脉冲缩短，微波输出功率下降。为解决这一问题，可以将阴极设计为变阻抗结构，使扼流片下面的阴极半径减小，以减弱此处的电场强度。同时，在阴极上粘贴平绒时只贴阴极半径增大的部分，增强阴极这部分发射电子的强度。

④ 支撑杆。支撑杆有两个作用，即支撑作用（电子收集极靠支撑杆支撑到阳极外筒上）和电流通道作用（电子收集极收集的电子通过金属支撑杆流向阳极外筒，最后回到电源）。支撑杆对直流与低频成分是低阻抗，而对高频成分是高阻抗。因此，在输出通道上设置支撑杆，电磁场和微波功率中的直流与低频成分大部分得到消除，高频成分通过支撑杆基本上不受影响。

⑤ 模式转换器。微波提取区是同轴结构，其中电磁波的主模是 TEM 模，装置末端是圆波导。用模式转换器将同轴结构中的 TEM 模转换成圆波导中的 TM_{01} 模，电磁波再进一步通过天线辐射出去。

　　磁绝缘线振荡器的设计需要围绕以上各个分部件展开,设计封装完成的GW级磁绝缘线振荡器如图2-71所示。为满足重频运行保真空要求,该器件采取了以下设计要点:部件之间的密封连接均采用不锈钢刀口和无氧铜垫圈;真空界面绝缘子由有机高分子替换为陶瓷金属焊接封装件,重点是解决真空绝缘的问题;为了降低脉冲放气量并提高器件寿命,阴极由传统的天鹅绒阴极改为碳纤维绒阴极;为了增加排气流导,设计了一种特殊的蜂巢网状结构应用于慢波结构中,该结构既保证了 MILO 的电磁结构,同时提高了阴极局部区域的抽速;在阳极外壳内放置了吸气单元,能够在对器件进行静态真空维持的同时捕集脉冲放气,维持微波器件在有限次重频运行过程中的高真空环境;封装好的硬管需经过一系列特殊处理,其中包括长时间高温烘烤排气,以确保真空本底压强在 10^{-6}Pa 量级[100]。

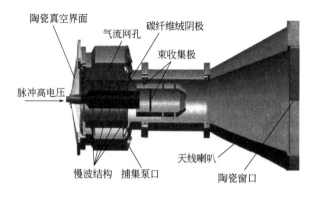

图 2-71　GW 级磁绝缘线振荡器硬管化结构示意图

　　磁绝缘线振荡器(MILO)的整体设计还需依赖大量的数值模拟工作支撑,其联调及测试与其他类型高功率微波器件基本一致,这里不再赘述。

2.3.2.6　虚阴极振荡器

　　从发展趋势看,虚阴极振荡器在高功率微波技术领域应该说是一类“夕阳”器件,2015 年以来,国内有关虚阴极振荡器的研究论文不超过 10 篇,从一个侧面说明该类器件当前的发展状况。本节以 2019 年中国工程物理研究院张运俭、丁恩燕发表于《物理学报》上的论文《反馈型 TM_{01} 主模同轴虚阴极振荡器》[101]为例,对该类器件的设计进行简要介绍。

　　作为一种空间电荷高功率微波器件,同轴虚阴极振荡器微波输出模式一般为 TM_{01} 与 TE_{11} 模式的混合模式。研究者通过数值模拟及实验分析,对同轴虚阴极振荡器进行了结构调整,提出了一种同轴反馈式虚阴极振荡器。通过对阳极网的结构设计，器件内阳极网的反馈结构改变了阳极网内虚阴极反射电子束的分布，实现了同轴虚阴极振荡器以 TM_{01} 模式为主要模式输出的高功率微波。同轴虚阴极振荡器在工作电压 400kV 下微波输出功率为 850MW，微波脉冲宽度约为 30ns，频率为 4.1GHz[101]。该同轴反馈式虚阴极振荡器结构如图 2-72 所示。

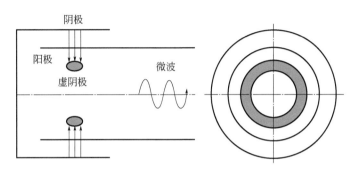

图 2-72　同轴反馈式虚阴极振荡器结构示意图

　　同轴虚阴极振荡器是研究较为充分的一类虚阴极振荡器。作为一种空间电荷器件，当一强流电子束注入一真空腔体中时，束流超过腔体的空间限制流，由于电荷的积累而在电子束传输路径中形成一势阱，即虚阴极。虚阴极的形成，一方面将阻止电子的继续传输，把入射电子部分地反射回二极管，反射电子通过阳极网后又受到真实阴极的作用重新返回，于是反射电子在实阴极与虚阴极之间形成反射机制振荡，产生微波辐射；另一方面，电子的返回使虚阴极处势值减小，电子束又能传输，进而又引起势值增大，继续阻止电子的进一步传输，使虚阴极的自身位置和势值都发生振荡，产生电磁辐射。随着对虚阴极研究的不断深入，研究者们提出了多种虚阴极振荡器结构模型，同轴虚阴极振荡器便是其中之一。同轴虚阴极振荡器电子束向内发射，空间电荷密度逐渐增大，更容易形成环状虚阴极；形成准腔结构易于产生谐振，改善微波频率；容易提供大面积电子束。强流电子束由阴极向内发射穿越阳极网，束流超过空间电荷限制流时，在阳极网内形成虚阴极振荡，产生高功率微波辐射。需要开展的设计工作包括：虚阴极振荡器模型建立；同轴虚阴极微波输出模式分析；反馈型同轴虚阴极振荡器数值模拟。通过数值模拟进一步优化器件结构，直至满足相关设计参数要求。图 2-73 所示为研究者建立的反馈型同轴虚阴极振荡数值计算结果。

　　与其他高功率微波器件类似，在反馈型同轴虚阴极振荡研制完成后，还需要与高功率微波驱动源及辐射天线系统一起联调，以检验整个器件的工作状态是否满足性能要求。研究者建立的实验系统如图 2-74 所示。

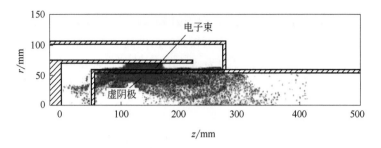

图 2-73　反馈型同轴虚阴极振荡数值计算结果（见彩插）

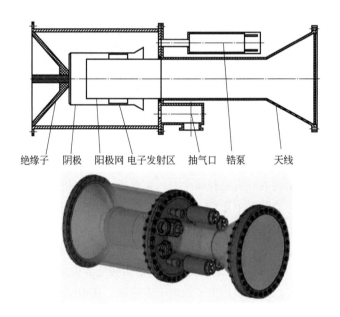

绝缘子　阴极　阳极网 电子发射区　抽气口　锆泵　　天线

图 2-74　反馈型同轴虚阴极振荡器实验结构

　　采用平绒作为阴极发射材料，电子发射区宽度为 5.5cm，阴阳极间隙为 1.5cm。为防止束流发射前阴阳极发生电压击穿，阴极末端采用喇叭口状设计。阳极网底部用金属板密封，形成准圆柱谐振腔结构，距底部 4.5cm 长度内由金属圆筒代替金属网，将反射至该处的电子吸收，防止其反射进入阴阳极间隙。锆泵为移除分子泵后用来维持器件正常工作所需要的真空条件。实验中，反馈型同轴虚阴极内真空度为 2×10^{-2}Pa。实验测得的电压、电流波形如图 2-75 所示。其中，二极管电压为 400kV，电压前沿约为 15ns，微波脉冲具有很好的上升沿和下降沿，脉宽约为 40ns，二极管电流为 30kA。利用积分方法得到辐射峰值功率，该峰值功率的测量方法是将球面功率密度积分转化为平面有限点采样近似积分，采用该方法能快速、有效地进行辐射峰值功率测量，并直观反映辐射场功率密度空间分布，且同时能完成频率及脉冲宽度测量。在工作电压为 400kV 条件下，高功率微波输出功率为 850MW，频率为 4.1GHz。实验得到的微波频率与数值模拟中的微波频率基本一致，器件整体符合设计期望要求[101]。

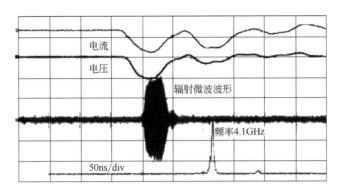

图 2-75　反馈型同轴虚阴极振荡器实验波形

2.3.2.7　回旋振荡管

通常意义上看，回旋振荡器（回旋管）并非真正意义上的高功率微波器件，其最大的应用应该在受控核聚变领域，在 THz 技术领域也有较好的发展前景，但作为拒止武器等方面的应用时，也常常将其纳入 HPM 器件范畴。

回旋管的典型结构如图 2-76 所示，主要包括磁控注入电子枪（Magnetron Injector Gun，MIG）、束波互作用腔体、磁场线圈、电子束收集极以及微波耦合输出结构 5 个部分[102]。图 2-76（a）所示为纵向输出回旋管，实验用管一般采用这种结构。图 2-76（b）所示为准光输出回旋管，输出电磁波束为高斯波束，一般为实用工程管所采用。磁控注入电子枪中的环形发射带在电场作用下产生具有初始横向速度的空心低能电子束（相对论因子 γ 一般小于 1.25）。电子束在不断增长的轴向磁场约束下运动。轴向增长磁场具有收敛性，对电子束有径向压缩作用。同时，收敛磁场还具有绝热压缩作用，使得电子束的横向动量不断变大。之后，电子束进入磁场比较均匀的互作用腔体中，电子束激励起的某一特定频率的电磁波与电子束的横向动量发生耦合，产生束波互作用使得电子束产生群聚，群聚后的电子束会将部分能量交给电磁波。电磁波的前向分量在腔体末端反射回腔体，经过腔体前端反射后又形成前向波，继续与电子束产生相互作用。这就形成了一个正反馈回路，使得电磁波可以从噪声水平不断增长，直至稳态。稳态时，电子束传递给电磁波的能量与腔体损耗相等。电子束完成换能过程后沿发散磁场的磁力线运动，落在收集极上完成整个作用过程。为了进一步提高回旋管的工作效率，还可采用降压收集极[103]。在互作用腔体中产生的电磁波则通过输出窗向外辐射。在纵向输出回旋管中，电磁波直接从轴向末端的输出窗向外辐射。而在准光输出回旋管中，电磁波将通过由辐射器和一系列反射镜组成的准光模式变换器[104,105]转换成高斯波束后经由横向放置的窗口输出。

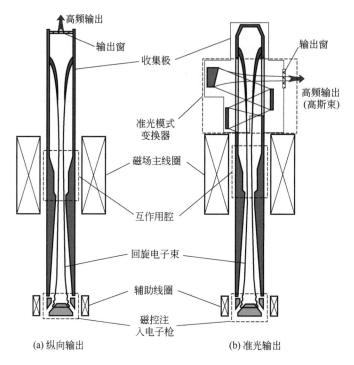

图 2-76 回旋管基本结构示意图

对于回旋振荡管的设计要点，这里以清华大学孙迪敏研制的 W 波段三次谐波回旋管为例进行粗略的介绍。对于特定的回旋振荡管，第一步要进行束波互作用理论分析，其中线性理论可以计算工作模式在互作用腔体中的谐振频率和品质因子，初步优化腔体结构，并且结合线性理论可以导出工作模式的起振电流，从而确定回旋管中的工作磁场范围和电子束参数。线性理论不考虑电子束对谐振腔内场分布的影响，也不能求解束波互作用的非线性过程。求解回旋管的输出功率和工作效率则需要进行非线性理论分析。考虑到电子运动会影响腔内电磁场的分布，需要对电子运动方程和场分布方程进行自洽求解。采用 Heun 预修正算法和蛙跳算法可以有效地自洽求解回旋管非线性耦合方程组[102]。

第二步是在理论设计的基础上进行腔体设计。其中主要包括模式选择和腔体结构设计，在设计的基础上进行束波互作用分析，辅以 PIC 软件进行优化设计，为后续的实验工作提供指导。谐波回旋管工作模式选择一般主要考虑两点：一是束波耦合强，能与回旋电子束有效地相互作用，获得较高的工作效率；二是具有良好的模式分隔度，与竞争模式分离明显，可有效避开竞争模式。由于回旋管腔体一般采用过模结构，为了降低腔内模式密度，尽量选择低阶模式。在毫米波段和 THz 频段，电磁波频率高，对应的腔体尺寸比较小，这又要求最好选择高阶模式以扩大腔体半径。此外，在毫米波段和 THz 频段还需要考虑腔壁损耗问题[97]。

第三步是在理论和仿真优化的基础上进行整管设计，主要包括磁控注入电子枪、输出窗、磁铁以及收集极等部件的设计工作，在这一过程中辅助对应的软件仿真优化设计，其中电子枪的设计最为重要。电子枪是回旋管的关键部件之一，在回旋管中，通常采用磁控注入电子枪产生高横纵速度比、低速度离散的回旋电子束。磁控注入电子枪的显著特征是：在阴极发射带附近的电场与轴向磁场非正交，电场既有沿磁力线的切向分量，也有垂直于磁力线的法向分量。从阴极表面发射出来的电子开始在角向沿轮辐线运动，这类似于磁控管中的电子运动。同时，电场切向分量使得电子沿轴向加速，离开电子枪区。电子在进入谐振腔前受到收敛磁场的绝热压缩作用，将纵向动量转换成横向动量，最终形成满足回旋管要求的回旋电子束。在磁控注入枪中，最重要的两个参数是电子束的横纵速度比和电子束的纵向速度离散。一般横纵速度比越大，越有利于回旋管束波互作用。但在实际情况中，速度比较大不可避免地伴随着速度离散的增加。而纵向速度离散会造成同步条件变差，互作用效率降低。同时，横纵速度比太小，很容易由于磁镜效应引起电子回流。一般地，为弱化空间电荷效应对电子束速度离散的影响，需要将回旋管的阴极发射电流密度与空间电荷限制电流密度的比值控制在一个比较低的水平[106]。在磁控注入电子枪中，一般采用热阴极，并让阴极工作在温控区。电子枪的发射电流密度由阴极温度控制。另外，由于阴极材料的发射能力有限，设计时发射电流密度一般不应超过 $10A/cm^2$[102]。

第四步就是回旋管的实验测试。图 2-77 所示为实验系统整体框图，主要包括阴极高压电源、控制极高压电源、灯丝电源、脉冲磁场系统和信号测试系统。由于磁场线圈采用脉冲方式工作，需要通过同步信号发生器控制磁场电源和阴极高压电源开关触发的同步。为了方便调整控制极电压，采用独立的控制极高压电源。阴极和控制极都采用负高压，回旋管收集极处于低电位。灯丝电源为交流电源，悬浮在阴极高压电位上，为灯丝提供约 40W 的功率，加热阴极发射带。信号测试系统主要包括频率测试和功率测试，测试数据用示波器观测[102]。

回旋振荡管的设计工作比较烦琐，这里仅做了简要的分析和介绍，旨在为读者展现回旋振荡管的一些常规设计步骤和注意事项。有关详细的回旋管设计请参阅相关文献，这里不再展开介绍。

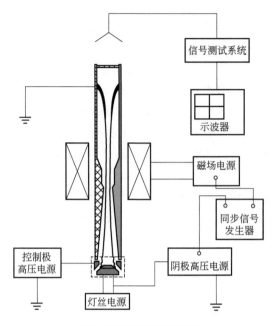

图 2-77　实验系统整体框图

2.4　小结

本章用了较大篇幅系统介绍了窄带高功率微波产生技术，窄带高功率微波源由高功率微波驱动源、高功率微波器件及其他附属设备组成。高功率微波驱动源是在传统应用于核试验研究的脉冲功率源基础上发展起来的，比较有代表性的高功率微波驱动源包括 Tesla 变压器型驱动源、Marx 型驱动源及 SOS 型驱动源等。高功率微波驱动源的主要作用是将市电转换成几百 keV～MeV 的高压，在负载上形成 kA～几十 kA 量级的高能电子束。当前，紧凑型、小型化、轻量化、模块化是其发展趋势，研制百 kg 量级、脉冲功率 10GW 量级的驱动源是未来的努力方向。高功率微波器件是高功率微波源的核心，其作用是将驱动源产生的高能电子束能量转换成微波能量，比较有代表性的高功率微波器件包括相对论返波管、相对论速调管、相对论磁控管、磁绝缘线振荡器、多波切伦柯夫振荡器、虚阴极振荡器及回旋振荡器等。高效率、高功率、长脉冲宽度、高脉冲重复频率及高微波频段是所有高功率微波器件共同追求的目标，当前，研制无磁场或用一般电磁铁产生的低磁场即可高效工作的高功率微波器件是一个重要研究方向，研制脉冲功率为 GW～几个 GW 量级、脉冲宽度约 100ns、脉冲重复频率约 100Hz、工作频段可达 Ka 波段的硬管化高功率微波器件是该技术领域未来的努力方向；开展频率相位可控技术研究，在 GW 量级实现空间或波导内功率合成实现 10GW～百 GW

高功率微波输出是整个高功率微波源的重要发展方向，也是高功率微波武器实用化必须要走的技术途径。

参考文献

[1] 张军，钟辉煌，杨汉武. 高功率微波脉冲功率驱动源研究进展 [J]. 高电压技术，2004，30（6）：45-53.

[2] 丛培天. 中国脉冲功率科技进展简述 [J]. 强激光与粒子束，2020，32（2）：025002.

[3] Holt T A, Lara M B, Nunnally C, et al. Compact Marx generators modified for fast Rise time [C]. 17th IEEE International Pulsed Power Conference，2009：1197-1200.

[4] Neuber A A, Chen Y J, Dickens J C, et al. A compact, repetitive, 500kV, 500J, Marx generator [C]. IEEE International Pulsed Power Conference，2005：1203-1206.

[5] McDonald K F, Slenes K. Compact modulator for high power microwave systems [C]. 27th International Power Modulator Symposium，2006：397-400.

[6] Appelgren P, Akyuz M, Elfsberg M, et al. Study of a compact HPM system with a reflex triodeanda marx generator [J]. IEEE Trans. on PlasmaScience，2006，34（5）：1796-1805.

[7] Bischoff R, Charon R, Duperoux J P, et al. Study of an ultra-compact, repetitive Marx generator for HPM applications [J]. Acta Physica Polonica，2009，115（6）：964-966.

[8] Heo H, Park S S, Kim S C, et al. Performance of the Marx generator for repetitive applications [C]. 28th International Power Symposium，2008：526-528.

[9] 刘宏伟，谢卫平，李洪涛，等. 紧凑型电感隔离快 Marx 发生器 [J]. 高电压技术，2008，34（7）：1436-1439.

[10] 张晋琪，张现福，杨周炳，等. 全电感隔离型重复频率 Marx 发生器 [J]. 强激光与粒子束，2009，21（4）：637-640.

[11] 高景明. 陡化前沿 Marx 发生器及其应用研究 [D]. 长沙：国防科技大学，2009.

[12] Kotov Y A, Mesyats G A, Rukin S N, et al. A nanosecond semiconductor opening switch for megavolt repetitive pulsed power technonlogy: experiment and applications [C]. Proc. of 9th IEEE Int. Pulsed Power Conf. Albuquerque，1993：134-139.

[13] Mesyats G A, Rukin S N, Lyubutin S K, et al. Semiconductor opening switch at IEP [C]. Proc. of 10th IEEE Int. Pulsed Power Conf. Albuquerque，1995：298-305.

[14] Rukin S N. High-power nanosecond pulse generators based-on semiconductor opening switch [J]. Instruments and Experimental Techniques，1999，42（4）：439-467.

[15] Rukin S N, Mesyats G A, Ponomarev A V, et al. Megavolt repetitive SOS-based generator [C]. Proc. of 13th IEEE Int. Pulsed Power Plasma Science Conf.，2001：340-343.

[16] 苏建仓，刘国治，丁臻捷，等. 基于 SOS 的脉冲功率源技术新进展 [J]. 强激光与粒子束，2005，17（8）：1195-1200.

[17] Rose D V, Welch D R, Oliver B V, et al. Power flow in a 7-cavity fast rise LTD system [C]. Proc. of the 14th IEEE International Pulsed Power Conference，2003.

[18] Rogowski S T, Fowler W E. Mazarakis M, et al. Operation and performance of the

first high current LTD at Sandia National Laboratories [C]. Proc. of the 15th IEEE International Pulsed Power Conference, 2005.

[19] Toury M, Vermare C, Etchessahar B, et al. IDERIX: An 8MV flash X-rays machine using an LTD design [C]. Proc. 16th International Pulsed Power Conference, 2007: 599-602.

[20] Kim A A, Bastrikov A N, Volkov S N, et al. 100 GW fast LTD stage [C]. Proc. 10th Symposium on High Current Electronics, 2004: 141-144.

[21] Olson C L, Mazarakis M G, Fowler W E, et al. Recyclable transmission line (RTL) and linear transformer driver (LTD) development for z-pinch inertial fusion energy (z-IFE) and high yield [R]. SAND 2007-0059, 2007.

[22] 周良骥. 快脉冲直线变压器驱动源技术初步研究 [D]. 北京：中国工程物理研究院，2006.

[23] 陈林，谢卫平，邹文康，等. 100GW 快脉冲直线型变压器驱动源 [J]. 强激光与粒子束，2012，24（3）：651-654.

[24] 刘金亮，樊旭亮，白国强，等. 紧凑型 Marx 发生器高功率微波源研究进展 [J]. 强激光与粒子束，2012，24（4）：757-764.

[25] Lynn C, Neuber A, Matthews E, et al. A low impedance 500 kV, 2.7 kJ Marx generator as test bed for vacuum diodes [C]. 2010 IEEE International Power Modulator and High Voltage Conference, 2010: 417-420.

[26] 宋法伦，甘延青，张勇，等. 低阻抗紧凑型 Marx 直接驱动高功率微波源 [J]. 强激光与粒子束，2013，25（10）：177-180.

[27] 宋法伦，金晓，李飞，等. 20 GW 紧凑 Marx 型重复频率脉冲驱动源研制进展 [J]. 强激光与粒子束，2017，29：020101.

[28] 伍友成，何泱，戴文峰，等. 基于快 Marx 发生器的紧凑型重频脉冲驱动源 [J]. 高电压技术，2017，43（12）：4032-4038.

[29] 伍友成，杨宇，耿力东，等. 100 kV 重频气体开关初步研究及应用 [J]. 强激光与粒子束，2016，28：025005.

[30] 伍友成，何泱，戴文峰，等. 高功率紧凑型重频快 Marx 脉冲驱动源 [J]. 强激光与粒子束，2017，29：055003.

[31] 伍友成，杨宇，何泱，等. 重复频率低阻抗紧凑 Marx 脉冲功率源 [J]. 强激光与粒子束，2018，30（7）：075002.

[32] 王庆峰. 紧凑型重复频率脉冲功率源的探索研究 [D]. 成都：西南交通大学，2011.

[33] 邵浩，刘国治，范如玉，等. 同轴虚阴极振荡器数值模拟 [J]. 强激光与粒子束，1998，10（4）：616-620.

[34] 宋志敏，刘国治，秋实，等. MC55 低阻抗强流脉冲电子加速器研制 [J]. 强激光与粒子束，2005，17（8）：1187-1190.

[35] Denicolai M. Tesla transformer for experimentation and research [D]. Helsinki: Helsinki University of Technology, 2001.

[36] 彭建昌，苏建仓，张喜波，等. 20GW/100Hz 脉冲功率源研制 [J]. 强激光与粒子束，2011，23（11）：2919-2924.

［37］刘云龙. Tesla 变压器型脉冲源及其应用研究［D］. 武汉：华中科技大学，2015.

［38］陈洪斌，孟凡宝，李爱萍，等. 基于 SOS 开关的脉冲源研制［J］. 高电压技术，2005，31（9）：56-58.

［39］孙奇志，刘伟，刘正芬，等. 紧凑型爆炸脉冲电源［J］. 强激光与粒子束，2010，22（4）：782-786.

［40］刘轩东，孙凤举，梁天学. 直线型变压器驱动源的研究进展［C］. 全国电工理论与新技术学术年会，2007.

［41］武大鹏. Ka 波段 TM01 主模过模切伦柯夫型高功率微波振荡器研究［D］. 长沙：国防科技大学，2016.

［42］张斐娜. 带新型反射腔的双频及多频相对论返波振荡器的研究［D］. 成都：电子科技大学，2013.

［43］党智伟. Ka 波段多注相对论速调管的初步研究［D］. 成都：电子科技大学，2020.

［44］王鑫. 220GHz 相对论返波管的研究［D］. 成都：电子科技大学，2016.

［45］邵剑波. X 波段低磁场相对论返波管研究［D］. 绵阳：西南科技大学，2015.

［46］Nation J A. On the coupling of an high current relativistic electron beam to a slow wave structure［J］. Appl. Phys. Lett.，1970，17：491-497.

［47］王文祥. 微波工程技术［M］. 北京：国防工业出版社，2009.

［48］曾旭，冯进军. 高功率微波源的现状及其发展［J］. 真空电子技术，2015，2：18-27.

［49］丁耀根. 大功率速调管的设计制造和应用［M］. 北京：国防工业出版社，2010.

［50］Friedman M，Krall J，Lau Y，et al. Externally modulated intense relativistic electron beams［J］. Journal of Applied Physics，1988，64（7）：3353-3379.

［51］Kall J，Lau Y Y. Modulation of an intense beam by an external microwave source: Theory and simulation［J］. Journal of Applied Physics，1987，52（5）：1987-1989.

［52］Serlin V，Friedman M. Development and optimization of the relativistic klystron amplifier［J］. IEEE Transactions on Plasma Science，1994，22（5）：692-700.

［53］Friedman M，Serlin V. Present and future developments of high power relativistic klystron amplifiers［J］. Proceedings of SPIE，1992：2-7.

［54］Fazio M V，Haynes W B，Carlsten B E，et al. A 500 MW，1 μs pulse length，high current relativistic klystron［J］. IEEE Transactions on Plasma Science，1994，22（5）：740-749.

［55］Hendricks K J，Coleman P D，Lemke R W，et al. Extraction of 1 GW of RF power from an injection locked relativistic klystron oscillator［J］. Physical Review Letters，1996，76（1）：154.

［56］Serlin V，Friedman M，Lampe M，et al. RF extraction issues in the relativistic klystron amplifiers［J］. Proceedings of SPIE，1994，21（54）：11-18.

［57］Huang H，Chen Z F，Li S F，et al. Investigation on pulse-shortening of S-band，long pulse，four-cavity，high power relativistic klystron amplifier［J］. Physics of Plasmas，2019，26（3）：033107.

［58］张泽海. 改进型 S 波段相对论速调管放大器及其锁相特性研究［D］. 长沙：国

防科技大学，2012.

[59] Ju J，Zhang J，Shu T，et al. An improved X-band triaxial klystron amplifier for gigawatt long-pulse high-power microwave generation [J]. IEEE Electron Device Letters，2017，38（2）：270-272.

[60] 董斐斐. 轴向输出相对论磁控管的研究 [D]. 成都：电子科技大学，2006.

[61] 徐张. 轴向输出相对论磁控管实验研究 [D]. 成都：电子科技大学，2011.

[62] 杨秀莹. L波段透明阴极相对论磁控管的研究 [D]. 成都：电子科技大学，2011.

[63] 吴群. 磁控管的研究现状与发展趋势 [J]. 哈尔滨工业大学学报，2000（05）：9-12.

[64] 赵桂莲. S波段轴向输出相对论磁控管的研究 [D]. 成都：电子科技大学，2013.

[65] 郝晶龙. 跳频工作的相对论磁控管研究 [D]. 成都：电子科技大学，2015.

[66] 赵静. 旭日型相对论磁控管的三维仿真研究 [D]. 成都：电子科技大学，2008.

[67] Benford J. History and future of the relativistic magnetron [C]. 2010 International Conference on the Origins and Evolution of the Cavity Magnetron, 2010：40-45.

[68] Verma R K，Maurya S，Singh V V P. A review on the advent of magnetrons at high frequency（mm and THz）gateway [J]. Journal of Electromagnetic Waves and Applications，2017，32（1）：113-127.

[69] 孙晓亮. X波段衍射输出相对论磁控管的模拟研究 [D]. 长沙：国防科学技术大学，2014.

[70] 徐张. 轴向输出相对论磁控管实验研究 [D]. 成都：电子科技大学，2011.

[71] 张艳林. 永磁包装可调谐相对磁控管的研究 [D]. 成都：电子科技大学，2012.

[72] 李天明. 相对论磁控管的理论与实验研究 [D]. 成都：电子科技大学，2005.

[73] 赵林. 高功率相对论磁控管的研究 [D]. 长沙：国防科学技术大学，2007.

[74] 李功铭. HPM 源典型结构的时空特性分析及仿真研究 [D]. 北京：华北电力大学，2007.

[75] 彭天柱. S波段磁绝缘线振荡器的理论研究 [D]. 成都：电子科技大学，2006.

[76] 秦奋. 高功率磁绝缘线振荡器 [D]. 北京：中国工程物理研究院，2009.

[77] Zhang C，Eckert S，Gerbeth G. The flow structure of a bubble-driven liquid-metal jet in a horizontal magnetic field [J]. Journal of Fluid Mechanics，2007，575：57-82.

[78] Lemke R W，Demuth G E，Biggs A W. Theoretical and experimental investigation of axial power extraction from a magnetically insulated transmission line oscillator [J]. Proc. SPIE，1990，1226：199-208.

[79] Calico S E，Clark M C，Lemke R W，et al. Experimental and theoretical investigations of a magnetically insulated line oscillator（MILO）[J]. Proc. SPIE，1995，2557：50-59.

[80] Haworth M，Allen K，Baca G，et al. Recent progress in the Hard-tube MILO experiment [J]. Proc. SPIE，1997，2557：50-59.

[81] 樊玉伟. 磁绝缘线振荡器及其相关技术研究 [D]. 长沙：国防科技大学，2007.

[82] 刘国治，范如玉. 虚阴极振荡器 HPM 效应源研究 [C]. 西北核技术研究所辐照模拟年会报告论文集，1993，11：3.

[83] 邵浩，刘国治．同轴虚阴极振荡器数值模拟 [J]．强激光与粒子束，1998，10（4）：616-620.

[84] Shao H，Liu G，Song Z，et al. Numerical simulation studies of coaxial vircators [C]. Haifa, Israel IEEE，1998：792-795.

[85] 杨占峰，邵浩，刘国治，等．向内发射同轴虚阴极振荡器实验研究 [J]．强激光与粒子束，2003，15（12）：1217-1219.

[86] Shao H，Liu G，Yang Z，et al. Characterization of modes in coaxial vircator [J]. IEEE Transactions on Plasma Science，2006，34（1）：7-13.

[87] 邵浩，刘国治，杨占峰．TE_{11} 模式增强型高效率同轴虚阴极振荡器 [J]．强激光与粒子束，2006，18（2）：230-234.

[88] Zhang Y，Liu G，Shao H，et al. Numerical and experimental studies on frequency characteristics of TE_{11} mode enhanced coaxial vircator [J]. IEEE Transactions on Plasma Science，2011，39（9）：1762-1767.

[89] Shao H，Liu G，Zhang Y，et al. HPM Generation by Tri-Anode Coaxial Vircator [J]. Acta Physica Polonica A，2009，115（6）：1047-1049.

[90] Yang Z，Liu G，Shao H，et al. Numerically simulation study and preliminary experiments of a coaxial vircator with radial dual-cavity premodulation [J]. Plasma Science，IEEE Transactions，2013，41（12）：3604-3610.

[91] 区杰俊．调制增强型同轴虚阴极振荡器理论分析与数值模拟 [D]．成都：西南交通大学，2015.

[92] 周强．140GHz 回旋管关键技术的研究 [D]．成都：电子科技大学，2013.

[93] 靳振兴，张军，杨建华．S 波段长脉冲相对论返波振荡器实验研究 [J]．强激光与粒子束，2010，22（11）：2648-2652.

[94] 葛行军，张军，杨建华，等．S 波段 GW 级长脉冲相对论返波振荡器的设计与实验 [C]．中国电子学会真空电子学分会第二十届学术年会，2016.

[95] 王东阳，滕雁，史彦超．Ka 波段 TM02 模式低磁场相对论返波管初步实验研究 [J]．强激光与粒子束，2018，30（7）：073003.

[96] 李士锋．毫米波 GW 级相对论速调管放大器的研究 [D]．成都：电子科技大学，2019.

[97] 史迪夫，王弘刚，杜广星，等．S 波段可调谐轴向输出相对论磁控管的粒子模拟 [J]．强激光与粒子束，2013，25（1）：87-92.

[98] 史迪夫．改进型同轴相对论磁控管的研究 [D]．长沙：国防科技大学，2017.

[99] 郭焱华．C 波段磁绝缘线振荡器的理论与实验研究 [D]．北京：中国工程物理研究院，2005.

[100] 荀涛，孙晓亮，樊玉伟，等．重频吉瓦级高功率微波源硬管化技术研究 [J]．电子科技大学学报，2020，49（1）：87-91.

[101] 张运俭，丁恩燕．反馈型 TM_{01} 主模同轴虚阴极振荡器 [J]．物理学报，2019，68（20）：204101.

[102] 孙迪敏．W 波段三次谐波回旋管理论与实验研究 [D]．北京：清华大学，2014.

[103] Sakamoto K，Tsuneoka M，Kasugai A，et al. Major improvement of gyrotron efficiency

113

with beam energy recovery [J]. Phys. Rev. Lett., 1994, 73 (26): 3532.

[104] Vlasov S. Transformation of a whispering gallery mode propagationg in a circular waveguide into a beam of waves [J]. Radio Eng. Electron. Phys., 1975, 21: 14–17.

[105] Denisov G, Kuftin A, Malygin V, et al. 110 GHz gyrotron with a built-in high-efficiency converter [J]. Int. J. Electron., 1992, 72 (5-6): 1079-1091.

[106] Nusinovich G S. Introduction to the Physics of Gyrotrons [M]. Baltimore, Maryland: JHU Press, 2004.

第**3**章

超宽带高功率微波产生技术

超宽带（UWB）高功率微波与超宽谱（UWS）高功率微波事实上是一个概念，从实际情况看，在高功率微波技术领域将该类技术称为超宽谱技术可能更为恰当，但从国内外传承的角度，沿用超宽带技术的称谓似乎更加合理。为统一起见，在本书中仍将该项技术统称为超宽带高功率微波技术。如前所述，按照不同的高功率微波脉冲类别，高功率微波产生技术又可分为窄带高功率微波产生技术、超高功率超宽带高功率微波产生技术及超高重复频率超宽带高功率微波产生技术三个技术类别。由于应用的范围不同，当前，国内外主要的研究力量大多集中在窄带高功率微波产生技术研究方向，其他两个研究方向相对偏弱，甚至有部分学者将其整体归于脉冲功率技术研究的大类。因此，整体上看，超宽带高功率微波技术在整个高功率微波技术领域可归为一个特殊的子类。国内开展相关技术研究的单位基本集中在西北核技术研究院和中国工程物理研究院两家单位，其中，西北核技术研究院樊亚军团队取得的研究成果又最具代表性。

3.1 超高功率超宽带高功率微波产生技术

3.1.1 超高功率超宽带高功率微波源发展概况

超高功率超宽带高功率微波源与窄带高功率微波源的相同之处在于两者都需要脉冲功率源，根本区别在于窄带高功率微波源需要利用脉冲功率源产生高能电子束，利用高功率微波器件将电子束能量转换成微波能量，再由天线辐射出去；而超高功率超宽带高功率微波源则直接利用脉冲功率源作用于脉冲陡化装置或脉冲压缩装置形成前后沿为几百 ps、脉冲宽度为 ns～几个 ns 的窄脉冲，再经天线辐射出去，整个过程并不需要产生高能电子束。理论上讲，如果脉冲驱动源能够直接产生前后沿为几百 ps、脉冲宽度为 ns～几个 ns 的窄脉冲，则可以把该脉冲驱动源直接称为超高功率超宽带高功率微波源。因此，可以直观地理解，所谓超高功率超宽带高功率微波源的基础，是将传统脉冲功率源能够输出更高功率、更窄脉冲宽度、更快脉冲前后沿的一类新技术。依据脉冲功率源的分类，当前能够产生超高功率超宽带高功率微波的脉冲功率源仍然分为 Marx 型和 Tesla 型两大类[1,2]，当然，也不排除以其他类型的驱动源产生超高功率超宽带高功率微波的脉冲功率的可能性。

3.1.1.1 基于 Marx 发生器的超宽带高功率微波源发展概况

基于 Marx 发生器的超宽带高功率微波源中，德国 DIEHL 公司研制的 DS110 和 DS350 是早期该类源的典型代表[3]。其中 DS110 系统集成在一个箱子里，由 Marx 发生器、火花开关天线、电池组、高压电源、压力计和控制板等几部分组成，如图 3-1 所示。Marx 发生器能够产生 400kV 高压，辐射峰值功率为 250MW，中心频率约 375MHz，在距离天线 1m 处的最大辐射电场约为 125kV/m。DS350 系统如图 3-2 所示，主要由 Marx 发生器、天线、充电部分和控制部分组成，Marx 发生器产生的脉冲幅度达到 1MV。系统峰值辐射功率为 2GW，1m 处辐射场强峰值为 300kV/m，脉冲重复频率在全功率时为 50Hz，降低功率可增至 100Hz，输出脉冲宽度可以调节。

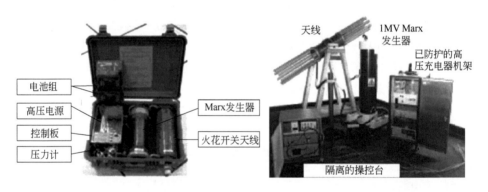

图 3-1　DS110 系统　　　　图 3-2　DS350 系统

美国相关研究单位也开展了基于 Marx 发生器获取超宽带高功率微波实验[3]。在 100m 处，单台测得的电场强度为 1.2kV/m。研究者进一步希望利用多台 Marx 发生器并联以获取更高功率的超宽带高功率微波，但局限于开关的同步问题，见诸报道的是只实现了脉冲重复频率的合成。美国研制的基于 Marx 发生器型超宽带高功率微波源及其合成系统 Gatling 如图 3-3 所示。

法国波城大学报道了他们研制的一台基于 Marx 发生器的超宽带高功率微波源[3]。研究者在 Marx 发生器与天线之间加入一个陡化电容开关，使脉冲前沿更加陡化，同时

用来截断波尾部分，该源输出电压为 226kV，
脉冲上升沿为 360ps，脉冲宽度为 410ps，峰值
功率为 1GW，脉冲重复频率为 350Hz。

就国内来看，很少有基于 Marx 发生器产
生超宽带高功率微波的报道。2011 年，中国
工程物理研究院的研究人员报道了他们研制
的一种基于 Marx 发生器的超宽带高功率微
波源[4]，如图 3-4 所示。该超宽带源主要由电
池组直流电源、Marx 发生器及宽带辐射天线
三部分组成。由 24V 直流电源通过逆变倍压
产生几十 kV 的高压脉冲，给 Marx 发生器充

图 3-3 Gatling 系统

电，Marx 发生器采用电感、电容结构，共 10 级，通过并联充电、串联放电的工作
原理，在 Marx 发生器的终端产生几百 kV 的高压脉冲，然后馈入辐射天线系统。辐
射天线系统主要由 1/4 波长、同轴谐振器、球隙开关、充电电感、螺旋天线组成。
工作时由前端充电装置通过一充电电感引入同轴谐振器中筒，对同轴谐振器的中筒
充电，然后球隙开关导通，能量开始在腔内振荡传播，最终由螺旋天线辐射出去。
实验测试结果为：辐射场中心频率约 171MHz，2m 处最大辐射场为 10.5kV/m。

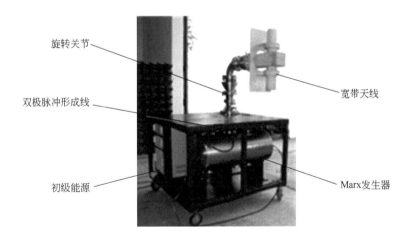

图 3-4 一种 Marx 型超宽带高功率微波源

在同一年度，中国工程物理研究院又报道了他们研制成功的一种超宽带高功率
同轴旋转关节[5]，测试结果表明：关节的机械旋转及密封结构满足内压 2MPa 的使
用要求，所选材料在-15～50℃温度范围能够正常工作；对于 3ns 的瞬态脉冲，其动
态电压传输效率为 99.14%；可以稳定传输峰值功率为 50GW、脉冲重复频率为

100Hz、连续作用时间为 60s 的高功率超宽带脉冲，该装置已成功应用于超宽带车载系统。据此可以判断，该单位在 2011 年应该已经具备研制几十 GW 超高功率超宽带高功率微波源的能力。图 3-5 所示为中国工程物理研究院报道的 60GW 源系统，重频 100Hz 时达到的技术指标为：高压脉冲电源输出电压为 1.2MV，充电时间为 2.3μs；脉冲形成线在 2.7Ω 负载上输出功率为 66GW，脉宽为 1.6ns；经锐化开关锐化后，输入到天线的脉冲前沿达到 300ps，辐射场的辐射因子为 12.7MV，H 面与 E 面 3dB 宽度分别为 2.35°和 2.27°。

图 3-5   中国工程物理研究院研制的 60GW 级超宽带高功率微波辐射系统

2019 年，一直以 Tesla 型超宽带高功率微波源研究见长的西北核技术研究院报道了一种 Tesla 与 Marx 发生器相结合的新型超宽带源[6]。该超宽带源的核心是一台同轴型 Marx 发生器，其整体结构及电路原理如图 3-6 所示。发生器主要包括高压充电端、环形电容器、环形气体开关、隔离电感和支撑结构。该结构特点如下：

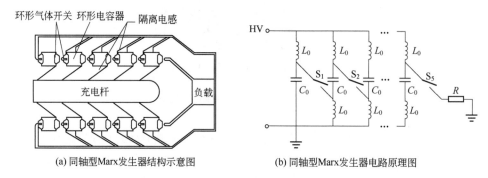

(a) 同轴型Marx发生器结构示意图   (b) 同轴型Marx发生器电路原理图

图 3-6   同轴型 Marx 发生器结构及电路原理图

① 实现了高压充电端、电容器、开关、隔离电感、外筒的完全同轴，使内部电场分布更加均匀。

② 环形电容器的电极同时作为气体开关电极，进一步简化结构。

③ 隔离电感借鉴 Tesla 变压器电感绕制经验，采用锥形密绕方法，使得各匝电压由内到外逐渐降低，场强均匀变化，更有利于绝缘。

将经过改造的 1GW 级 Tesla 变压器作为 Marx 发生器的高压充电电源，搭建的 Marx 发生器实验平台如图 3-7 所示，包括由初级储能控制电路、Tesla 变压器、同轴型 Marx 发生器、40Ω 传输线和水负载构成的脉冲驱动源主体结构，以及分压器、测量电缆和示波器构成的测量系统。Tesla 变压器和 Marx 发生器腔体连通，内部充入 SF_6，气压为 0.3MPa。5 级同轴型 Marx 发生器体积小于 $0.015m^3$，在 40Ω 负载上输出脉冲峰值功率约 1.1GW，前沿为 5.3ns，半高宽为 11.2ns。严格意义上讲，该套脉冲驱动源系统尚不能称为完全意义上的超宽带源，因为其脉冲前沿太慢，脉冲宽度偏宽，脉冲功率偏低。但不可否认，配合脉冲陡化装置，利用该驱动源很容易产生 GW～几个 GW 的超宽带脉冲。

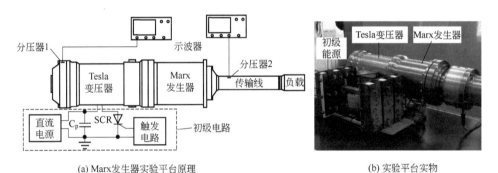

(a) Marx发生器实验平台原理   (b) 实验平台实物

图 3-7 一种 Marx 型超宽带高功率微波驱动源

3.1.1.2 基于 Tesla 变压器的超宽带高功率微波源发展概况

基于 Tesla 变压器类型的超宽带高功率微波源主要有两种类型，最初结构都是由俄罗斯科研人员提出的。其中，"SINUS"系列脉冲功率驱动源是由俄罗斯大电流所研制的一种单同轴结构的脉冲功率源，其既可以驱动高功率微波器件直接产生窄带高功率微波，也可以配合快开关直接用来产生超宽带高功率微波[7]。其技术特点将开放磁芯 Tesla 变压器嵌入单筒脉冲形成线中，初级储能控制器件由晶闸管和电容组成，主脉冲开关是一个吹气式高压气体火花隙开关。其典型代表为SINUS-120，结构如图 3-8 所示，实物如图 3-9 所示，这种脉冲电源重复频率最高可达 1000Hz，在匹配负载 30Ω 的情况下输出最大电压幅值为 200kV。

119

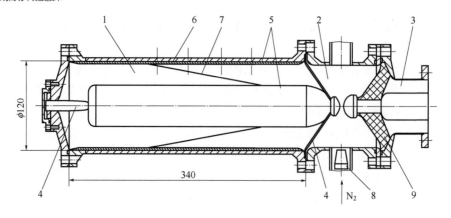

图 3-8 SINUS-120 结构

1—同轴型脉冲形成线；2—气体火花开关；3—传输线；4—绝缘支撑；5—磁芯；

6—变压器原边；7—锥形副边；8—准直器；9—纳秒开关的绝缘子

　　国内国防科技大学张自成博士研制的类似于 SINUS-120 的超宽带高功率微波源[8]，长约 1m，质量为 90kg，在匹配负载上可产生幅度为 330V、上升时间为 2ns、半高脉宽为 7ns 的超宽带脉冲，重复频率为 1000Hz。该小型超宽带高功率微波源主体结构实物如图 3-10 所示。

图 3-9 SINUS-120 实物

图 3-10 一种 Tesla 型超宽带高功率微波源主体结构实物

　　另一类基于 Tesla 变压器的超宽带高功率微波源是由俄罗斯电物理所研制的，命名为 RADAN 系列紧凑型高压纳秒脉冲电源[7]。20 世纪 80 年代，第一代 RADAN 脉冲电源 RADAN-150 和 RADAN-220 研制成功，如图 3-11 所示；20 世纪 90 年代，新一代 RADAN 脉冲电源 RADAN-303B 和 RADAN-EXPERT 研制成功，如图 3-12（a）、（b）所示。RADAN-303B 结构示意图如图 3-13 所示，其因优异的性能而成为此类电源的典范。表 3-1 列出了 RADAN 系列脉冲电源的主要参数。

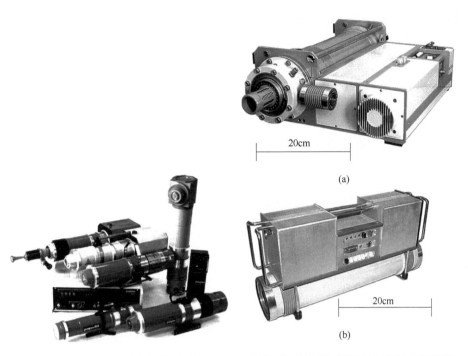

(a)

(b)

图 3-11　RADAN-150 和 RADAN-220
脉冲电源

图 3-12　RADAN-303B 和 RADAN-EXPERT
脉冲电源

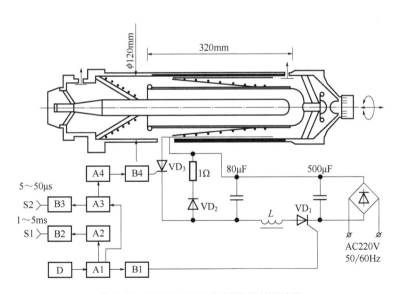

图 3-13　RADAN-303B 脉冲发生器结构示意图

表 3-1 RADAN 系列参数

RADAN 系列	150	220	303	EXPERT
脉冲形成线（PFL）类型	单线	单线	双线	双线
波阻抗（FL）/Ω	22	22	45	40
脉冲宽度/ns	2	2	4	4
PFL 最大充电电压（U_{FLmax}）/kV	170	220	250	200
PFL 储能（WFL）/J	0.7	1.2	5	1.5
PFL 直径（$2r_2$）/mm	70	102	124	100
高压气体火花开关类型	P-43	P-49	特殊结构的气体开关	自触发气体开关
初级充电电压（U_0）/kV	3	3 or 5	0.55	0.9
最大重复频率（f_{rmax}）/Hz	17	10	100	15
最大功耗 P_{rmax}/kW	80	100	1000	低

2000—2010 年，国内西北核技术研究院樊亚军研究员团队研制成功了紧凑型脉冲电源 CKP-1000[9]和 CKP-5000[10]，其结构与 RADAN 超宽带源类似，技术指标达到国际先进水平，质量和体积都比较小，成功地应用其产生了超宽带亚纳秒脉冲。其中，CKP-1000 的输出功率为 1GW，匹配阻抗为 50Ω，脉冲宽度为 4.5ns；CKP-5000 的输出功率可达 5GW。图 3-14 所示为 CKP-1000 的结构示意图，图 3-15 所示为利用该超宽带源建立的实验系统，可以看到其与 RADAN-303B 结构示意图的类似之处。2013 年，该团队又报道了一种 2×5GW 双路输出的 Tesla 型超宽带驱动源[10]，根据研究规律及科学发展进程推断，经过十余年的努力，该研究团队研制的超宽带高功率微波源的技术指标当前估计也应达到 10GW～50GW 的水平。

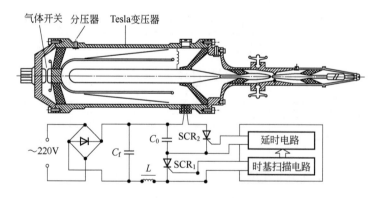

图 3-14 CKP-1000 超宽带高功率微波源结构示意图

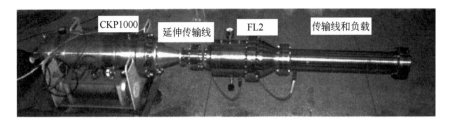

图 3-15 CKP-1000 超宽带高功率微波源实物

3.1.2 基本原理与关键技术

典型超宽带高功率微波源可以认为由三部分组成，包括脉冲驱动源、快脉冲形成开关和辐射天线。如前所述，如果脉冲驱动源自身能够输出快前后沿的 ns 级脉冲，则也可以将脉冲驱动源直接称为超宽带源。脉冲驱动源一般有 Marx 型和 Tesla 型两类，当然其他类型的驱动源也可以用来产生超宽带高功率微波。有关各类驱动源的设计在第 2 章窄带高功率微波源技术中已经有详细介绍，与窄带高功率微波源使用的驱动源不同的是，应用于产生超宽带的驱动源通常追求更窄的脉冲，脉冲宽度基本在几 ns 量级，与前者相比低 1~2 个量级。因此，在同等脉冲功率条件下，驱动源的体积、质量大幅度下降。例如，在同等获取 GW 级超宽带高功率微波和窄带高功率微波条件下，前者驱动源的质量在几百 kg 量级，而后者的质量在 t~几 t 量级。超宽带高功率微波源的组成框图如图 3-16 所示，工作过程为：脉冲功率源产生几个 ns 脉冲宽度的脉冲，通常为单极化脉冲，经过快脉冲形成开关将单极化脉冲转化成双极化脉冲，脉冲前后沿进一步陡化，经过匹配模块由超宽带天线辐射出去。

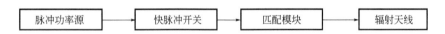

图 3-16 典型超宽带高功率微波源组成模块及工作流程示意图

3.1.2.1 脉冲功率源

有关超宽带脉冲功率源设计与窄带高功率微波源初级驱动源设计基本一致，所不同的是脉冲宽度更窄，主开关击穿更快，形成脉冲前后沿更陡，以便为后续高效辐射创造更好的条件，图 3-17 为一台 Tesla 变压器型超宽带脉冲驱动源整体结构及开关局部结构示意图，可以看到其与窄带高功率微波驱动源结构的一致性[7]。图 3-18 为 Tesla 变压器内外筒磁芯结构照片，读者可以对该类型驱动源进一步有一个直观认识。有关脉冲功率源详细设计请参阅第 2 章的相关内容，这里就不再赘述了。

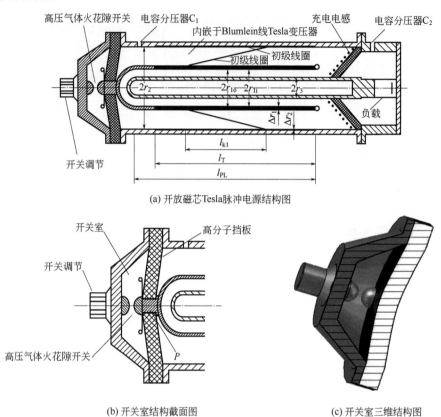

(a) 开放磁芯Tesla脉冲电源结构图

(b) 开关室结构截面图　　　　　　　　(c) 开关室三维结构图

图 3-17 Tesla 变压器型超宽带脉冲驱动源整体结构及开关局部结构示意图

图 3-18 Tesla 变压器内外筒磁芯结构照片

3.1.2.2　快脉冲开关

超宽带脉冲一般分为双极脉冲（单周期）和单极脉冲两种。相较于单极脉冲，双极脉冲更适合于天线辐射，效率更高。

目前，形成高功率超宽带双极脉冲主要有以下 3 种方法：

① 高功率超宽带脉冲源直接产生双极脉冲，这种脉冲源结构较为复杂，其输出双极脉冲的电压峰峰值与脉冲源的充电电压相等。

② 高功率超宽带脉冲源产生的单极脉冲，通过带有单支节短路线的传输线形成双极脉冲，其电压峰峰值与入射波电压峰值相等。

③ 高功率超宽带脉冲功率源产生的单极脉冲，经 peaking-chopping 组合开关（peaking 开关使波形前沿变陡，chopping 开关将脉冲截断）形成双极脉冲，理想情况下其双极脉冲电压峰峰值为入射电压峰值的 2 倍，并且可以通过调节 chopping 开关与 peaking 开关的距离来调节脉冲宽度。

本小节以西北核技术研究院樊亚军团队研制的 220kV 级 peaking-chopping 组合开关双极化器为例，简要介绍一下超宽带高功率微波源中较常采用的以 peaking-chopping 组合开关为核心的双极化器[11]。西北核技术研究院报道的双极化器在整个超宽带高功率微波源中的位置如图 3-19 所示。

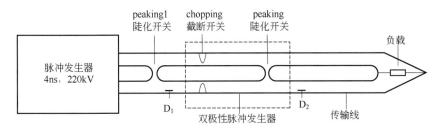

图 3-19　双极性超宽带高功率微波源

当高功率脉冲源产生的单极脉冲，经过 peaking-chopping 组合开关后，可以形成很快上升的窄脉冲。如果将脉冲源产生的单极脉冲通过 peaking-chopping 组合开关，则可形成双极脉冲。在这种装置中，chopping 开关位于脉冲源一侧，chopping 开关与 peaking 开关之间有一定长度的传输线，当这两个开关（理想开关）同时导通时，可得到电压峰峰值是 peaking 开关击穿电压的 2 倍，传输线的电长度决定所得双极脉冲的半周期。

设 chopping 开关与 peaking 开关的距离为 L，电长度 $t_{fl}=L/c$（其中，c 为电磁波在两个开关之间的传播速度）。peaking-chopping 组合开关工作波过程如图 3-20 所示，假设脉冲源产生的单极脉冲的前沿上升时间 t_r 远小于 t_{fl}，源脉冲 V_0 经过 chopping 开关至 peaking 开关时发生全反射，当反射波到达 chopping 开关时（如图 3-20 的 $t=2t_{fl}$），适当调节这两个开关的气压和间隙，使两个开关此时同时导通，此反射波经短路 chopping 开关后，又产生一相反极性的反射波，这样在 peaking-chopping 组合开关的输出端就形成一双极性脉冲，其峰峰值为 $2V_0$，半周期为 t_fl。输出开关即 peaking 开关要在约 t_fl 时间内耐受 2 倍源输出电压 $2V_0$；chopping 开关要在约 $2t_\text{fl}$ 时间内耐受源输出电压 V_0，它应在 peaking 开关反射波到达时导通，击穿电压约 $2V_0$。源脉冲宽度 τ 应大于或等于 $2t_\text{fl}$。实际中，$t_\text{r}\ll t_\text{fl}$ 不容易满足，并且 chopping 开关与 peaking 开关也不是理想开关，所以得到的双极性脉冲峰峰值一般小于 $2V_0$，半周期大于 t_fl[12]。

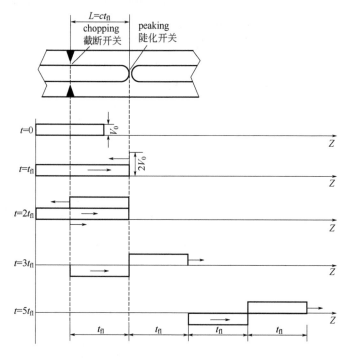

图 3-20 peaking-chopping 组合开关工作波过程示意图

　　这种双极化器产生的双极脉冲峰的峰值电压和脉宽与入射波（幅值和前沿）、peaking-chopping 开关之间的距离、导通时间以及导通时刻等因素有关。通常对于一定的入射波和 peaking-chopping 开关之间的距离、导通时间，也可以通过调节两个开关的导通时刻，以得到不同形状的双极脉冲。在图 3-20 所示的带有 peaking-chopping 开关的双极化器超宽带高功率微波源实验装置中，脉冲源输出脉冲参数为：阻抗 50Ω，最大电压 220kV，脉宽约 4ns，上升时间约 1.5ns。为减小源输出脉冲的上升时间，在 chopping 与 peaking 组合开关前端加一个陡化开关 peaking1，传输线波阻抗为 50Ω 的充油同轴传输线，双极化器输出端经 1m 长的同轴传输线后接在一个 50Ω 的负载上。双极化器的输入和输出电压分别由电容分压器 D_1 和 D_2 测量，

chopping 开关间隙与 peaking 开关间隙由两个调节机构分别调节，开关调节精度可以控制在 0.05mm 内。将两个调节机构巧妙地组合在一起，不仅实现了其调节功能，缩小了体积，而且还省去了安装环节，为输出参数的调节提供了极大的方便。双极化器内充 6.6MPa 的氮气以满足系统绝缘强度[12]。

通过多次实验发现，当陡化开关 peaking1 间隙较小时，双极化器的入射电压上升时间较大，其输出脉冲峰峰值较小，并且工作状态不太稳定；当陡化开关 peaking1 间隙较大时，双极化器的入射电压上升时间较小，其输出脉冲峰峰值较大。适当地调节 chopping 开关和 peaking 开关的间隙，在脉冲源的输出电压为 205kV 时，双极脉冲峰峰电压可达 360kV，为入射波电压的 1.5~1.8 倍。在重复频率为 100Hz 情况下，双极化器可以工作稳定。实验测试获得的双极化脉冲如图 3-21 所示。

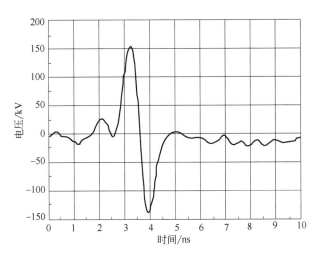

图 3-21　实验获取的双极化超宽带高功率微波脉冲

当前，除了利用 peaking-chopping 组合开关形成双极脉冲外，还可以通过带有单支节短路线的传输线形成双极脉冲，只是其电压峰峰值与入射波电压峰值相比不会增大，理论上二者幅值相等。并联短路支节的双极脉冲转换器的工作原理如图 3-22 所示。

同轴并联短路支节超宽谱双极脉冲转换器，由一个并接在传输线上的单支节短路线构成。入射波到达短路支节结点后，因阻抗的变化引起折射、反射，反射波沿输入线返回，折射波分别沿输出线和短路支节传输，输出线上波的极性保持与输入波一致。短路支节上传输的波到达支节末端后短路反射，其极性反向的反射波到达短路支节结点后再因阻抗变化引起反射和折射，反射波沿支节返回，折射波分别沿输入线和输出线传输。进入输出线的折射波极性与入射波反向，从而在输出线端口可得到正、反双极性脉冲。如果支节长度和阻抗设计合适，即可得到宽度为输入脉冲宽度 2 倍的双极脉冲，其单极脉冲幅度为输入脉冲幅度的 1/2，脉冲峰峰值与原输入脉冲幅度相当，输入输出波形变化如图 3-23 所示[13]。

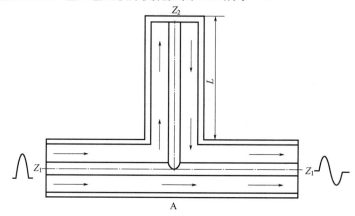

图 3-22 并联短路支节的双极脉冲转换器工作原理

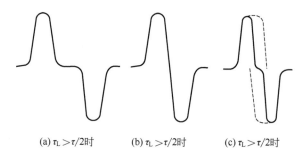

(a) $\tau_L > \tau/2$时   (b) $\tau_L > \tau/2$时   (c) $\tau_L > \tau/2$时

图 3-23 单极脉冲经过双极脉冲转换器后的输出波形图

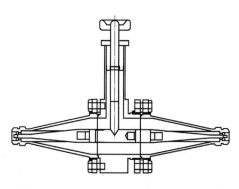

图 3-24 同轴并联短路支节双极脉冲转换器结构

西北核技术研究院樊亚军研究员报道了他们研制的一种同轴并联短路支节超宽谱双极脉冲转换器，如图 3-24 所示。短路线长度可连续调节，最大为 10cm，特征阻抗为 25Ω，转换器内部充变压器油，其左右两端的锥形段分别为等阻抗（50Ω）输入和输出端。去掉两个锥形输入和输出段，短路支节可单独串接在其他高压传输线中，最高工作电压可达 150kV[13]。

　　樊亚军研究员等利用实验验证了该同轴并联短路支节超宽谱双极脉冲转换器工作的可靠性。实验用脉冲源可输出脉冲宽度为 6ns 和 2ns 的两种脉冲，最大幅值为 4kV 且连续可调。调节双极脉冲转换器的短路线长 10cm。输入脉冲宽度为 6ns 时，转换器的输入和输出电压波形如图 3-25（a）所示，其中通道 1 为输入电压，峰值为 1.5kV，通道 2 为输出电压，峰峰值为 1.35kV，正、负峰电压基本相等，脉宽均约 1.5ns。当输入脉冲宽度为 2ns 时，该转换器的输入和输出电压波形如图 3-25（b）所示，其中通道 1 为输入电压，峰值为 1.65kV，通道 2 为输出电压，峰峰值为 1.5kV，正、负峰电压基本相等，脉宽均约 1.5ns。实验表明，该类型双极脉冲转换器具有较高的转换效率，较有利于后续天线辐射，可以有效提高整个超宽带高功率微波源系统的效率。

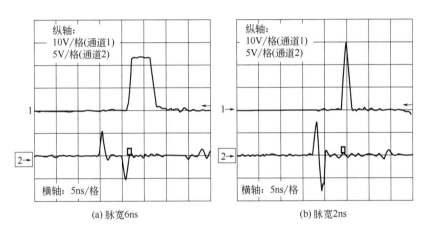

(a) 脉宽6ns　　　　　　　　　(b) 脉宽2ns

图 3-25　不同脉宽下的输入、输出电压波形

3.1.2.3　匹配模块

　　在超宽带（UWB）电磁脉冲辐射天线的设计中，涉及同轴传输线向超宽带天线馈电的问题。脉冲源输出特性阻抗通常为 50Ω，而超宽带天线的最佳特性阻抗一般比较大，如空气介质中 TEM 喇叭天线的最佳特性阻抗约为 240Ω，共面 TEM 馈电的 4 馈臂型反射面天线的最佳特性阻抗约为 200Ω。若直接与特性阻抗为 50Ω 的同轴线连接，由于阻抗不匹配，会带来较大的反射，因此需要在超宽带天线与馈线之间加入馈电转换结构。在高功率情况下，通常采用同轴到平板过渡的馈电结构形式，该馈电结构在实现阻抗变换的同时兼具不平衡-平衡变换器（巴伦）的功能。中国工程物理研究院的廖勇研究员等报道了这样一种同轴到平板的过渡结构[14]，如图 3-26 所示。

　　建立了实验测试系统，如图 3-27 所示。特设计了不同长度同轴到平板过渡验证实验，实验由两个结构完全相同的同轴到平板过渡对接，中间加一段平板结构。同轴结构外筒内径 98mm，内芯外径 28 mm；平板结构宽 28mm，长 50mm。实验设计

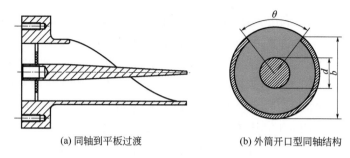

(a) 同轴到平板过渡　　　　　　　　(b) 外筒开口型同轴结构

图 3-26 超宽带高功率微波同轴到平板过渡

了 120mm、200mm 和 300mm 三种长度的过渡。实验中为与同轴电缆连接，实验结构两端分别接同轴渐变。实验时先标出两渐变对接时的衰减，再将两同轴到平板过渡和平板结构接入两渐变之间，测出相应的衰减后，扣除渐变的衰减就得到一对同轴到平板过渡的衰减。实验中馈入脉冲宽度为 960ps。图 3-28 所示为实验中测得的馈入脉冲与经同轴到平板结构过渡输出脉冲的比较。从图中可以看出，经过渡后，输出脉冲波形基本上没有产生畸变。图 3-29 所示为不同过渡长度的输出波形。从图中可以看出，当过渡长度为 300mm 时，输出波形的幅度最大。经计算，当过渡长度为 120mm 时，峰值功率传输效率为 80%；当过渡长度为 200mm 时，峰值功率传输效率为 85%；当过渡长度为 300mm 时，峰值功率传输效率为 88%。

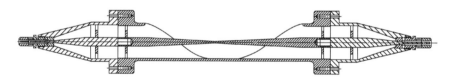

图 3-27 同轴到平板过渡实验结构

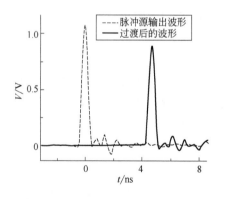

图 3-28 同轴到平板过渡馈入及输出波形

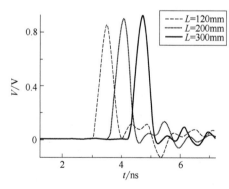

图 3-29 不同过渡长度的输出脉冲波形

　　实验制作了带渐变式同轴到平板过渡的 TEM 喇叭天线,同轴结构长约 200mm,
外筒内径约 98mm,内筒外径约 28mm,TEM 喇叭极板长约 500mm,喇叭口径高约
500mm,宽约 74mm。同轴到平板过渡及 TEM 喇叭密封于充满变压器油的密封容器
中。TEM 喇叭的馈入反射波形如图 3-30 所示。馈入信号的反射由两个部分组成:
第一部分是同轴到平板过渡的反射,第二部分是 TEM 喇叭极板末端开路反射带来
的,其中来自同轴到平板过渡的反射较小也较为平缓,同轴到平板过渡的反射幅度
约是馈入脉冲幅度的 10%。测量得到 TEM 喇叭天线的 E 面方向图,在同轴到平板
过渡的同轴结构外筒开口一侧有明显的旁瓣,这说明同轴到平板过渡有一部分损耗
是来自渐变结构的辐射损失。

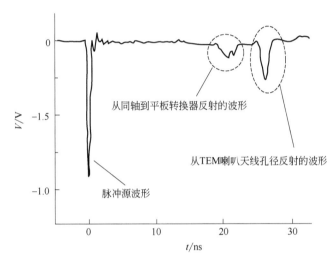

图 3-30　实验 TEM 喇叭馈入反射波形

　　中国工程物理研究院设计的这种同轴到平板过渡结构能够起到较好的匹配作
用,这种结构又叫巴伦结构,西北核技术研究院也报道了类似结构,进行了实验测
试,如图 3-31 及图 3-32 所示;设计了切比雪夫渐变线阻抗变换 TEM 喇叭,相比常
用的线性渐变 TEM 喇叭结构,体积更小,重量更轻,如图 3-33 所示[15]。

(a) 侧视图　　　　　　　　　　　　　　　(b) 俯视图

图 3-31　巴伦结构

131

图 3-32　巴伦性能测试实验结构

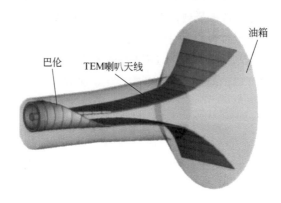

图 3-33　切比雪夫渐变线 TEM 喇叭馈源模型

考虑到高压绝缘，巴伦结构的尺寸一般比较大，导致损耗较大，边缘辐射效应也比较大，影响天线的辐射效率，同时即使采用阻抗变换，阻抗的不匹配也带来较大的反射。如果绝缘问题可以解决，可以采用传输线串并混合馈电的方式，既可实现低阻抗的传输线向高阻抗的天线匹配馈电，又可实现不平衡结构向平衡结构的转换。理论上，该馈电结构不会带来反射，能显著提高馈电效率。这种馈电方式基于传输线变压器的概念，在基于窄谱的微带馈电结构及射频电路中已有广泛应用。西北核技术研究院的科研人员报道了这种匹配馈电结构在超高重频超宽谱脉冲辐射天线中的应用，并与通常的同轴线直接馈电方式进行了对比实验，取得了较好的效果[16]。该馈电网络结构的原理如图 3-34 所示。

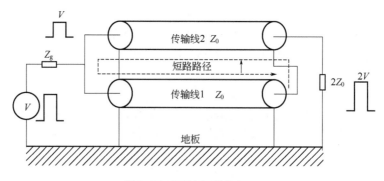

图 3-34　匹配馈电网络基本原理

如图 3-34 所示，馈电网络两条传输线在输入端并联，在输出端串联。在阻抗匹配的情况下，每条传输线的特性阻抗 Z_0 为脉冲源输出阻抗 Z_g 的 2 倍，负载阻抗为 $2Z_0$。当脉冲源输出电压为 V 时，在负载上将得到 $2V$ 的电压。故输出端与输入端之间的阻抗变比为 4，脉冲电压幅值变为 2 倍。进一步分析可知，电路结构内部存在一条短路路径，如图中虚线箭头所示，当电压波经过一个传输线电长度到达传输线的输出端后，沿着短路路径有一个反射波沿虚线箭头方向传输，最终叠加至输出脉冲，当反射波沿短路路径所传输的电长度小于传输脉冲的脉宽时，反射波不会叠加到主脉冲上，此时传输波形不会产生畸变。脉冲源输出特性阻抗一般为 50Ω，采用该馈电结构可向特性阻抗为 200Ω 的辐射天线匹配馈电，而不会引起反射，同时需要保证两根 100Ω 传输线长度相等，且每根长度至少为传输脉冲脉宽电长度的一半，这样波形可无畸变传输。若传输线为非平衡传输结构，如同轴线，辐射天线为平衡型超宽带脉冲辐射天线，如 TEM 喇叭，则该匹配馈电结构兼具巴伦转换功能，并具有超宽带特性。

研究人员设计了基于匹配馈电结构的 TEM 喇叭辐射系统，如图 3-35 所示。恒阻抗 TEM 喇叭天线长 70cm，口径高 25cm，宽 20cm，特性阻抗为 200Ω。图中左侧为匹配馈电结构，馈电结构设计为特性阻抗为 50Ω 的同轴传输线向特性阻抗为 200Ω 的辐射天线馈电，超宽带脉冲经 50Ω 同轴传输线输出，再经两根等长的 100Ω 同轴传输线馈入超宽带天线，两根 100Ω 的同轴传输线在起始端进行并联并对输入的信号进行功率分配，在末端进行串联后对输入信号进行功率合成。

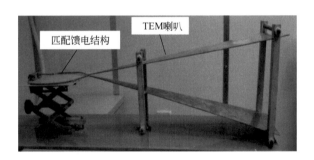

图 3-35　基于匹配馈电结构的 TEM 喇叭

图 3-36 所示为在天线主轴 22m 处测量到的辐射场重频累计波形，其峰值场强平均值为 70V/m，rE（距离与场强乘积）值为 1.54kV，为理论值的 94.5%。实验值与理论值非常接近。图 3-37 所示为没有采用该馈电结构而用 50Ω 同轴线直接馈电时测得的天线主轴 22m 处辐射场重频累计波形，波形形状与前者基本一致，其峰值场强平均值为 61V/m，rE 值为 1.34kV。采用匹配馈电结构后辐射场强提高了 15%。表

明该馈电结构相较于传统的巴伦结构具有更高的馈电效率。

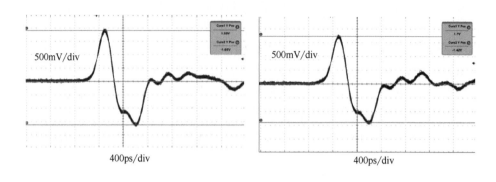

图 3-36　有匹配馈电结构时主轴波形　　　图 3-37　无匹配馈电结构时主轴波形

3.1.2.4　超宽带天线

对超宽带高功率微波天线的基本要求主要有两点：一是宽频带，二是高功率，功率水平通常需要达到 GW 量级。最早期的超宽带高功率微波天线通常为 TEM 喇叭天线，对其的研究已经有很长的历史，由于它不仅具有较宽的工作带宽，本身结构还具有较高的耐压能力，因而在通信系统、微波成像等多个领域也得到非常多的应用。最基本的 TEM 喇叭天线是由馈电结构和喇叭形辐射体两部分构成的，其中喇叭辐射体可以由两块导体板构成，电磁波沿着喇叭口径方向定向辐射，如图 3-38 所示，其主要的结构参量有导体板的几何尺寸、上下导体板之间的张角 β 和导体板的夹角 α。为了提高辐射性能，TEM 喇叭天线的结构具有多种类型。例如，喇叭采用渐变结构的上下板，使用指数锥削结构来增加天线的阻抗匹配带宽；带有低频补偿结构的指数渐变 TEM 喇叭天线，这不仅拓展了带宽，还使它在低频段的辐射性能得到显著改善；在保证天线工作带宽的前提下，通过在天线中添加介质减小了天线的体积；TEM 喇叭天线用微带巴伦代替传统的馈电方式，可以减

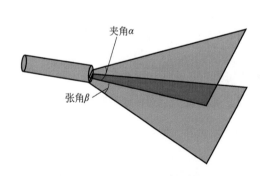

图 3-38　TEM 喇叭天线的基本结构

小输入端的反射，提高天线的特性阻抗等。目前，对 TEM 喇叭天线的优化通常是通过改进结构来减少低频段的反射以及希望同时增加天线的带宽等。但是，TEM 喇

叭天线在实现超宽带特性时很难降低低频的反射,而且天线结构为非平面,不易与小型化设备集成,这些都限制了 TEM 喇叭天线的应用场合[17]。

抛物反射面超宽带天线由于具有空间聚焦能力强、波束窄的显著特点,逐渐成为目前最为常用的高功率超宽带天线之一。抛物反射面超宽带天线常用的馈电结构为 TEM 喇叭,其特点是结构简单,馈电方便,但口径反射大,馈电效率低。若用其做超高重复频率脉冲的辐射天线,较大的口径反射将对脉冲源造成很大的伤害。美国研究人员首先提出采用共面 TEM 馈电结构作为抛物反射面天线的馈源,该结构能有效减小对聚焦波束的遮挡效应,具有较高的辐射效率,是作为超宽谱脉冲辐射的理想天线。但该天线结构较复杂,设计难度较大。西北核技术研究院樊亚军研究团队对此开展了系统研究,他们研制的共面 TEM 馈电抛物反射面天线的结构如图 3-39 所示,由两对互相交叉的馈臂、匹配电阻和抛物反射面组成[18]。该天线有以下特点:

① 采用共面馈电结构,每对馈臂的上下极板在同一平面内,与非共面 TEM 喇叭馈电结构相比,对辐射波的遮挡很小,有利于提高前向辐射场。

② 共面馈臂、匹配负载与反射面之间构成了低频补偿回路,无须额外增加电流环即可实现电振子与磁振子的互补辐射,该结构实现了低频补偿与电磁振子互补辐射功能,提高了辐射效率。

③ 共面馈臂与反射面之间加载匹配电阻,减少了馈臂末端的反射,从而减小了对脉冲源的伤害,有利于脉冲源长时间稳定运行,同时对波形保真也有利。

图 3-39　反射面超宽带天线

④ 两对馈臂既可以同时馈电,又可以分开延时馈电,从而可以很方便地实现双极化辐射。

还有一些其他类型的天线,如 TEM 喇叭阵列天线、双锥天线及 Valentine 天线等。2016 年,西北核技术研究院易超龙博士报道了他们研制成功的一套 16 阵元的小型超宽带喇叭阵列天线[19]。阵列天线由渐变横向电磁场(TEM)喇叭加框型电流环构成,在每个单元馈入峰值电压为 4kV、前沿为 180ps 超宽带脉冲时,获得了 rE 值 82kV,整个系统紧凑小巧,具有较高的辐射效率,适合低功率情况下超宽带脉冲的辐射。单个阵列天线结构如图 3-40 所示,主要由馈源、U 形外导体框、电单极子、TEM 喇叭及磁偶极子组成。天线宽、高都为 20cm,长 30cm。馈源外接 50Ω 传输线,TEM 喇叭的张角沿馈源输入端到口径逐渐变大,结构由馈电端的微带线渐变

至口径处的平行平板，其特性阻抗也由馈电端的 50Ω 渐变至口径处的 180Ω，TEM
喇叭的上极板同时又是一个电单极子。整个阵列天线如图 3-41 所示，研究表明，该
阵列天线比常用的 TEM 喇叭天线及电磁振子天线具有更高的辐射效率。

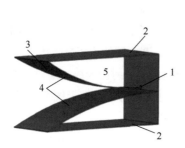

图 3-40　单个阵列天线结构

1—馈源；2—U 形外导体框；3—电单极子；4—TEM 喇叭；5—磁偶极子

图 3-41　阵列天线

　　基本的双锥天线由两个无限长的单锥组成，如图 3-42 所示，它通过两个锥体顶
点进行馈电。该天线结构较为简单，可以看成是一根均匀的锥形传输线，可以使用
传输线模型来进行分析，在天线输入端输入的超宽带信号将会沿着锥体形成一个向
外传播的球面波，该球面波又反过来在锥体表面产生电流，并且在锥体之间产生电
压，可以据此求得无限大双锥结构的特性阻抗，即天线的输入阻抗。对于实际为有
限长的双锥天线，只需要做一些修改，就可以使用该模型来分析它的特性。虽然双
锥天线本身就具有超宽带特性，但是要想使其作为超宽带高功率天线，还需要使其能

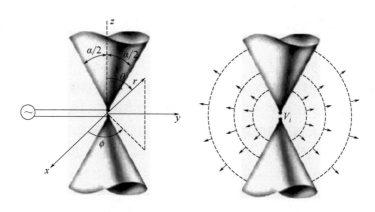

图 3-42　双锥天线结构及其辐射场示意图

够辐射具有高峰值功率的窄脉冲，这就需要双锥天线具有较大的尺寸和合适的馈电间距。局限于双锥天线特殊结构，过大的天线尺寸在实际应用中与其他类别的天线相比并不具备优势，因此，双锥天线在 GW 级以上超宽带高功率微波辐射系统中并不常用[17]。

经典的 Valentine 天线是一种行波天线，具有超宽频带、增益高、质量小、结构紧凑等优点。国外有报道采用在天线两极板间填充介质以提高耐压能力，发射脉冲电压可提高到 200kV 及 220kV。由于巴伦与天线的阻抗匹配、天线极板拓扑结构及其支撑材料等原因，辐射带宽内增益较低，另外，低于 300MHz 频谱的增益急剧下降。然而，对于高功率瞬态脉冲，0～300MHz 频谱范围占据相当比例的能量，也最易耦合到电子设备中。因此，进一步降低工作带宽的下限频率，设计具有耐高压的宽频带、高功率发射天线具有重要的应用前景。中国科学院电子学研究所毕岚等报道了一种改进型 Valentine 天线[20]，该天线可以发射峰值电压为 610kV、频谱范围为 0～2GHz 的超宽带高功率微波脉冲，其输入端为特性阻抗 50Ω 的同轴波导，具有较宽的极板宽度，在中高频段具有类似 TEM 喇叭的口径场辐射特性。为防止高压击穿，在巴伦和天线内部能量集中的区域填充介质以增加耐高压强度。

天线的具体结构如图 3-43 所示。从输入端到天线末端的极板采用了较大的宽度和椭圆轮廓的弯曲方式，极板在靠近输入端的曲率变化较缓，不仅可使天线与巴伦平滑地相连减小反射，更有利于中高频段的电磁场在天线前部形成口径场，提高增益。对于低频段，极板更大曲率则更有利于电流的辐射，进而使反射更低，在保证反射带宽的前提下，天线椭圆轮廓的半长轴为 1m、半短轴为 40cm，极板宽度为 17.78cm，天线只保留半圆弧段，半径为 15cm。仿真结果表明，该天线具有低反射、宽频带、高增益和高耐压强度等优点。

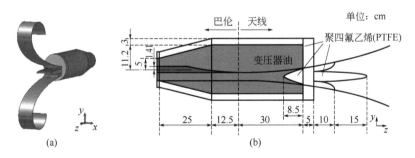

图 3-43　Valentine 天线模型

3.1.2.5　其他相关技术

（1）超宽带脉冲压缩

如前所述，传统的超宽带高功率微波源主要由高压脉冲驱动源及亚纳秒脉冲产生器等部分组成。高压脉冲驱动源实现脉冲形成和升压变换等功能，产生峰值电压为几百 kV 乃至 MV 量级、脉冲宽度为 ns 至几个 ns 量级的高压电脉冲；亚纳秒脉冲产生器通常为一种高功率亚纳秒快开关，典型代表为 peaking-chopping 开关，用来对高压脉冲驱动源产生的纳秒级脉冲进行整形，陡化前沿或截断后沿，形成前沿和后沿（或脉冲宽度）在亚纳秒量级的高功率短脉冲。这样首先会损失很大一部分脉冲能量，其次由于开关导通的能量损耗，从而使得输出功率降低，能量利用效率也进一步降低，虽然实现了脉冲陡化，但大量的能量反射回前级脉冲驱动源，降低系统总效率的同时也对脉冲驱动源产生诸多不利影响。

超宽带脉冲压缩是一种用于产生（亚）纳秒超宽带高功率微波脉冲的技术，其实质是将前级脉冲驱动源产生的宽脉冲在时间上进行压缩，使其脉宽变窄并且提高其输出功率。理论上讲，脉冲压缩在获得亚纳秒脉冲的同时可以有效提高系统整体能量利用效率。超宽带脉冲压缩系统主要包括前级脉冲驱动源、脉压装置（短脉冲形成线）、开关、变阻抗传输线和负载，其原理如图 3-44 所示。利用一段低阻抗短脉冲形成线 FL_2 和快开关 K_2，将前级脉冲驱动源 FL_1（高阻抗形成线）产生的长脉冲进行压缩，最终获得更高功率的短脉冲输出。设前级脉冲驱动源 FL_1 的阻抗为 Z_1，电长度为 t_1，充电电压为 V_1，K_1 为其主开关；脉压形成线 FL_2 的阻抗为 Z_2，电长度为 t_2，K_2 为其开关。假定 K_1 和 K_2 均为理想开关。系统的工作过程为：FL_1 充电电压达到 V_1，当开关 K_1 闭合、开关 K_2 开路时，FL_1 在对 FL_2 的透射电压在 FL_2 上经过多次来回反射，形成一个逐级叠加而成的高电压，当开关 K_2 导通放电时，经变阻抗传输线在负载上得到所需短脉冲。

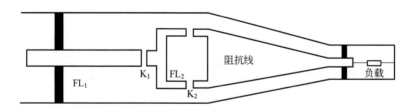

图 3-44　超宽带高功率微波脉冲压缩结构示意图

西北核技术研究院石磊等在 2015 年报道了他们开展的有关超宽带脉冲压缩的研究工作[21]。以基于 Tesla 变压器的高阻 GW 级纳秒脉冲驱动源 FL_1 对低阻抗脉冲压缩装置（脉冲形成线）FL_2 充电，充电的低阻抗脉冲形成线通过开关 K_2 放电形成的高功率亚纳秒脉冲馈入变阻抗线和负载，实验装置框图如图 3-45 所示。

GW 级纳秒脉冲驱动源主要包括单筒脉冲形成线、内置 Tesla 变压器和初级电路等几部分，采用变压器油作为绝缘介质，脉冲形成线特性阻抗为 40Ω，电长度为 3.9ns。脉冲驱动源输出纳秒脉冲电压典型波形如图 3-46 所示，电压峰值为 208kV，对应峰值功率为 1.1GW，脉冲宽度约 8ns。

图 3-45　超宽带脉冲压缩实验装置框图

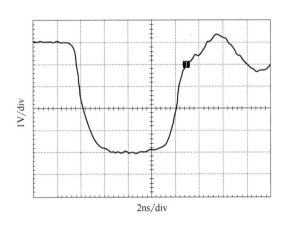

图 3-46　脉冲驱动源输出的纳秒脉冲电压波形

脉冲压缩装置充电波形如图 3-47 所示，负载最终获得的电压波形如图 3-48 所示。前级脉冲驱动源 FL$_1$ 对应输出功率为 0.97GW，脉压装置开关 K$_2$ 导通时，脉冲

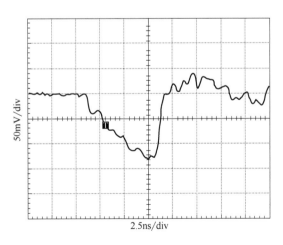

图 3-47　脉冲压缩装置充电波形

形成线 FL_2 充电时间为 7.6ns，基本上达到了最大充电电压，作用于 50Ω 传输线上的短脉冲电压脉冲宽度为 1.5ns，峰值功率为 3.5GW，考虑到变阻抗线的功率传输系数为 0.9，脉冲压缩装置产生的高功率短脉冲峰值功率约为 3.9GW，脉冲压缩装置的功率增益约为 4.0。脉冲压缩装置理论功率增益可达 5.1，但由于脉压形成线开关半径较大，导通不均匀，导致输出短脉冲前沿变慢，脉冲变宽；又由于开关是自击穿，实验时不能保证在脉冲形成线同等充电电压情况下击穿，有一定的分散性。可以通过对开关电极结构优化、改变气体种类以及老练处理等措施减小开关自击穿的分散性，研究者多次实验得到脉冲压缩装置功率增益平均值约为 4 倍[21]。

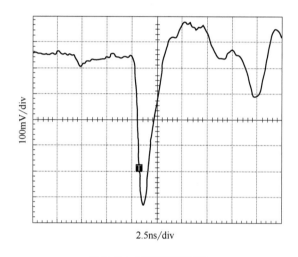

图 3-48 负载端的电压波形

2017 年，西北核技术研究院张兴家等又报道了一种采用三传输线型形成线压缩技术直接产生高功率亚纳秒脉冲的方法[22]。研究者给出了脉冲压缩的理论分析，设计了相应的脉冲压缩装置，建立了电路模型，计算结果显示脉冲压缩装置的功率增益可达到 2.25 倍。基于该单位研制的 CKP1000 超宽谱脉冲驱动源，建立了完整的脉冲压缩实验系统并展开了实验研究，实验结果表明：脉冲压缩装置在入射脉冲电压为 220kV、脉宽为 5ns 的情况下，可产生峰值电压为 295kV、半高宽约 800ps、前沿为 400ps 的亚纳秒脉冲，脉冲压缩装置的功率增益约为 1.8 倍。他们设计的脉冲压缩装置电路原理如图 3-49 所示，压缩装置由三段传输线（$FL_1 \sim FL_3$）、主脉冲开关 S_1、陡化开关 S_2 以及匹配传输线 FL_4 和吸收负载 R 组成。其中，FL_1 为脉冲源的形成线，FL_2 为高阻传输线，FL_3 为亚纳秒脉冲形成线。

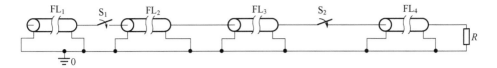

图 3-49　脉冲压缩装置电路原理

研制的脉冲压缩装置剖面结构如图 3-50 所示。高阻传输线 FL_2 的左侧和匹配传输线 FL_4 的右侧为油线，压缩装置整体采用 6MPa 的高压氮气作为绝缘介质；为了减小尺寸与优化绝缘能力，将高阻传输线 FL_2 设计为螺旋传输线，慢波系数为 3.9，此时阻抗约 200Ω，电长度为 1.3ns；为测量形成线 FL_3 的充电过程，设计了微分型电容分压器 D_1，FL_3 末端为形成开关 S_2；为减小开关电容采用环形结构，电极曲率为 1mm，开关间隙为 4mm，压缩装置输出脉冲在末端测量，使用积分式电容分压器，分压比为 1:69000。装置总长约 300mm，外筒内径为 46mm，结构十分紧凑。

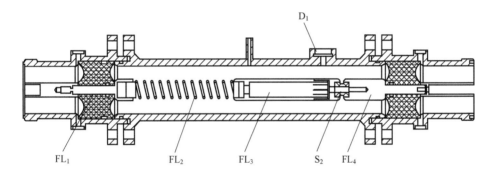

图 3-50　脉冲压缩装置剖面结构

脉冲压缩装置的工作波形如图 3-51 所示。图中，CH2 为 FL_3 的测量波形，math2 为其积分后得到的 FL_3 的充电波形，CH4 为压缩装置的输出波形。装置产生的亚纳秒脉冲峰值电压为 300kV，脉冲前沿为 400ps，半高宽为 800ps，峰值功率为 1.8GW，脉冲压缩的功率增益略小于理论仿真结果。分析认为其主要原因有两个方面：一是由于气体开关导通时电阻和电感的存在，在导通过程中会产生损耗，导致输出功率降低；二是螺旋线 FL_2 的阻抗和电长度会由于传输脉冲频率的不同而变化，实际工作时螺旋传输线不完全等同于理想的高阻传输线，阻抗和电长度的差异导致压缩效果比理论值降低。

（2）超宽带功率合成

功率合成是提高超宽带电磁脉冲辐射场强的有效途径之一，超宽带脉冲功率合成通常有两种方式。

　　一种方式是空间功率合成,采用辐射天线组阵的方式,每个阵元同步输入 1 路超宽带脉冲,然后在空间进行场强叠加,该合成方式具有高方向性、高增益的特点,在极高功率系统中应用较多,但通常系统体积会比较大。图 3-52 所示为实验中的 4 路 GW 级超宽带脉冲源,利用一台超宽带脉冲源做触发,控制 4 路 GW 级源同步输出到辐射天线,依托天线阵实现空间功率合成。

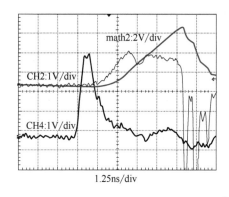

图 3-51　脉冲压缩装置工作波形　　　　　　图 3-52　4 路 GW 级超宽带脉冲源功率合成

　　另一种方式是线路功率合成,多路脉冲合成后共用一副天线进行辐射,在高功率系统中通常采用多路同轴线并联输出后馈入辐射天线发射,由于并联后输出端特性阻抗降低,因此在与高特性阻抗的辐射天线连接时通常需要接入一段高变比的变阻抗线,这将导致系统合成效率降低。使用专门设计的高效率功率合成器也是功率合成的一条途径,但会限制系统的功率容量。在较低功率系统中,目前应用最多的是微带线线路合成方式,该方式具有结构简单、紧凑的特点,但这种方式的缺点是合成后带宽降低,输出脉冲前沿变慢,损耗较大且合成效率不高。基于传输线变压器原理进行功率合成是一种新颖、高效的合成方法,主要应用于阻抗变换及窄带功率合成中。西北核技术研究院樊亚军团队于 2014 年报道了一种基于传输线变压器原理适用于超宽谱脉冲功率合成的结构[18],该结构采用二级合成方式,在功率合成的同时实现向高特性阻抗超宽带天线匹配馈电。用 4 路超宽谱脉冲源进行了功率合成实验,每路脉冲电压为 1.7kV、前沿为 200ps,4 路同步最大延迟为 20ps,合成脉冲馈入特性阻抗为 200Ω 的超宽带天线进行辐射。测量结果表明:采用该功率合成结构的天线辐射场强比单路馈电提高 1 倍,在 20kHz 重复频率下工作稳定,实验验证了利用传输线变压器原理进行超宽带电磁脉冲功率合成的可行性和高效性。该合成方式对于 3.2 节重点要介绍的超高重复频率超宽带脉冲是比较适用的。该研究团队建立的基于传输线变压器原理的功率合成结构如图 3-53 所示。

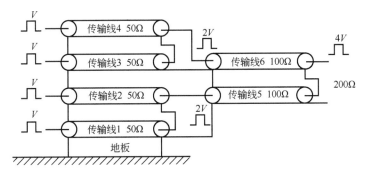

图 3-53　超宽带脉冲功率合成结构示意图

　　进行超宽带脉冲功率合成的首要目标是尽可能提高合成效率，因此需要将脉冲源、合成结构及辐射天线结合起来设计以减少阻抗失配，提高馈电效率。另外，要求合成脉冲不能发生大的畸变，若脉冲波形发生变化导致前沿变慢，将降低天线的辐射场强，影响整体辐射效率。图 3-53 所示合成结构采用两级合成方式，第 1 级由 4 根等长的 50Ω 同轴传输线组成，每根同轴传输线接 1 路输出特性阻抗为 50Ω 的超宽谱脉冲源，每 2 根同轴线组成传输线变压器，在输出端串联后各接 1 根特性阻抗为 100Ω 的同轴传输线；2 根 100Ω 同轴线再组成传输线变压器构成合成结构的第 2 级，在输出端进行串联后接特性阻抗为 200Ω 的超宽带辐射天线，这样从脉冲源输出端的 50Ω 至辐射天线的 200Ω，理论上实现了阻抗匹配，尽可能地提高了馈电效率。合成结构采用同轴线，比通常的微带线损耗小、带宽高，可在提高传输效率的同时减少脉冲畸变。在每一个传输线变压器中都存在一个短路回路，这会对脉冲传输造成负面影响，在窄谱脉冲基于传输线变压器的合成方式中，通常采用加磁环的方式抑制短路回路的影响。由于超宽谱脉冲的脉宽很短，在设计中只要使每根同轴线的电长度不低于传输脉冲脉宽电长度的一半，即可消除短路回路对主脉冲造成的影响，不会使传输脉冲发生畸变。

3.1.3　超宽带高功率源设计示例

　　在前面两小节中我们就超高功率超宽带高功率微波源的发展情况及关键技术进行了简要介绍。本小节以西北核技术研究院朱四桃等[23]设计的一款紧凑型超宽带高功率微波源为例，对该类型超宽带源的设计进行概略性介绍，以使读者对该类型超宽带源有一个更为直观的认识。研究者设计该台紧凑型超宽带高功率微波源的目的是将其应用于超宽带探地雷达，因此体积小、重量轻、能够灵活移动及便于携带是设计时需要考虑的主要约束条件。严格意义上讲，该台超宽带源的输出指标离真正的超高功率还有较大差距，但其各项设计要素均与超高功率超宽带高功率微波源基本一致，因此完全可以选择其作为该类型驱动源设计的典型范例。

该紧凑型超宽带高功率微波源系统主要由 100kV 级纳秒脉冲驱动源、亚纳秒气体开关、TEM 喇叭天线及外壳等部分组成，如图 3-54 所示。系统外壳采用便携箱

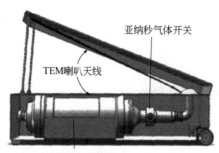

亚纳秒气体开关

TEM喇叭天线

100kV脉冲发生器

图 3-54 紧凑型超宽带高功率微波源系统

形式，将脉冲源及亚纳秒气体开关构成的超宽带源主体部分置于箱体内部，用一金属薄板将箱体封盖，该金属薄板同时也作为 TEM 喇叭天线的下极板使用。TEM 喇叭天线上极板由软导线编织的网状结构组成，其末端与便携箱上盖连接在一起。超宽带源与天线之间采用弯曲同轴波导连接，采用垂直直插式进行馈电，馈电点采用尼龙介质透镜，其作用是高压绝缘和阻抗匹配。整个超宽带高功率微波系统可快速展开和撤收，打

开箱盖，连接电源即可处于待机状态；断开电源、关闭电源，系统即可撤收。系统外形尺寸为 80cm×50cm×26cm，质量约为 45kg。

系统设计包括三部分内容：一是脉冲功率源设计；二是亚纳秒气体开关设计；三是 TEM 喇叭天线设计。下面分别进行简要介绍。

（1）脉冲功率源设计

百 kV 级纳秒脉冲驱动源采用单筒形成线与 Tesla 变压器一体化结构。单筒形成线特征阻抗设计为 40Ω，最高输出电压设计为 100kV，绝缘介质采用变压器油。在 μs 级充电条件下，形成线内部最大场强设计值小于 120kV/cm，形成线外筒半径 r_2 为 5cm，内筒半径 r_1 为 1.8cm。脉冲源设计脉冲宽度为 4ns，形成线长度确定为 40cm。

Tesla 变压器初级电压设定为 800V，形成线最高充电电压 U_{max} 设定为 240kV，则变压器变比 K 确定为 300；初级线圈匝数 n_1 为 1 匝，考虑到回路杂散电感及回路电阻的影响，次级线圈 n_2 设定为 400 匝；Tesla 变压器的次级电容为单筒形成线的电容，由其设计参数可计算出次级电容约为 45pF，因此，Tesla 变压器初级电容理论设计值为 7.2μF，考虑到初、次级回路的杂散电感以及回路损耗的影响，初级电容选为 10μF。

有关 Tesla 变压器磁芯有效截面积的设计在第 2 章中已有详细介绍，如果选择 DG6 硅钢片，则磁芯材料饱和磁感应强度约为 1.2T，根据其他参数可以确定磁芯有效截面积 S 需要大于 4.3cm²，在本示例中，考虑到磁芯材料填充比以及留有一定的设计余量，磁芯的截面积选取为 8cm²。为了使 Tesla 变压器耦合系数大于 0.9，磁芯纵横比设计为 2.5，由形成线外筒半径为 5cm 可知，磁芯整体长度约为 25cm。同时，

当初、次级线圈长度均为磁芯长度的 1/2 时，变压器耦合系数取得极大值，因此初、次级线圈长度均为 12.5cm。

（2）亚纳秒气体开关设计

亚纳秒开关采用 peaking-chopping 型高压气体火花隙开关，其实物如图 3-55 所示[24]。如前所述，这种开关由 peaking 和 chopping 两个开关组合而成，其中 peaking 开关使主脉冲前沿陡化，chopping 开关则用于截断脉冲，形成后沿较快、脉冲宽度较窄的超宽带高功率微波脉冲。因此，输出脉冲前沿由 peaking 开关决定，而脉冲宽度及后沿则由 chopping 开关决定。在气体开关设计及装配中，保持同

图 3-55　亚纳秒气体开关结构

轴特性非常重要，开关装配偏轴会降低其功率容量，同时也不易形成多通道，输出波形前沿及后沿均会变慢。有关 peaking-chopping 型高压气体火花隙开关具体设计要点请参阅前面章节的详细介绍。

（3）TEM 喇叭天线设计

如前所述，TEM 喇叭天线是一种最为常用的超宽带高功率微波天线，可以认为是由导行 TEM 波的平行板传输线扩张而成的[23]。在 TEM 喇叭两金属板为小张角的条件下，Baum 和 Farr 给出了该类天线在主轴上辐射场主脉冲电场表达式：

$$E(r,t) = \frac{h}{2\pi r c f_{\mathrm{g}}} \times \frac{\mathrm{d}V(t)}{\mathrm{d}t} \tag{3-1}$$

式中，r 为测试距离；h 为喇叭口径高度；c 为光速；$V(t)$ 为馈源馈入信号电压；f_{g} 为 TEM 喇叭特性阻抗 Z_{c} 与其有口径波阻抗 Z_0 之比：

$$f_{\mathrm{g}} = \frac{Z_{\mathrm{c}}}{Z_0} = \frac{Z_{\mathrm{c}}}{120\pi} \tag{3-2}$$

由式（3-1）可知，辐射场主脉冲与激励信号电压的微分成正比，幅值取决于 TEM 喇叭天线口径尺寸及其特性阻抗。TEM 喇叭的特性阻抗由其高宽比 h/w 决定，因此在口径面积一定的条件下，存在最佳特性阻抗值，使天线时域增益最大。将 TEM 喇叭口径限制在一个特定半径的圆内，对 TEM 喇叭特性阻抗进行优化，结果表明，TEM 喇叭特性阻抗为 242.3Ω 时，其时域增益最大，相应的高宽比 h/w 为 1.82。本示例中，为了使天线及脉冲功率源通过 Balun 结构实现较好匹配，将 TEM 喇叭特性阻抗设计为 200Ω，对应的高宽比 h/w 为 1.25，根据这一比例系数，最终确定 TEM 喇叭天线口径尺寸设计参数为：高度 h 为 50cm，宽度 w 为 40cm，喇叭长度 l 为 70cm。

整个超宽带高功率微波源系统设计完成后需要进行加工、装配及电性能测试，测试内容同样包括三个方面，即超宽带脉冲驱动源测试、peaking-chopping 型高压气体火花隙开关测试及 TEM 喇叭天线辐射特性测试，测试获取相关波形、电场强度以判断是否满足具体设计要求。下面对三部分测试内容进行简要介绍。

（1）紧凑型超宽带脉冲驱动源测试

紧凑型超宽带脉冲驱动源设计加工完成后，需要对其电性能指标进行测试。调节脉冲源主开关间隙约 4mm，主开关腔体内绝缘介质为 N_2，气压为 4MPa。在 Tesla 变压器初级电容上设置电压为 500V，使主开关不导通，测得形成线最大充电电压为 155kV，最大充电时间为 1.9μs，计算得到变压器变比 k 约为 310。Tesla 变压器初级电容电压设置为 800V，主开关在形成线上的充电电压为 210kV、充电时间为 1.5μs 处导通、脉冲源在 40Ω 匹配负载上的输出波形如图 3-56 所示，脉冲幅值为 100kV，峰值功率为 250MW，脉冲宽度为 4ns，脉冲前沿为 1ns。测试结果表明，脉冲功率源输出指标与设计指标一致性较好，满足相关要求[23]。

（2）peaking-chopping 型高压气体火花隙开关测试

peaking-chopping 型高压气体火花隙开关腔体内绝缘介质为 N_2，调整气体压强、peaking 开关及 chopping 开关间隙，获取较陡的前后沿脉冲，优化后的结构参数为：气体压强为 6MPa，peaking 开关间隙约为 0.6mm，chopping 开关间隙约为 1mm。脉冲源输出波形经过 peaking 开关陡化和 chopping 开关截断后，在匹配负载上输出波形如图 3-57 所示，脉冲前沿约为 280ps，后沿约为 180ps，脉冲半高宽约为 450ps，开关工作性能良好[23]。

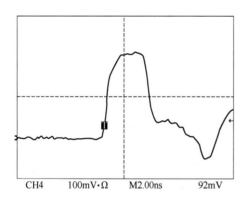

图 3-56 紧凑型超宽带脉冲驱动源输出波形　　图 3-57 亚纳秒开关输出波形

（3）TEM 喇叭天线辐射特性测试

将驱动源、开关及 TEM 喇叭按照电气结构关系进行连接，整个超宽带高功率微波系统置于微波暗室，测量天线主轴辐射场及辐射因子（主轴辐射场强与距离乘积，也称为 rE_p 值）。测量天线置于辐射系统主轴上，距离辐射系统 7.5m，测量得到辐射电场强度 E_p=10kV/m，rE_p=75kV，两峰之间的时间间隔 $t_{p\text{-}p}$ 为 570ps，测量波形如图 3-58 所示。将辐射场测量波形由时域变换至频域，得到其频谱分布如图 3-59 所示，主轴辐射场中心频率为 520MHz，−3dB 频谱范围为 230～810MHz，−20dB 频谱范围为 100MHz～1.3GHz。测量结果表明，该 TEM 喇叭天线具有良好的辐射特性，整个超宽带高功率微波源系统输出指标满足设计要求[23]。

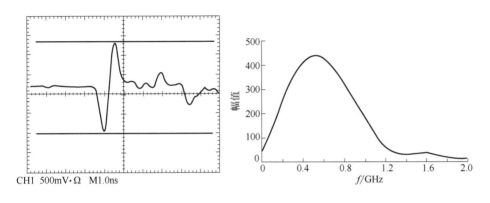

图 3-58　天线主轴辐射场波形
CH1 为第一个通道；500mV·Ω表示一个纵格单位；
M1.0ns 表示一个横格单位

图 3-59　主轴辐射场频谱分布

3.2　超高重复频率超宽带高功率微波产生技术

与窄带高功率微波技术及超高功率超宽带高功率微波技术比较，超高重复频率超宽带高功率微波技术只能算作一门"小众"技术，从近年来发表的论文体量上看，有关超高重复频率超宽带高功率微波技术研究的论文在整个高功率微波技术领域占比不到 1%，由此可见该技术方向在整个高功率微波技术领域的基本状况。虽然该技术方向的地位不及前两者，但由于其具有自己独有的特色，因此也很有必要对该项技术进行简要的介绍。

3.2.1　固态高重频高功率脉冲源发展概况

高功率微波技术领域至今尚未对"高重频"给出准确的定义，所谓高重复，主要针对传统 Marx 发生器型脉冲驱动源及 Tesla 型脉冲驱动源工作频率很难超过几百

Hz 提出的，在高功率微波技术领域，通常认为当脉冲重复频率达到 1kHz 以上即可认为是"高重频"。研究表明，高重频超宽带高功率脉冲基本不具备高功率微波典型的目标损毁能力，反而更接近常规电子对抗的干扰特性，脉冲重复频率越高，干扰能力越强。因此，近年来，追求几十 kHz～百 kHz 以上脉冲重复频率逐渐成为研究的热点。产生超高重复频率超宽带高功率微波脉冲的基础是固态高重频高功率脉冲源，这类源往往既可以直接产生 ns 级高重复频率超宽带脉冲，也可以产生几十 ns 级较低重复频率的高压用于高功率微波器件产生窄带高功率微波，这类脉冲源的典型代表就是 SOS 型固态驱动源。2019 年，中国工程物理研究院的梁勤金研究员对固态高重频高功率脉冲源的研究与发展进行了详细论述[25]，极其专业与详细，本小节主要将其论述介绍给读者。

固态高功率高重频脉冲源技术在近期已经取得巨大进步，应用范围不断扩大。美国的空军研究实验室（Air Force Research Laboratory，AFRL）、洛斯阿拉莫斯国家实验室（Los Alamos National Laboratory，LANL）、劳伦斯利福摩尔国家实验室（Lawrence Livermore National Laboratory，LLNL）等，俄罗斯的叶卡捷琳堡电物理研究所（Institute of Electrophysics，Ek-aterinburg）、圣彼得堡约飞研究所（Ioffe Physical-Technical Institute of Russian Academy of Science，St. Petersburg），领先推动了全固态高功率高重频脉冲源技术的发展。在该项技术发展初期，两国科学家选择技术路线不同，美国初期发展超宽带高压脉冲产生采用 Si、GaAs 固态光导开关，后来研究 SiC 固态光导开关等。国内许多研究团队，有的加入了新一代固态高功率高重频脉冲源等离子体高压半导体开关的研究，有的加入了固态高功率高重频脉冲源的应用技术研究。国内固态高功率高重频脉冲源研究与美、俄、德相比还有较大的技术差距，主要体现在整机系统设计及包括固态高压开关在内的关键技术的掌握等方面。

固态高功率高重频脉冲源技术是脉冲功率技术领域重点研究的内容和发展方向之一。高功率脉冲功率技术就是将高密度的能量快速压缩、转换或释放给特定负载的电物理技术。1962 年，英国原子武器研究中心科学家 Martin 将 Blumlein 线与早期 Marx 发生器结合，将脉冲功率源脉冲宽度从μs 级压缩到几十 ns，做出了划时代标志性贡献。1991 年，俄罗斯科学家米夏兹领导 Tomsk 叶卡捷琳堡电物理研究所科研人员 Rukin 等在研究用固态硅高压二极管做整流试验时发现，使一定持续时间正向电流及一定持续时间反向电流（电流密度高达几十 kA/cm^2，电流通过时间为几百 ns）依次通过固态硅整流高压二极管，其反向电流衰减时间降低了几十 ns。这种大电流密度在纳秒时间截断物理现象独特，潜在应用价值较高。此后，多种新型高功率固态开关器件相继研制出来，例如在俄罗斯圣彼得堡约飞研究所的科学家 Brylevsky 等研制的阶跃恢复二极管（Step Recovery Diode，SRD）、逆恢复二极管

（Inverse Recovery Diode，IRD）、漂移阶跃恢复二极管（Drift Step Recovery Diode，DSRD）、漂移阶跃恢复三极管（Drift Step Recovery Transistors，DSRT）、快速离化二极管（Fast Ionization Device，FID）、硅雪崩形成电路（Silicon Avalanche Shaper，SAS）等半导体开关（Semicondutor Opening Switch，SOS）。在以上几类 SOS 中，SRD、IRD 等虽然固态化，功率容量大，但开关速度慢，重复频率低，难以满足小型超宽带脉冲源对快脉冲前沿、高功率容量、高重复频率要求；DSRD、FID 等属于阶跃快恢复二极管和快速离化组件，跟高压雪崩管一样，虽然具有开关速度快、工作频率高、体积小、重量轻的优点，但受器件工艺、高功率容量和长时间工作寿命限制[25]。因此，两类器件各有优点及需要进一步提高的研究方向。

依托于成功研制的各类半导体开关，俄罗斯已成功使用该类器件实验室开发制造出实用高功率脉冲源系列产品。但目前国外全固态高功率高重频电磁脉冲源研发、生产水平较高且较具有代表性的研发单位还是德国的贝尔巴克（Burbach，Germany）FID GmbH Technology 公司，该公司的核心技术背后支持平台是俄罗斯圣彼得堡约飞研究所等机构。该公司代表性产品主要有：

① MHz 高重频固态脉冲源，技术参数为：输出电压 5kV，50Ω，上升时间 200～300ps，脉冲宽度 1～2ns，重复频率 1MHz。

② 70kV 高压固态脉冲源，技术参数为：输出电压 10～70kV，上升时间 100～150ps，脉冲宽度 0.5～1ns，重复频率 100Hz～1kHz。

③ 300kV 高压固态脉冲源，技术参数为：输出电压 200～300kV，峰值电流 5kA，重复频率 50Hz。图 3-60 给出了固态高功率高压脉冲源技术参数发展现状与趋势。当重频小于 100Hz、输出电压为 10kV～1MV 时，脉冲前沿为 200～500ps；当重频小于 1kHz、输出电压为 5～200kV 时，脉冲前沿为 100～200ps；当重频小于 10kHz、

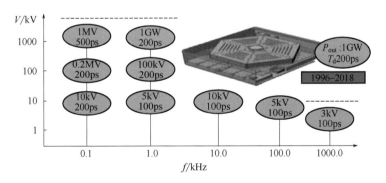

图 3-60　固态高压脉冲源参数发展现状与趋势

单元电路输出电压为 10kV 时，脉冲前沿为 200ps；当重频小于 100kHz、单元电路输出电压为 5kV 时，脉冲前沿为 100ps；当重频小于 1MHz、单元电路输出电压为 3kV 时，脉冲前沿为 100ps。通过单元电路脉冲源的线路功率合成可以提高脉冲源的输出功率和工作重复频率。

全固态高压脉冲源分类没有严格标准，按重复频率分为高重复频率脉冲源（100kHz ～10MHz）和低重复频率脉冲源（单次、1Hz～10kHz）两类，按高压脉冲波形特性可分为超快前沿（10～100ps）脉冲源、低抖动（10～30ps）高压脉冲源和超高电压（100～300kV）脉冲源等。表 3-2 给出了几类典型固态高压脉冲源最具代表性的技术参数。

表 3-2　几类典型固态高压脉冲源主要技术参数

脉冲源型号	输出电压/kV	上升时间/ns	脉冲宽度/ns	重复频率/kHz	尺寸/（mm×mm×mm）
FPG1	1	0.3	1～2	200～500	260×110×260
FPG5	5	0.3	1～2	200～500	260×110×260
FPG100	100	1	1～3	1	340×140×310
FPG100P	100	1	1～100	1	340×140×310
FPG200P	200	1	1～100	1	400×400×200
FID-5-1SM	5	1	100	10	120×60×40
FDS5-10S	5	5	1000	10	100×100×50
FPG100-1KMS	100	10	100	1	600×400×200
FPG10SP	5	0.05	0.1～10	10	100×60×40

国内研发固态高功率高压脉冲源的单位主要在中物院十所、西北核技术研究院、中国电科十三所、国防科技大学等单位。2002 年，西北核技术研究院对俄引进了基于 SOS 的脉冲功率源 S-5N，中物院十所也通过技术引进手段同样获得了基于 SOS 脉冲功率源的短脉冲装置，两家单位都通过对 SOS 器件的理论和实验研究，掌握了基于 SOS 的脉冲功率源的工作原理和设计方法。中物院十所于 2018 年研制的 100kW、脉宽 339ps 全固态高重频纳秒脉冲源如图 3-61 所示，其主要技术参数为：输出功率 100kW（负载 50Ω），上升时间 100ps，脉冲宽度 339ps，重复频率 200～300kHz。后续研制的 40MW 固态源，其主要技术参数为：输出功率 40MW（负载 50Ω），上升时间<1ns，脉冲宽度 3.4ns，重复频率 1kHz[23]。

西北核技术研究院依托 SOS 技术也先后研制成功多台高功率微波驱动源，其中 8MW、10kHz 固态脉冲源是超高重复频率超宽带驱动源的典型代表[26]，如图 3-62 所示。

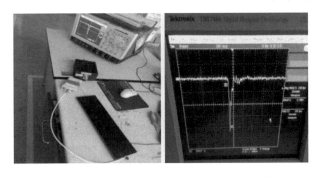

图 3-61 功率 100kW、脉宽 339ps、重频 200～300kHz 的
全固态高重频纳秒脉冲源输出电压波形

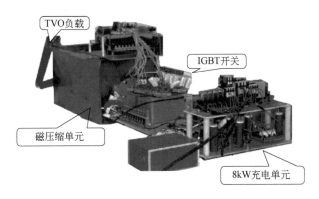

图 3-62 基于 SOS 的 8MW、10kHz 固态脉冲源

目前小型全固态高压纳秒脉冲源正朝全固态、高功率、高重频、超宽谱、纳秒/亚纳秒/皮秒（nanosecond/ subnanosecond/ picosecond）脉冲宽度、长寿命、小型化等方向发展，从技术上发展为高重复频率（100kHz 到几十 MHz）与低重复频率（单次、几 kHz 到几十 kHz）两种主要工作方式。而超高重复频率正是该类驱动源未来发展的重点。

3.2.2 固态高重频超宽带高功率微波源设计示例

理论上讲，凡是能够产生脉冲重复频率 10kHz 以上，脉冲宽度 ns 或亚 ns 量级的脉冲源都可称为高重复频率超宽带源。就当前国内研究来看，超高重复频率激光开关尚不成熟，比较有代表性的技术途径主要有两种：一种是利用雪崩三极管直接产生超高重复频率超宽带微波，采用合成技术，其重复频率最高可达 MHz 量级，但该类型超宽带源输出电压通常不高，基本在 kV 量级；另一种途径是利用所谓的半导体断路开关（SOS）实现超高重复频率超宽带脉冲输出，在较高输出功率条件下，这类源的脉冲重复频率也可以达到几百 kHz 甚至 MHz 量级，但紧凑型相对于前者稍差。下面以示例的形式对两类源的设计进行简要介绍。

3.2.2.1 基于雪崩三极管的固态高重频超宽带高功率微波源设计示例

本小节以笔者自己设计的固态高重复频率超宽带（UWB）源为例，该超宽带源主要包括两大部分：一是预脉冲产生电路，二是脉冲成形电路。预脉冲产生电路产生前沿为 1～2ns、脉宽约 10ns 的高压脉冲，通过脉冲成形电路最终形成前沿为几百 ps、脉宽为 1～2ns 的超宽带脉冲，该源脉冲重复频率设计目标为 10kHz。其系统组成框图如图 3-63 所示。

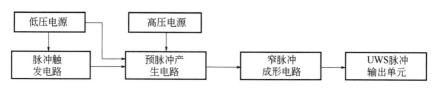

图 3-63　高重复频率全固态超宽带源整体设计框图

系统主要由脉冲触发电路、预脉冲产生电路、窄脉冲成形电路、脉冲输出单元等组成。触发单元的作用是提供预脉冲产生电路的基准频率，控制系统的重复频率；预脉冲产生电路的作用是产生脉冲前沿为 1～2ns、脉冲宽度约 10ns、电压幅值（50Ω负载）大于 1500V 的预脉冲，窄脉冲成形电路的作用是将预脉冲前后沿进一步陡化，同时压缩输出脉冲宽度，脉冲输出单元主要为匹配天线，其作用是将产生的超宽带脉冲辐射出去。

（1）利用雪崩三极管产生预脉冲

雪崩三极管的输出特性包括 4 个区域：截止区、线性区、饱和区和雪崩区。单级雪崩电路主要由雪崩三极管、充电电阻和储能电容组成。雪崩三极管预脉冲电路要求触发信号的脉宽为几十 ns，上升时间为 10ns 左右，用高速 CMOS 电路能够产生这样的脉冲。可以采用多级雪崩三极管组成 Marx 型电路产生预脉冲。

储能元件由电源并联充电，通过负载串联放电的电路叫作 Marx 电路，采用 Marx 电路的优点是可以采用较低的电源电压获得较高幅度的输出脉冲，输出脉冲幅度往往要高于电源电压。图 3-64 所示为一个四级 Marx 电路，静态时，电容 $C_1 \sim C_4$ 上均充上了电，其压降相当于电源电压 E_C。Q_1 的基极加入正的触发脉冲后，Q_1 首先雪崩击穿，A点电位迅速下降，接近 0，由于电容 C_1 两端电压不能突变，B 点电位变成接近于$-E_C$，所以 Q_2 集射极电压 U_{CE} 接近于$-2E_C$。在高电压的作用下，Q_2 也发生雪崩击穿，同样，

Q_3、Q_4 也相继雪崩击穿。这样，电容 $C_1 \sim C_4$ 上的电压串联起来，经过晶体管 $Q_1 \sim Q_4$ 向负载放电。因为雪崩过程非常快，所以在负载上能够得到 ns 级的脉冲。由于电容上的串联电压为 $4E_C$，所以负载上得到的脉冲幅度可以超过电源电压 E_C。

电容 $C_1 \sim C_4$ 的选取主要考虑两个方面，即输出脉冲的幅度和上升沿。要获得幅度高的输出脉冲，则电容要大；要获得上升沿快的输出脉冲，则电容要小。最终的取值通常在实验中确定。电阻 $R_1 \sim R_4$ 的选取，首先要满足重复频率的要求，同时还要兼顾电阻功率损耗。

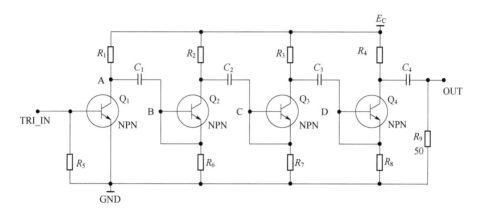

图 3-64　四级 MARX 电路

（2）利用雪崩二极管进行脉冲成形

典型有两种雪崩二极管成形电路：二极管串联成形电路和并联成形电路，如图 3-65 所示。图中，VD_1、VD_2 为雪崩渡越时间二极管。如果不用雪崩二极管，可采用混合脉冲成形电路，如图 3-66 所示。图中，VD_1、VD_2 为超快速的开关二极管，在此起到了雪崩二极管的作用。

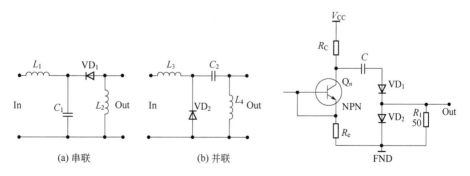

(a) 串联	(b) 并联

图 3-65　雪崩二极管成形电路　　　　　　图 3-66　混合脉冲成形电路

选择市场上常见的耐压能力为 300V 的雪崩三极管,建立四级 Marx 电路产生预脉冲,选择耐压 1kV 的超快速开关二极管,利用混合脉冲成形电路进行脉冲整形,获得的超宽带脉冲如图 3-67 所示,其前沿为 1.2ns,脉冲幅度(峰峰值)约为 1300V,峰值功率达到 30kW,脉冲重复频率稳定运行于 10kHz。

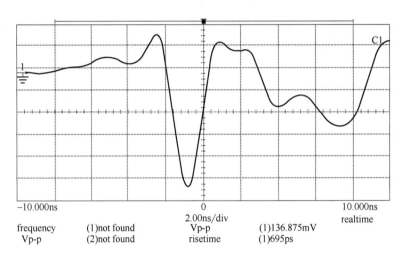

frequency	(1)not found	2.00ns/div	(1)136.875mV
Vp-p	(2)not found	Vp-p	
		risetime	(1)695ps

图 3-67　重复频率为 10kHz 的超宽带脉冲波形

3.2.2.2　基于半导体断路开关的固态高重频超宽带高功率微波源设计示例

如前所述,基于半导体断路开关(SOS)的全固态重复频率脉冲源在高功率、高重复频率、短脉冲产生方面具有突出优势。俄罗斯电物理研究所在半导体断路开关技术研究和系统研制方面一直处于行业领先水平,其中,研制的 S-5N 型高功率脉冲发生器,输出峰值功率达 1.66GW,脉冲宽度为 40~50ns,重复频率为 0.5kHz[27];SM-3NS 型短脉冲发生器,输出脉冲宽度约 5ns,峰值功率为 400MW,重复频率约为 3.5kHz[28]。西北核技术研究院研制的 SPG50 型高重复频率脉冲源输出峰值功率为 30MW,脉冲宽度为 8~10ns,重复频率达 20kHz。为了获得 ns 级短脉冲输出,此类脉冲发生器均采用多级磁脉冲压缩器缩短 SOS 反向泵浦时间。分析可知,由于多级磁脉冲压缩器能量损耗大,系统效率低,能损引起的系统温升限制了重复频率的提高。

2014 年,西北核技术研究院苏建仓等提出了一种磁饱和直线脉冲变压器(LTD)快速泵浦 SOS 的技术路线,该技术路线不同于传统多级磁脉冲压缩器泵浦 SOS 方式,希望能够实现输出功率约 10MW,脉冲宽度小于 5ns,重复频率达百 kHz 的目标。该团队设计并建立了一套基于 SOS 的磁饱和 LTD 型脉冲发生器(脉冲源)实验装置，初步调试结果为：在 50Ω 电阻负载上输出功率约 2.4MW，脉冲宽度约 2ns，重复频率为 20kHz。本小节即以该 SOS 型超宽带脉冲发生器为例，对该类型超高重复频率超宽带高功率微波源的设计进行简要介绍[29]。

（1）脉冲发生器电路系统框图

基于 SOS 的高重复频率短脉冲发生器电路如图 3-68 所示，包括初级充电单元、磁脉冲压缩器单元（包括磁饱和 LTD、泵浦电容）、SOS 和负载。

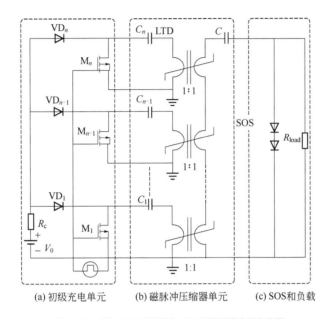

(a) 初级充电单元　　(b) 磁脉冲压缩器单元　　(c) SOS和负载

图 3-68　基于 SOS 的磁饱和 LTD 型脉冲发生器电路图

整个脉冲发生器工作过程可简述为：电源向初级储能电容 $C_1 \sim C_n$ 充电，触发并联开关 $M_1 \sim M_n$，初级储能电容放电通过磁饱和 LTD 向泵浦电容 C 充电，脉冲电流时间为 40～50ns 并正向泵浦 SOS；充电结束时刻，多级 LTD 磁芯同时饱和，泵浦电容 C 反向放电并反向泵浦 SOS，由于 LTD 次级线圈为 1 匝，反向泵浦时间可以控制在 15～20ns 范围内；在正反向泵浦电流作用下，SOS 的截断时间约 1ns，当反向泵浦电流达到最大值时，SOS 快速截断，在负载 R_{load} 上形成高压短脉冲输出。

在电路设计中，为获得较高的电压和较小的饱和电感，可以通过电压叠加原理提升电压；同时，磁饱和后的 LTD 次级相当于一个单匝同轴结构的磁开关，减小了反向饱和电感，缩短了反向泵浦 SOS 时间，达到直接产生短脉冲的目的。初级充电单元采用容值较大的储能电容和射频金属氧化物场效应晶体管（RF MOSFET）配合工作。一方面，利用大电容向小电容失谐充电方式，在小电容上获得更高的电压。

155

在相同电压目标下，减少 LTD 串联级数，降低系统的复杂性。同时，系统结构更加紧凑，进一步减小反向饱和电感，更有利于产生短脉冲输出。另一方面，利用大电容储能充电方式，有利于实现高重复频率脉冲串的稳定输出，降低初级充电电源的设计难度和电网供电压力。

主开关 RF MOSFET 导通时间为几个 ns，通态时间可以控制在 50ns 以内，重复频率达 MHz。因此，选用 RF MOSFET 与大电容配合工作，可以为 SOS 提供重复频率在百 kHz 以上、脉冲宽度小于 50ns 的正向泵浦电流脉冲。SOS 器件典型恢复时间小于 1μs，理论上具有 MHz 重复频率工作能力。采用该技术路线，理论上可以实现 MHz 高重复频率短脉冲输出。

（2）相关参数设计

① SOS 参数设计。根据 SOS 器件相关特性分析，要在负载上获得脉冲前沿约 2ns 的短脉冲，SOS 开关截断时间应小于 2ns，反向泵浦时间为 15～20ns，正向泵浦时间为 40～80ns，泵浦电流密度在百 A/cm² 量级。在匹配电阻负载上 SOS 的电压增益为 1.2～1.5，为获得负载电压 10kV 的指标，泵浦电容上的电压约为 8kV。设计选择截面积为 0.49cm²（0.7cm×0.7cm）的 SOS 模块作为最后一级脉冲整形单元，由 15～25 个 SOS 单片叠加构成，结构如图 3-69 所示，每个 SOS 单片包括 4 个 PN 结和 1 个散热铜片。

图 3-69　SOS 实物

② 磁脉冲压缩器参数设计。磁脉冲压缩器的输入和输出端被初级充电单元的输出参数和半导体断路开关的工作参数所限制。磁脉冲压缩器参数设计满足公式：

$$\tau = \pi\sqrt{LC} \tag{3-3}$$

$$I = U / (\sqrt{LC} + R) \tag{3-4}$$

$$\int U \mathrm{d}t = N\Delta BS \tag{3-5}$$

$$L_{\mathrm{m}} = \mu_0 \mu_{\mathrm{r}} N^2 S / l \tag{3-6}$$

式中，τ 为磁脉冲压缩器等效电路中脉冲电流的半谐振周期；U 为加载到磁饱和 LTD 的原边电压；R 为回路等效电阻；I 为脉冲电流幅值；ΔB 为磁芯磁感应强度变化量；S 为磁芯有效截面积；N 为线圈匝数；L_{m} 为线圈电感；μ_0 为真空磁导率；μ_{r} 为相对磁导率。

磁脉冲压缩器的输入脉冲底宽（正向泵浦时间）为 40～80ns，输出脉冲半宽（反向泵浦时间）为 15～20ns，压缩比为 1.3～2.0。磁脉冲压缩器由 10 级磁饱和 LTD

模块和电容器构成，包括 10 个 Ni-Zn 铁氧体环形磁芯，磁芯尺寸为：外径 d_o=62mm，内径 d_i=40mm，高度 H=5.5 mm，磁芯有效截面积 S=60.5mm²，饱和磁通密度 B_s=0.3T，剩余磁通密度 B_r=0.24T，在 100kHz 工作频率点上相对磁导率 μ_r=2000。

③ 初级充电单元参数设计。为了缩短 SOS 正向泵浦电流时间至 40～80ns，同时满足脉冲发生器的重复频率达到 MHz 量级，选择 IXYS 公司生产的 DE 系列 RF MOSFET 器件（DE475-102N21A），其额定工作电压为 1kV，导通时间为 5ns，重复频率达 35MHz。初级充电单元可以为磁脉冲压缩器提供重复频率在 MHz 以上、电压幅值为 600～700V、脉冲宽度为几十 ns 的初级电流脉冲。为获得更大的初级电流，保证器件安全稳定工作，每个 LTD 模块初级电路采用 4 路（每路由一个电容和一个开关组成）并联形式。表 3-3 给出了 SOS 型重复频率脉冲发生器的设计参数。根据以上参数设计，研制的全固态高重复频率超宽带脉冲发生器如图 3-70 所示。

表 3-3　SOS 型重复频率脉冲发生器设计参数

名目	参数	数量	U/kV	t/ns
Ci	150nF	40	0.7	5000
LTD	铁氧体	10	8.5	40
C	0.56Nf	1	8.5	40

（3）高重复频率超宽带脉冲发生器实验测试

实验测试了脉冲发生器泵浦电流波形和负载电压波形，如图 3-71 所示。其中，电流波形测试选择 CT-B1.0 罗氏线圈，脉冲电流幅值为 1000A，响应时间为 0.7ns，带宽为 500MHz；电压波形测试将 50Ω 阻抗微波电缆直接并联到 SOS 两端，等效成负载电阻，另一端通过衰减器连接至数字示波器。初级储能电容充电约 700V 时，SOS 正向泵浦电流 200A、40ns，反向泵浦电流 420A、16ns，截断时间小于 2ns，在 50Ω 电阻负载上输出电压约 11kV，脉冲宽度约 2ns。实验结果表明，磁饱和 LTD 泵浦 SOS 产生高压短脉冲的技术路线可行，继续增加 LTD 叠加级数，可以进一步提高脉冲发生器的输出功率。

图 3-70　基于 SOS 的高重复频率短脉冲发生器实物

图 3-72（a）给出了 10kV、20kHz 重复频率条件下 4 个脉冲波形，负载电阻为

50Ω 时，输出电压为 8.5～10.5kV，脉冲宽度约 2ns。图 3-72（b）给出了单级 LTD 模块脉冲发生器 1MHz 重复频率条件下 20 个脉冲波形，实验结果验证了该技术路线实现百 kHz 以上高重复频率脉冲可行。

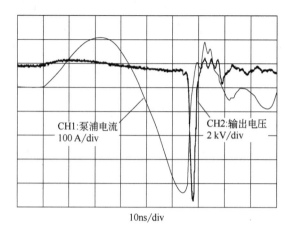

图 3-71 脉冲发生器泵浦电流波形和负载电压波形

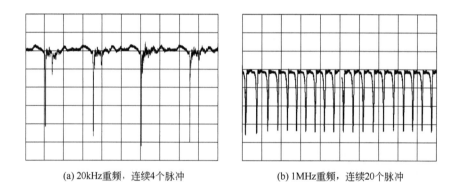

(a) 20kHz重频，连续4个脉冲   (b) 1MHz重频，连续20个脉冲

图 3-72 重复频率脉冲电压波形

3.3 小结

本章分两部分，分别对超高功率超宽带高功率微波产生技术及超高重复频率超宽带高功率微波产生技术进行简要介绍。与窄带高功率微波产生技术相比，两个技术方向研究整体偏薄弱，这主要是由超宽带高功率微波的技术特点决定的。超高功率超宽带高功率微波从大类上讲应当归于脉冲功率技术一类，当应用于产生窄带高功率微波的驱动源不再追求其输出高压具有更宽的脉冲宽度及脉冲平整度时，当改变其他开关结构及压强以获取更快的击穿速度及更高的击穿场强时，这类驱动源事实上已经变成一台超高功率超宽带驱动源。超宽带驱动源输出脉冲

宽度一般只需要几个 ns，因此在同等输出功率条件下，其体积与质量相较于窄带高功率微波驱动源可以小一个量级以上。因此，当前无论是利用传统的 Marx 型驱动源还是 Tesla 型驱动源，超宽带源的输出功率都可以比较容易地达到 10GW 以上，能够达到百 GW 输出的超宽带源的整体体积与质量甚至可以做到与产生 1～3GW 窄带高功率微波的驱动源相当，但局限于开关电场击穿问题、升压效率问题等已经接近物理极限，能否进一步研制出几百 GW 甚至 TW 级超高功率超宽带高功率微波源尚需要进一步观察。在超高重复频率超宽带高功率微波技术方向，在几百 kHz 量级上追求更高的输出功率仍将是一段时期内的研究目标，理想的输出功率可能需要达到百 MW 量级甚至更高，这类源才能真正在武器方面得到有效应用，但从整体来看，在较长的一段时期内，这一综合技术指标还是很难达到的。

参考文献

[1] 宋法伦，张勇，卓婷婷，等. 基于 Marx 发生器的紧凑型宽谱辐射源 [J]. 信息与电子工程，2011，9（6）：725-732.

[2] 石磊，朱郁丰，卢彦雷，等. 紧凑 Tesla 变压器型纳秒脉冲源 [J]. 强激光与粒子束，2014，26（12）：125001.

[3] 刘金亮，樊旭亮，白国强，等. 紧凑型 Marx 发生器高功率微波源研究进展 [J]. 强激光与粒子束，2012，24（4）：757-764.

[4] 张晋琪，杨周炳，孟凡宝，等. 新型宽谱电磁脉冲试验系统 [J]. 强激光与粒子束，2011，23（7）：1969-1973.

[5] 谢平，廖勇，杨周炳，等. 超宽带高功率同轴旋转关节 [J]. 强激光与粒子束，2011，23（11）：3095-3098.

[6] 王翔宇，樊亚军，乔汉青，等. 全同轴型 Marx 发生器的研制与场路协同仿真 [J]. 强激光与粒子束，2019，31（11）：115001.

[7] 熊平戳. 紧凑型高压纳秒脉冲电源的设计 [D]. 成都：电子科技大学，2011.

[8] 张自成. 紧凑重频 Tesla 变压器型吉瓦脉冲发生器 [D]. 长沙：国防科技大学，2008.

[9] 樊亚军. 高功率亚纳秒电磁脉冲产生 [D]. 西安：西安交通大学，2004.

[10] 石磊，樊亚军，周金山，等. 2×5GW 级双路输出脉冲驱动源 Tesla 变压器研制 [J]. 强激光与粒子束，2013，4（1）：24-28.

[11] 石磊，樊亚军，朱四桃，等. 高压氮气亚纳秒开关放电特性实验研究 [J]. 强激光与粒子束，2005，17（7）：1079-1082.

[12] 樊亚军，石磊，刘国治，等. Chopping-peaking 开关形成高功率超宽带双极脉冲的实验研究 [J]. 强激光与粒子束，2004，16（4）：501-504.

[13] 樊亚军，石磊. 带并联短路支节的超宽谱双极脉冲转换器研究 [J]. 高电压技术，2004，30（10）：52-53.

[14] 廖勇，马弘舸，杨周炳，等. 超宽带天线中同轴到平板过渡研究 [J]. 强激光与粒子束，2005，17（5）：741-745.

159

[15] 易超龙，樊亚军，石磊，等. 高功率超宽带馈源设计与实验 [J]. 强激光与粒子束，2016，28（3）：033001.

[16] 易超龙，朱四桃，樊亚军，等. 超宽带匹配馈电结构的设计与实验 [J]. 强激光与粒子束，2014，26（1）：013003.

[17] 胡琴. 高功率 Vivaldi 天线研究 [D]. 成都：电子科技大学，2013.

[18] 易超龙，樊亚军，袁雪林，等. 基于传输线变压器的超宽谱脉冲功率合成 [J]. 现代应用物理，2014，5（1）：32-35.

[19] 易超龙，樊亚军，袁雪林，等. 一种新型超宽带喇叭阵列天线 [J]. 太赫兹科学与电子信息学报，2016，14（3）：409-412.

[20] 毕岚，薛谦忠，席宝坤. 用于瞬态高功率脉冲辐射的超宽带天线设计 [J]. 强激光与粒子束，2018，30（8）：083007.

[21] 石磊，朱郁丰，卢彦雷，等. 基于脉冲形成线充电的脉冲压缩技术 [J]. 强激光与粒子束，2015，27（6）：065003.

[22] 张兴家，卢彦雷，樊亚军，等. 一种三传输线型亚纳秒脉冲压缩装置 [J]. 强激光与粒子束，2017，29（11）：115002.

[23] 朱四桃，王俊杰，关锦清，等. 小型超宽谱高功率微波辐射系统设计与实验 [J]. 现代应用物理，2013，4（1）：61-64.

[24] 刘胜，樊亚军，石磊，等. 高压氢气亚纳秒开关击穿特性 [J]. 强激光与粒子束，2011，23（5）：1417-1420.

[25] 梁勤金. 固态高功率高重频脉冲源的研究与发展 [J]. 电讯技术，2019，59（10）：1227-1236.

[26] 丁臻捷，浩庆松，苏建仓，等. 基于半导体断路开关的 8MW，10kHz 脉冲发生器 [J]. 强激光与粒子束，2009，21（10）：1575-1578.

[27] 苏建仓，丁臻捷，丁永忠，等. S-5N 全固态重复频率脉冲发生器 [J]. 强激光与粒子束，2004，16（10）：1337-1340.

[28] 孟凡宝. 高功率超宽带电磁脉冲技术 [M]. 北京：国防工业出版社，2011.

[29] 王刚，苏建仓，丁臻捷，等. 基于 SOS 和 LTD 技术的高重复频率脉冲发生器 [J]. 强激光与粒子束，2014，26（4）：045011.

第**4**章

高功率微波脉冲压缩技术

与窄带高功率微波产生技术及超宽带高功率微波产生技术相比，利用脉冲压缩方法产生高功率微波更是一个非常小的技术门类，且不说国外的发展研究现状，单就国内研究现状而言，近 20 年来，专业进行高功率微波脉冲压缩技术研究的科研人员屈指可数，尤其是近 10 年来，国内外几乎没有关于高功率微波脉冲压缩技术研究的学术论文发表，利用脉冲压缩技术获取高功率微波取得的最高功率仍然停留在 2011 年西北核技术研究院（即笔者所在的研究团队）在《物理学报》上报道的 400MW 功率水平，甚至可以说，高功率微波脉冲压缩技术在高功率微波技术领域是一门已经"消亡"的技术。从一般意义上讲，将高功率微波脉冲压缩技术作为窄带高功率微波产生技术的一节内容进行介绍好像已经显得多余，单独将其列为一章内容似乎与该项技术在高功率微波技术领域的地位相差悬殊，但请各位读者先放下心中成见，耐心读完这一章内容，也许会有新的认识。因为笔者提出的基于脉冲路径编码获取高功率微波的新方法也许会开创一类新的 GW 级高功率微波获取路径，利用该方法同时可以产生具有中心载频的超高重频超宽带脉冲，这类微波脉冲的功率可达到 MW 量级、脉冲重复频率达到 MHz 量级、频带宽度达到 GHz 量级，中心载频可在 L～Ku 频段内变化的高功率微波脉冲将在本章节中首次进行报道。

4.1 高功率微波脉冲压缩技术基本原理及发展概况

如前所述，相较于脉冲能量来说，高功率微波更注重脉冲功率。就单个脉冲能量来看，传统的电真空器件，典型的如速调管，在输出功率为几十 MW 的条件下，脉冲宽度可达到 10μs 以上，单脉冲能量可达几百焦耳，而典型的窄带高功率微波源单脉冲输出功率为 3～5GW，脉冲宽度为 20ns，单脉冲能量在 100J 以下。能否以牺牲一定的脉冲能量为代价，将常规电真空器件输出的宽脉冲压缩成窄脉冲，换取脉冲功率的大幅度提高是高功率微波脉冲压缩技术提出的初衷。如果可行，相较于传统基于相对论器件获取高功率微波的方法，脉冲压缩技术在获得高峰值功率的同时还可以带来脉冲重复频率的提升，达到 kHz 量级甚至更高，这样高功率微波脉冲连续输出的运行时间由分钟量级可提高至几十分钟甚至小时量级。传统上，通常有三类获取高功率微波的脉冲压缩方法，下面就相关技术原理及发展现状进行简要叙述。

4.1.1 脉冲压缩技术基本原理

高功率微波脉冲压缩技术是脉冲压缩技术的一类，其中最突出的特点是它在较高功率水平上进行，其目的是获得更高的功率水平，与脉冲功率技术中的高功率短脉冲形成原理类似。其基本原理是：在总能量基本不变的情况下，对微波脉冲进行处理，使其脉宽变窄，从而达到提高输出脉冲功率的目的。

如图 4-1 所示，以开关储能切换脉冲压缩方法为例，脉冲压缩事实上是一个储能与泄能的过程。开关储能切换脉冲压缩系统主要由激励源、储能腔、连接线路、切换开关和负载组成，其中储能腔、连接线路和切换开关构成脉冲压缩系统的主体部分。开关储能切换脉冲压缩的过程如下：首先由激励源向储能腔注入能量，在储能达到一定程度后切换开关关闭，然后向负载泄能，如果泄能时间小于储能时间且系统匹配无耗，则由能量守恒定律可知，负载得到的功率必定大于输入的功率，即原激励源输出的微波脉冲在经过脉冲压缩系统处理后，峰值功率得到增加。

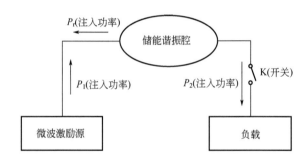

图 4-1 开关储能切换脉冲压缩原理示意图

如图 4-2 所示，源输出的总能量为

$$W = p_1 \tau_1 \approx p_2 \tau_2 \tag{4-1}$$

式中，p_1 为激励源输出的峰值功率；p_2 为经脉冲压缩装置处理后的输出脉冲峰值功率；τ_1 为输入脉冲脉宽（即储能时间）；τ_2 为输出脉冲脉宽（即泄能时间）。

$$p_2 \approx p_1 \frac{\tau_1}{\tau_2} \tag{4-2}$$

　　显然，经过脉冲压缩系统后，输出脉冲的脉宽变窄，由此在总能量基本不变的情况下，输出脉冲功率得到明显提高。高功率微波脉冲压缩技术主要分为三类，即开关储能切换型（SES）、双脉冲压缩型（BPM）和斯坦福能量增长型（SLED），下面将逐一介绍它们的基本原理[1-10]。

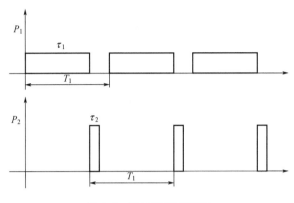

图 4-2　脉冲压缩原理示意图

（1）斯坦福能量增长型（SLED）微波脉冲压缩系统的基本原理

　　SLED（SLAC Energy Development）微波脉冲压缩系统是斯坦福直线加速器中心为了改善加速器的微波驱动源而研制的。该微波脉冲压缩系统的基本组成如图 4-3 所示。

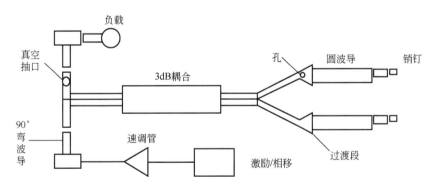

图 4-3　斯坦福能量增长型微波脉冲压缩系统示意图

　　斯坦福能量增长型微波脉冲压缩系统主要由速调管激励源、3dB 耦合器、圆波导延迟线或谐振腔组成，其中延迟线的长度为半波长的整数倍。设输出的脉宽是 t_1，微波在延迟线中传播一个回程所需的时间是 t_L，调整 t_1 为 t_L 的整数倍，则在脉冲持续的大部分时间内，谐振延迟线进行储能，当 $t = t_1 - t_L$ 时，输入脉冲相移 180°，这时速调管输出的能量与由谐振腔反射的能量叠加，经 3dB 定向耦合器传向负载。斯坦福能量增长型微波脉冲压缩系统的突出特点是相位控制输出，系统的功率增益计算如下[8]：

$$G = \left[\frac{1-\beta}{1+\beta} + \frac{2\beta}{1+\beta}(2-e^{-u})\frac{e^{-v}-e^{-\alpha}}{\alpha-v} \times \frac{\alpha}{1-e^{-\alpha}}\right]^2 \quad (4-3)$$

这里有：$u = \dfrac{(R-1)(1+\beta)}{x}$, $v = \dfrac{1+\beta}{x}$, $x = \dfrac{Q_0}{\pi f T_f}$

式中，$\beta = \dfrac{Q_0}{Q_e}$ 为谐振腔耦合系数；α 为系统的电压衰减常数；T_f 为系统的放能时间；f 为射频频率；Q_0 为谐振腔固有的品质因数；Q_e 为外界品质因数；R 为速调管输出脉冲宽度与微波向谐振延迟线注入时间的比值。

这里只是给出能量增长型微波脉冲压缩系统的原理介绍，想要查询更加详细的理论介绍请参考文献[7, 8]，这里不再进行详述。

（2）功率二进倍增法脉冲压缩系统（Binary Pulse Compression）的基本原理

功率二进倍增法脉冲压缩技术也是在美国斯坦福直线加速器中心研发的。从技术原理上讲，BPC 系统的压缩效率可达 100%，其增益为 2^n，其中 n 为 BPC 系统的节数。一节典型的 BPM 系统包括一个魔 T 带一段延迟线，延迟线的延迟时间为其输入脉宽的一半，下面以一节 BPM 为例详细介绍功率二进倍增法脉冲压缩技术的脉冲压缩过程。

如图 4-4 所示，输入信号经速调管放大后，其脉宽为 2 个单位，幅度设为 A，则经功分器后，信号脉宽不变，幅度变为原来的1/2。第一路信号直通，第二路信号经过一个双向调相器使前一半脉冲的相位不变，后一半脉冲的相位倒置 180°。这样对于第二路信号而言，前一半脉冲相位相同，在魔 T 的和端口输出，后一半信号的相位相反，在魔 T 的差端口输出。从图 4-4 中可以看到，和端口输出的脉冲超前差端口输出的脉冲约半个脉宽的时间，经延迟后和差端口输出的两脉冲时间同步，可实现脉冲功率提升。图 4-4 中所示为直接相加输出，显然此时输出脉冲与原脉冲相比，脉宽减半，功率加倍。为进一步提高脉冲压缩的增益，可采用多节 BPM 级联的方式进行脉冲压缩。

（3）开关储能切换型（SES）微波脉冲压缩系统的基本原理

图 4-5 给出了开关储能切换型（SES）微波脉冲压缩系统的工作过程示意图。谐振腔总长度为 $\lambda_g/2$（λ_g 为输入微波的导波波长）的整数倍，其 H-T 分支是脉冲压缩后高功率微波的输出端口，其中心线与储能谐振腔右端短路面的距离也为 $\lambda_g/2$ 的整数倍，在 H-T 分支右边距离中心线 $\lambda_g/4$ 的整数倍处为高效储能切换开关。

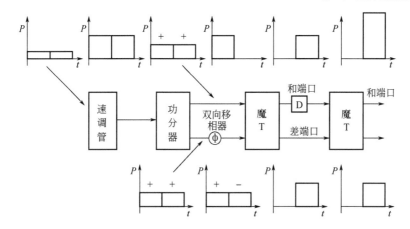

图4-4　功率二进倍增法脉冲压缩系统（BPC）原理示意图

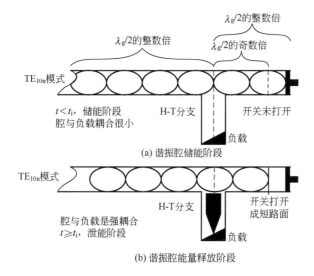

图4-5　开关储能切换型（SES）微波脉冲压缩系统工作过程示意图

　　在能量存储阶段，大功率长脉冲微波输入到高 Q 值的谐振腔中，使腔中的场强逐渐增大，把输入微波脉冲的能量存储在谐振腔内。由于 H-T 端口的中心线距谐振腔右端短路面的距离为 $\lambda_g / 2$ 的整数倍，其中心线为谐振腔的波节点，可认为谐振腔和 H-T 分支端面负载的耦合系数接近于零，谐振腔内的微波能量不会通过 H-T 端口泄漏出去。

　　当谐振腔中的能量储存到一定程度时，储能切换开关导通，此时开关面处取代谐振腔右端短路面而形成新的短路面，此时 H-T 中心线成为谐振腔的波腹点，谐振腔与 H-T 分支端面负载处于强耦合状态，储存的微波储能量可通过 H-T 端口快速（约

165

ns 量级）释放到 H-T 分支负载中，从而形成了短脉冲高功率的微波输出。若输入的微波脉冲宽度为 τ_i，功率为 p_i，经脉冲压缩后输出的微波脉冲宽度为 τ_o，功率为 P_o，则 SES 微波脉冲压缩系统的功率增益 M、脉冲压缩宽度比 C，以及脉冲压缩总效率 η_c 之间存在以下关系：

$$M = \frac{P_o}{P_i}, \qquad C = \frac{\tau_o}{\tau_i}, \qquad \eta_c = \frac{M}{C} \qquad (4\text{-}4)$$

4.1.2 发展概况

在脉冲压缩系统的三种形式中，开关储能切换型微波脉冲压缩技术（SES）得以广泛研究，它最早是由 Schwarzk 提出来的。1962 年，他提出在室温下微波脉冲通过开关及谐振腔后，利用气体击穿可以实现功率增强，随后在 1965 年，Mclcher 等相继用火花放电的方法做了类似的实验。

开关储能切换型微波脉冲压缩的关键技术包括储能谐振腔技术和开关技术，美、英和苏联等国家曾经研究过多种类型的储能谐振腔和开关技术。从 20 世纪 70 年代到 20 世纪 80 年代前期，是脉冲压缩技术在探索中前进的时期，在这一时期，美、苏、日、德等国都开展了相关的理论或实验研究工作，1972 年苏联利用 S 波段矩形波导腔作为储能腔，在输入功率为 12W 时获得了 110W 的微波输出，其开展该项研究的目的是获得脉宽为几 ns 的微波窄脉冲；1978 年日本的 KEK 提出了利用超导腔进行脉冲压缩技术研究的建议；德国的研究人员则试图利用脉冲压缩产生的高功率微波来泵浦氮分子激光。

1977—1981 年，美国加州理工学院、加州大学圣巴巴拉分校和劳伦斯利弗莫尔实验室等开展了一系列利用超导腔[11-14]和常温圆柱腔[15]实现脉冲压缩的理论和实验研究工作，同时也开展了多种类型的开关技术研究[16-18]。美国在这一时期研究工作的重点是基础技术研究，对涉及脉冲压缩技术的主要环节都进行了研究，但研究方向各有侧重，利用超导腔作为储能腔获得的功率增益虽然能达到 104 倍，但输出的功率只有 1.5kW[11]。对于开关技术的研究，主要涉及真空电弧开关[19]、等离子体开关[16]和电子束开关[17]等。这一时期研究工作的特点是研究的目的各不相同，实现脉冲压缩的技术途径也有多种形式，但总的技术水平有限。使用超导腔作为储能腔，功率增益高但功率水平低，使用常温腔作为储能腔的，输出功率水平虽然达到 160MW，但功率增益不算高，只达到 23 倍[15]。

进入 20 世纪 80 年代后，脉冲压缩技术的研究方向集中到产生高功率微波脉冲方面，使用矩形波导腔作为储能谐振腔[20-24]，研究目的很明确，即利用脉冲压缩技术产生窄脉冲高功率微波，为高功率微波大气击穿的研究服务，同时探索产生高功率微波新的技术途径。综合指标最好的工作是由苏联、美国和英国先后完成的，输出微波脉冲的峰值功率达到 70～200MW 量级，最大的功率增益达到 60～70 倍，其能量利用效率接近 30%。

20 世纪 90 年代以后，国外有关 SES 型脉冲压缩技术的研究并没有突破性的进展，而 SES 型脉冲压缩技术研究的火炬传递到中国科研工作者的手中。在国家 863 相关计划的支持下，西北核技术研究院从 1994 年开始，在国内率先对 SES 型高功率微波脉冲压缩技术进行了探索，随后中国工程物理研究院以及清华大学等单位也依次加入相关技术的研究中。2001 年，西北核技术研究院宁辉研究员带领的技术团队首先在国内取得了突破性进展，他们建立了一套储能切换法实现微波脉冲压缩的实验装置，如图 4-6 所示。在输入脉冲功率为 2.7MW、脉冲宽度为 1.6μs 的情况下获得了近 40 倍的功率增益，输出微波脉冲功率为 106MW，脉冲宽度为 13～14ns。

图 4-6　S 波段 10ns 级脉冲压缩系统实验照片

2006 年，中国科学院电子学研究所阮存军、郑治泰详细报道了他们在 S 波段进行脉冲压缩技术研究的成果，建立的实验系统框图如图 4-7 所示。

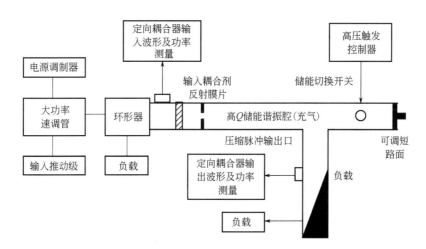

图 4-7　一种 SES 型脉冲压缩实验系统原理框图

该 SES 型脉冲压缩实验系统采用自击穿储能切换开关方案，在谐振腔 Q 值为 10000，耦合系数为 1.05 时，通过输入峰值功率 5MW、脉冲宽度 5μs 的大功率微波脉冲，经脉冲压缩后可获得峰值功率 200MW、脉冲宽度 15.6ns 的高功率微波脉冲，其理论功率增益为 50，实验功率增益为 40，脉冲压缩能量利用效率为 12.5%。该系统的详细设计参数如表 4-1 所示。

表 4-1 一种 S 波段 SES 型脉冲压缩系统设计参数

指标名称	参数值	指标名称	参数值
微波频率/MHz	2856	谐振腔充气气压/atm❶	5
谐振腔类型	BJ32 波导	开关处最大电压/V	$6.1×10^5$
谐振腔长度/m	1.597	谐振腔最大储能效率/%	42
输入脉冲宽度/μs	5	理论功率增益	50
输入脉冲功率/MW	5	实验功率增益（估计）	40
输入耦合系数	1.05	输出脉冲功率/MW	200
谐振腔 Q 值（估计）	10000	输出脉冲宽度/ns	15.6
储能切换开关	自击穿	脉冲压缩总效率/%	12.5

以上报道的两类 SES 型脉冲压缩系统均是基于矩形谐振腔主体结构的。2011年，笔者带领的研究团队在《物理学报》上发表了有关以圆柱形谐振腔为主体结构的 SES 型脉冲压缩系统实验结果，建立了 X 波段及 S 波段 10ns 级 SES 型脉冲压缩实验装置系统。其中，X 波段脉冲压缩系统如图 4-8 所示，包括输入/输出耦合结构、谐振腔、自击穿开关等。在 X 波段的验证性实验中，微波工作频率为 9.3GHz，系统输入功率为 450kW、脉冲宽度为 1μs 的微波脉冲，获得输出脉冲功率为 5～7MW、脉冲宽度为 10ns 的微波脉冲，功率增益 10～16 倍，能量利用效率大于 10%；在 S 波段的验证性实验中，最高获得了 400MW 的功率输出，脉冲宽度为 10ns，功率增益约 40 倍。该项技术指标迄今为止仍然是国际上能够公开见到的最高输出功率指标。

图 4-8 X 波段基于圆柱形谐振腔的 SES 型脉冲压缩系统

能量增长型（SLED）微波脉冲压缩系统是美国斯坦福直线加速器中心为了提高加速器脉冲峰值功率而研制的一套脉冲压缩系统，1982 年 SLED 脉冲压缩系统在斯

---

❶ 1atm=10^5Pa。

坦福直线加速器中心（SLAC）启用，其功率增益为 2.6，输出功率为 120MW；后来采用谐振延长线代替了系统中的谐振腔，于 1992 年建立了改进型的 SLED 脉冲压缩系统，成功地在 16MW 的功率水平上平稳运行。该系统利用了直径为 7.14cm 的圆波导延迟线，其输入脉宽为 900ns，输出脉宽为 75ns，功率增益为 5。功率二进倍增法脉冲压缩（BPC）系统也是在 SLAC 研究并发展的，它由 Z. D. Farkas 最先提出设计原理，于 1990 年首先在 SLAC 建成一个三节的 BPC 系统，1991 年成功得到 120MW 的输出功率，其功率增益为 5.2～5.8。

SLED 脉冲压缩系统的主要优点是输出脉冲稳定性好，重复性好，相位关系明确，幅度变化小，技术相对成熟。其主要缺点是系统理论最大增益受限（$G_{max} = 9$），实际输出功率较低，体积较为庞大（谐振延迟线可达上百米），制造困难，费用很高。

功率二进倍增法脉冲压缩（BPC）系统的突出特点是相位编码，其主要优点是输出脉冲相位移动性小，脉冲幅度较为稳定，对脉冲抑制性好，理论上功率增益不受限制，处理后的脉冲重复性好，稳定性强。但是它的缺点也是很突出的，实际功率增益与理论功率增益相差较大，输出脉冲功率较低，多级制造十分困难且系统复杂度高。

需要强调的是，无论是 SLED 型脉冲压缩技术还是 BPC 型脉冲压缩技术，最终均局限于对加速器微波源系统的改进，并没有最终在高功率微波技术领域得到发展并应用，这主要是由它们各自的特点决定的，因此本章后续部分也不再对这两类技术进行进一步介绍。

4.2　开关储能切换型高功率微波脉冲压缩技术

开关储能切换型（SES）高功率微波脉冲压缩技术是真正步入高功率微波技术领域的一类特殊的高功率微波产生技术，该技术利用前级 MW～几十 MW 速调管微波源产生的 μs～几十 μs 脉冲宽度的大功率微波，压缩后产生 10～100ns 级几百 MW 的高功率微波，其最终目标是能够产生与相对论器件相当的 GW 级高功率微波。由于基于电真空器件的速调管微波源可以长时间（小时量级）高重复频率（kHz 量级）地工作，理论上讲，利用该脉冲压缩技术获取的高功率微波与利用相对论器件获取的高功率微波相比，同样具备长时间和高重复频率工作这两个方面的优势。

一套典型的 SES 脉冲压缩系统的组成如图 4-9 所示，包括输入耦合结构、谐振腔、切换开关、输出耦合结构、负载等。微波能量由初级大功率微波源提供，经输入耦合膜片进入谐振腔进行能量存储，谐振腔内场强随能量增加而不断提高，当场强达到开关击穿阈值时，开关发生击穿，谐振腔失谐，能量由输出耦合膜片释放出来。因此，根据脉冲压缩系统的组成结构，脉冲压缩技术又可以分为谐振腔技术、输入输出耦合技术以及开关技术等。

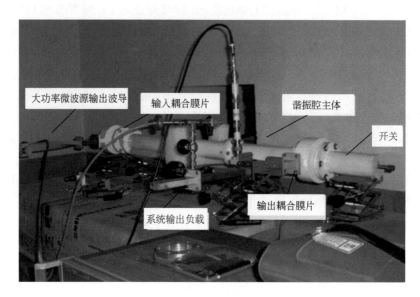

图 4-9 典型 SES 脉冲压缩系统实物

4.2.1 谐振腔技术

如前所述，开关储能切换型脉冲压缩系统利用谐振腔在一个相对较长的时间内存储能量，然后在一个极短时间内快速提取，其最大可能实现的功率增益等于注入时间与提取时间之比。在能量注入阶段，一部分能量将用于谐振腔壁的热损耗，另一部分能量则由于谐振腔输入口的反射而损失。接下来简要讨论一下谐振腔的储能、损耗、反射与谐振腔的固有品质因数、时间及外界耦合系数的关系。

（1）谐振腔理论基础

首先做以下假设，设微波源的输出功率 P_0 及其工作频率 f_0 是恒定的，谐振腔的固有品质因数 Q_0 及其与外界的耦合系数 β 也是恒定的。

根据 Slater 的理论，谐振腔的储能函数如下 [9]：

$$W(t) = \gamma W^*(1 - \mathrm{e}^{-\alpha t})^2 \tag{4-5}$$

这里，$W(t)$ 为在 t 时刻谐振腔中存储的能量为

$$
\begin{aligned}
&W^* = P_0\tau_0, \qquad \gamma = 4\beta(1+\beta)^{-2}, \qquad \alpha = (1+\beta)/(2\tau_0) \\
&k = (1+\beta)/2, \qquad \tau_0 = Q_0/(2\pi f_0) = Q_0/\omega, \qquad \beta = Q_0/Q_e
\end{aligned}
\tag{4-6}
$$

β 的实际意义是谐振腔与源或与负载之间的耦合系数，它反映了在稳态时谐振

腔注入功率的传输与反射情况，可通过检测端口驻波系数等求得[11,25]，Q_e 为外界品质因数，它表示加上源或负载后谐振腔的反射情况，也部分反映了谐振腔系统储能与损耗的关系，其值大小取决于耦合孔的形状及场分布结构。

谐振腔的固有品质因数 Q_0，描述了由于谐振腔壁的阻抗而产生的热损耗。有载品质因数 Q_L 为

$$Q_L^{-1} = Q_0^{-1} + Q_e^{-1} \tag{4-7}$$

假如谐振腔存在多路耦合，则 Q_L 的表示如下：

$$Q_L^{-1} = Q_0^{-1} + Q_{e1}^{-1} + Q_{e2}^{-1} + \cdots + Q_{en}^{-1} \tag{4-8}$$

对于单一耦合情况，Q_L 可表示为

$$Q_L = Q_0(1+\beta)^{-1} \tag{4-9}$$

外加激励源关断后，Q_L 将决定储能的衰减情况，假如 P_0 在 t_c 时刻突然为零，则储能衰减满足：

$$W(t') = W(t_c)\exp(-t'/\tau) \tag{4-10}$$

这里有

$$t' = t - t_c(t>t_c), \quad \tau = Q_L/\omega \tag{4-11}$$

在谐振腔能量注入阶段，反射主要由两部分组成：一部分是从耦合孔的直接反射，另一部分是谐振腔储能通过耦合孔的二次辐射。在稳态时，如果 $\beta=1$，则二者恰好抵消，反射为 0，即 $Q_e = Q_0$；如果 $\beta \neq 1$，则二者不能完全抵消，即无论过耦合（$\beta>1$）还是欠耦合（$\beta<1$）都会有纯反射产生，但二者的具体产生过程是不同的。

在 t_c 时刻 $p_0 = 0$，则谐振腔的储能衰减主要是由能量的二次辐射及欧姆热损耗引起的，故 Q_L 将最终决定能量的衰减率，如式（4-10）、式（4-11）所示，另外，Q_L 也最终决定谐振腔的选频特性：

$$\omega_a / \nabla\omega = Q_L \tag{4-12}$$

式中，ω_a 是谐振腔的谐振频率；$\nabla\omega$ 是半功率点带宽；在极弱耦合（$\beta \to 0$）的情况下，Q_L 接近于 Q_0。

（2）谐振腔注入时间段的储能、反射及损耗

采用归一化形式表示谐振腔的各个参量十分方便。这里定义两个归一化量：归一化时间和归一化能量。归一化时间如下：

$$x = t/\tau_0 \tag{4-13}$$

归一化能量如下：

$$W^* = P_0\tau_0 \tag{4-14}$$

式（4-13）和式（4-14）将用来对微波能量进行归一化，而微波功率用输入 P_0 进行归一化。

① 谐振腔储能。

采用时间的归一化形式后，则储能公式将变成以下形式：

$$W(t) = \gamma W^* (1 - e^{-kx})^2 \tag{4-15}$$

再进行能量归一化后，则可得到

$$Y(x) = \frac{W(t)}{W^*} = \gamma(1 - e^{-kx})^2 \tag{4-16}$$

对于连续波场源，在稳态（ $x \to \infty$ ）时，谐振腔的储能接近于常数 $\gamma P_0\tau_0$ 。当 $\beta = 1$ 时，它有最大值 $P_0\tau_0$ 。在这里能量的存储效率是非常重要的，如果我们假设激励源入射的脉冲长度是有限的，则由以下讨论可知，此时采用 $\beta > 1$ 是十分有利的。

② 谐振腔内壁的能量损耗。

谐振腔内壁的瞬时能量损耗与谐振腔的瞬时储能是成正比的，它也定义了谐振腔的固有品质因数，由品质因数 Q_0 的定义不难得到谐振腔壁的瞬时功率损耗，如下所示：

$$P_1 = \frac{W(t)\omega}{Q_0} = \frac{W(t)}{\tau_0} \tag{4-17}$$

或者用功率归一化形式：

$$D = \frac{P_1}{P_0} = \frac{W(t)}{W^*} = Y(x) \tag{4-18}$$

③ 谐振腔储能增长率。

对储能函数进行求导，则较容易得到谐振腔储能增长率：

$$\frac{\mathrm{d}W}{\mathrm{d}t} = 2W^*\alpha\gamma e^{-\alpha t}(1 - e^{-\alpha t}) \tag{4-19}$$
$$= (W/\tau_0)(1+\beta)e^{-\alpha t}(1 - e^{-\alpha t})^{-1}$$

用 P_0 进行归一化，并用方程（4-16）右边表达式代替 W/W^* ，可以得到

$$R_W = \frac{\mathrm{d}W}{\mathrm{d}t}\bigg/ P_0 = \gamma(1+\beta)e^{-\alpha t}(1 - e^{-\alpha t}) \tag{4-20}$$
$$= \gamma(1+\beta)e^{-kx}(1 - e^{-kx})$$

可以注意到此时有一最大值，也即归一化时刻：

$$X_\omega = \ln 4/(1+\beta) \tag{4-21}$$

此时，谐振腔的储能增长率最快，对于临界耦合 $\beta = 1$，这个最大值是在 $t = 0.69\tau_0$ 时刻。

④ 馈入谐振腔内的功率。

馈入谐振腔内的纯功率是储能增长率与谐振腔内壁损耗功率之和，用 ϕ_i 表示：

$$\phi_i = \frac{dW}{dt} + P_1 = P_0\gamma(1 - e^{-\alpha t})(1 + \beta e^{-\alpha t}) \tag{4-22}$$

或者采用归一化形式表示如下：

$$P_i = \phi_i / P_0 = \gamma(1 - e^{-\alpha t})(1 + \beta e^{-\alpha t}) \tag{4-23}$$

对于过耦合（即 $\beta > 1$），则在有限的时间内，耦合进谐振腔的功率将会达到最大值 P_0，此时有

$$P_i = 1, \quad x_p = 2(1 + \beta)^{-1}\ln[2\beta / (\beta - 1)] \tag{4-24}$$

⑤ 反射功率。

反射功率的形式较为简单，用 ϕ_R 表示：$\phi_R = P_0 - \phi_i$。或者采用归一化的形式表示：

$$P_R = \phi_R / P_0 = 1 - P_i \tag{4-25}$$

在 $t = 0$ 时刻，无论何种耦合 P_R 均等于 1。对于 $\beta = 1$，当 $x \to \infty$ 时，存在 $P_R \to 0$；如果 $\beta \neq 1$，则反射最终达到一个有限值。对于 $\beta > 1$ 的情况，则存在 x_R 时刻，$P_i = 1$，$P_R = 0$。

⑥ 储能增长率与内壁损耗功率之比。

在 $t = 0$ 时刻，谐振腔内壁上没有功率损耗，在 $t \to \infty$ 时，能量增长率接近于 0，注入谐振腔内的功率将全部转化为内壁热损耗。如果用 $R_R(x)$ 表示储能增长率与内壁热损耗之比，则存在以下关系：

$$R_R = \frac{dW}{dt} \bigg/ P_1 = \frac{(1 + \beta)e^{-kx}}{1 - e^{-kx}} \tag{4-26}$$

在 $X_R = k^{-1}\ln(\beta + 2)$ 时，$R_R = 1$（对于 $\beta = 1$，$X_R = 1.1$）。

⑦ 谐振腔内壁的总体能量损耗。

对于超导谐振腔，研究谐振腔内壁能量损耗是极有意义的，因为它将决定液氦的挥发快慢，采用归一化的积分形式表示为

$$\begin{aligned}
E_D &= \int_0^1 \left(\frac{P_1}{W^*}\right) dt \\
&= \frac{4\beta}{(1 + \beta)^3}[(1 + \beta)x - e^{-2kx} + 4e^{-kx} - 3]
\end{aligned} \tag{4-27}$$

⑧ 流进谐振腔内的总能量。

采用归一化形式，则流入谐振腔内的总能量为

$$E_i = Y + E_D \tag{4-28}$$

研究这个参数，对于选择超导谐振腔制冷参数是十分有益的，对于开关未动作的情况，这个能量将有可能全部转化为内壁热损耗。

⑨ 总的反射能量。

在源和谐振腔之间，应当加耦合隔离器，以免反射能量对微波源造成损害。由上述讨论可知，在 $t=0$ 时刻，反射功率总是等于 P_0，反射能量可以采用以下归一化形式表示：

$$E_R = \frac{P_0 t}{W^*} - E_i = x - E_i \qquad (4\text{-}29)$$

⑩ 能量注入阶段各个参量图示。

对于不同的耦合系数，以下讨论各个参量与时间的关系。如果已知谐振腔的固有品质因数 Q_0、微波脉冲功率 P_0 及微波角频率 ω，则各个参量的瞬态值均能从曲线上得到。图 4-10 所示为 Y、E_D、E_i、E_R 作为归一化时间 X 及耦合系数 β 的函数关系曲线，耦合系数 β 的范围从 0.1 到 10。这 4 个量都是能量归一化形式，其中 Y

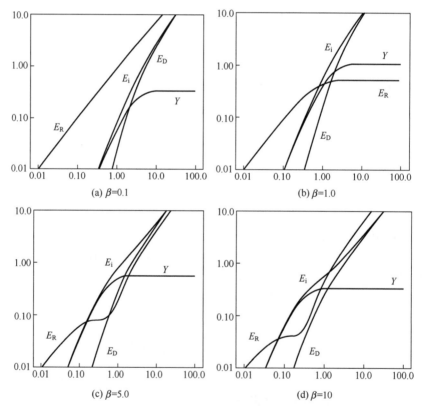

图4-10 Y、E_D、E_i、E_R作为归一化时间 X 及耦合系数 β 的函数关系曲线

代表腔体储能，E_D 是谐振腔壁热损耗，E_i 是耦合进谐振腔的总能量，E_R 代表总能量反射。图 4-11 所示为 P_i、R_ω、D、P_R 作为归一化时间 X 及耦合系数 β 的函数关系曲线。这 4 个量也都是能量归一化形式，P_i 是耦合进谐振腔内的净功率，R_ω 是储能增长率，D 是谐振腔内壁热损耗功率，P_R 是耦合端口的反射功率。由图 4-10、图 4-11 可以看出，对于一个给定的耦合系数，总有一个时刻 X，在此时刻以后谐振腔的内壁热损耗功率将大于其储能增长率。进一步分析表明，可以通过增大耦合系数来达到在有限时间内增大储能的目的，尤其是当微波脉冲宽度有限时更为有利，不过谐振腔总的储能能力将有可能下降；如果 X 很大（即输入脉宽很宽或连续波），则在临界耦合时，谐振腔能够达到最大储能值。

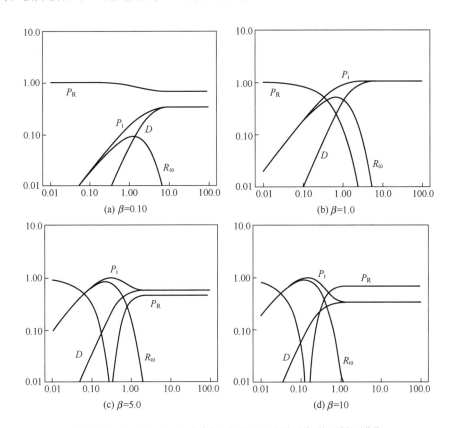

图 4-11 P_i、R_ω、D、P_R 作为归一化时间 X 及耦合系数 β 的函数关系曲线

（3）各个参量的极限情况

在这一部分将讨论各个参量的极限情况，也可以认为是这些参量达到稳态时的数值。

① 储存能量。

$$W_1(\infty) = \frac{P_0 Q_0 \gamma}{\omega} \tag{4-30}$$

如果 $\beta = 1$，则稳态时的储能 $W_1(\infty)$ 为

$$W_1(\infty) = \frac{P_0 Q_0}{\omega} \tag{4-31}$$

由式（4-31）可以得到另一关系式：

$$Q_0 = \frac{2\pi W_1(\infty)}{P_0 T} \tag{4-32}$$

式中，T 是射频信号的周期。将上面的方程式和固有品质因数的定义联系起来，则可以看到，在稳态时，平均功率损耗为 P_0，原因很简单，这是因为 $\beta = 1$，反射为 0，整个激励功率 P_0 全部耦合进谐振腔内并转化成谐振腔的欧姆损耗。

② 耦合进谐振腔的功率。

$$\phi_1(\infty) = P_0 \gamma = \frac{4 P_0 \beta}{(1+\beta)^2} \tag{4-33}$$

对于 $\beta = 1$，整个激励功率全部耦合进谐振腔。

③ 反射功率。反射功率表示为

$$\phi_R(\infty) = P_0(1-\gamma) \tag{4-34}$$

则稳态时反射系数可以表示为

$$\frac{\phi_R(\infty)}{P_0} = 1 - \gamma = \frac{(1-\beta)^2}{(1+\beta)^2} \tag{4-35}$$

与电压驻波系数相比，可以得到以下关系式：

$$\rho = \beta^{-1}(\beta \leq 1), \qquad \rho = \beta(\beta \geq 1) \tag{4-36}$$

④ 损耗功率。由方程（4-15）和方程（4-17）可以得到损耗功率：

$$P_1(\infty) = \frac{W(\infty)}{\tau_0} = \gamma P_0 \tag{4-37}$$

由式（4-37）可以看到，损耗功率等于耦合进谐振腔内的功率，事实上也应当如此，因为在稳态时，储能几乎不再发生变化。

（4）激励脉冲关断后储能衰减

脉冲关断后储能衰减由式（4-10）给出，关断瞬间的储能可由式（4-15）得到，这里 $X = t_c / \tau_0$。在下面的讨论中，将以 W_c 代替 $W(t_c)$，以利于简化方程。

对式（4-10）进行求导，可以得到

$$\frac{\mathrm{d}W}{\mathrm{d}t} = -\frac{W_{\mathrm{c}}\omega}{Q_{\mathrm{L}}\mathrm{e}^{-(\omega t'Q_{\mathrm{L}}^{-1})}}$$

$$= -\left(\frac{W_{\mathrm{c}}\omega}{Q_0} + \frac{W_{\mathrm{c}}\omega}{Q_{\mathrm{e}}}\right)\mathrm{e}^{-(\omega t'Q_{\mathrm{L}})} \tag{4-38}$$

由式（4-38）可以看到，脉冲关断后，储能衰减分为两部分：一部分是谐振腔内壁热损耗，另一部分则是腔体由耦合孔向外泄漏的二次辐射。在 $P_0 = 0$，$t' = 0$ 的瞬间，谐振腔体二次辐射功率的峰值为

$$P_{\mathrm{c}} = \frac{W_{\mathrm{c}}\omega}{Q_{\mathrm{e}}} = \frac{W_{\mathrm{c}}\beta\omega}{Q_0} \tag{4-39}$$

如果 t_{c} 足够大，或 X 为几倍的 τ_0 以后，输入功率 P_0 关断，则 $W_{\mathrm{c}} \approx W(\infty) = P_0 Q_0 \gamma/\omega$。

$$P_{\mathrm{c}} = P_0 \beta\gamma = 4P_0[\beta/(1+\beta)]^2 \tag{4-40}$$

由式（4-40）可以得到以下结论：对于临界耦合，$P_{\mathrm{c}} = P_0$；对于过耦合，$P_{\mathrm{c}} > P_0$；而对于欠耦合，$P_{\mathrm{c}} < P_0$；如果 β 很大，则 P_{c} 接近于 $4P_0$。

（5）用谐振腔进行脉冲功率放大

在先前的讨论中，都是假设耦合系数 β 保持不变。事实上，如果采用谐振腔进行脉冲功率放大，则耦合系数 β 值必须在某一时刻迅速增大，以便快速提取能量。外界品质因数将在这种情况下变小，远小于 Q_0 值，最终将确定 Q_{L} 的大小。

作为一个例子，考虑临界耦合（$\beta = 1$）的情况，假设能量注入时间足够长，则在 t_{c} 时刻脉冲关断，则 $W_{\mathrm{c}} = W(\infty) = P_0 Q_0/\omega$，二次辐射功率的峰值为

$$P_{\mathrm{c}} = W_{\mathrm{c}}\omega/Q_{\mathrm{e}}' = P_0 Q_0/Q_{\mathrm{e}}' \tag{4-41}$$

式中，Q_{e}' 为增大耦合系数 β 后的外界品质因数。

功率增益表示为

$$G = \frac{P_{\mathrm{c}}}{P_0} = \frac{Q_0}{Q_{\mathrm{e}}'} = \beta' \tag{4-42}$$

二次辐射功率可以从原输入口提取，也可以从另一输入口提取。对于后者，仍有部分功率从输入口出射，但如果 β' 远大于 β，则可忽略不计。

（6）谐振腔储能效率

在这里将着重讨论耦合系数及注入时间与谐振腔储能效率的关系。储能效率 $F(t,\beta)$ 定义为在某一时刻 t 谐振腔的储能与微波源输出总微波能量之比：

$$F(t,\beta) = \frac{W(t)}{P_0 t} \tag{4-43}$$

177

或采用归一化时间 X 表示为

$$F(x,\beta) = W(x)/P_0\tau_0 x = Y(x)/x \qquad (4\text{-}44)$$

在图 4-12 中，画出了不同 β 值下储能函数与 x 的关系曲线。需要注意的是，这里讨论的效率仅仅是储能效率，而不是整个脉冲压缩系统的能量利用效率，这是由于系统的整个效率除取决于储能效率外还取决于能量提取效率。当射频微波源输出脉冲宽度有限时，确切地说，脉冲在 $t=0$ 出射，在 t_1 时刻关断（$x=0$ 到 $x=x_1=t_1/\tau_0$），则最大的储能效率意味着谐振腔获得最大储能。由图 4-12 可以看到，要获得最大储能效率，最有效的方法是缩小 x 同时增大 β，由于脉宽 t_1、射频 ω 基本不变，则可以通过改变谐振腔的固有品质因数，使 Q_0 尽可能大。如果 Q_0 很大，则 τ_0 很大，从而使 x_1 很小（也可以通过缩短射频脉宽的办法来达到减小 x_1 的目的，但是要以牺牲射频的总体能量为代价）。

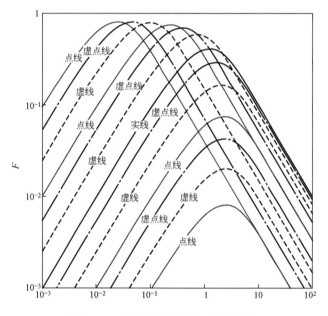

图 4-12 不同 β 值下储能函数与 x 的关系曲线

图 4-12 所示为不同 β 值下储能函数与 x 的关系曲线。β 的范围从 0.01 到 100。图中的实线代表临界耦合 $\beta=1$ 的情况，点线表示 β =0.01, 0.1, 10, 100 的情况，虚线表示 β =0.025, 0.25, 2.5, 25 的情况，虚点线表示 β =0.055, 0.55, 5.5, 55 的情况。对于欠耦合，能量储存效率总是小于临界耦合的情况；对于过耦合，在 x 很小时，储能效率总是大于 $\beta=1$ 的情况，如果 x 很大，则 $\beta=1$ 时储能效率最大。如果 x 很小，

选择很大的 β 将使储能效率接近 $F(x,\beta)$ 的最大值 81%。

实际上，品质因数 Q_0 由于谐振腔尺寸及材料限制几乎不可能改变。如果 Q_0 一定，则 x 也将是一定的。在 x 一定的情况下，可以通过选择耦合系数 β，使 $F(x,\beta)$ 最大。在 x 固定的情况下，可以通过对 $F(x,\beta)$ 求偏导，令其为零来求取最佳耦合系数 β。

$$\left(\frac{\partial F}{\partial \beta}\right)_x = \frac{1-\beta}{\beta(1+\beta)} - \frac{xe^{-kx}}{1-e^{-kx}} = 0 \qquad (4\text{-}45)$$

由式（4-44）可以看到，最佳耦合系数 β 是固定时刻 x 的函数，令其为 $B(x)$，所以 $\beta = B(x)$ 即为最佳耦合系数。如果 x 很大，则 $B(x)$ 接近于 1；如果 x 很小，则 $xB(x)$ 接近于 2.513。当 x 很小时，最大储能效率接近于 0.815；当 x 增大时，储能效率趋近于 0。

对于一个输出脉宽为 2μs 的 S 波段微波源，利用一个铜质谐振腔储存能量。如果采用 BJ-32 波导作为制造标准，则其 Q_0 在常温下大约为 1.5×10^4，$\tau_0 \approx 0.8\mu s$，则归一化注入时间 $\tau_0 \approx 0.8\mu s$，$x_1 = 2.0/0.8 = 2.5$，$x_1 B(x) = 3.6$，耦合系数 $\beta = 1.4$，此时的储能效率为 36%。假设 Q_0 增大为原来的 3 倍，则 $x_1 \approx 0.83$，此时最佳耦合系数 $\beta = B(0.83) \approx 3.5$，储能效率为 60%，可见谐振腔固有品质因数的大小将直接关系到系统的储能效率。当然，在脉冲压缩系统实际运行中获得的最高储能效率并非追求目标，尽量地增大谐振腔储能获取更大的输出脉冲功率是第一要素，因此，尽量选择在 2μs 时开关发生击穿，虽然注入脉冲后 1μs 的能量利用效率很低，但整体获取的输出脉冲功率则会比较大。

（7）特例分析

下面结合实际情况，讨论一种特定情况下，谐振腔的储能、反射、内壁热损耗及其压缩增益。首先假设为 X 波段的微波源，输出功率为 60kW，微波频率为 9.37GHz，微波脉冲宽度为 1μs，微波谐振腔采用铜质结构，其谐振频率与微波源的工作频率相同，其固有品质因数为 2000，根据最佳耦合理论，首先可以确定谐振腔与微波源之间的最佳耦合系数。由以上条件可得

$$\begin{aligned}\tau_0 &= \frac{Q_0}{\omega} = \frac{2000}{2 \times \pi \times 9.37 \times 10^9} = 33.97(\text{ns}) \\ X &= \frac{t}{\tau_0} = \frac{1000}{33.97} = 29.43\end{aligned} \qquad (4\text{-}46)$$

由式（4-45）可知最佳储能耦合系数满足

$$X \cdot \beta(x) \approx 29.4 \qquad (4\text{-}47)$$

可求得此种情况下，最佳耦合系数为 $\beta = 1$，由式（4-6）可进一步求出 γ、α 和 k：

$$\gamma = 4\beta(1+\beta)^{-2} = 1, \quad \alpha = \frac{1+\beta}{2\tau_0} = 2.94 \times 10^7, \quad k = \frac{1+\beta}{2} = 1 \quad （4-48）$$

将以上参数代入式（4-5），可得此种情况下谐振腔的储能函数为

$$W(t) = \gamma W^*(1-e^{-\alpha t})^2 = 60 \times 10^3 \times 33.97 \times 10^{-9}(1-e^{-2.97 \times 10^7 t})^2$$
$$= 2.038 \times 10^{-3}(1-e^{-2.97 \times 10^7 t})^2 \quad （4-49）$$

由式（4-49）可以画出谐振腔储能增长曲线，如图 4-13 所示。

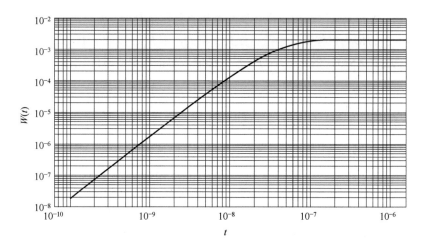

图 4-13　谐振腔储能增长曲线

由图 4-13 可以看到，从注能开始大约经过 100ns 的时间，谐振腔储能已接近最大值。下面计算一下谐振腔壁的功率损耗和腔体的反射功率（图 4-14），由式（4-17）可知

$$P_1 = \frac{W(t)}{\tau_0} = \frac{2.038 \times 10^{-3}(1-e^{-2.97 \times 10^7 t})^2}{33.97 \times 10^{-9}} = 60 \times 10^3(1-e^{-2.97 \times 10^7 t})^2 \quad （4-50）$$

由式（4-25）可知：

$$P_R = P_0[1-\gamma(1-e^{-\alpha t})(1+e^{-\alpha t})] = P_0 e^{-2\alpha t} = 60 \times 10^3 e^{-5.94 \times 10^7 t} \quad （4-51）$$

根据 P_1、P_R 的关系式，可以作出它们与时间 t 的关系曲线，如图 4-14 所示。

由图 4-14 可知，大约经过 100ns，反射功率由最大值 P_0 减小到接近于 0，而谐振腔内壁的功率损耗将由 0 增大到接近于 P_0，这与谐振腔的储能分析是一致的。如果能量提取发生在从谐振腔注能开始的 100ns 以后，则可以近似认为谐振腔储能接近最大值，由此可以算出谐振腔的最高储能效率约为 6.8%，如此低的储能效率的根

本原因是谐振腔的固有品质因数太低，因此，对于 SES 型脉冲压缩系统而言，提高系统谐振腔的品质因数是获取高功率、高压缩增益的基础。

$$F(x,\beta) = F(29.43,1) \approx \frac{W(\infty)}{W} = \frac{2.038 \times 10^{-3}}{60 \times 10^3 \times 1000 \times 10^{-9}} = 6.8\% \qquad (4\text{-}52)$$

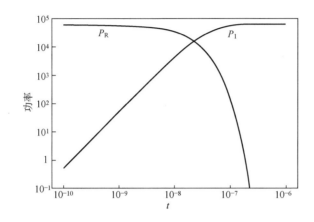

图 4-14　谐振腔壁损耗功率及谐振腔反射功率与时间 t 的关系曲线

4.2.2　输入输出耦合技术

对于非超导谐振腔及在输入脉冲宽度达到几μs 的条件下，输入耦合系数通常约为 1，输出耦合系数越大越好，但为了抑制储能阶段谐振腔由输出口泄漏能量，输出耦合系数达到 100 左右即可，通常的做法是将输出端口直接与相应标准波导相连接或使用窄边稍微收缩的电感膜片。因此，脉冲压缩系统通常关注输入耦合结构的设计，除要求输入耦合器件的耦合系数大于或等于 1 外，耦合器件还应具有很强的耐击穿能力，且其形状应便于与波导谐振腔相连接。输入耦合器件的设计核心是确定耦合孔的直径或耦合缝的宽度，下面分别用等效变压器法及等效电路法简单介绍一下耦合孔缝大小的设计准则。

输入耦合器件耦合孔的形状和大小对系统的影响主要有三个方面：一是影响系统的谐振频率，使其谐振频率发生偏离；二是影响谐振腔的固有品质因数，孔大则谐振腔的封闭性能下降，其固有品质因数将会下降；三是影响其耦合系数，一般孔越大，耦合度越大。在有源谐振腔的等效电路中，孔或缝引入的感抗或容抗通常作为谐振腔整体等效的容抗或感抗的一部分，在耦合系数一定的情况下作为常量加以考虑。下面首先以容性膜片为例进行讨论说明，设容性膜片引入的电容为 C_2，$C = C_1 + C_2$，则分开后的等效电路如图 4-15 所示。

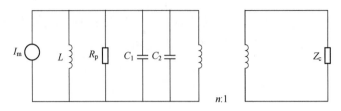

图 4-15　和匹配传输系统耦合的有源谐振腔等效电路

图中，整个系统被看成一个双口网络，选择合适的参考位置，则双口网络可等效为一个 $1:n$ 的理想变压器，图中 L、C_1、R_p 分别为谐振腔等效电感、电容及损耗电阻。折合到传输系统的等效电路如图 4-16 所示。

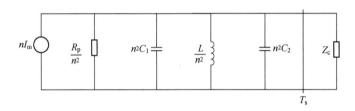

图 4-16　折合到传输系统谐振腔的等效电路

此时等效到 T_s 面上的谐振频率和品质因数仍代表谐振腔的谐振频率和品质因数，即

$$\omega_0' = \frac{1}{\sqrt{L'C'}} = \frac{1}{\sqrt{\dfrac{L}{n^2}(n^2 C_2 + n^2 C_1)}} = \frac{1}{\sqrt{L(C_1 + C_2)}} \tag{4-53}$$

$$Q_0' = \omega_0' C' R_p' = \frac{1}{\sqrt{\dfrac{L}{n^2}(n^2 C_2 + n^2 C_1)}}(n^2 C_2 + n^2 C_1)\frac{R_p}{n^2} = \omega_0'(C_1 + C_2)R_p \tag{4-54}$$

对于不同形状的电容窗口，都能从理论上推导出其等效电容，对于图 4-17 所示的矩形波导电容窗，其等效电容为

$$C_2 = \frac{Y_c}{\omega}\frac{4b}{\lambda_g}\ln\left(\csc\frac{\pi l}{b}\csc\frac{\pi d}{2b}\right) \tag{4-55}$$

由式（4-53）～式（4-55）可知，耦合缝变宽，其引入的电容将会减小，谐振频率将会增大，谐振腔的固有品质因数将会降低，否则相反。另外，如果耦合缝变宽，则变压比 n 值下降，则耦合度 β 将会增大。

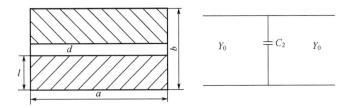

图 4-17 矩形膜片及其等效电路

以上采用等效变压器的方法对与外界耦合的谐振腔进行了分析，下面采用等效传输线的理论对耦合孔的设计进行简单讨论。考虑如图 4-18（a）所示的结构，通过耦合孔 W 与波导耦合，波导内部的窗孔一般起并联电抗作用，可用电感 L_W 来等效，当谐振腔长度等于半导波长的整数倍时，可用串联回路来等效，于是包含耦合窗的 AB 间谐振腔部分的等效电路如图 4-18（b）所示。

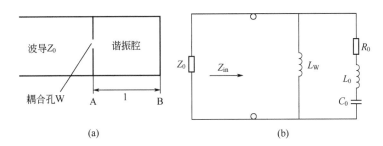

图 4-18 与波导耦合的谐振腔和包含耦合孔的谐振腔等效电路

由谐振腔的等效传输线理论可知

$$R_0 \approx Z_0 \alpha l$$

$$L_0 \approx \frac{n\pi Z_0}{2}\left(\frac{\lambda_{g0}}{\lambda_0}\right)^2 \frac{1}{\omega_0} \qquad (4\text{-}56)$$

$$C_0 \approx \frac{2}{Z_0 n\pi}\left(\frac{\lambda_0}{\lambda_{g0}}\right)^2 \frac{1}{\omega_0}$$

式中，Z_0 和 α 分别为波导的特性阻抗和衰减因数；λ_{g0} 和 λ_0 分别为谐振腔谐振时的波导波长和谐振波长；ω_0 为谐振角频率。

设 Y_0 为波导的特性导纳，谐振时窗孔 W 的电纳为 $-B_0$，由此可以得到

$$\begin{aligned}Y_{in} &= \frac{1}{Z_{in}} = -jB_0 + \frac{Y_0(1 + j\alpha l \tan\beta'l)}{\alpha l + j\tan\beta'l} \\ &\approx \frac{Y_0\alpha l}{\tan^2\beta'l} - j\left(B_0 + \frac{Y_0}{\tan\beta'l}\right)\end{aligned} \qquad (4\text{-}57)$$

183

式中，$\beta' = 2\pi / \lambda_0$，当谐振腔谐振时，$Y_{in}$ 应显纯阻性，式（4-57）的第二项应等于零，于是得到

$$\tan \beta'l = -\frac{Y_0}{B_0} \qquad (4\text{-}58)$$

由式（4-58）确定的长度 l 要比波导谐振腔本身的谐振长度（即 $n\lambda_{g_0} / 2$）稍短一点。将式（4-58）代入式（4-57），得到谐振腔的输入导纳为

$$\left(\frac{Y_{in}}{Y_0}\right)_{\omega=\omega_0} = \alpha l \left(\frac{B_0}{Y_0}\right)^2 \qquad (4\text{-}59)$$

由式（4-59）可知，耦合孔的等效电抗与耦合系数密切相关，一旦确定了耦合系数，则耦合孔的等效电纳也将确定。例如，当谐振腔与外电路匹配时，$(Y_{in} / Y_0)_{\omega=\omega_0} = 1$，由此得到窗孔 W 的电纳应为

$$B_0 = \frac{1}{\sqrt{\alpha l}} Y_0 \qquad (4\text{-}60)$$

对于如图 4-19 所示的矩形波导圆孔膜片，其等效电纳为 $B \approx 3ab\lambda_g Y_0 / (2\pi d^3)$，令 $B = B_0$，则根据以上分析，即可计算出圆孔膜片的具体尺寸。

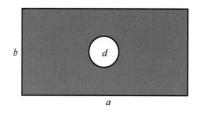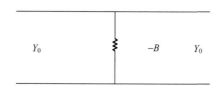

图 4-19　矩形波导圆孔膜片及其等效电路

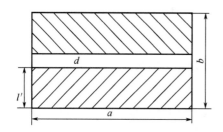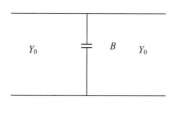

图 4-20　矩形波导电容膜片及其等效电路

对于图 4-20 所示的矩形波导电容膜片，其等效电纳为

$$B \approx \frac{4b}{\lambda_\mathrm{g}} \ln \left(\csc \frac{\pi l'}{b} \csc \frac{\pi d}{2b} \right) Y_0 \qquad (4\text{-}61)$$

令 $B = B_0$，根据以上分析，同样可以计算出矩形容性膜片的具体尺寸，这里不再赘述。

4.2.3　开关技术

在整个脉冲压缩系统中，微波切换开关占据着极其重要的地位，可以说微波切换开关性能的好坏直接决定了脉冲压缩是否能够实现。由谐振腔理论分析可知，开关动作与放能时间密切相关，开关的响应时间必须很快。在现有的脉冲压缩系统中，开关的种类较多，但其基本工作原理都是一致的，在开关动作前处于良好的开路状态，在开关动作时快速形成导电通道。另外，由于开关和谐振腔相连或本身即谐振腔的一部分，这就要求开关的插损要小，重复击穿性好，根据这个要求，采用较多的开关类型是气体开关。首先，因为气体系统比较容易处理和维持，且气体绝缘性较好，通过改变气压很容易调节开关的耐击穿能力；其次，气体形成的电弧通道损耗能量少也是其优势之一。

气体开关的工作原理是：通过对气体施加较高的电场使气体电离，形成等离子体产生导电通道。气体开关又分为外触发式开关和自击穿式开关。外触发式开关主要有激光气体开关、高能电子束气体开关等。它们都较为复杂，但性能较好，在较为复杂的脉冲压缩系统中，通常采用外触发式开关。

自击穿式开关形式相对较为简单，基本形式如图 4-21 所示。在距波导短路末端 $\lambda/4$ 处封闭一段腔体，在其内注入氮气、氦气或氖气，外面附加充抽气系统。当腔内储能增加时，其内场强也随之增强，腔内气体逐渐被电离形成等离子体。当场强增大到一定程度时，腔内气体形成雪崩电离，构成导电通道，形成短路面，$\lambda/4$ 以后的波导相当于短路，波腹节点翻转，谐振腔释放能量。在较为简单的脉冲压缩系统中，通常采用自击穿式开关。

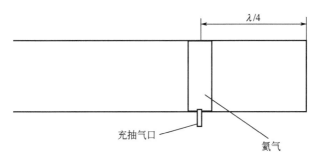

图 4-21　自击穿式开关基本形式示意图

4.2.3.1 开关内等离子体浓度变化分析

在微波场的作用下，开关击穿的基本过程是这样的：首先在微波脉冲到来之前的大部分时间内，由各种射线或其他高能粒子与波导内的气体分子相互作用，由光电效应、气体电离产生种子电子，此时的等离子体浓度相当低；当微波脉冲到来时，种子电子与微波场相互作用，从微波场中获取能量，进一步与气体分子碰撞，使气体进一步电离，形成高浓度等离子体，随着微波场的增强，气体继续电离；最后当等离子体浓度足够大时形成导电通道，造成开关导通。

（1）等离子体浓度变化函数的求取

事实上，在高功率微波作用下的等离子体浓度变化是气体电离与粒子复合平衡的结果。我们知道，在交变电场中，自由电子能够获得足以激发和电离气体分子的能量，在这种电场中，电子的运动方程为[15]

$$m\frac{\mathrm{d}v}{\mathrm{d}t} + gv = \mathrm{e}E_0\cos(\omega_0 t + \chi) \tag{4-62}$$

式中，g 表征媒质阻力，也就是表征电子与其他粒子相互作用的系数。如果 $g = mv_m$（v_m 为电子与原子碰撞的频率，也即电子动量转移碰撞频率），则 gv_m 就是单位时间内电子和原子碰撞所产生的平均动量变化。积分上面的方程就可以得到电子速度的表达式：

$$v = \frac{\mathrm{e}E_0}{m(v_m^2 + \omega^2)^{\frac{1}{2}}}\cos(\omega t + \chi - Q) - c\mathrm{e}^{-v_m t} \tag{4-63}$$

式中，$Q = \arctan(v_m / \omega)$；$c$ 为积分常数。这样经过极短的时间后，电子的运动就具有频率为 ω 和相对电场相移为 φ 的振荡特性。从电流密度的表示式 $j = env$ 就可以获得输入到单位体积中的功率值[15]：

$$\overline{P}_{av} = \frac{ne^2}{mv_m} \times \frac{1}{2}E_0^2\frac{v_m^2}{v_m^2 + \omega^2} \tag{4-64}$$

式中，E_0 为交变电场均方根值；n 为等离子体浓度函数；m、e 分别为电子的质量和电量；ω 为微波振荡的角频率。

在大气中，参数 v_m 可以近似表示为

$$\frac{v_m}{p} = \frac{2.35 \times 10^9\left(\dfrac{E_e}{p}\right)}{1 + 0.58\left(\dfrac{E_e}{p}\right)}, \quad 1 \leqslant \frac{E_e}{p} \leqslant 30 \tag{4-65}$$

$$\frac{v_{\mathrm{m}}}{p} = \frac{3.24 \times 10^8 \left(\dfrac{E_{\mathrm{e}}}{p} \right)}{1 + 0.041 \left(\dfrac{E_{\mathrm{e}}}{p} \right)}, \qquad 30 < \frac{E_{\mathrm{e}}}{p} \leqslant 54 \tag{4-66}$$

$$\frac{v_{\mathrm{m}}}{p} = \frac{2.93 \times 10^8 \left(\dfrac{E_{\mathrm{e}}}{p} \right)}{1 + 0.041 \left(\dfrac{E_{\mathrm{e}}}{p} \right)}, \qquad 54 < \frac{E_{\mathrm{e}}}{p} \leqslant 120 \tag{4-67}$$

$$\frac{v_{\mathrm{m}}}{p} = 5.2 \times 10^8 \left(\frac{E_{\mathrm{e}}}{p} \right)^{\frac{1}{2}}, \qquad 120 < \frac{E_{\mathrm{e}}}{p} \leqslant 3000 \tag{4-68}$$

$\dfrac{E_{\mathrm{e}}}{p}$ 的单位为 $\dfrac{V}{\mathrm{Torr.cm}}$，式中 E_{e} 为等效电场，其表达式为

$$E_{\mathrm{e}} = E_0 \left[\frac{v_{\mathrm{m}}^2}{v_{\mathrm{m}}^2 + \omega^2} \right]^{\frac{1}{2}} \tag{4-69}$$

对于式（4-67），令 $F(m, e, E_0, p, \omega) = \dfrac{e^2}{m v_{\mathrm{m}}} \times \dfrac{1}{2} E_0^2 \dfrac{v_{\mathrm{m}}^2}{v_{\mathrm{m}}^2 + \omega^2}$

$$\overline{P}_{\mathrm{av}} = F(m, e, E_0, p, \omega) n(t) \tag{4-70}$$

结合式（4-68）和式（4-69）可知，v_{m} 是气压 p 及微波电场均方根值 E_0 的函数，所以以上表达式是合理的。

对于空气来说，其主要成分是氮气，大部分的分子只进行一次电离，且电离一个分子所需要的电离能为 15.8eV。电离后出射电子在微波场的作用下应具有大于 15.8eV 的动能，才能进一步发生离化碰撞。不妨设电子的平均动能为 20eV，由能量守恒定律可得

$$\int_0^T \overline{P}_{\mathrm{av}}(t) \mathrm{d}t \approx n(t) \times 35.8 e \tag{4-71}$$

式中，$n(t)$ 为 t 时刻的电子浓度。

由式（4-70）可知，当 m、e、p、ω 一定时，F 是 E_0 的函数，而 E_0 又是 t 的函数，所以 F 也是 t 的函数，即

$$\overline{P}_{\mathrm{av}} = F(m, e, E_0, p, \omega) n(t) = F(t) n(t) \tag{4-72}$$

对于式（4-71）两边求导：

$$F(t)n(t) = 35.8e\frac{\mathrm{d}n(t)}{\mathrm{d}t}$$

$$\frac{\mathrm{d}n(t)}{\mathrm{d}t} = \frac{F(t)n(t)}{35.8e}$$

（4-73）

令 $\frac{F(t)}{35.8e} = A(t)$ ，则有

$$\frac{\mathrm{d}n(t)}{nt} = A(t)\mathrm{d}t$$

（4-74）

两边积分： $\ln n(t) = \int A(t)\mathrm{d}t$ ，得

$$n(t) = \mathrm{e}^{\int A(t)\mathrm{d}t}$$

（4-75）

式（4-75）即所求的大气在高功率微波作用下的等离子浓度变化函数。显然式（4-75）所求等离子浓度函数是时间 t 的 e 指数函数，这个结论与有关分析是一致的，由前面的讨论还可知， $n(t)$ 不但是时间的函数，而且是大气压强、微波频率及微波电场振幅的函数。

（2）等离子体浓度变化与气体击穿

设 v_i 为电子离化速率，忽略电子的吸收和复合效应，则 $A(t) \approx v_i$

$$\frac{\mathrm{d}n(t)}{\mathrm{d}t} \approx v_i n(t)$$

（4-76）

设 τ 为等离子体达到临界击穿的时间， n_e^{cr} 为临界击穿时的等离子体密度， n_{e0} 为初始等离子体密度，则由式（4-76）可得

$$\ln\frac{n_e^{cr}}{n_{e0}} = \int_0^\tau v_i \mathrm{d}t$$

（4-77）

对于高功率微波脉冲是方波脉冲的情况，即 $t_s \approx 0$ 时， E_e 与 t 无关，因此由式（4-77）可得

$$\frac{v_i}{P} = \ln\left(\frac{n_e^{cr}}{n_{e0}}\right) \times \frac{1}{P\tau}$$

（4-78）

这里 P 是气体压强，单位是 Torr， $n_e^{cr} = \frac{10^{14}}{9\lambda^2}\Big/\mathrm{cm}^3$ 。对于高功率微波脉冲上升沿不是无穷小的情况，即 t_r 具有一定值时，在上升沿区， v_i 与 t 的关系用线性近似，可以得到

$$\frac{v_i}{P} = \ln\left(\frac{n_e^{cr}}{n_{e0}}\right)\frac{1}{P\left(\tau' - \frac{1}{2}t_r\right)} = \ln\left(\frac{n_e^{cr}}{n_{e0}}\right) \times \frac{1}{P\tau}$$

（4-79）

即脉冲宽度（等离子体达到临界击穿时间）τ 由上升沿半高时刻到下降沿的 10%时刻差确定。碰撞电离频率 v_i 可以近似表达如下：

$$\frac{v_i}{P} = \left[1.45\left(\frac{E_e}{P}\right)^{1/2} + 0.01\left(\frac{E_e}{P}\right)^{3/2}\right] \times 2.5 \times 10^7 \exp\left(-\frac{208P}{E_e}\right), \quad 1 \leqslant \frac{E_e}{P} \leqslant 30 \qquad (4\text{-}80\text{a})$$

$$\frac{v_i}{P} = \left[1.32 + 0.054\left(\frac{E_e}{P}\right)\right] \times 10^7 \exp\left(-\frac{208P}{E_e}\right), \quad 30 < \frac{E_e}{P} \leqslant 54 \qquad (4\text{-}80\text{b})$$

$$\frac{v_i}{P} = \left[5.0 + 0.19\left(\frac{E_e}{P}\right)\right] \times 10^7 \exp\left(-\frac{273.8P}{E_e}\right), \quad 54 < \frac{E_e}{P} \leqslant 120 \qquad (4\text{-}80\text{c})$$

$$\frac{v_i}{P} = 54.08 \times 10^6 \left(\frac{E_e}{P}\right)^{\frac{1}{2}} \exp\left(-\frac{359P}{E_e}\right), \quad 120 < \frac{E_e}{P} \leqslant 3000 \qquad (4\text{-}80\text{d})$$

用式（4-69）、式（4-65）～式（4-68），式（4-80a）～式（4-80d），将 n_e^{cr}/n_{e0} 在不同频率下的值代入式（4-77），计算得到的结果如图 4-22 所示曲线；固定频率 $f=10\text{GHz}$，改变脉冲宽度，计算结果如图 4-23 所示。图 4-22 所示为不同频率（$f=1\text{GHz}$，3GHz，5GHz，10GHz）情况下 E_e/P（击穿阈值除以气压）与 $P\tau$ 的关系曲线，图 4-23 所示为不同脉冲宽度（$\tau = 5\text{ns}, 10\text{ns}, 20\text{ns}$）在微波频率为 10GHz 时击穿阈值电场强度 E_{rms} 与气压 P 的关系曲线。

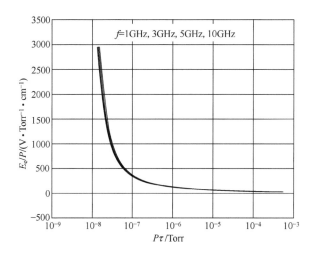

图 4-22　E_e/P 与 $P\tau$ 的关系曲线

在上面的讨论中，假设了开关内微波脉冲为方波或近似方波的情况，即 E_0 近似为常量。但在谐振腔开关中，由式（4-15）可知 E_0 随 t 的变化如下：

$$E_e = \sqrt{2}\sqrt{\frac{\gamma W^*}{\varepsilon V}}(1 - e^{-\alpha t}) \qquad (4\text{-}81)$$

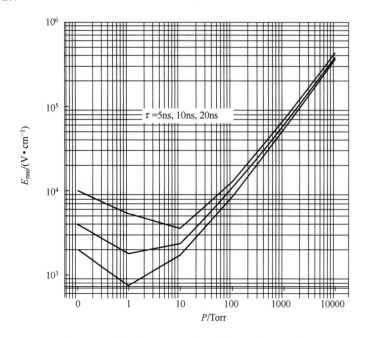

图 4-23 微波频率为 10GHz 时 E_{rms} 与气压 P 的关系曲线

式中，V 为谐振腔体积；ε 为空气的介电常数；γ、W^*、α 的意义与前面章节相同，一旦谐振腔尺寸形状确定，与外界的耦合系数确定，则以上各量均为常量。E_0 随时间 t 变化的大致波形如图 4-24 所示。

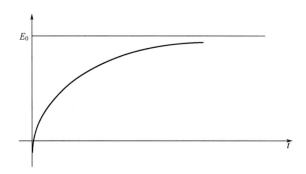

图 4-24 谐振腔内电场振幅随时间 t 变化曲线

在一定气压下，当开关内的电场强度增大到一定程度时，开关内的气体形成雪崩电离，在一个极短的 t_s 时间段达到气体击穿时所需的等离子体浓度 n_e^{cr}，t_s 即开关导通时间，直接决定开关的导通速度，表征了开关性能的好坏。下面着重研究 t_s 与谐振腔各参量的关系，尤其是与谐振腔固有品质因数的关系。

首先讨论 t_s 与谐振腔固有品质因数的关系，设耦合系数为 1，P 为一个大气压，即 760Torr，则由式（4-68a）～式（4-68d）可以作出 v_m 与 E_e 的关系曲线。代入式（4-69），假设谐振频率为 9.37GHz，即可作出 E_0 与 E_e 的关系曲线。由式（4-80a）～式（4-80d）则可作出 v_i 与 E_e 的关系曲线，以 E_e 为中间变量，即可求出 v_i 与 E_0 的关系曲线，而 E_0 又是时间 t 的函数，可进一步求出 v_i 与 t 的关系。利用式（4-76）进行积分，在其他参数不变的情况下，改变谐振腔的固有品质因数则可得到不同的 t_s 值，可以以曲线的形式较为直观地表现它们二者之间的关系。

由前面的讨论可知，影响 E_0 的因素很多，谐振腔的体积及输入功率的大小也是决定其变化的关键因素。不妨根据以下假设进行讨论，设谐振腔由 BJ-100 矩形波导构成，其长度为 $50\lambda_g$，所以其体积 $V = a \times b \times 1 = 519\text{cm}^3$，谐振腔与外界的耦合系数选择为最佳耦合系数，在输入功率为 2MW，谐振腔的固有品质因数分别为 1000、2000、4000、8000、16000、32000、64000 等，输入微波脉宽为 1μs 的条件下，它们的最佳耦合系数分别为 1、1、1、1、1、1.93、3.87，根据以上分析即可求出开关内等离子体密度由 n_0 上升到 n_e^{cr} 所需的时间。此时

$$E_0 \approx 1216.2 \times \sqrt{Q_0}\,(1 - e^{-\omega t/Q_0}), \quad 0 \leqslant Q_0 \leqslant 16000$$

$$E_0 \approx 1153.3 \times \sqrt{Q_0}\,(1 - e^{-1.46\omega t/Q_0}), \quad Q_0 = 32000 \tag{4-82}$$

$$E_0 \approx 982.6 \times \sqrt{Q_0}\,(1 - e^{-2.44\omega t/Q_0}), \quad Q_0 = 64000$$

以 E_0 为中间变量，可以作出谐振腔 Q_0 值与开关导通时间 t_s 关系曲线，如图 4-25 所示。

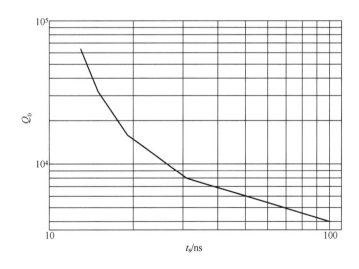

图 4-25 P=706Torr 时谐振腔固有品质因数随开关导通时间变化关系曲线

对于低气压情况，开关导通时间通常小于 5ns，谐振腔固有品质因数的变化主要决定开关的导通时刻。对于 Q_0 较大的情况，开关导通发生在储能快速增长区；如果 Q_0 较小，则开关在谐振腔储能稳定后才发生击穿。击穿时刻的不同，直接决定谐振腔的总体储能效率，因此，对于高 Q_0 的谐振腔，开关内的气压应当选择稍高一些，以使其击穿时刻尽量发生在储能基本稳定段，从而有利于系统整体效率的提高。

4.2.3.2 等离子体浓度变化对系统增益的影响

开关内等离子体浓度的变化对脉冲压缩系统的影响大致有两个方面：一方面等离子体浓度变化的快慢决定开关的导通时间，从而决定输出脉冲的形状，当开关处于似通非通的不稳定状态时，谐振腔内的场也将随着开关的状态发生变化，使输入/输出口处在一个非预想的耦合位置，有可能有较大的预脉冲出射，从而影响系统总体效率；另一方面，气体的不断电离增加了谐振腔的损耗，从而降低系统的总体压缩增益。下面着重讨论等离子体浓度的变化对系统压缩增益的影响。

假设开关动作前谐振腔输入口耦合系数为 $\bar{\beta}_{in}$，开关完全导通后输出口耦合系数为 $\bar{\beta}_{out}$，开关在谐振腔储能稳定后动作，开关的导通时间为 t_s，则在 t_s 时间内，输入口耦合系数将由 $\bar{\beta}_{in}$ 减小到 0，输出口耦合系数将由 0 增大到 $\bar{\beta}_{out}$，由于等离子体损耗，谐振腔的固有品质因数也是一个变量。首先看开关动作过程中，谐振腔储能变化，其变化计算如下：

$$W(t) = W_c + W_{in}(t) - W_{out}(t) - W_l(t) - W_d(t) \tag{4-83}$$

式中，$W(t)$ 为开关动作过程中谐振腔的储能；W_c 为开关刚动作时刻谐振腔的储能，这里认为其为稳态时谐振腔最大储能；$W_{in}(t)$ 为开关动作过程中谐振腔由输入口注入的能量；$W_{out}(t)$ 为开关动作过程中谐振腔输出口出射的能量；$W_l(t)$ 为开关动作过程中谐振腔壁的热损耗；$W_d(t)$ 为开关动作过程中等离子体吸收能量。

由式（4-83）可知，在 $t=0$ 时刻（即从能量注入开始的 t_c 时刻），谐振腔具有最大储能 W_c，在开关动作过程中，储能逐渐衰减，由式（4-37）可知，谐振腔储能近似为 e 指数衰减，假设衰减因数为 α，则

$$W(t) = W_c e^{-\alpha t}, \quad 0 < t < t_s \tag{4-84}$$

假设在开关完全导通时，谐振腔的储能下降为其最大值的 $1/K$，即 $W(t_s) = \dfrac{1}{K} W_c$，则由式（4-84）可以推出谐振腔储能与开关导通时间 t_s 之间的关系式：

$$W(t) = W_c e^{-\frac{\ln K}{t_s} t} = W_c K^{-\frac{t}{t_s}} \tag{4-85}$$

式中，参量 K 最终由 t_s 决定。因此可以说，对于同一个谐振腔，开关的导通时间直接决定谐振腔储能变化及开关完全导通时谐振腔的最终储能。

下面逐一讨论式（4-83）中各个参量与 t_s、K 及 t 的函数关系。

（1）$t=0$ 时刻（即从能量注入开始的 t_c 时刻）谐振腔储能 W_c

在 $t=0$ 时刻，谐振腔储能已接近稳态储能，因此可以得到

$$W_c \approx W(\infty) = \gamma P_0 \tau_0 \tag{4-86}$$

式中，P_0、τ_0、γ 的意义与前面章节中所述相同。

由式（4-86）可知，一旦系统确定，W_c 将是一个常量，当输入口耦合系数为 1 时，$W_c = P_0 \tau_0$，以下讨论均认为输入口耦合系数为 1。

（2）开关动作过程中谐振腔反射能量 $W_r(t)$ 及注入能量 $W_{in}(t)$

在开关动作过程中，输入口的耦合系数逐渐变小，谐振腔的反射功率逐渐由稳态时的 0 增大到完全导通时的 P_0，而注入功率则正好相反，由稳态时的 P_0 下降到开关完全导通时的 0，由于二者与时间 t 基本呈线性关系，所以反射和入射功率表示如下：

$$P_r = \frac{1}{t_s} P_0 t \tag{4-87}$$

$$P_{in} = P_0 - P_r = P_0 \left(1 - \frac{t}{t_s} \right) \tag{4-88}$$

对式（4-87）和式（4-88）进行积分，可得

$$W_r = \frac{1}{2t_s} P_0 t^2 \tag{4-89}$$

$$W_{in} = P_0 \left(t - \frac{1}{2t_s} t^2 \right) \tag{4-90}$$

由式（4-89）和式（4-90）可知，在 $t=t_s$ 时，谐振腔注入能量达到最大值 $\frac{1}{2} P_0 t_s$，此后将保持不变。

（3）开关动作过程中谐振腔输出口出射能量 $W_{out}(t)$

在开关动作过程中，谐振腔输出口的耦合系数由 0 增大到 $\bar{\beta}_{out}$，其与时间 t 基本呈线性关系，因此可以得到它们的近似关系式：

$$\beta_{out} = \frac{1}{t_s} \bar{\beta}_{out} t \tag{4-91}$$

由式（4-40）、式（4-86）、式（4-91）并结合前面谐振腔章节中的内容进行讨论可得，此时谐振腔的输出功率为

$$P_{out} = \bar{\beta}_{out} P_0 \frac{1}{t_s} t K^{-t/t_s} \tag{4-92}$$

对式（4-92）进行积分可得

$$W_{\text{out}}(t) = \bar{\beta}_{\text{out}} P_0 \left[\frac{t_s}{(\ln K)^2} - \frac{t_s}{(\ln K)^2} K^{-\frac{t}{t_s}} - \frac{t}{\ln K} K^{-\frac{t}{t_s}} \right] \tag{4-93}$$

当 $t = t_s$ 时，谐振腔输出能量为

$$W_{\text{out}}(t_s) = \bar{\beta}_{\text{out}} P_0 \left[\frac{1}{(\ln K)^2} - \frac{1}{(\ln K)^2 K} - \frac{1}{K \ln K} \right] t_s \tag{4-94}$$

（4）开关动作过程中谐振腔内壁的热损耗

谐振腔内壁的热损耗与腔内微波电场的强度有关，而微波电场的强度又随储能的变化而变化，因此可以认为，谐振腔内壁的热损耗与其储能的变化趋势是一致的，所以

$$P_1 = P_0 \mathrm{e}^{-\frac{\ln K}{t_s} t} = P_0 K^{-\frac{t}{t_s}} \tag{4-95}$$

对式（4-95）进行积分，可得

$$W_1(t) = \frac{P_0 t_s}{\ln K} \left(1 - K^{-\frac{1}{t_s} t} \right) \tag{4-96}$$

当 $t = t_s$ 时，谐振腔内壁的损耗能量为

$$W_1(t) = \frac{P_0}{\ln K} \left(1 - \frac{1}{K} \right) t_s \tag{4-97}$$

（5）开关动作过程中等离子体吸收能量 $W_d(t)$

如前所述，认为开关内等离子体浓度由 10^{11}cm^{-3} 上升到 10^{13}cm^{-3} 为开关的导通时间 t_s，则由式（4-75）可知，等离子体浓度变化函数为

$$n_e(t) = n_e \mathrm{e}^{kt} = 10^{11} \mathrm{e}^{\frac{\ln 100}{t_s} t} = 10^{11} \times 100^{\frac{t}{t_s}} \tag{4-98}$$

等离子体浓度增长率为

$$\frac{\mathrm{d} n_e(t)}{\mathrm{d} t} = 10^{11} \frac{\ln 100}{t_s} \mathrm{e}^{\frac{\ln 100}{t_s} t} = \frac{10^{11} \times \ln 100}{t_s} \times 100^{\frac{t}{t_s}} \tag{4-99}$$

由式（4-71）结合式（4-98）和式（4-99）可知，等离子体功率损耗和能量损耗函数分别为

$$P_d = 35.8 eV \times \frac{\mathrm{d} n_e(t)}{\mathrm{d} t} = \frac{2.64 \times 10^{-6}}{t_s} V \times 100^{\frac{t}{t_s}} \tag{4-100}$$

$$W_d(t) = 35.8 eV \times n_e(t) = 5.57 \times 10^{-7} V \times 100^{\frac{t}{t_s}} \tag{4-101}$$

式中，e 为电子电量；V 为等离子体体积，cm^3，即开关内气体体积。

由式（4-101）可知，当 $t = t_s$ 时，等离子体的能量损耗达到最大：

$$W_d(t_s) = 35.8eV \times n_e(t_s) = 5.57 \times 10^{-5} V \qquad (4\text{-}102)$$

（6）t_s 与 K 的关系

t_s 表征了开关导通速度，K 表示谐振腔储能在开关完全导通时的衰减量，一旦系统的其他参量确定，K 最终由 t_s 决定。

将 t_s 代入式（4-83）、式（4-85）可得

$$W(t_s) = W_c + \frac{1}{2}P_0 t_s - \bar{\beta}_{out} P_0 \left[\frac{1}{(\ln K)^2} - \frac{1}{K(\ln K)^2} - \frac{1}{K \ln K} \right] t_s -$$
$$\frac{P_0}{\ln K}\left(1 - \frac{1}{K}\right) t_s - 5.57 \times 10^{-5} V = \frac{1}{K} W_c \qquad (4\text{-}103)$$

进一步计算可得 t_s 与 K 的关系式：

$$t_s = \frac{\left(1 - \dfrac{1}{K}\right) W_c - 5.57 \times 10^{-5} V}{-\dfrac{1}{2}P_0 + \bar{\beta}_{out} P_0 \left[\dfrac{1}{(\ln K)^2} - \dfrac{1}{K(\ln K)^2} - \dfrac{1}{K \ln K} \right] + \dfrac{P_0}{\ln K}\left(1 - \dfrac{1}{K}\right)} \qquad (4\text{-}104)$$

将式（4-86）代入式（4-104）可得

$$t_s = \frac{\left(1 - \dfrac{1}{K}\right) 4\bar{\beta}_{in}\left(1 + \bar{\beta}_{in}\right)^{-2}\dfrac{Q_0}{\omega} - 5.57 \times 10^{-5} V / P_0}{-\dfrac{1}{2} + \bar{\beta}_{out}\left[\dfrac{1}{(\ln K)^2} - \dfrac{1}{K(\ln K)^2} - \dfrac{1}{K \ln K} \right] + \dfrac{1}{\ln K}\left(1 - \dfrac{1}{K}\right)} \qquad (4\text{-}105)$$

由式（4-105）可以看到，当谐振腔系统其他参量确定后，开关的导通时间将最终决定储能衰减量，也最终决定谐振腔输出脉冲形状，即系统功率增益。下面结合实例对以上各个参量进行详细讨论。

假设微波源的输出功率为 60W，谐振腔的固有品质因数为 1000、2000、4000、8000 等，谐振频率为 9.37GHz，输入口 $\bar{\beta}_{in} = 1$，输出口 $\bar{\beta}_{out} = 10$，开关内气体体积 $V = 0.3cm^3$，代入式（4-105），可作出 t_s 与 K 的关系曲线如图 4-26 所示。

由图 4-26 可以看到，当谐振腔固有品质因数为 1000，开关导通时间为 5ns，开关完全导通时，谐振腔储能减少了 80%，而固有品质因数提高到 8000 后，在同样的导通时间内，谐振腔的储能只降低 20%，可见，高 Q_0 的谐振腔有利于消除开关带来的不利影响。

（7）谐振腔出射脉冲功率与开关导通时间 t_s 的关系

在开关动作之前，谐振腔输出口输出功率为 0，在开关动作过程中，其输出功率满足式（4-92），当开关完全导通后，可以得到 P_{out} 与时间 t 的关系式如下：

$$P_{\text{out}} = 0, \qquad\qquad 0 < t < t_{\text{c}}$$

$$P_{\text{out}} = \bar{\beta}_{\text{out}} P_0 \frac{1}{t_{\text{s}}} t K^{-t/t_{\text{s}}}, \qquad t_{\text{c}} < t < t_{\text{c}} + t_{\text{s}} \qquad (4\text{-}106)$$

$$P_{\text{out}} = \bar{\beta}_{\text{out}} P_0 \frac{1}{K} e^{-(\omega t/Q_1)}, \qquad t > t_{\text{c}} + t_{\text{s}}$$

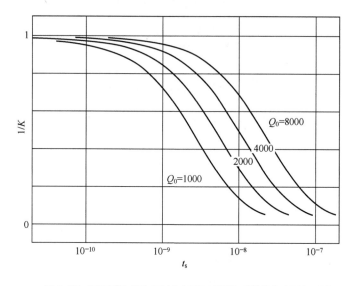

图 4-26　开关导通时间与开关完全导通时刻谐振腔储能衰减量关系曲线

假设系统仍满足前面所讨论的条件，由式（4-81）结合图 4-26 则可作出不同 t_{s} 情况下，谐振腔输出脉冲与时间 t 的关系曲线（以 t_{c} 时刻为时间零点）。

由图 4-27 可知，高 Q_0 的谐振腔有利于克服开关带来的不利影响，获得较高的

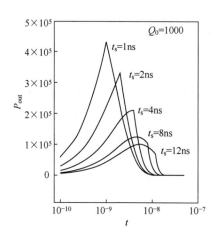

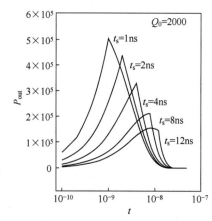

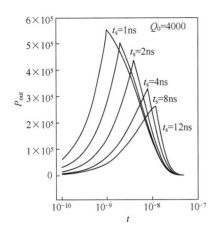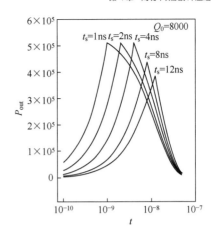

图 4-27 不同品质因数、不同导通时间下输出功率随时间变化曲线

功率增益；对于 Q_0 小于 2000 的谐振腔，开关的导通时间必须小于 10ns，否则将不能获得有效的功率增益。

（8）等离子体浓度及体积变化对谐振腔固有品质因数及系统储能的影响

在开关动作到完全导通之前，如果不考虑等离子体引起的损耗，谐振腔的固有品质因数满足：

$$Q_0 = \omega \frac{W(t)}{P_1(t)} \tag{4-107}$$

式中，$W(t)$、$P_1(t)$ 的意义如前所述，分别满足式（4-85）和式（4-95）。

考虑到等离子体损耗，谐振腔的固有品质因数计算如下：

$$Q_0' = \omega \frac{W(t)}{P_1(t) + P_d} \tag{4-108}$$

式中，P_d 为等离子体瞬时功率损耗。令 $G' = Q_0'/Q_0$ 表示由于等离子体损耗引起的谐振腔固有品质因数下降比例，则有

$$G' = \frac{Q_0'}{Q_0} = \frac{P_1(t)}{P_1(t) + P_d} = \frac{P_0 K - \dfrac{t}{t_s}}{P_0 K - \dfrac{t}{t_s} + \dfrac{2.64 \times 10^{-6}}{t_s} V \times 100^{t/t_s}} \tag{4-109}$$

式（4-109）中各参量意义如前所述，设 $Q_0 = 2000$，$P_0 = 60\text{kW}$，开关内气体体积 $V = 0.3\text{cm}^3$，首先看 G' 与开关导通速度 t_s 的关系。利用图 4-26 并结合式（4-109）可以画出 G' 与 t 及 t_s 的关系曲线，如图 4-28 所示。

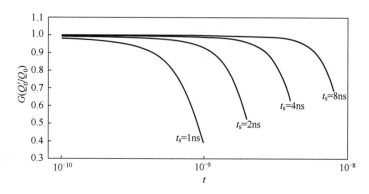

图 4-28　等离子体损耗引起的谐振腔固有品质因数下降比例与 t_s 及 t 关系曲线

　　由图 4-28 中可以看到，开关的导通速度越慢，等离子体损耗对谐振腔固有品质因数影响越小。但这并不意味着开关导通越慢越好，因为在开关导通之前，与固有品质因数密切相关的谐振腔的储能已基本稳定，在开关导通阶段，谐振腔固有品质因数主要影响输入/输出口耦合系数变换的快慢。事实上，在此阶段，Q_0 越小越不利于脉冲输出，也即越有利于谐振腔储能的保持，从而有利于开关完全导通后获得更大的微波脉冲，由此可以得到结论：开关的导通速度还是越快越好。

　　开关中气体的体积在开关导通阶段对系统的影响有两个方面：首先体积越大，由等离子体带来的损耗越大，谐振腔储能受其影响下降越大；其次，较大的体积引起较大的瞬时功率损耗，使谐振腔固有品质因数下降越大，从而又有利于系统储能的保持。可以看到二者是相互矛盾的，下面着重讨论一下哪个方面更占主导地位。

　　假设开关的导通时间为 4ns，开关内气体体积为 V，其他条件不变，由式（4-105）可以画出 V 与 K 的关系曲线。此时 $\bar{\beta}_{out}$ 要加修正系数 G'，G' 的意义如图 4-29 所示。

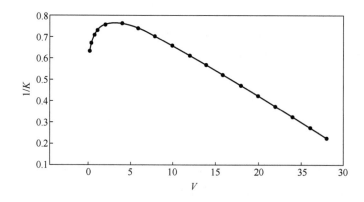

图 4-29　开关气体体积与谐振腔储能衰减量关系曲线

图 4-29 基本反映了开关气体体积与谐振腔储能衰减量的关系。由图中可以看到，开关气体体积很小时，第二方面的作用占主导地位，体积增大储能衰减量反而变小，但是当开关气体体积增大到一定程度时，第一方面的作用逐渐上升为主导地位，气体体积越大，谐振腔储能的衰减量越大。对于满足以上假设条件的谐振腔，开关气体体积最好选择 $1\sim4\text{cm}^3$ 为好。

本小节的最后将给出在开关导通时间 t_s 一定的情况下，不同的开关气体体积对谐振腔固有品质因数变化的影响。令 $t_s = 4\text{ns}$，由式（4-109）并结合图 4-29 可以画出不同气体体积条件下，开关在导通过程中谐振腔固有品质因数的变化曲线，如图 4-30 所示。由该图可直观地看出，开关内气体体积越大，对谐振腔固有品质因数的影响越大，在体积很大时，甚至可以使固有品质因数下降到接近于零。

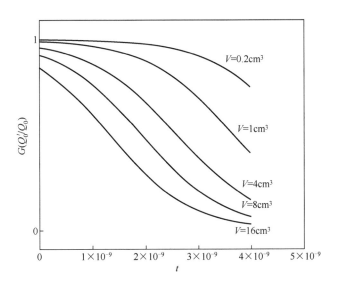

图 4-30 等离子体损耗引起的谐振腔固有品质因数下降比例与气体体积 V 及 t（$0\sim t_s$ 时间段）的关系曲线

4.2.4 SES 型脉冲压缩系统设计示例

在前一小节，我们对 SES 型脉冲压缩技术进行了详细的理论分析，对于非专业人士来讲实在是过于枯燥，本小节以一套 SES 型脉冲压缩系统为例简单介绍一下其设计流程，通过本节内容，读者对 SES 型脉冲压缩可以有一个概括性了解。

图 4-31 所示为一套 S 波段 10ns 脉冲压缩系统，设计目标为：输出功率大于 100MW，脉冲宽度为 10ns，微波频率为 2.85GHz，脉冲重复频率为 500Hz。系统设计包括初级大功率微波源的选择、谐振腔设计、开关设计及输入/输出耦合结构

设计等。

图4-31 S波段10ns脉冲压缩系统

（1）大功率微波源选择

由于微波源输出目标功率是100MW，考虑到SES型脉冲压缩系统的效率及增益，可以选择输出功率为2～5MW的速调管微波源，其工作频率为2.85GHz，频带宽度为50MHz，脉冲重复频率为500Hz，输出脉冲宽度1～4μs可调。另外，由于SES型脉冲压缩系统在能量注入最初阶段，其会出现全反射现象，因此在大功率速调管微波源输出端口需要连接功率容量大于10MW的环形器，以隔离反射能量对微波源的影响；由于脉冲压缩系统通常需要充入一定压强的气体以提高系统的功率容量，为保护速调管的安全，通常在环形器的输出端与谐振腔输入端之间接入充气波导窗以进行气压隔离，波导窗的耐受压强能力一般需要达到5个标准大气压以上。本示例中采用的5MW速调管大功率微波源及三端口大功率环形器实物如图4-32所示。

图4-32 S波导5MW速调管源及三端口大功率环形器

（2）谐振腔设计

图 4-33 所示为谐振腔主体结构示意图。

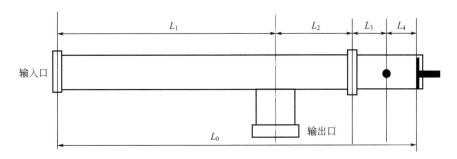

图 4-33 谐振腔主体结构示意图

设计谐振腔的关键是确定谐振腔的总长度及各部分长度。设谐振腔内电磁波的群速为 V_g，导波波长为 λ_g，希望压缩后输出脉冲宽度为 τ，谐振腔长度为 L_0，电磁波频率为 f，波长为 λ，波导截止波长为 λ_c，则在输出耦合系数特别大的条件下，存在以下关系：

$$\tau = \frac{2L_0}{V_g}$$

$$V_g = c\sqrt{1 - \left(\frac{\lambda}{\lambda_c}\right)}$$

$$\lambda_g = \frac{\lambda}{\sqrt{1 - \left(\frac{\lambda}{\lambda_c}\right)}}$$

（4-110）

式中，$\lambda = c/f$；c 为光速。

本节示例选择 S 波导 BJ-32 矩形波导作为谐振腔的主体，则波导口面长为 74.14mm，宽为 34.04mm，由此可以计算出波导截止波长为 $\lambda_c = 144.28$mm；在谐振频率为 $f = 2.856$GHz 时，则波导长为 $\lambda_g = 105.04$mm；由式（4-110）可知，$V_g = 2.057 \times 10^8$m/s，$\lambda_g = 153.22$mm；如果希望输出脉冲宽度 τ 为 10ns，则由式（4-110）的第一个公式可以计算出谐振腔的总长度 $L_0 = 1029$mm。

图 4-33 中还有其他一些参量需要确定，包括输入口面至输出口中线长度 L_1、输出口中线至与开关法兰连接面长度 L_2、开关端面至击穿面距离 L_3 及击穿面至开关短路面长度 L_4 等。一般情况下，L_1 需要满足 $\lambda_g/2$ 的整数倍，$L_2 = \lambda_g/2$，$L_3 = L_4 = \lambda_g/4$，L_1、L_2、L_3、L_4 之和为 L_0。为什么这样设定？请读者结合前面章

节内容进行思考。

选择标准波导作为谐振腔的主体，为了减小损耗，谐振腔内通常需要镀银或镀钯。为了提高脉冲压缩系统功率容量，谐振腔外壁通常需要缠绕硅钢片进行强度加固，以便使充气矩形波导能够耐受 5 个以上标准大气压的压力。

（3）输入/输出耦合结构设计

在本示例中，输入/输出耦合结构设计实际上就是确定输入、输出耦合膜片尺寸，而膜片尺寸与输入、输出耦合系数密切相关，耦合系数通常又由谐振腔的固有品质因数来决定。对于波导谐振腔，其固有品质因数的近似公式为

$$Q_0 = \frac{1}{\delta}\frac{V}{S} \tag{4-111}$$

式中，V 代表腔体体积；S 代表腔体内表面积；δ 为趋肤深度，$\delta = 1/\sqrt{\pi f \mu \sigma}$。

$$Q_0 = \frac{V}{S}\sqrt{\pi\mu\sigma} \times \sqrt{f} = \frac{V}{S}\sqrt{\pi\mu} \times \sqrt{\sigma} \times \sqrt{f} \tag{4-112}$$

由式（4-112）可以看到，波导谐振腔的固有品质因数与腔体的体积成正比，与腔体的内表面积成反比，与腔体材料电导率的 1/2 次方及谐振腔固有谐振频率的 1/2 次方成正比。在其他条件不变的情况下，对于铜质谐振腔，铜的电导率为 $\sigma = 5.8 \times 10^7 \text{s/m}$，而银的电导率为 $\sigma = 6.17 \times 10^7 \text{s/m}$，两者相差不大，故利用谐振腔内部镀银的办法来改善谐振腔的性能，从理论上讲意义不大。通常情况下，镀钯或镀金以提高谐振腔在腔内高重复频率放电条件下腔壁材质的稳定度。结合本节示例较容易算出，整个脉冲压缩系统谐振腔的固有品质因数为 1 万～2 万，因此最佳输入耦合系数为 1.0～1.5，输出耦合系数需尽量大。为了防止预脉冲输出，在输出端面可以施加感性膜片，在波导窄边保持 34.04mm 不变的条件下，宽边压缩至 50mm 为宜；在输入端口，为了保持较高的功率容量，仍然选择感性膜片，同样在波导窄边保持 34.04mm 不变的条件下，宽边压缩至 10～20mm 之间，然后通过实际测量最终确定输入膜片口面尺寸。

（4）开关设计

开关可以选择外触发式开关或自击穿式充气开关。在谐振腔能够充气的条件下，通常选择结构较为简单的自击穿式开关，在距离开关短路面 $\lambda_g/4$ 位置安装击穿电极，可以选择单电极或双电极，在两电极之间或电极与地之间也可以进一步施加脉冲电压，由此，自击穿式开关将会变为外触发式开关。通常，开关末端的短路面具有前后调节功能，以保证击穿电极处于整个谐振腔驻波波腹点位置，击穿发生在电极位置，确保谐振腔能量的最大输出。本示例设计的自击穿式开关实物如图 4-34 所示。

（5）实验研究

在脉冲压缩系统实际设计过程中，谐振腔的主体
与开关是分别设计的，为了连接方便且满足各关键连
接点处于波腹或波节点上，整个脉冲压缩系统长度约
为 1.5m。在系统设计完成后，建立实验系统进行测试。
图 4-35 所示为典型的输入及反射脉冲波形，从图中可
以看出，输入脉冲的波形近似矩形脉冲，其半高宽度
是 1.8μs。由于输入脉冲不是理想的矩形，注入 0.8μs
后谐振腔中储能的泄漏就逐渐增大，实际可用的脉宽
不大于 1.4μs。图 4-36 所示为多个输出脉冲波形的叠
加，脉冲的半高宽度是 13ns。

图 4-34　一种应用于 SES 型脉冲
压缩系统的自击穿式开关

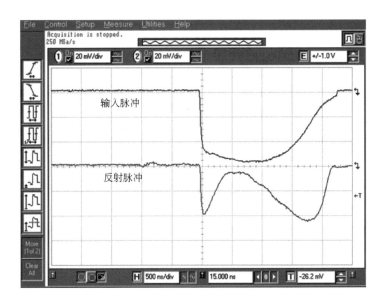

图 4-35　典型输入脉冲波形及反射脉冲波形

通过对建立的实验系统进行测试，在输入功率为 2.7MW 时获得了 106MW 的输
出功率，实验获得的最大功率增益是 42，相当于理论功率增益的 60%。在理论推导
过程中，假设输入脉冲是理想的矩形脉冲，忽略开关导通过程中谐振腔储能的损耗，
实际输入脉冲不是理想的矩形脉冲，在输入过程中谐振腔中储能泄漏较多，开关导
通过程中气体电离也会吸收谐振腔中的微波能量，上述的各种因素都会降低谐振腔
中的总储能，从而降低了输出脉冲的功率增益。通过测试表明，设计的 SES 脉冲压
缩系统整体上达到了预期技术指标。

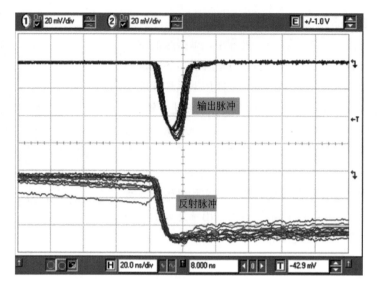

图 4-36　输出脉冲叠加波形

4.2.5　SES 型脉冲压缩相关技术探索

4.2.5.1　基于矩形谐振腔的长脉冲压缩及多级压缩技术探索

SES 型脉冲压缩技术在 2000 年取得突破性进展后,西北核技术研究院就该项技术进行了多方面探索,包括利用脉冲压缩技术获取百纳秒长脉冲探索,搭建的长脉冲压缩系统组成如图 4-37 所示,实验局部系统如图 4-38 所示。该实验系统利用 3～

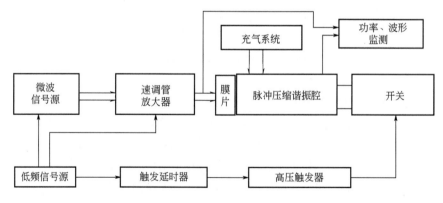

图 4-37　百纳秒长脉冲压缩系统组成框图

5MW 速调管源作为输入微波源，通过脉冲压缩后能够获取几十 MW 级百纳秒长脉冲，获得的脉冲波形如图 4-39 所示。该系统虽然可以实现脉冲压缩，但整个脉冲压缩系统长十余米，并不具备实用性。

图 4-38　百纳秒长脉冲压缩系统实验局部实物图

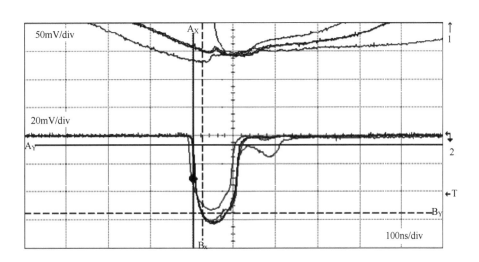

图 4-39　实验获取的百纳秒长脉冲波形

同时，西北核技术研究院利用多级压缩也开展获取 GW 级高功率微波的探索。一类设计的两级脉冲压缩系统组成如图 4-40 所示，由于效率及功率容量问题，这一类两级脉冲压缩的探索基本上都失败了；还有一类双 T 结构脉冲压缩系统，其结构如图 4-41 所示，该方法希望能够通过脉冲叠加进而将产生的功率倍增。在 S 波段的脉冲压缩实验中，最大输出功率达到 148MW，功率增益超过 70，能量效率大于 30%。使用重频脉冲触发开关时，脉冲压缩系统运行的重复频率达到 200Hz 左右，但受限于系统的功率容量，这种方法与单开关脉冲压缩系统相比，其最高的输出功率并没有获得实质性突破。

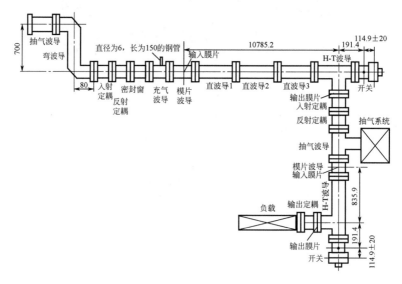

图 4-40　两级高功率微波脉冲压缩系统设计框图

图 4-41　一种双 T 结构高功率微波脉冲压缩系统实物

4.2.5.2 基于圆柱形谐振腔的脉冲压缩技术探索

在所有脉冲压缩技术探索中，最有意义的探索是基于圆柱形谐振腔的脉冲压缩技术探索。自利用开关储能切换脉冲压缩方法（SES）获取 HPM 的技术方案被提出以来，国内外多年的研究均集中在基于矩形谐振腔的脉冲压缩系统上，但自从 20 世纪 90 年代中期报道获取了百 MW 的微波功率后，10 余年间国内外报道的获取的微波功率再难突破。其原因是多方面的，但主要原因在于矩形谐振腔的功率容量有限，另外，矩形谐振腔的固有品质因数较低也是制约系统能量利用效率进一步提高的关键因素。国内外曾有人对基于 TE_{01} 模及 TE_{11} 模的圆柱形谐振腔的脉冲压缩系统进行初步探索，但均未见有较好的实验结果报道，其主要原因是难以找到一种合适的结构形式将圆柱形谐振腔的高功率容量及高品质因数同时加以利用。但西北核技术研究院于 2009 年提出了一种新型的基于圆柱形谐振腔的高功率微波脉冲压缩系统，可以较好地将两者加以兼顾，利用该系统，有望获取 GW 量级甚至更高功率的微波脉冲。下面对基于圆柱形谐振腔的脉冲压缩技术进行简要介绍。

（1）系统结构简介

基于圆柱形谐振腔的脉冲压缩系统主要由 4 部分组成，即输入结构、谐振腔主体、输出结构和微波开关。脉冲压缩系统的外围装置包括初级微波源、环形器、传输波导及测量装置等。前期探索的两种典型的基于圆柱形谐振腔的脉冲压缩系统如图 4-42 和图 4-43 所示。

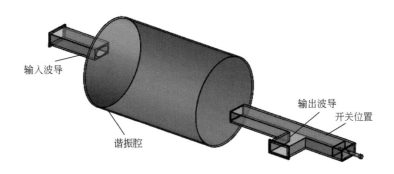

图 4-42　一种工作于 TE_{01} 模式的基于圆柱形谐振腔的 HPM 脉冲压缩装置示意图

图 4-42 和图 4-43 所示的两套脉冲压缩装置的储能腔主体均为圆柱腔结构。图 4-42 所示脉冲压缩系统主体腔体的工作模式为 TE_{01} 模式，图 4-43 所示系统的工作模式主体为 TE_{11} 模式。相较于基于矩形谐振腔的脉冲压缩系统，基于圆柱形谐振腔的脉

冲压缩系统的品质因数均有较大提高，但由于系统输出由矩形波导组成，与单纯的圆柱腔相比，系统固有品质因数仍有较大差距。另外整个脉冲压缩系统的功率容量受矩形波导限制，圆柱腔功率容量较大的优点并没有有效体现。为了进一步提高脉冲压缩谐振腔固有品质因数及系统功率容量，西北核技术研究院提出了一种新型的基于圆柱形谐振腔的脉冲压缩系统结构，如图 4-44 所示。

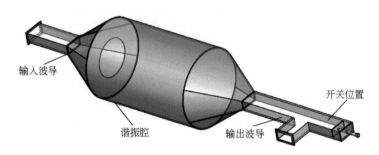

图 4-43 一种工作于 TE_{11} 模式的基于圆柱形谐振腔的 HPM 脉冲压缩装置示意图

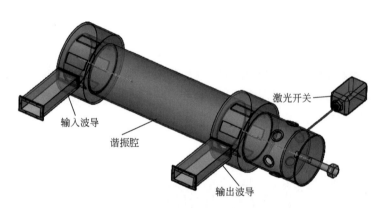

图 4-44 一种完全基于圆柱形谐振腔的 HPM 脉冲压缩装置示意图

由图 4-44 可知，该系统的输入结构为 TE_{10} 矩形波导～TE_{01} 圆波导模式转换器，储能装置为圆波导，输出装置为 TE_{01} 圆波导～TE_{10} 矩形波导模式转换器，开关为壁四周对称开六小孔的带可调短路活塞的圆波导。事实上，输入结构与输出结构所使用的模式转换器结构是相同的，只不过前者将矩形波导中的 TE_{10} 模式转换成圆波导中的 TE_{01} 模式进行能量存储，后者则为前者的逆应用，其作用是将储能谐振腔存储在圆波导中的 TE_{01} 模式微波转换成矩形波导 TE_{10} 模式进行能量释放。如果该模式转换器具有较高的转换效率，则从理论上讲，整个脉冲压缩系统将具有较高的输入效率及输出效率。该模式转换器的基本结构如图 4-45 所示，数值模拟表明，该器件的转换效率可达 96%以上。图 4-46 所示为研究团队设计的 X 波段矩形波导 TE_{10} 模

式至圆波导 TE_{01} 模式转换器的转换效率随微波频率的变化曲线，可见该器件在较宽频带范围内均保持着较高的转换效率。

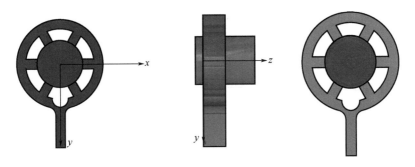

图 4-45 矩形波导 TE_{10} 模式至圆波导 TE_{01} 模式转换器结构及场分布示意图

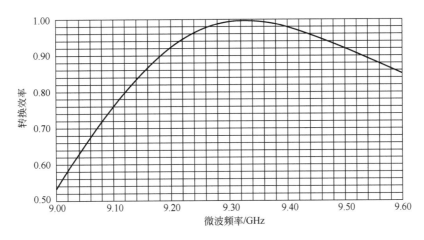

图 4-46 X 波段矩形波导 TE_{10} 模式至圆波导 TE_{01} 模式转换器转换效率随频率变化曲线

如前所述，整个脉冲压缩系统的 4 个主要部分均由圆波导构成，因此系统的功率容量将仅由圆波导尺寸决定，系统的固有品质因数也将会有一个较大提升。

（2）系统功率容量和固有品质因数简析

研究团队提出的基于圆柱形谐振腔的脉冲压缩系统与基于矩形谐振腔的脉冲压缩系统相比，系统的功率容量和固有品质因数将有一个较大提高。虽然提高的幅度由具体系统的结构形式而定，但可以举例进行相对较为粗略的分析。例如，条件为微波频率工作于 2.86GHz，希望得到输出脉冲宽度为 10ns 的高功率微波脉冲，如果以基于矩形波导的脉冲压缩系统来实现，则通常选用 BJ32 的标准波导，谐振腔的长约 1.0m、宽为 74.14mm、高为 34.04mm；如果选择基于圆柱形谐振腔为主体的脉冲压缩装置，则首先要确定谐振腔的半径，其半径要和矩形波导 TE_{10} 模式至圆波导 TE_{01} 模式转换器的半径相当。当微波频率确定后，则模式转换器在保持较高转换效率时圆波导的半径选择范围也将确定，对于微波工作频率为 2.86GHz，选择圆波导的半径 r 约为 80mm 可使模式转换器的效率达到 96%以上。圆波导半径确定后，谐振腔的导波波长也将确定，根据输出脉冲宽度的要求可进一步确定谐振腔的长度。通过计算可知，如果输出脉冲宽度为 10ns，则谐振腔的长度约为 0.9m。对于矩形谐振腔，其工作模式为 TE_{10} 模式，最大场强处于宽边的中间位置，最大距离 d_1 为 34.04mm；对于圆柱谐振腔，其工作模式为 TE_{01} 模式，最大场强的位置在 $0.48r$ 倍处，最大距离 $d_2 = \pi \times 2 \times 0.48r$，约为 241.1mm。工作模式为 TE_{10} 模式的矩形谐振腔及工作模式为 TE_{01} 模式的圆柱形谐振腔横向切面电场分布如图 4-47 所示，由图可知，后者场强的最大容许距离为前者的 8 倍，如果谐振腔内气体成分相同且气压相同，则气体的击穿阈值相同，因此后者的功率容量理论上应该为前者的 64 倍，即功率容量提高了一个量级以上。

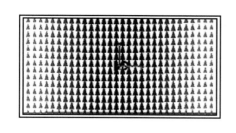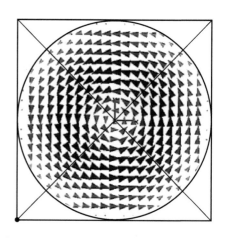

图 4-47 工作模式为 TE_{10} 模式的矩形谐振腔及工作模式为 TE_{01} 模式的圆柱形谐振腔横向切面电场分布

下面再对两类谐振腔的固有品质因数进行一个粗略比对。对于微波波导谐振腔而言，如果腔体内填充介质是近似无耗的，则其固有品质因数计算如下：

$$Q_c = 2\pi f_0 \frac{W}{P_c} \tag{4-113}$$

式中，f_0 为谐振腔工作频率；W 为谐振腔平均存储能量，其大小与谐振腔的腔体体积 V 成正比；P_c 为谐振腔单位时间内损耗的能量，即损耗功率，其主要是由腔体壁电阻引起的损耗，其大小与谐振腔的内表面积 S 成反比。由此可知，Q_c 正

比于 V/S。

　　还是以前述的两个谐振腔为例，它们的工作频率相同。对于基于矩形谐振腔的脉冲压缩装置，其腔体体积与内表面积之比约为 11.5；对于基于圆柱形谐振腔的脉冲压缩装置，其腔体体积与内表面积之比约为 40。可以看到，后者约为前者的 3.5 倍，如果谐振腔壁损耗效率一致，则后者的固有品质因数相对于前者应提高 3 倍左右。另外，谐振腔的工作模式对固有品质因数也有较大的影响，圆柱形谐振腔选择的工作模式为 TE_{01}，其在腔体内壁上没有轴向电流，内壁损耗相对于工作于主模 TE_{10} 的矩形谐振腔要小，因此理论上讲后者的固有品质因数还应当更高。

　　（3）脉冲压缩初步实验结果

　　根据设计原则及结构要求，研究团队设计加工了两套基于圆柱形谐振腔的脉冲压缩装置，这两套脉冲压缩装置分别工作于 X 波段和 S 波段，其实物如图 4-48 所示。

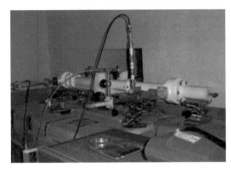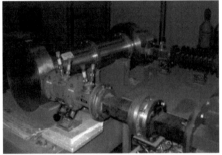

图 4-48　基于圆柱形谐振腔的脉冲压缩装置

　　X 波段圆柱形谐振腔的固有品质因数约为 20000，S 波段圆柱形谐振腔的固有品质因数约为 50000，与能够提供相同输出脉冲宽度的矩形谐振腔相比，圆柱形谐振腔的固有品质因数提高了 5～7 倍。X 波段圆柱形谐振腔固有品质因数的测试结果如图 4-49 所示，通道 1 的数据为圆柱形谐振腔输入端口反射功率 P_r 与入射功率 P_i 之比（即输入端口的反射系数），通道 2 的数据为圆柱形谐振腔输出端口泄漏功率 P_l 与输入功率 P_i 之比。圆柱形谐振腔的固有品质因数实际上是通过测量谐振腔的工作带宽的方法来确定的。在 X 波段的验证性实验中，微波工作频率为 9.3GHz，系统输入功率为 450kW，脉冲宽度为 1μs，获得的输出脉冲功率为 5～7MW，脉冲宽度约为 10ns，功率增益为 10～16 倍，能量利用效率大于 10%。在已报道的实验结果中，本实验结果是最好的。X 波段基于圆柱形谐振腔脉冲压缩系统获取的典型实验波形如图 4-50 所示。

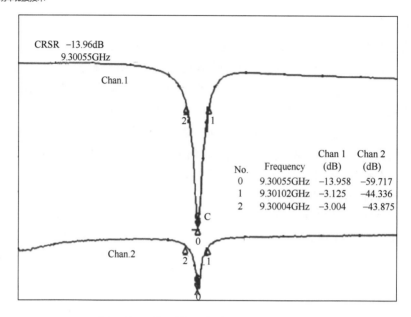

CRSR −13.96dB
       9.30055GHz

Chan.1

No.	Frequency	Chan 1 (dB)	Chan 2 (dB)
0	9.30055GHz	−13.958	−59.717
1	9.30102GHz	−3.125	−44.336
2	9.30004GHz	−3.004	−43.875

Chan.2

图4-49 X波段圆柱形谐振腔固有品质因数测试结果

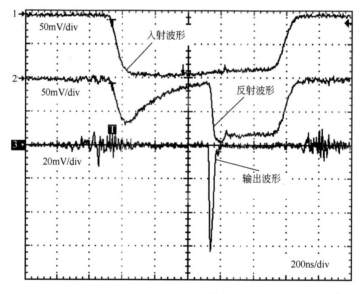

50mV/div

入射波形

50mV/div

反射波形

20mV/div

输出波形

200ns/div

图4-50 X波段基于圆柱形谐振腔脉冲压缩系统获取的典型实验波形

在图4-50中，示波器1通道所示为入射波形，2通道为反射波形，3通道为获取的窄脉冲波形。从图中可以看到，对应于入射波形，输出波形在输入脉冲宽度约为0.5μs时出现，说明微波开关电离击穿在此时发生，因此如果能够进一步提高谐振腔的功率容量，使开关击穿尽量靠后，即达到谐振腔储能的最大值，则整个系统的能量利用效率还有较大的提升空间。在 S 波段利用基于圆柱谐振腔的脉冲压缩系统获取 HPM 的实验中，初步得到了 400MW 的微波输出功率。但后续实验表明，当输出功率大于 200MW 后，系统的能量利用效率大幅度下降，400MW 功率输出的脉冲压缩增益只有 20 倍左右。

局限于谐振腔的耐受气压及微波切换开关的速度及损耗，利用 SES 型脉冲压缩系统获取 GW 级高功率微波存在诸多实际的物理障碍。即使能够利用输出功率达到 50MW 的速调管源（图 4-51）作为初级输入，达到 GW 量级的高功率微波输出，也存在系统体积、质量庞大的问题，其占用的体积、质量甚至远远超过了利用相对论器件的 GW 级高功率微波源的体积、质量，且其实现的复杂

图 4-51　S 波段 50MW 速调管微波源系统实物照片

程度也会大幅度增加。因此，受限于 SES 型脉冲压缩系统功率容量及切换开关，SES 型脉冲压缩技术近 10 年来再未出现实质性的突破，甚至有逐渐消亡的危险，这一点完全可以由近 10 年来国内外期刊能够查询的相关技术文献来感知到。但客观来看，高功率微波脉冲压缩技术在百 MW 级水平仍然具有一定的用途，如用于开展窄脉冲高功率微波效应研究及高功率微波介质击穿研究等。图 4-52 和图 4-53 即西北核技术研究院利用脉冲压缩技术建立的效应研究平台及介质击穿研究平台。

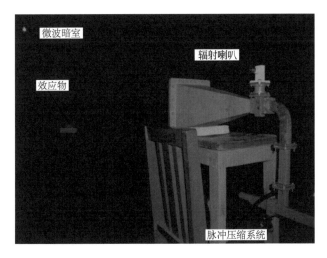

图 4-52　基于脉冲压缩技术的高功率微波效应研究实验平台（局部）

图 4-53　基于脉冲压缩技术的介质击穿研究实验平台

4.3　路径编码脉冲压缩技术

采用 SES 型脉冲压缩技术产生高功率微波的方案受限于开关的切换速度及损耗、谐振腔的损耗和系统的功率容量。该技术在达到几百 MW 输出功率水平后陷入发展瓶颈，似乎逐渐在高功率微波技术领域成为一门即将消亡的技术。为了获取更高的脉冲功率，必须解决开关问题以及功率容量问题，为此笔者带领的研究团队在国际上首次提出了一种基于路径编码的高功率微波脉冲压缩技术。利用该脉冲压缩技术不但能够实现 GW 级的高功率微波输出，同时还能够获取一类具有中心载频的超宽带脉冲。这类微波脉冲是一类新型的超宽带脉冲，与窄带高功率微波脉冲相比具有相同的天线辐射效率，同时又具有超高重复频率和超宽带脉冲的所有特性，其在应急通信及干扰、无人机对抗等领域将具有特殊的用途。基于路径编码脉冲压缩技术获取高功率微波的产生技术，未来有可能成为与相对论器件获取高功率微波技术并驾齐驱的新技术，并具有自身鲜明的特色。

4.3.1　路径编码脉冲压缩技术基本原理及其实现方法

4.3.1.1　路径编码脉冲压缩技术基本原理

路径编码脉冲压缩技术的基本原理是对一个长脉冲不同时刻或时段的电磁波进行频率、相位以及幅度进行编码，改变其群速或路径，使其在时间轴上进行重叠（命名为时域压缩），进而实现脉冲宽度变窄并获取较高的功率增益。

在不采用开关的条件下，将一个长脉冲压缩成一个窄脉冲无非有三种方法：

① 调速，将开始注入电磁波的速度调慢，将后注入电磁波的速度调快，在时间轴上实现电磁波重叠，实现时域压缩。

② 改变路径，同等速度条件下最先注入的电磁波通过较长的路径传播，后注入的电磁波通过较短的路径传播，从而实现时域压缩。

③ 既调速又改变路径，即第一种方法与第二种方法的混合应用。

所谓路径编码脉冲压缩技术，就是对一个长脉冲内不同时刻或时段的电磁波进行频率、相位及幅度编码，实现不同路径上的电磁波波形叠加，达到脉冲宽度变窄、脉冲峰值功率增大的目的。

对一段完全匹配传输的同轴线来讲，其上传播电磁波的群速唯一且等于光速，同时传播路径单一，因此不可能实现脉冲压缩。如果同轴线在其输入、输出端处于失配状态，虽然电磁波传播速度相同且路径单一，但由于失配影响，最先注入的电磁波会在同轴线两端形成振荡输出，理论上讲可以实现脉冲宽度压缩，但其输出无法获得功率增益，因其理论最大功率增益在无耗情况下为 1。

如前所述，要想实现脉冲压缩，在单一路径条件下必须有实现电磁波速度调制的条件，因此一段具有色散特性的波导可用来对电磁波进行速度调制以实现脉冲压缩。而速度调制是表象，真正需要调整的是不同时段内电磁波的频率和相位。如果波导处于匹配状态，可通过对长脉冲中不同时段的电磁波进行频率和相位编码以实现脉冲变窄，并同时获得较高的功率增益。速度调制的机理及其实现过程如图 4-54 所示。

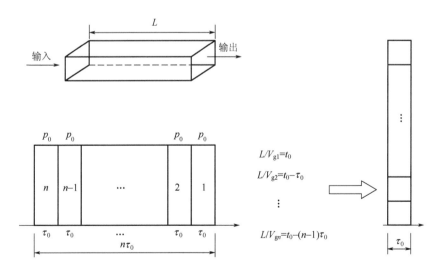

图 4-54　单一路径条件下电磁波速度调制的脉冲压缩原理

215

对于一个长脉冲，脉宽为 $n\tau_0$，希望将脉宽压缩至 τ_0。首先将长脉冲分为 n 份，形成 n 个相连的窄脉冲，每一个窄脉冲赋予不同的载频。由于波导的色散效应，不同载频的窄脉冲对应于不同的群速 $V_{g1},V_{g1},\cdots,V_{gn}$，设波导的长度为 L，则第一号窄脉冲走完整个波导所需的时长为 t_0，其中 $t_0=L/V_{g1}$；编码使第 $2\sim n$ 号窄脉冲走完整个波导的时长分别满足 $t_0-\tau_0,\cdots,t_0-(n-1)\tau_0$，则理论上输出的窄脉冲会在输出端口上重叠，因而输出总脉冲的脉宽将会实现 n 倍的压缩，而峰值功率也相应地提高 n 倍。

为验证上述编码方法的可行性，我们采用数值模拟的方法。如图 4-54 所示，假设欲利用一段长度为 $L=20\text{m}$ 的 S 波段矩形波导，将脉冲宽度为 25ns 的长脉冲压缩至 5ns。其处理过程如下：首先将 25ns 的长脉冲分成 5 份（即 5 个窄脉冲），使其群速度满足如图 4-54 所示的编码条件，则 5 个窄脉冲对应的载频分别为 2.8GHz、2.9325GHz、3.1146GHz、3.3812GHz、3.8119GHz。图 4-55 给出了矩形波导输入/输出端口的信号波形，其中输入的编码信号波形如图 4-55（a）所示，输出的压缩信号波形如图 4-55（b）所示。由图 4-55（b）可以看到，25ns 长脉冲得到有效压缩，

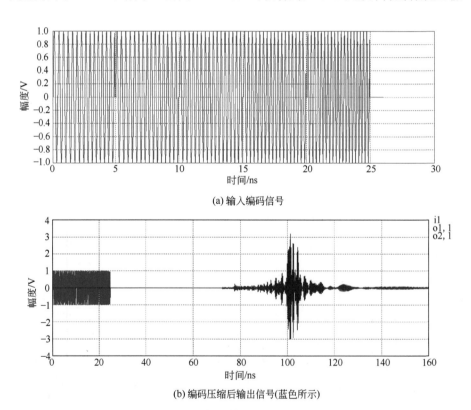

(a) 输入编码信号

(b) 编码压缩后输出信号（蓝色所示）

图 4-55　单一路径条件下电磁波速度调制的脉冲压缩仿真结果（5ns）（见彩插）

其脉宽缩短至约 5ns。对压缩后的信号波形进行分析发现，最高峰值功率增益达到 9 倍以上，这是因为压缩后的脉冲是由多个不同频率的脉冲相互叠加而成的，形成了典型拍波效应，使得压缩信号的局部功率增大，另外一部分功率变小，因此该压缩波形并非理想的方波。

由图 4-55 可知，这种速度调制方法虽然可以实现脉冲编码压缩，但付出的代价也是显而易见的。由于路径单一，只能靠调节波速的单一手段来实现脉冲压缩，因而需要微波源输出信号的频带宽度很宽。如果想降低长脉冲的频带宽度，则需要增加矩形波导的长度，而这在实际操作上具有非常大的难度，几乎不具有实际的使用价值。因此，需要采用路径调制的方法实现脉冲压缩，而实现路径调制最有效的方法还是利用大型金属腔体的多径效应，其采用的机理及实现过程如图 4-56 所示。

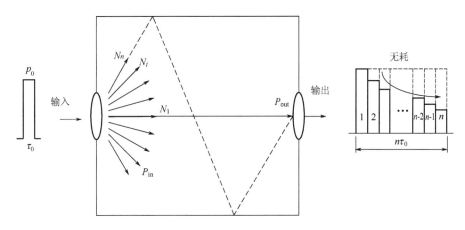

图 4-56　大型腔体多径效应示意图

首先做以下假设：金属腔体是无耗的，输入及输出端口分别为 n 个方向的等幅辐射天线。则在输入端口输入一个脉冲宽度为 τ_0 的短脉冲，输出端口就能够得到 n 个窄脉冲信号；假设 n 个窄脉冲通过金属腔体所需的时间依次相差 τ_0，则在金属腔体的输出端口能得到一个长度为 $n\tau_0$ 的长脉冲，同时其峰值功率降为原来的 $1/n$。事实上，所有腔体都是有损耗的，且进行 n 路功率均分的等幅辐射也几乎是不可能实现的，因此输出的长脉冲是振荡衰减的。对于如图 4-56 所示的大型金属腔体，其实际能够获得的输出信号波形如图 4-57（a）所示。

如果截取的输出脉冲长度为 $n\tau_0$，并对其时域波形进行反转，即再造一个时序相反的长脉冲，则这个长脉冲与原输出长脉冲是时序颠倒的。将金属腔体的输入端口与输出端口互换，由于该腔体内没有铁磁性物质，满足电磁场互逆条件，则在该金属腔体的输入端口输入时序颠倒的长脉冲，在其输出端口即可得到脉冲宽度为 τ_0

的窄脉冲，其峰值功率会有比较明显的提升。

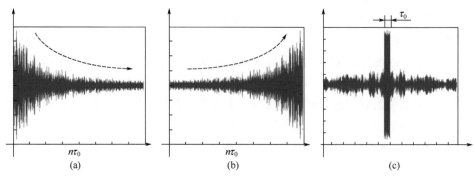

图 4-57   金属腔脉冲压缩示意图

这里涉及一个较为成熟的技术——时间反转技术。但从客观上看，时间反转技术并不是将长脉冲压缩成窄脉冲的必要条件，时间反转技术在这里应用的本质是实现脉冲路径编码的一种方法。而且需要说明的是，这种方法并不具有唯一性，甚至很难称得上是最优的方法。理论上讲，对于特定的结构体，只要掌握了电磁波沿各个路径传输的特性并对其进行合理编码，则希望得到的窄脉冲就能够获得。

高效的多径脉冲编码方法是实现脉冲压缩的根本保证，但当前对于特定的结构只能借助于数值模拟或者高速采样，并利用时间反转的方法进行编码。实践证明，这种编码方式也是一种十分有效的编码手段，笔者带领的研究团队利用该方法成功将 μs 级长脉冲压缩到了 ns 量级，获得了 20dB 以上的功率增益。但这种方法的局限性也是显而易见的，在实践中很难明确给出实现高压缩增益的金属腔优化方向，对于金属腔输入/输出结构也不能给出明确的设计指导。因此，研究高效的路径编码方法无疑是未来实现高效压缩的一个必要条件，研究新的高效路径编码方法无疑是将来一个重要的研究方向。

4.3.1.2   路径编码脉冲压缩实现方法

如前一小节所述，根据互逆原理，如果将输入端口与输出端口进行互换，在原输出口处输入一个长脉冲，长脉冲的时序完全遵照与原输出长脉冲相反的时序，也即最先输出的将最后输入，则理论上讲在原输入口必定会得到一个与原输入一样窄的窄脉冲。对于输出端口上输入的长脉冲而言，其脉冲宽度在时域上得到显著的压缩，而其峰值功率也得到大幅度的提高。由于能够进行有效压缩的脉冲长度主要是由金属腔内壁的损耗所决定，即使以导电性能最好的银制作的内壁，其脉冲压缩的有效长度通常也不会超过 10μs。一般情况下，4μs 以后的脉宽能量压缩效率将会急剧下降，因此在后续章节以 4μs 时长为参考。

实现高效路径编码脉冲压缩需要解决的核心问题就是对输入的长脉冲进行分段编码，这里可将长脉冲信号离散成一个一个的点，每一个点的相位信息、频率信息以及幅度信息都直接影响到是否能够实现脉冲压缩或压缩后的能量利用效率（即功率增益）。

由于所有编码都是与现实中的硬件系统密切相关，理论上讲，对于特定的金属腔以及输入/输出结构，可以在完全没有先验知识的条件下进行编码进而实现脉冲压缩。但实际上这种操作几乎是不可能实现的。当前实现脉冲路径编码最简单有效的方式还是采用数值模拟数字互逆法，这种方法的具体操作过程是这样的：

第一步，首先建立一个与硬件系统对应的仿真模型，包括金属腔体及输入/输出结构，其次构造一个具有中心载频的 ns 级窄脉冲，将该窄脉冲由输入端口输入到硬件系统中，则在硬件系统的输出端口便可得到一个幅度振荡衰减的长脉冲。根据设定的时间长度，在硬件系统输出端口截取相应时长的长脉冲。举例来说，如果希望用 4μs 的长脉冲压缩得到 10ns 的窄脉冲，则需构建 10ns 的窄脉冲，并馈入硬件系统中，在其输出端口截取 4μs 时长的长脉冲即可。

第二步，对截取的长脉冲进行数字化反转处理。就数值模拟软件来说，长脉冲的存在形式本来就是数字化的，只需将与长脉冲对应的一组数字（通常达到 GB 量级）进行时序颠倒即可，将重组后的数字重新生成一个长脉冲，由硬件系统的输出端口馈入，则在硬件系统原输入端口即可得到一个 ns 级窄脉冲。

应该说数值模拟数字互逆法是一种简洁高效的路径编码方法，但这种方法在实际应用中还有一些不足，具体表现在数值模拟建立的模型与实际中的硬件并不完全相同，其带来的直接后果是脉冲压缩的效率不高。弥补这一缺陷的第二种编码方法是硬件高速采样法，相较于前一种编码方法，该方法也可称之为硬件编码法。硬件编码法具体来说由信号源构建一个具有中心载频的 ns 级窄脉冲作为输入信号，在金属腔体输出端直接利用高速数字示波器对输出的脉冲响应信号进行采样，截取需要的脉冲长度进行数字化处理并颠倒时序处理，获取新的长脉冲路径编码信号，将此编码信号输入任意波形发生器中产生相应微波信号，由原输出口注入，在原输入口即可还原得到 ns 级的压缩窄脉冲波形。

不管是数值模拟数字互逆法还是硬件采样法，都是实现电磁波路径编码的具体实现形式。如何以数值模拟结果指导硬件系统设计，如何在硬件确定的情况下优化编码以提高压缩效率仍是未来需要进一步研究的课题。此外，探索新的编码方法及实现形式也是未来需要重点开展的研究内容。理论上讲，一种高效的编码方式将是实现高效脉冲压缩的根本保证。

脉冲压缩的根本目的在于获得极高的峰值功率。为了提高压缩后的脉冲峰值功率，可以采用功率补偿法对编码后的长脉冲进行改造，具体改造过程如图 4-58 所示，保持每一个点的相位及频点信息，将幅度信息整体与最大值拉平，这种方式可有效解决由于金属腔体损耗对编码信号的功率限制。相较于未进行功率补偿的长脉冲而言，功率补偿后的长脉冲压缩后得到的输出功率通常可以提高一个数量级。

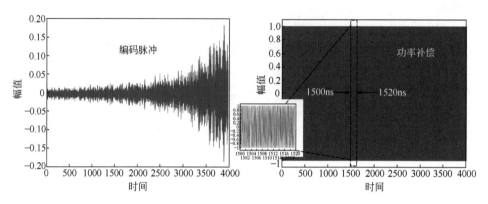

图 4-58 编码脉冲功率补偿方法（幅值归一化）

4.3.2 路径编码脉冲压缩获取具有中心载频超高重频超宽带高功率微波

4.3.2.1 具有中心载频超高重频超宽带高功率微波简介

高功率微波具有重要的军事用途，长久以来各国都不吝投入重金开展相关的研究工作。如果从更广的意义上看，高功率微波只不过是人类日常采用的各类微波信号指标极限化的一种特殊形式，因此当一类新的 HPM 信号可以产生时，其实质上也意味着该信号在民用领域具有潜在的广阔应用前景。本小节所介绍的超高重复频率、超宽带 HPM 信号即具有此种属性。

当前，人类能够产生微波信号的手段大致有三种。第一种是利用微波固态半导体器件产生，其优势在于产生 1kW 以下的连续波。如果用其产生脉冲波，则脉冲峰值功率通常不会比连续波高。第二种是利用电真空器件产生，具体产生方式又分为磁控管、速调管、行波管、回旋管等不同器件产生方式。不同器件产生方式各有特点，最高脉冲峰值功率可达几十 MW 量级，而连续波功率也可达 10kW 量级。但是利用这些器件产生脉冲 ns 量级、重频 MHz 量级、功率 MW 量级的微波脉冲几乎没有可能。第三种是利用相对论器件产生，相对论器件主要用来产生脉冲宽度为几十 ns、峰值功率为 GW 量级的 HPM 脉冲，但是这类微波脉冲的重复频率很难达到 kHz 量级，因此如果有一种简单而廉价的方法产生脉冲宽度为 ns 级、重频达 MHz 量级、功率达到百 kW 甚至 MW 量级的微波脉冲，则是人类微波信号产生形式上的一种新突破。

事实上，在 HPM 技术领域，有一类超高重频信号已经能够产生。这类信号的重频一般在几十 kHz 至百 kHz 量级，峰值功率也可达到几百 kW 量级。但这类 HPM 的瞬时带宽主要由信号的上升沿及下降沿决定，通常不超过 2GHz，与本小节介绍的微波脉冲相比，其最大的特点是这类微波脉冲没有中心载频。这类 HPM 信号通常为由雪崩半导体快速放电而产生的冲击脉冲，其频域信号能量大部分分布在直流至几十 MHz 的低频区域，虽然这类脉冲在近距离电子对抗领域能发挥较好的作用，但这类脉冲很难用天线辐射出去，这个特点也限制了这类 HPM 信号的远距离应用。本节介绍的微波脉冲信号，除具有超高重频、高峰值功率以及宽频带外，最核心的特征是这类微波脉冲具有中心载频，且中心载频可以在百 MHz 至几十 GHz 之间任意选择，因此具有高效的天线辐射能力。这类 HPM 信号可能是人类此前从未有效产生过的新型 HPM 信号，其获取方法未见报道，同样也没有已经获取这类脉冲并将其应用的实例。

利用脉冲压缩技术能够将 μs 级长脉冲压缩至 ns 级窄脉冲并获得一定的功率增益，应用该技术也是获取 HPM 的一种有效途径。如前所述，当前应用于 HPM 领域的脉冲压缩技术路线主要有 SES、SLED 型等，其基本原理是将脉冲长度很长的脉冲注入谐振腔内并进行储能，然后利用切换开关使谐振腔失配，注入谐振腔的能量瞬间释放，因此可以获取脉宽很窄的窄脉冲。通常采用 SES、SLED 脉冲压缩技术产生的脉冲，其脉冲宽度与谐振腔的尺寸相关。受限于切换开关的启闭速度和损耗，这类脉冲压缩方法很难获得具有超高重频的 HPM 脉冲，其脉冲重频通常在百 Hz 量级。

本节第一部分介绍的基于脉冲路径编码的脉冲压缩新方法，不需要切换开关，理论上可以形象地理解为将宽脉冲分成很多个窄脉冲，将先注入的窄脉冲速度变慢或者路径变长，后注入的窄脉冲速度变快或者路径变短，多个窄脉冲从而在输出端口重叠，实现脉冲宽度变窄而峰值功率大幅度提高。这种方法可以与固态半导体器件微波源或行波管放大器微波源配合形成最优配置，利用 kW 级固态放大器可有效获取脉冲重频为 MHz 量级、带宽为 GHz 量级、峰值功率为几百 kW 量级且具有中心载频的 HPM 脉冲。

4.3.2.2　实验研究

为了获取超高重频 HPM 脉冲，并验证基于路径编码脉冲压缩技术的可行性，研究团队初步开展了相关的实验研究工作。由于这是一类全新的产生超高重频 HPM 的技术途径，且产生的 HPM 脉冲形式是以往所没有出现过的，因此在实验研究中没有多少可借鉴参考的技术，基于路径编码脉冲压缩技术的可行性主要通过实验测试结果进行说明验证。

基于路径编码脉冲压缩技术主要遵循辐射波束能够充分分离以及多径损耗尽可能小两个基本原则，因此研究团队设计了如图4-59所示的脉冲压缩金属腔体结构及实验系统。金属腔体的形状为长方体，结构尺寸为1m×1m×2m，在长方体的两个相对的端面上设置输入及输出端口。输入、输出端口采用BJ32开口波导作为辐射及接收天线，用于微波的信号发射和接收。其中，为防止过高的峰值功率对仪器设备损坏，在金属腔体的输出端口增加大功率衰减器，以使输出信号保持在高速采样示波器的正常接收范围。经实测，增加的衰减器和连线的总衰减量为64.94dB。同时，为了简化设计难度，整个金属腔体及输入/输出均采用对称结构，当然如果系统的结构是非对称的，在原理上也是可以实现脉冲压缩的。

图4-59 脉冲压缩金属腔体结构及测试系统

在获取超高重频HPM脉冲的实验中，采用硬件采样法实现路径编码信号的处理，整个路径编码信号构造过程如图4-60所示。首先利用数值模拟软件建立与硬件对应的物理模型，构建中心载频为2.856GHz，脉宽分别为1ns、2ns、3ns的微波脉冲信号。构建得到的微波脉冲由仿真模型的输入端口输入到实验系统中，在其输出端口可得到脉冲响应信号，对脉冲响应信号截取时长为4μs的长脉冲，在数字域实现数字化时序翻转，并进行功率补偿，得到编码后的长脉冲波形。整个编码过程获取的信号波形如图4-60所示。

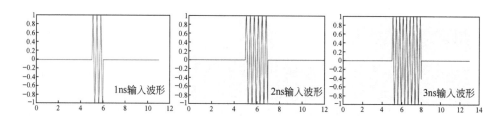

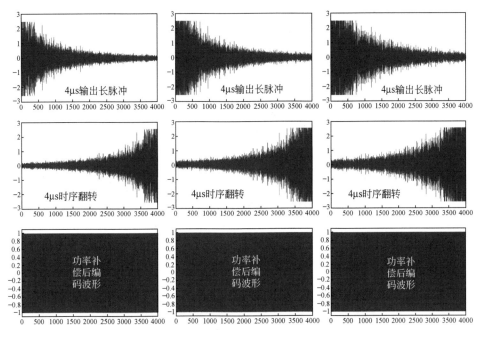

图 4-60 采用数字化时序翻转、功率补偿获得的长脉冲编码波形

　　将编码后的长脉冲波形文件输入到任意波形发生器后产生相应波形的微波信号，产生的微波信号经固态放大器，将其功率提高至 500W 量级后，再输入到金属腔体内，同时通过高速采样示波器监测输入、输出端口的时域波形。通过高速采样示波器监测的信号波形如图 4-61 所示。由图 4-61 可知，对于不同编码的 4μs 长脉冲信号，在金属腔体的输出端口均获得了对应压缩后 1ns、2ns、3ns 的微波窄脉冲。通过计算，在输入功率为 500W 量级的条件下，对应 1ns 压缩信号的输出脉冲峰值功率为 161.6kW，对应 2ns 压缩信号的输出脉冲峰值功率为 147.8kW，而对应 3ns 压缩信号的输出脉冲峰值功率为 113.7kW。通过计算，对 1ns、2ns、3ns 的微波窄脉冲而言，脉冲压缩增益大于 200 倍，压缩脉冲峰值功率随着脉宽变窄而逐渐增加。在这组实验测试数据中，产生的脉冲重复频率达到 250kHz。

　　如果选取 2μs 时长的脉冲响应信号进行编码，生成编码长脉冲输入信号，则会获得 500kHz 重复频率的压缩信号；如果选取 1μs 时长的脉冲响应信号进行编码生成编码长脉冲输入信号，则脉冲压缩信号的重复频率将会增大到 1MHz。图 4-62 所示为获得的重频为 500kHz、脉宽 1ns 的压缩波形，以及重频为 1MHz、脉宽 1ns 的压缩波形，其对应的峰值脉冲功率分别为 116.2kW 和 59.8kW。

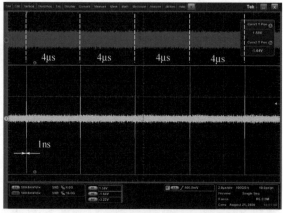

(a) 4μs长脉冲压缩后的1ns脉冲压缩信号

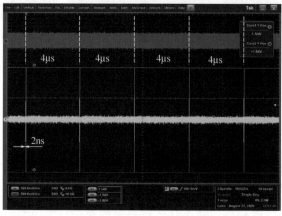

(b) 4μs长脉冲压缩后的2ns脉冲压缩信号

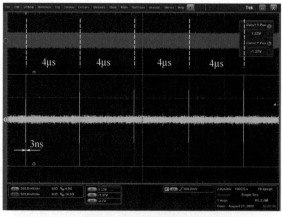

(c) 4μs长脉冲压缩后的3ns脉冲压缩信号

图4-61 4μs长脉冲不同脉宽的压缩信号（见彩插）

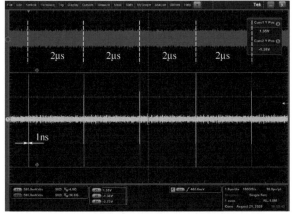

(a) 重频500kHz、脉宽1ns的压缩波形

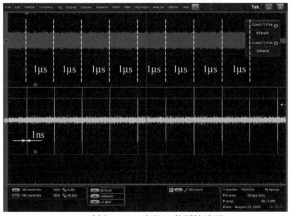

(b) 重频1MHz、脉宽1ns的压缩波形

图 4-62　不同重频下脉宽 1ns 的脉冲压缩信号（见彩插）

上述实验研究中，采用的固态放大器最大的输出脉冲功率只有 500W 量级，如果将放大器的输出功率提高到 1kW 以上（这在当前技术条件下无论是采用固态器件还是采用行波管放大器均是可以实现的），获得的窄脉冲峰值功率将会达到几百 kW 量级，脉冲重复频率可达到 MHz 量级。如果能够采用功率合成方法进一步提高放大器的输出功率至 5kW 水平，则可获得重频为 MHz 量级、峰值为 MW 量级峰值功率、瞬时带宽达到 1GHz 的压缩脉冲是极有可能的，因为无论是理论分析还是实验研究均表明，随着输入功率的增加，输出功率的增加几乎是线性的。

4.3.3　采用路径编码脉冲压缩技术获取 GW 级高功率微波

相较于 SES 型脉冲压缩技术，路径编码脉冲压缩技术最大的特点是不需要

225

微波切换开关，由此可以回避微波切换开关带来的四大问题。首先是微波开关的导通速度，在 SES 型脉冲压缩系统中，开关的导通速度直接决定了能否获得有效的脉冲压缩；其次是开关的恢复速度，其决定了脉冲压缩系统工作的重复频率；再次是开关带来的损耗，它是影响系统效率的重要因素；最后也是最重要的一个方面，即微波开关的功率容量限制决定了整个脉冲压缩系统的功率容量。在整个 SES 型脉冲压缩系统中，微波开关是功率容量最低的器件，开关的功率容量直接限制了 SES 型脉冲压缩系统的最高输出功率，通常微波开关的功率容量在百 MW 量级，这也是 SES 型脉冲压缩系统输出功率长期难以突破 GW 量级的关键性障碍。

路径编码脉冲压缩技术则是利用大型金属腔体代替矩形波导或圆柱形波导作为主体的谐振腔，腔内的电场强度在同等输入功率条件下可降低一个量级。理论上讲，在储能过程中腔体内壁带来的电损耗将会大大下降，而这有利于提高整个脉冲压缩系统的能量利用效率。

4.3.3.1 GW 级路径编码脉冲压缩系统组成

如图 4-63 所示，GW 级路径编码脉冲压缩系统主要由 10MW 速调管微波源、大功率环形器、路径编码脉冲压缩腔体、输出负载或天线、微波前级源及测量系统、水冷及充气装置等组成。速调管微波源输出脉冲的功率为 10MW 量级，输出脉冲宽度为 6μs，脉冲重复频率为 50～100Hz，输出脉冲的载频为 2.856GHz。速调管微波源输出的微波长脉冲，希望通过脉冲压缩系统将输出功率提高到 1GW 量级，输出脉冲宽度 10ns。

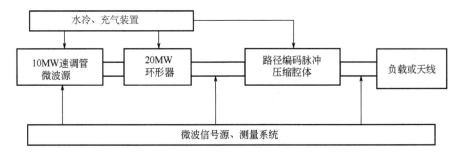

图 4-63 GW 级路径编码脉冲压缩系统组成框图

根据图 4-63 所示的 GW 级路径编码脉冲压缩系统，建立的 10MW 速调管微波源系统框图如图 4-64 所示，大功率环形器如图 4-65 所示，设计的路径编码脉冲压缩腔体如图 4-66 所示。

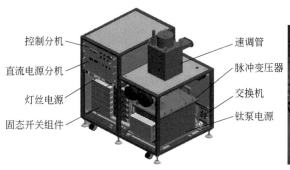

图 4-64 S 波段 10MW 速调管微波源系统框图   **图 4-65** S 波段 20MW 大功率四端口环形器

4.3.3.2 实验研究

本小节利用建立的 GW 级路径编码脉冲压缩系统开展了 GW 级 HPM 获取实验研究，获得的输入脉冲波形及输出脉冲波形如图 4-67 所示。其中，输入脉冲的功率为 10MW，脉冲宽度为 6μs；输出脉冲峰值功率约为 1GW，功率增益大于 100 倍，能量利用效率大于 10%。该输出功率指标是当前利用脉冲压缩技术获取的最高指标。笔者团队下一步的工作将是进一步优化脉冲压缩系统和路径编码方法，进一步提高脉冲压缩的能量利用效率，力争将输出功率提高到 2GW 以上。

图 4-66 GW 级脉冲压缩腔体实物照片

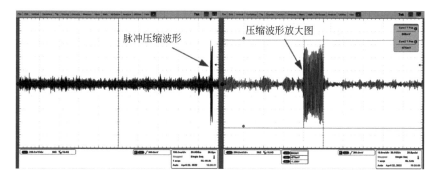

图 4-67 利用路径编码脉冲压缩系统获取的 GW 级高功率微波脉冲波形（见彩插）

4.4 小结

追求更高的输出功率、更高的能量利用效率、更小的体积及质量、更长的稳定工作时间是高功率微波技术领域永久研究的课题。当前能够产生 GW 级高功率微波的方法还仅仅只有利用相对论器件一种途径，虽然近年来在波束能量转换效率方面不断有高效率的微波器件报道，但受制于加速器技术很难取得突破，因而基于相对论器件的 GW 级高功率微波源的整体能量利用效率很难突破 10%，并且由于散热及击穿问题，高功率微波源的一次工作时长很难达到 10min 以上量级，且脉冲重复频率也很难达到百 Hz 以上。与相对论器件相比，常规电真空器件的发展历史则要长得多，无论是磁控管、行波管还是速调管，其能量利用效率均普遍能达到 50% 以上，有的甚至能够达到 90% 左右。当前普遍应用于雷达或加速器领域的 MW 级大功率速调管的能量利用效率普遍在 50% 以上，输出功率为 50MW 的速调管已经成熟并得到大规模的商用。如果利用脉冲压缩技术将速调管输出的功率为几十 MW、脉冲宽度为几个 µs 量级的微波脉冲压缩成脉冲宽度为 10～20ns 的微波窄脉冲，则微波窄脉冲的峰值功率可达到 GW 量级以上，而这将额外增加一条获取 GW 量级高功率微波的技术途径。如果脉冲压缩系统的能量利用效率能够达到 50% 或以上，则基于脉冲压缩技术的 GW 级高功率微波源的能量利用效率将达到 25% 以上，与基于相对论器件的高功率微波源技术相比将是一个巨大的进步。但限于微波开关、谐振腔等器件功率容量及损耗的影响，传统 SES 型脉冲压缩技术基本止步于产生几百 MW 微波功率的水平，几乎看不到利用该技术达到 GW 级 HPM 的希望，这也是该项技术在 2000 年达到研究高峰之后再无重大进展的主要原因。

本章提出的基于路径编码的脉冲压缩技术重新点燃了基于脉冲压缩技术获取 GW 级高功率微波的希望，该项技术基于脉冲频率、幅度及相位的调制编码，利用大型金属腔体的多径效应实现脉冲在时域上的压缩，是一条未见报道的新的高功率微波获取技术路线。初步的实验结果表明，利用该项技术能够获取脉冲功率为 GW 量级以上的高功率微波，这在高功率微波获取技术领域取得了颠覆性的突破。另外，利用该项脉冲压缩技术还首次获得了脉冲重复频率达到 MHz 量级且具有中心载频的超宽带 HPM 脉冲，这类 HPM 脉冲是一种新型的高功率微波脉冲形式，有可能在应急通信、干扰对抗等领域发挥意想不到的作用，进而大大拓展高功率微波的应用范畴。

参考文献

[1] Benford J. 高功率微波 [M]. 吴诗信, 等译. 成都: 电子科技大学出版社, 1996.

[2] Gaponov-Grekhov A V, Granatstein V L. Application of High Power Microwaves [M]. London: Artech House Publication, 1994.

［3］Khanaka G H，Yee J H. Propagation of Long HPM Pulse Through the Air［M］. UCID-20616，1986.

［4］Byrne D P. Intense Microwave Pulse Propagation through Gas Breakdown Plasma in a Waveguide［M］. UCRL-53764，1986.

［5］Devyatkov N，et al. Formation of powerful pulses with accumulation of UHF energy in a resonator［J］. Radio Eng. and Electron. Phys.，1980，25：87-89.

［6］刘国治. 关于开展高功率微波效应研究的设想［J］. 试验与研究（增刊），1993.

［7］Kurokawa S I. Frontiers of Accelerator Technology［C］. Proceedings of the Joint US-CERN Japan International School. Singapore：World Scientific Publishing，1996：716-734.

［8］Schwarzkopf D B. The traveling wave resonator as a short pulse generator［J］. The Microwave Journal，1962，5（9）：172-180.

［9］Didenko A，Zelentsov V I，Shteyn Y G，et al. The generation of high power microwave pulses of nanosecond length［J］. Radio Eng. and Electron Phys.，1975，17：1220-1222.

［10］Minami K，Hosoyama K. Proposal of a high power microwave pulse source utilizing a superconducting cavity for energy storage［J］. Japanese J. Appl. Phys.，1979，18（1）：85-89.

［11］Birx D，Dick G，Little W A，et al. Pulsed frequency modulation of superconducting resonators［J］. Appl. Phys. Lett.，1978，33（5）：466-468.

［12］Birx D，Dick G，Little W A，et al. Microwave power gain utilizing superconducting resonant energy storage［J］. Appl. Phys. Lett.，1978，32（1）：68-70.

［13］Alveraz R A，Birx D，Byrne D，et al. Generation of high-power microwave pulses using a spherical superconducting cavity and interference-type switch［J］. IEEE Tran. MAG，1981，17（1）：935-938.

［14］Yen H C，Dick G，Mercereau J. Frequency modulated superconducting resonators［J］. IEEE Tran. MAG，1977，13（1）：504-507.

［15］Alvarez R A，Lauer E J，Birx D，et al. Application of microwave energy compression to particle accelerators［J］. Particle Accelerator，1981，11：125-130.

［16］Birx D，Scalapino D. A cryogenic microwave switch［J］. IEEE Tran. MAG，1979，15（1）：33-35.

［17］Birx D，Scalapino D. Microwave energy compression using a high-density electron beam switch［J］. J. Appl. Phys.，1980，51（7）：3629-3631.

［18］Alvarez R A. Some properties of microwave resonant cavities relevant to pulse compression power application［J］. Rev. Sci. Instrum.，1986，57（10）：2481-2488.

［19］Stimson G D，Mellor D J. Magnetron driven Q switched cavity for microwave pulse generation［C］. IEEE 8th International Pulsed Power Conference Proceedings，1991：811-814.

［20］Alvarez R A，Byrne D P. Repullse suppression in microwave pulse compression cavities［J］. Rev. Sci. Instrum.，1986，57（10）：2475-2800.

［21］Hackney P J，Mellor D J，Stimson G D，et al. High power short pulse generation at

S-band using a waveguide cavity with laser initiated discharge[J]. Electronics Letters，1995，31（15）：1263-1264.

[22] Stimson G D，Hackney P J，Mellor D J，et al. Improved Q switched HPM cavity [C]. IEEE 9th International Pulsed Power Conference Proceedings，1993：612-615.

[23] Bolton P R，Alvarez R A，Fittinghaff D N. Further development of the double cavity Microwave pulse compression source and laser-induced plasma switching [J]. IEEE COPS，1990：153.

[24] Bolton P R，Alvarez R A. Operation of a double cavity microwave pulse compression system with phase controlled output [J]. IEEE COPS，1989：146.

[25] Gekat F. The International Society for Optical Engineering Excimer Lasers and Applications Ⅲ [C]. Proceedings of SPIE，1991，1503：13-15.

第 **5** 章

高功率微波效应总论

如前所述，人类开展高功率微波技术研究的主要目的是开发一类高功率微波武器，而武器应用的基础就是效应研究，可以说，高功率微波效应[1-5]即为高功率微波武器寻求攻击目标的一门技术，其主要研究高功率微波脉冲参数与各类目标之间的扰乱、损伤关系，优化高功率微波武器系统参数，获取高效的攻击效果。

笔者认为，高功率微波效应研究具有"简单""复杂""神秘"等特点。说其"简单"，是因为与源技术相比，开展高功率微波效应研究的技术门槛较低，但凡具备基本理工科修养的人员稍加培训即可成为高功率微波效应研究人员；说其"复杂"，是因为高功率微波效应研究包罗万象，能够准确地获取效率规律及阈值并透析效应作用机理并非易事；说其"神秘"，是因为高功率微波效应结果往往与高功率微波武器应用直接相关，诸多效应数据各国都作为秘密事项避免对外公布。高功率微波效应伴随高功率微波技术而生，且持续研究至今，有关高功率微波效应研究的成果很多，基于高功率微波效应研究的敏感性，笔者一般不对其他学者的相关研究结论给出评论，本章及后续有关效应具体研究的章节主要结合笔者自身的研究成果及学术修养，在不违反保密要求的情况下对高功率微波效应相关研究进行概略介绍，属于一家之言，读者应当结合其他各类参考资料，就高功率微波效应的阈值、规律、机理，理性地做出自己的判断。

5.1 高功率微波效应分类

高功率微波效应大致有两种分类方法[3]：按照效应辐射源的类型，高功率微波效应可分为窄带高功率微波效应、超宽带高功率微波效应两大类别；按照效应物的不同，高功率微波效应可分为电子器件高功率微波效应、电子系统高功率微波效应和生物高功率微波效应等。

在高功率微波效应实验，既可以用真实的高功率微波源直接作用于效应物获取损伤阈值，也可以利用高功率微波模拟源模拟输出高功率微波源的相关参数进行效应实验，在实际开展的效应实验中，后者占主导地位。所谓高功率微波模拟源，通常是由常规电真空器件为核心的输出功率几百 kW～MW 级的微波源，这类微波源除输出功率外，其他指标均能覆盖高功率微波源相关参数。在器件级效应实验中，往往采用固态几十 W～kW 量级微波源，在超宽带效应实验中，输出功率百 MW～GW 量级的超宽带源是主力的效应实验设备[6,7]。

开展电子器件高功率微波效应研究的目的是获取高功率微波对各类典型电子器件的毁伤阈值与规律，探索高功率微波对电子器件的损伤机理，优化设计高功率微波武器相关参数，指导高功率微波源的研究方向，达到最大的效费比。开展电子系统高功率微波效应研究的目的是直接为高功率微波武器寻找作战目标，效应目标通常具有重要的军事应用价值，效应数据通常处于保密状态，效应结果直接决定了高功率微波武器的作战性能，是高功率微波武器作战应用的基本依据。开展生物高功率微波效应研究的目的是探索高功率微波对人体是否能够造成损伤、对人体损伤的机理等，但在实际实物效应实验中，笔者认为似乎偏离了这一主题，当前所谓的生物高功率微波效应实验大多与高功率微波无关，更应该称之为脉冲式微波辐照实验，至于美军研制的应用于反恐的所谓高功率微波拒止武器，更多的应该是基于一类高平均功率的毫米波效应。高功率微波武器的主要特点是高峰值功率，其平均功率很低，基于生物体的效应大多是热累积的结果。笔者认为，峰值功率 GW 量级、脉冲宽度几十 ns 量级、脉冲重复频率百 Hz 量级的高功率微波武器直接攻击目标人群似乎没有多少实用价值。

5.2 高功率微波效应通用研究方法

通常意义上讲，高功率微波效应研究方法[3]有两类：一类是注入法，应用于电子器件高功率微波效应实验中，即通过电缆、波导将微波脉冲注入器件相关部位，通过实时监测或事后检测获取器件的损伤阈值，研究高功率微波脉冲对电子器件的损伤规律；另一类是辐照法，应用于电子系统高功率微波效应实验中，通过天线将高功率微波源或高功率微波模拟源输出的微波脉冲辐射出去，直接作用于目标电子系统，通过实时监测电子系统的工作状态，以判断高功率微波的作用效果，获取高功率微波效应阈值。除以上两类实验研究方法外，还有一类称为数值模拟法，建立电子器件模型及微波场模型，研究在不同参数的微波脉冲作用下器件内部场、热、阻、力及结构的变化，获取器件损伤机理及规律。一般意义上讲，数值模拟的方法通常只能作为辅助手段对实验效应结果进行解释，在武器应用方面，还是以实验获取的效应阈值为依据，确定高功率微波武器的作用目标及具体参数。以微波放大器效应实验为例，典型的注入实验系统组成框图如图 5-1 所示，实验系统包括高功率微波模拟信号源、调制器、电源、功率放大器、效应物、示波器、负载等。实验系统实物如图 5-2 所示。

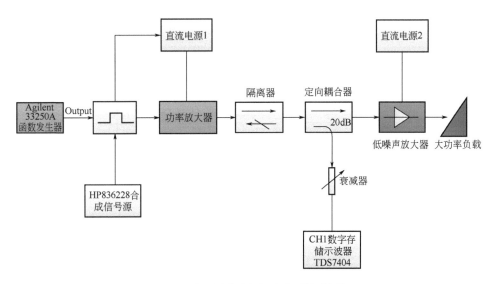

图 5-1 典型高功率微波注入实验系统组成框图

图 5-2 典型高功率微波注入实验系统实物

典型的高功率微波辐照实验系统组成框图如图 5-3 所示。辐照通常在微波暗室内进行，微波源通过天线将微波脉冲辐射到效应物，测量系统布置于屏蔽测试间以保证人员及仪器的安全。基于脉冲压缩的模拟高功率源辐照效应实验系统如图 5-4 所示。

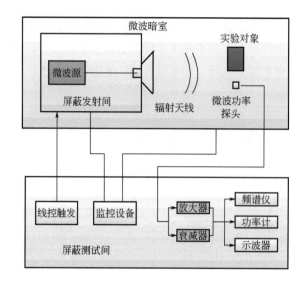

图 5-3　典型高功率微波辐照实验系统组成框图

图 5-4　基于脉冲压缩的模拟高功率源辐照效应实验系统

5.3　高功率微波对目标作用方式

高功率微波对目标的作用[8]通常有两种方式,即前门耦合和后门耦合,如图 5-5 所示。所谓前门耦合,即高功率微波通过系统的天线通道进入电子系统,这类电子系统具有明确的电磁波工作频率,典型如 GPS 接收机、电子侦察接收机、雷达等,高功率微波进入天线通道后,损伤电子系统最薄弱的器件,通常为低噪声放大器或混频器等。前门耦合是窄带高功率微波对电子系统的主要作用方式,如果天线通道可以传播低于 1GHz 的微波,则超宽带信号也可以通过电子系统的接收通道进入电子系统内部,对电子系统内部器件造成干扰或损伤,使整个电子系统失效或损毁。

所谓后门耦合，即高功率微波通过电子系统的孔、缝、电缆等耦合进入电子系统内部，在电子系统相关电路中形成干扰信号，扰乱电子系统工作，甚至形成电子系统内部局部短路，烧毁器件，损伤整个电子系统。

对于前门耦合，高功率微波直接作用于电子器件。对于分立器件，如电容、电感、电阻，高功率微波在这类器件上通常显示为能量存储释放效应，很难对分立器件自身造成损伤，但通过分立器件产生的额外电压、电流会对整个电路造成影响；对于分立的半导体器件，典型如二极管、三极管等，高功率微波对器件的损伤指向为 PN 结热二次击穿效应；对于集成电路器件，可以看成由多个 PN 结构成的器件集合，高功率微波对集成电路的损伤效应仍然指向为 PN 结热二次击穿效应。下面对该效应机理[9]进行简要介绍。

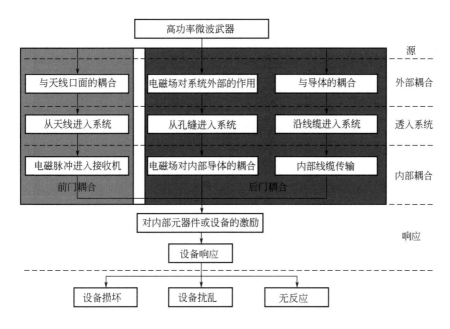

图 5-5　高功率微波对作用电子系统途径示意图

5.4　高功率微波对目标损伤效应机理概述

5.4.1　高功率微波对电子器件损伤效应机理

（1）半导体 PN 结热二次击穿

半导体器件最主要的失效机理是在器件体内穿过结的内部击穿[10]。实验证明，加反向电压击穿比较容易,所以对器件的失效讨论一般集中在结的反向击穿问题上。二极管加反向电压时,随电压的升高,电流增大极缓,当电压增大到一定程度时,电流突然猛增,而电压变化极小,此时为雪崩击穿状态,二极管的特性是可逆的。在这种状态下,电压的微弱增加可引起电流大增,电流穿过结时,大部分能量转化为热,在电流通道上温度升高,形成热斑,进而热斑生长,形成热丝,当温度升高到一定程度时,材料开始熔融,结的性能被彻底破坏,这个过程主要是电流引起焦耳热,被称为热二次击穿。图 5-6 所示为 PN 结热二次击穿伏安变化曲线示意图。发生热二次击穿后,结两端的电压突然下降,电流急剧增加,上述热失效模型可以用结参数和脉冲参数表达。

$$P = A\sqrt{\pi k \rho C_p}(T_1 - T_0)\tau^B \qquad (5\text{-}1)$$

式中,A 为加热面积;P 为脉冲功率;T_0 为 PN 结初始温度;T_1 为 PN 结失效温度;k 为结材料热传导率;ρ 为结材料密度;C_p 为结材料比热。

当 $\tau \leq 100\text{ns}$ 时,可忽略脉冲期间热传导(认为是绝热过程),τ 的指数 B 取-1;当 $\tau \geq 100\mu\text{s}$ 时,器件的失效电平就接近于连续功率耗散值,即厂家给出的额定功率值。对于集成电路器件,当注入微波脉冲宽度小于 100ns 时,B 值可取-1;当脉冲宽度在 $100 \sim 1000\text{ns}$ 之间时,B 值可取-1/2;当脉冲宽度大于 1000ns 时,则 B 值约为 0。

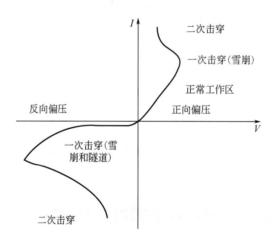

图 5-6 PN 结热二次击穿伏安变化曲线示意图

(2)高功率微波脉冲对半导体器件损伤机理

对分立半导体器件或一个小的半导体系统,如集成电路器件,高功率微波脉冲和视频脉冲具有相同的脉宽效应规律,只不过所需的功率基数不同而已。因为高功率微波脉冲必须通过电子器件的非线性作用进行某种形式的转换才能对自身发生作用，这种转换效率比视频脉冲直接作用时的效率低，当微波频率不变时，这种转换效率也不变。所以当宽度不同的微波脉冲作用于电子器件时，其脉宽效应与在相同转换效率情况下的视频脉冲作用结果相似，即微波脉冲和视频脉冲对电子器件具有相同的脉宽效应规律，但所需的功率基数不同。对于微波单脉冲作用于分立半导体器件，使 PN 结损伤所需的温度 ΔT、功率 P_f、能量 E_f 与脉宽 τ 的关系可以用以下几个式子描述：

① 绝热加热（$\tau < \tau_1$）：

$$\Delta T \sim P_\mathrm{f} \tau$$
$$P_\mathrm{f} = C_1 \tau^{-1} \tag{5-2}$$
$$E_\mathrm{f} = C_1$$

② 有传导的加热（$\tau_1 < \tau < \tau_2$）：

$$\Delta T \sim P_\mathrm{f} \tau^{\frac{1}{2}}$$
$$P_\mathrm{f} = C_2 \tau^{-\frac{1}{2}} \tag{5-3}$$
$$E_\mathrm{f} = C_2 \tau^{\frac{1}{2}}$$

③ 稳态加热（$\tau > \tau_2$）：

$$\Delta T \sim P_\mathrm{f}$$
$$P_\mathrm{f} = C_3 \tag{5-4}$$
$$E_\mathrm{f} = C_3 \tau$$

④ τ 范围不加限制时的一般式：

$$P_\mathrm{f} = C_4 \tau^{-1} + C_5 \tau^{-\frac{1}{2}} + C_6$$
$$E_\mathrm{f} = C_4 + C_5 \tau^{\frac{1}{2}} + C_6 \tau \tag{5-5}$$

图 5-7、图 5-8 所示为由式（5-2）～式（5-4）得到的功率 P_f、能量 E_f 随脉宽 τ

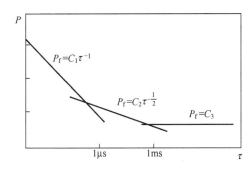
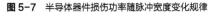

图 5-7 半导体器件损伤功率随脉冲宽度变化规律

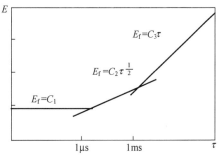

图 5-8 半导体器件损伤能量随脉冲宽度变化规律

237

变化规律的示意图。可以看出，欲使半导体器件损伤，短脉冲需要较高的功率但较小的能量，而长脉冲需要较低的功率但较高的能量。式中，$C_1 \sim C_6$、τ_1、τ_2 均为常数，视器件不同而有较大差异，对于分立半导体器件，部分实验及理论模拟计算表明 τ_1 约为 100ns，τ_2 约为 1ms。

集成电路是高度集成的器件，内部包含成千上万个 PN 结，器件损伤既与某一特定 PN 结吸收的微波能量有关，又与 PN 结自身的物理结构有关。由于集成电路基本组成元素为 PN 结，故其损伤功率、能量随脉冲宽度的变化规律与半导体分立器件基本一致。对于集成电路进行的微波易损性效应实验表明，损伤功率随脉冲宽度变化同样存在两个拐点区域：一个拐点区域在 100ns 左右，当脉冲宽度小于 100ns 时，损伤功率与脉冲宽度基本遵循 $P_f = C_1 \tau^{-1}$ 规律；另一个拐点区域在 1μs 左右，当脉冲宽度在 100ns 至 1μs 之间时，损伤功率与脉冲宽度基本遵循 $P_f = C_2 \tau^{-1/2}$ 规律，当脉冲宽度大于 1μs 后，$P_f = C_3$ 基本趋于不变。对于 74F 系列、74HC 系列、74LS 系列、CMOS 系列中规模集成电路器件，C_3 为 0.2～0.6kW。集成电路损伤功率和脉冲宽度变化曲线拐点区域与分立元器件不同，这可能与集成电路内部 PN 结尺寸有关。随着器件集成度的进一步提高，高功率微波对器件的损伤阈值也将会出现进一步的降低。

5.4.2 高功率微波对电子系统损伤机理

对于从前门耦合进入电子系统的高功率微波，其通过作用于通道内的微波器件，如滤波器、限幅器、放大器等，对器件内部的半导体芯片造成损伤，损伤能量可以来自高功率微波，也可以来自器件内部电路受高功率微波影响产生的干扰电压触发器件自身电源形成局部短路，依靠器件自身外加电压提供损毁能量；对于从后门耦合进入电子系统的高功率微波，通常会在电路板相关敏感点形成干扰脉冲，进而对整个系统造成影响，最典型的是开关类器件，在器件相关引脚形成触发信号，开关误触发，形成短路面或直接驱动相关负载工作，高功率微波对电子引信的效应即这类效应的典型代表。由于高功率微波脉冲在电路板相关敏感点形成扰乱电压、电流，刺激相关器件误动作，依靠电子系统自身能量损毁相关器件的高功率微波作用机理被称为刺激烧毁效应。该效应机理是由刘国治院士首次明确提出的。

下面介绍的实验证明了电子系统内部电路板上敏感点的存在。

（1）实验电路板设计

实验所用电路板为普通工艺的双面板，实验电路为数据接口常用电路，通过对器件 74LS373 进行预值，微波脉冲作用后检测预值翻转情况。电路板及元器件具有普遍的代表意义，电路本身具有瞬态记录能力，不需要在实验中引进测量设备，避免了引线干扰，能够较真实地反映实际情况。实验电路原理如图 5-9 所示。电路具有 8 个电平判断状态，且都对应于相应的集成块引脚输出端（P_2、P_5、P_6、P_9、P_{12}、P_{15}、P_{16}、P_{19}），在电路板上对应于某一固定能量输入节点。

（2）敏感点测量

实验采用辐照法，在 X 波段微波源上进行，微波源的频率 f=9.37GHz，脉冲宽度为 1µs，表 5-1、表 5-2 分别为作用于电路板的功率密度为 10W/cm² 、20W/cm² 时电路 8 次实验的干扰情况。

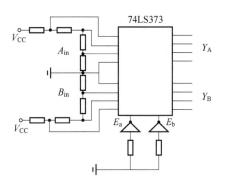

图 5-9　电路板敏感点测量实验电路原理

表 5-1　作用于电路板的功率密度为 10W/cm² 时的干扰情况

条件	次数	P_2	P_5	P_6	P_9	P_{12}	P_{15}	P_{16}	P_{19}
微波源频率： f=9.37GHz 脉冲宽度：1µs 功率密度：10W/cm²	1						翻转		
	2						翻转		
	3				翻转		翻转		
	4						翻转		
	5						翻转		
	6						翻转		
	7						翻转		
	8						翻转		

表 5-2　作用于电路板的功率密度为 20W/cm² 时的干扰情况

条件	次数	P_2	P_5	P_6	P_9	P_{12}	P_{15}	P_{16}	P_{19}
微波源频率： f=9.37GHz 脉冲宽度：1µs 功率密度：20W/cm²	1				翻转		翻转		
	2				翻转		翻转		
	3				翻转		翻转		
	4				翻转		翻转		
	5			翻转			翻转		
	6				翻转		翻转		
	7				翻转		翻转		
	8			翻转	翻转		翻转		

由实验结果可以看到，在作用于电路板上的功率密度一定及集成块各个引脚干扰阈值基本相同的情况下，集成块 P_{15} 和 P_9 引脚易于受到干扰。这说明与 P_{14}（P_{15} 对应输入端）和 P_8（P_9 对应输入端）相对应的电路板结点接收的能量较多，为电路板的敏感点。在实验条件不变的情况下，敏感点对应的集成块输出端干扰翻转具有很好的重复性。

（3）敏感点转移

如果其他条件不变，仅改变电路板在微波场中的位置（相对微波极化方向而言），则电路板上的敏感点将发生转移，表 5-3、表 5-4 给出的实验结果能够很好地说明这个问题。表 5-3 除微波频率由 9.37GHz 变为 2.856GHz 外，其他实验条件与表 5-1 的完全相同。表 5-4 的实验电路板相对于表 5-3 的电路板位置转 90°，即相对于微波场极化方向转 90°，其他实验条件与表 5-3 的实验条件完全相同。

表 5-3　微波频率 f=2.856GHz，功率密度 10W/cm^2

条件	次数	P_2	P_5	P_6	P_9	P_{12}	P_{15}	P_{16}	P_{19}
微波源频率： f=2.856GHz 脉冲宽度：1μs 功率密度：10W/cm^2	1	翻转		翻转	翻转	翻转			翻转
	2			翻转	翻转	翻转			翻转
	3			翻转	翻转	翻转			翻转
	4			翻转	翻转	翻转			翻转
	5			翻转	翻转	翻转			翻转
	6			翻转	翻转	翻转			翻转
	7			翻转	翻转	翻转			翻转
	8			翻转	翻转	翻转			翻转

表 5-4　电路板方向相对于表 5-3 实验条件转 90°，其他条件一致

条件	次数	P_2	P_5	P_6	P_9	P_{12}	P_{15}	P_{16}	P_{19}
微波源频率： f=2.856GHz 脉冲宽度：1μs 功率密度：10W/cm^2	1	翻转	翻转					翻转	翻转
	2	翻转	翻转					翻转	翻转
	3	翻转	翻转					翻转	翻转
	4	翻转	翻转					翻转	翻转
	5		翻转					翻转	翻转
	6	翻转						翻转	
	7	翻转	翻转					翻转	翻转
	8	翻转	翻转					翻转	翻转

由表 5-3、表 5-4 可以看到，电路板在具有极化方向的微波场中改变位置时，许多节点的干扰率发生明显变化，敏感点转移现象十分明显。由表 5-1、表 5-3 的结果可以看到，在实验条件完全相同的情况下，降低微波频率，干扰敏感点将出现明显的增加现象，敏感点的位置也发生了明显转移。

（4）敏感点现象理论分析

由于电路板处于辐照的微波场中，故可以把电路板上某一结点看成一个接收天线，则其接收功率应满足以下关系：

$$P = \frac{E^2 \lambda^2 D(\theta, \phi)}{480\pi^2} \qquad (5\text{-}6)$$

式中，E 为接收天线处电场强度幅值，λ 为微波波长，$D(\theta, \phi)$ 为天线的方向性系数。由式（5-6）可以看到，一旦微波源发射脉冲频率确定，电路板在微波场中的位置确定（即 D 确定），则 $P \propto E^2$，即就电路板上某一结点而言，其接收功率将随着微波源发射功率的增大而增大，在器件干扰阈值一定的情况下，作用于电路板的微波功率密度越大，干扰翻转率越高，这与表 5-1、表 5-2 所列实验结果是一致的。

如果定义天线的有效接收面为 $A_e = \frac{\lambda^2}{4\pi} D(\theta, \phi)$，则式（5-6）变为

$$P = \frac{E^2}{120\pi} A_e \qquad (5\text{-}7)$$

在微波源发射功率一定的情况下，$P \propto A_e$，下面讨论一下 A_e 与 λ 及 D 的关系。如果 D 确定，则 $A_e \propto \lambda^2$，对于电路板上的某一结点而言，D 是随着 f 的变化而变化的，由于电路板线布局较为复杂且多种多样，为讨论问题方便，忽略各个结点之间的相互影响及其他次要因素，采用图 5-10 所示的简化电路模型。

如图 5-10 所示，假设电路板上某一结点在三个方向上有三条引线，线长分别为 L_1、L_2、L_3，如果辐照微波脉冲的频率分别为 f_1、f_2、f_3、f_0，对应波长分别为 $\lambda_1 = L_1/2 \neq nL_2/2 \neq nL_3/2$，$\lambda_2 = L_2/2 \neq nL_1/2 \neq nL_3/2$，$\lambda_3 = L_3/2 \neq nL_1/2 \neq nL_2/2$，$\lambda_2 < \lambda_0 < \lambda_3$，$\lambda_0 \neq nL_{1,2,3}/2$。（式中 n 为正整数）。由天线理论，则在不同频率结点等效天线对应的方向图大致如图 5-11 所示（这里仅为示意图，没有量的概念，图中除主接收方向外，其他均作为次要因素，忽略考虑）。

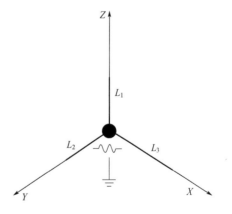

图 5-10 电路板结点简化模型图

241

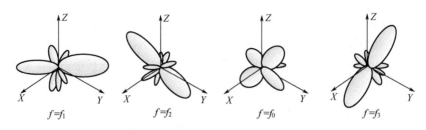

图 5-11 所示电路板结点等效天线在不同频率下的方向图（示意图）

由图 5-11 可知，辐照微波脉冲的频率固定，则电路板上某结点等效天线的接收方向图也将确定，因此，在微波功率密度不变的情况下，电路板相对于微波场极化方向一定，则接收功率一定，对于具有不同连线的结点，接收的微波功率具有较大的差异，接收功率较大的结点，即在特定条件下的电路板敏感点。当电路板相对于微波场极化方向发生变化时（即相当于天线接收方向发生变化），固定结点获得的接收功率也将有较大变化，这也即在微波脉冲频率固定、脉宽固定、功率固定的情况下，改变电路板在微波场中的位置（相对于场极化方向），敏感点发生偏移的主要原因。

随着频率的变化，天线的方向性也发生变化，其变化规律将是强弱交替，如图 5-12 所示。考虑到 $A_e = \lambda^2 D(\theta, \phi)/(4\pi)$，则等效天线最大接收面积的变化规律应与图 5-13 基本相符。

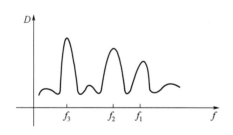

图 5-12 所示结点等效天线方向性系数随微波频率 f 变化示意图

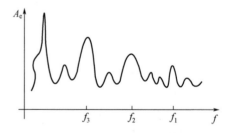

图 5-13 所示结点等效天线最大接收面积随微波频率 f 变化示意图

由于 $P = E^2 A_e/(120\pi)$，因此，就电路板上某一结点而言，其最大接收功率随频率的变化与天线等效最大接收面积随频率的变化是一致的，随着频率的增高，接收功率总体趋势呈波浪状递减，实验结果也给予了很好的证明。在作用于电路板的功率密度同为 $10W/cm^2$ 的情况下，微波频率 $f = 2.85GHz$ 时的干扰翻转率约为 $f = 9.37GHz$ 的 $5\sim6$ 倍，可以看到两者具有明显的差别。另外，随着频率的变化，电路板敏感点也发生了明显转移，这也同样是等效天线最大接收面积随频率发生变化的缘故。

图 5-14 给出了电路板上具有固定连线的某一结点实测最大接收面积随微波频率的变化关系曲线，实测结果与理论分析基本是一致的。

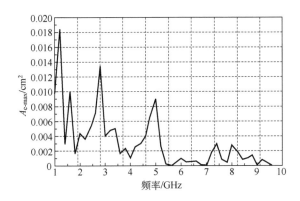

图 5-14　电路板上具有固定连线的某一结点实测最大接收面积随频率变化关系曲线

　　由实验及理论分析可知，在一定条件下，电路板存在一个或多个敏感点，敏感点处器件干扰率普遍较高；当电路板相对于微波场极化方向发生改变时，敏感点发生转移现象；其他条件固定，改变辐照脉冲微波频率，电路板结点引入的干扰发生明显变化，总体趋势是随着微波频率的增加，干扰程度减弱，另外，敏感点也同样出现转移现象。

　　对于一台复杂的电子系统而言，可能会存在几十个甚至上百个能够高效接收高功率微波的结点，如果该结点对整个电子系统非常重要，典型如晶闸管的触发极、集成电路控制加电与否的逻辑门对应引脚，则该结点就可称为整个电子系统电路的敏感点。由于敏感点受高功率微波影响产生的干扰，进一步刺激电子系统自身电路误动作，进而靠自身电源能量形成器件或系统损毁被称为刺激烧毁效应。因此，如果从防护的角度讲，在电子系统设计过程中应尽量避免敏感点的存在，必要时可以对敏感点采取一定的屏蔽措施，提高电子系统对抗高功率微波武器攻击的能力。另外，从高功率微波作用电子系统的途径看，加强电子系统整体屏蔽，尽量减少或减小机箱上的孔、缝，对各类电缆包括电源连接线进行屏蔽，也可以提高电子系统整体对抗高功率微波攻击的能力。

5.5　高功率微波效应模拟及预测评估

　　利用实验方法获取电子器件及电子系统的损伤阈值最为简单可靠，但是代价往往很高，因此，建立电子系统或电子器件相关物理模型，利用数值模拟的方法获取相关效应结果是诸多学者持续开展的研究课题。在国内，西安电子科技大学及电子科技大学在高功率微波效应数值模拟方面报道了一系列研究成果[11-14]，如西安电子科技大学有多位博士或硕士持续对 CMOS 器件、MOSFET 器件、GaAs 器件、N 型结场效应晶体管（JFET）等开展了系统模拟研究，获得了一些具有参考价值的效应规律；电子科技大学除开展相关分立器件数值模拟研究外，重点对微波类器件进行了效应数值模拟研究，同样取得了一些有价值的成果。数值模拟研究作为高功率微波效应实验研究的补充，具有研究成本低、参数变化灵活等优点，但其结论的研究还是需要参考实验研究结果，因此，对于开展高功率微波武器系统研究的单位，数值模拟方法仅仅是其开展效应研究的辅助手段。

由于各国对高功率微波武器抱有相当大的期待，希望其能够与激光武器一样成为未来战争的撒手锏，因此在高功率微波效应研究方面各国都不惜重金，利用实验研究的方法对多类电子器件及电子系统开展了针对性的研究，获取了大量的效应数据。据推测，这些数据首先可能用于建立高功率微波效应数据库，根据数据库查询、评估高功率微波对某些特定目标的打击效果；其次，也可以利用这些数据结合人工智能技术建立高功率微波易损性评估系统，该评估系统的基础是大量的实验效应数据，相较于数值模拟方法获取的相关结果，该预测评估系统的评估结果会具有更高的置信度。分析认为，美国和俄罗斯在十几年前都可能已经建成完整的高功率微波效应数据库并利用其持续开展了相关高功率微波武器攻击效能评估工作。当然，随着新技术的不断发展、新器件的不断研制、新系统的不断开发、新的应用场景不断拓展，高功率微波效应数据库也应该在不断的完善和发展之中。

5.6　小结

由于高功率微波效应的复杂性，很难用一个章节进行介绍，笔者以本章为起点，在后续三章将根据效应物的类别不同，分别对电子器件高功率微波效应、电子系统高功率微波效应及生物高功率微波效应进行较为详细的介绍。应该说，高功率微波效应是高功率微波武器应用的基础，利用实验研究获取的阈值及规律对高功率微波武器参数设计及选择已经具备很强的指导意义，但要从物理本质上论述清楚高功率微波效应机理还是一件比较困难的事情。本章有关高功率微波效应机理的分析还有许多可探讨空间，尤其是高功率微波效应到底是热效应还是场效应已持续争论了多年，至今也没有权威定论。笔者认为，如果器件在极短的时间承受极大的峰值功率，可认为是一个绝热过程，此种情况下较高的功率、较小的能量即可对器件造成损伤，由于这个过程表象是损伤与功率密切相关，可以看成是场效应；如果器件在比较长的时间内承受一定的脉冲功率，器件的散热系统发挥作用，欲使器件损伤，则器件获取的能量必须大于散热能量且使器件温度持续增高，较大的能量才可对器件造成损伤，由于这个过程表象是损伤与能量密切相关，可以看成是热效应；对于大部分半导体分立器件或一般小规模集成电路，器件开始散热的平衡点约为 100ns，因此，效应实验数据的表象为 100ns 左右有一个明显的损伤效应规律的分界点。

参考文献

[1] Benford J，Sweegle J. High power microwave [M]. Boston：Artech House INC Press，1992.

[2] 刘国治. 高功率微波效应·大气传输名词解释 [J]. 实验研究，2000，23（1）：1-5.

[3] 黄文华，刘国治. 高功率微波效应实验室建设进展 [C]. 第三届 HPM 会议，1991.

[4] 刘国治，等. 关于开展 HPM 效应研究的设想 [J]. 试验研究（增刊），1993.

[5] 黄裕年，等. 高功率微波武器技术发展评述 [C]. 第三届 HPM 会议文集，1991.

[6] 刘小龙，等. 高功率超宽带脉冲辐射技术研究 [C]. 第三届 HPM 会议文集，1991.

[7] High Power Microwave Source and Facility Development [R]. DNA-TR-89-31-VI，1989.

[8] Backstrom M G，Lovstrand K G. Susceptibility of electronic systems to high-power microwaves：Summary of test experience [J]. IEEE Transactions on Electromagnetic Compatibility，2004，46（3）：396-403.

[9] 何洋洋. HEMT 器件高功率微波损伤的热分析 [D]. 西安：西安电子科技大学，2017.

[10] 乔登江. 电子元器件高功率微波效应 [J]. 抗核加固，1993，10（2）：1-12.

[11] 马振洋. 双极晶体管微波损伤效应与原理 [D]. 西安：西安电子科技大学，2013.

[12] 于新海. CMOS 反相器和 GaAs HEMT 器件的 HPM 效应研究 [D]. 西安：西安电子科技大学，2015.

[13] 胡凯. 微波前端高功率微波效应研究 [D]. 成都：电子科技大学，2011.

[14] 李洪平. 微波接收机高功率微波效应与机理研究 [D]. 成都：电子科技大学，2015.

第6章

电子器件高功率微波效应

电子器件高功率微波效应[1,2]是高功率微波效应研究中最为基础的研究内容。研究获取电子器件高功率微波效应阈值，归纳总结高功率微波对电子器件扰乱、损伤的相关规律，探寻高功率微波对电子器件的损伤机理是开展该项研究的主要目的。电子器件高功率微波效应是高功率微波武器应用的基础，对高功率微波武器参数设计及系统优化具有重要的指导价值。电子器件主要包括分立器件、集成电路器件及微波类器件等。高功率微波对分立器件很难损伤，本章将重点介绍集成电路高功率微波效应阈值及规律，兼顾介绍微波类器件，如低噪声放大器、限幅器及混频器的部分效应结果。

6.1 分立器件高功率微波效应

如前所述，分立器件通常包括电阻、电容、电感及各类二极管、三极管等，高功率微波对这类器件损伤是比较困难的。分立器件高功率微波效应实验通常采用注入法。早期西北核技术研究院的科研人员对型号为 3DK2 的三极管进行了微波效应研究，在微波频率 1GHz 条件下，对应脉冲宽度为 0.5μs、1.05μs、5.05μs、10.0μs 的损伤阈值分别为 468W、437W、224W 及 120W；在微波频率 2.85GHz 条件下，对应脉冲宽度为 75ns、100ns、200ns、500ns、1000ns 的损伤阈值分别为 7850W、2940W、2210W、1470W 及 1100W。分立器件超宽带干扰及损伤阈值[3]如表 6-1 所示。

表6-1 分立器件超宽带（UWB）注入效应实验结果（UWS 脉冲电压基准为 3kV）

器件注入端口	器件名称	脉冲重复频率/Hz	10%干扰阈值（电压衰减）/dB	强干扰阈值（电压衰减）/dB	损伤阈值（电压衰减）/dB
e	2G711C	单次	60	40	—
e	2G711C	150	—	36	10

器件注入端口	器件名称	脉冲重复频率/Hz	10%干扰阈值（电压衰减）/dB	强干扰阈值（电压衰减）/dB	损伤阈值（电压衰减）/dB
e	3DG6C	150	—	20	10
c	2G711C	单次	40	20	—
c	2G711C	150	—	29	3～10
c	3DG6C	150	—	30	3～9
c	3DG6D	150	—	30	3～9
e	3DJ7G	150	50	30	13
c	3DG6C	150	30	9	—
b	3DG6D	150	31	10	3
c	3DJ7G	单次	—	40	0
c	3DJ7G	150	62	49	20
c	3DG6C	150	—	6	0
b	3DG6C	150	—	30	16
e	3DG6C	单次	50	0	

近年来，西安电子科技大学范菊平博士对双极型晶体管高功率微波的损伤机理进行了系统研究[4]；何洋洋对 GaAs HEMT 器件高功率微波效应进行了系统研究[5]；谭璐对 GaAs 基 PIN 二极管的高功率微波效应进行了系统研究[6]。西安电子科技大学在器件高功率微波效应模拟方面取得了多项研究成果，对于揭示电子器件高功率微波效应损伤机理具有一定的参考价值。但客观地看，除了应用于微波类器件的半导体二极管、三极管外，研究其他分立器件的高功率微波效应对于高功率微波武器的应用牵引及指标优化似乎并没有太大意义。

6.2 集成电路器件高功率微波效应

集成电路器件是当今电子系统的核心，种类繁杂、功能多样，集成度差别很大。集成电路高功率微波效应数据估计在当今各国效应数据库中占据着最大份额，其效应阈值及规律对高功率微波武器应用及参数选择具有根本性指导意义。本节以笔者自己的研究成果为例，主要对 74LS 系列、74F 系列、74HC 系列、CMOS 系列 4 大类常用集成电路的 HPM 效应实验方法、实验装置、实验结果及一些规律性认识进行简要介绍。

6.2.1 集成电路高功率微波效应实验方法及实验装置

集成电路高功率微波效应实验方法一般为注入法，如图 6-1 所示，高功率微波脉冲经定向耦合器、可变衰减器、微波电缆直接注入集成电路器件的某一引脚。对于确定的器件、确定的注入引脚，可以通过网络分析仪预先标定效应实验座在放入器件后微波脉冲注入端相对于各个频率的反射系数，则器件的吸收功率可近似认为是注入功率×（1-反射系数）。采用器件损伤时器件实际吸收微波脉冲功率作为集成电路器件的损伤功率阈值，则与实验的注入条件无关。

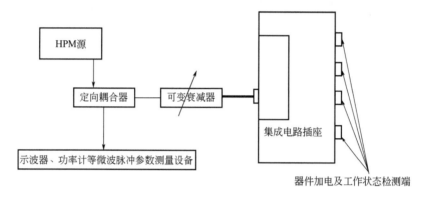

图 6-1 集成电路 HPM 效应实验框图

实验中功率注入一般采用步进法，即作用到器件上的脉冲功率步进加大，以获取不同功率点对应的器件损伤概率，实验中功率步进增幅一般小于 3dB。图 6-1 所示为集成电路高功率微波效应实验的一般框图，在具体效应实验中一般要根据效应源的实际情况采取一定的改进手段，理想的效应数据希望在高功率微波脉冲各项参量尽量完备的变化条件下获得，显然这在实际操作上是不可行的。通常的做法是，首先获得一些有代表性的数据进而总结出效应规律，再通过实验验证这些规律的正确性。根据当时微波效应源的实际配备状况，笔者选择了 L 波段行波管源、S 波段速调管源及 X 波段磁控管源进行系统效应实验。利用 L 波段行波管源建立的实验系统如图 6-2 所示，利用 S 波段速调管源建立的实验系统如图 6-3 所示，利用 X 波段

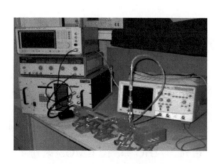

图 6-2 利用 L 波段行波管源建立的
集成电路效应实验系统

磁控管源建立的实验系统如图 6-4 所示。

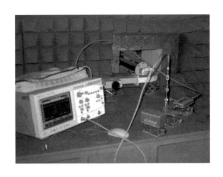

图 6-3　利用 S 波段速调管源建立的实验系统　　图 6-4　利用 X 波段磁控管源建立的实验系统

　　根据各个效应源的自身特点,在具体实验中主要针对性地采取了以下一些措施:

　　对于 L 波段行波管源,由于其最大输出功率约 2kW,因此选用的连接电缆要尽量缩短,且衰减要小。由于许多集成电路的损伤功率阈值远远大于 2kW,因此在具体实验方法上采取了小样本检验法,即先取 1～2 只样品在效应源输出功率最大的情况下检验其损伤情况。如果器件损伤,则抽出一批器件按步进法获取对应于不同损伤概率的效应阈值,否则放弃,这种方法的采用大大提高了实验效率。另外,利用初级源功率合成的方法产生差拍频率范围在 5～800MHz 的拍波脉冲,并获得部分集成电路拍波效应实验数据。

　　对于 S 波段速调管源,首先需要较好地解决速调管所加高压脉冲与初级源输出脉冲的同步问题,由于源最小输出功率在百 kW,而集成电路损伤功率阈值一般在kW 量级,因此定向耦合器及可变衰减器的选取必须较为合适。经定向耦合器耦合出的微波脉冲由可变衰减器衰减后,其动态变化范围必须保持在百 W～10kW 量级,由于脉冲功率很高,在保证高功率微波脉冲功率动态变化范围的情况下还应确保可变衰减器不被损毁。在具体效应实验方法上,采用单样本抽样实验测定一批器件初始注入脉冲功率的方法,即在对一批器件开始进行实验之前,首先选一只器件用步进法将注入功率由几十 W 直至增大到其功能失效,然后以此功率为基准,减小3dB 作为这一批器件注入的初始功率,用步进法获取这一批器件对应于不同损伤概率的效应阈值。这种方法的采用大大降低了实验工作量,提高了工作效率。

　　对于 X 波段磁控管源,首先遇到的问题是效应源输出脉冲稳定性较差,如果微波源工作于单次,则前一个输出脉冲与下一个输出脉冲的功率最大可差 3dB 以上。在具体实验中,由于对效应源本身性能进行改进较为麻烦,因此在实验方法上采取了一些有效措施,在对一批器件进行实验时,一般固定可变衰减器的衰减值不变,

249

对每一只器件多次进行单脉冲注入，由于效应源自身输出脉冲功率的变化，对于每一只器件一般均能测到其由正常工作到完全损伤时注入微波脉冲功率的变化数据，对于一批器件汇总起来则可以得到对应于不同损伤概率的微波功率阈值。这种实验方法的优点在于较好地利用了效应源的输出特性，其不足在于必须对器件的工作状态进行动态监测，实验系统相对较为复杂。同样，由于 X 波段磁控管源的输出功率处于几十 kW～200kW 之间，因此选择合适的耦合器和衰减器使作用到集成电路上的微波脉冲功率动态变化范围在几百 W～10kW 之间是完全必要的。当 HPM 效应源工作于连续脉冲状态时，则必须掌握好效应源的工作时间，否则微波衰减器将很容易损毁。

无论采用何种形式的效应源，以下这些设备是必不可少的。

① 标量或矢量网络分析仪：用于测量集成电路微波反射系数及对实验中各个衰减环节进行精确标定。

② 集成电路测试仪：用于判断集成电路是否损伤，工作是否失常。

③ 直流稳压电源：用于给集成电路施加不同的工作电压。

④ 低频脉冲信号源：用于对集成电路工作性能进行动态测试。

笔者希望通过以上的详细介绍，读者可以对电子器件高功率微波效应实验方法及设备有一个较为直观的认识。

6.2.2 集成电路高功率微波效应实验结果

笔者带领的研究团队分别选取了 74LS 系列、74F 系列、74HC 系列、CMOS 系列 40 余种集成电路，系统地获取了集成电路损伤功率阈值随 HPM 脉冲宽度、脉冲重复频率及微波频率变化的数据，获取了器件在不同加电电压下的效应数据及部分军用器件的效应数据，所有结果均已汇编整理成册。下面着重讨论一下笔者所得实验结果与国外公布实验结果的对比情况，表 6-2 列出了部分国外公开报道的实验数据[1]，表 6-3 为笔者获得的部分效应结果。

表 6-2 美国公布的集成电路的损伤功率阈值（测量值）

器件	类型	失效功率/W		
		输入引线	输出引线	电源引线
Fairchild9930	双四输入门	730	290	660
SingeticsSE8481	四二输入与非门	230	149	1230
TI946	四二输入与非门	50	60	870
SylvaniaSg140	四二输入与非门	170	210	660

器件	类型	失效功率/W		
		输入引线	输出引线	电源引线
MotorolaMC301G	五输入门	2020	950	4400
RadiationInc.709R	运算放大器	50	57	206
MotorolaMc1539G	运算放大器	890	15000	5400
TI709L	运算放大器	1600	11000	8400
RadiationInc.RD211	双四二极管扩展器	63	63	—
RadiationInc.RD220	六反向器	110	430	1080
RadiationInc.RD221	双二进制门	850	570	2180
RadiationInc.RA239	放大器	—	160	210
PhilbrickQ25AH	混合放大器	630	50	1000
PhilbrickQ25AM	混合放大器	320	6300	3200
FairchildMA709	运算放大器	35	95	—

表 6-3　笔者获得的部分实验结果（微波注入端口均为器件输入功能端）

器件	类型	失效功率/W	器件	类型	失效功率/W
74LS00	四二输入与非门	180	74F373	八 D 型锁存器	570
74LS03	四二输入与非门	570	4001	四二输入或非门	200
74LS04	六反向器	360	4002	双四输入正或非门	740
74LS05	六反向器（OC）	250	4011	四二输入与非门	450
74LS06	六反向缓冲驱动器	1170	4012	双四输入与非门	540
74LS07	六缓冲驱动器（OC）	1390	4013	双上升沿 D 触发器	640
74LS08	四二输入与门	180	4014	八位移位寄存器	530
74LS09	四二输入与门（OC）	510	4015	双四位移位寄存器	210
74LS10	三三输入与非门	550	4069	六反向器	840
74LS11	三三输入与门	350	74HC02	四二输入或非门	590
74LS244	八缓冲器	150	74HC08	四二输入与门	140
74LS377	八 D 型锁存器	140	74HC10	三三输入与非门	170
74F00	四二输入与非门	590	74HC11	三三输入与门	240
74F02	四二输入或非门	290	74HC14	六反向器（施密特）	660
74F04	六反向器	1350	74HC20	双四输入与门	370
74F08	四二输入与门	820	74HC21	双四输入与门	540
74F10	三三输入与非门	170	74HC244	八缓冲器	690
74F14	六反向器（施密特）	150	74HC373	八 D 型锁存器	210
74F20	双四输入与非门	200	74F74	双上升沿 D 触发器	310
74F30	八输入与非门	200	74F244	八缓冲器	560

由表 6-2 与表 6-3 的实验数据对比可知，笔者获得的实验结果与国外报道的效应数据基本一致。由于具体实验方法上存在一定差异且与损伤功率阈值密切相关的其他微波脉冲参量不尽相同，因此比较特定器件的损伤阈值意义不大，从整体情况看，当注入集成电路的微波脉冲宽度大于 1000ns 后，损伤功率阈值基本集中在几百 W。

6.2.3　集成电路高功率微波效应实验结果分析

（1）集成电路微波反射和吸收特性曲线分析

确定以集成电路实际吸收功率作为影响器件微波易损性的基本参量将与实验者的具体注入条件无关。在这一环节中，集成电路反射系数的测量是重要且必要的，研究集成电路微波反射和吸收特性有利于对集成电路微波易损性规律有一个更深入的认识。反射系数测量系统包括标量网络分析仪、集成电路实验座、微波传输线、直流稳压电源等。集成电路实验座是为集成电路高功率微波效应实验研究而专门设计的，包括屏蔽外壳、集成电路插座及微波注入端和其他输入/输出端等，整个测量系统如图 6-5 所示。

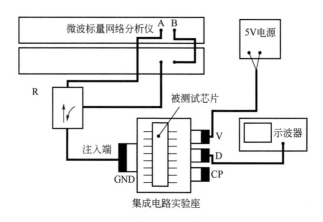

图 6-5　集成电路吸收特性实验原理

实验中，选取了 74 系列、54 系列的多种集成电路。研究内容主要包括：同一片集成电路同一引脚加电与不加电反射特性的比较；同一片集成电路不同引脚反射特性的差异；同一厂家同一型号同一批次集成电路相同引脚个体间反射特性的差异；同一厂家同一型号不同批次的集成电路相同引脚的比较；不同厂家同一型号以及逻辑功能相同、不同工艺的集成电路相同功能端的比较等。

图 6-6 所示为集成电路实验座整体示意图，图 6-7 为实验座的原理，实际测试系统如图 6-8 所示。

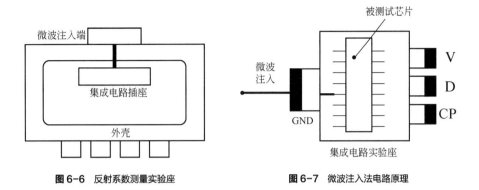

图 6-6　反射系数测量实验座　　　　　图 6-7　微波注入法电路原理

集成电路器件的吸收特性一般用反射系数来描述，反映在特定的实验条件下集成电路器件吸收微波的能力，与器件的物理结构密切相关。器件的吸收特性随频率变化而发生振荡，可以看到集成电路（74LS 系列、74HC 系列、74F 系列、CMOS 系列）对微波最大吸收频率点与最小吸收频率点反射系数相差倍数可达 20dB 以上。实验表明，集成电路的微波吸收特性只有是同一厂家、同一类型、同一批次或批次相近的产品相同引脚注入时才差别不大，不同厂家的产品即使功能完全相同，吸收特性差别也会很大，如图 6-9 所示（图中纵坐标为反射功率与入射功率之比）。

图 6-8　集成电路微波吸收特性测试系统

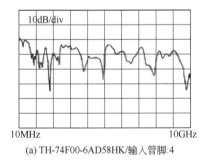

(a) TH-74F00-6AD58HK/输入管脚:4

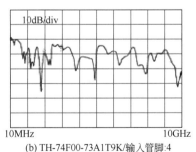

(b) TH-74F00-73A1T9K/输入管脚:4

图 6-9

253

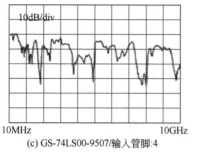 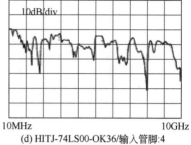

(c) GS-74LS00-9507/输入管脚:4   (d) HITJ-74LS00-OK36/输入管脚:4

图6-9 集成电路器件特定注入引脚微波反射波

（2）不同样本的集成电路器件微波易损性差异对比分析

① 同一厂家、同一型号、同一批次的集成电路损伤功率阈值个体之间的差异。

同一厂家、同一型号、同一批次的集成电路损伤功率阈值个体差异较小，差异一般在 3dB 以内。实验表明，器件的损伤功率阈值近似为正态分布，且方差很小，因此，器件的损伤概率随注入微波脉冲功率的变化近似于 0-1 分布。表 6-4 所示为 4 种不同类型的器件各 10 片实测的损伤功率阈值。实验条件为：微波频率 8.9GHz，微波脉冲宽度 1000ns，微波脉冲重复频率 1kHz，器件加电电压 5V。由表中数据可以看到，对于同一批次的集成电路器件，其损伤功率阈值分布较为集中，差异一般在 3dB 以内。

表6-4 同一厂家、同一型号、同一批次的集成电路不同个体损伤功率阈值　　　单位：kW

器件类型/输入引脚	器件编号										平均功率
	1	2	3	4	5	6	7	8	9	10	
GS-74LS00-9507/2	2.16	3.02	2.81	2.16	2.16	3.46	2.16	2.59	2.81	3.02	2.64
HITJ-74LS00-OM16/2	1.02	0.76	0.73	0.73	0.73	0.87	0.87	1.02	0.87	0.76	0.84
HITJ-74LS04-1A26/3	0.68	0.56	0.56	0.56	0.56	0.45	0.45	0.32	0.45	0.45	0.50
NSC-74LS04-P9930SG/3	1.02	0.44	0.54	0.44	0.67	0.44	0.44	0.44	0.44	0.44	0.53

② 同一厂家、同一型号、不同批次的集成电路损伤功率阈值的差异。

对于同一厂家、同一型号、不同批次的集成电路，在相同实验条件下（源参数相同，注入引脚相同）个体之间损伤功率阈值较为接近，差异一般在 3dB 左右。表 6-5 列出的是 MOTA 公司生产的同一型号器件 CD4013 两个批次的集成电路及 NSC 公司生产的同一型号器件 74F04 两个批次的集成电路在 S 波段获取的效应阈值。实验条件为：微波频率 2.9GHz，微波脉冲重复频率 50Hz，器件加电电压 5V，脉冲宽度分别为 30ns、70ns、100ns、300ns、500ns、1500ns。对应于每一个脉冲宽度，表中所列数据均为 5 片器件的平均损伤功率阈值，由表 6-5 的效应数据对比可知，同一厂家生产的同一型号器件由于工艺水平相同或接近，则器件个体微波易损性差异较小。通过实验可进一步发现，批次越接近，差异性越小，如前所述，同一批次的器件个体损伤功率阈值差异一般在 3dB 以内。

表 6-5　同一厂家、同一型号、不同批次的集成电路损伤功率阈值　　　单位：kW

器件类型/输入引脚	不同脉冲宽度					
	30ns	70ns	100ns	300ns	500ns	1500ns
MOTA-CD4013-FDF9717/3	3.05	1.44	0.83	—	0.72	0.60
MOTA-CD4013-CPGP0016/3	7.28	1.53	0.88	—	0.77	0.64
NSC-74F04PC-P9642SG/3	18.88	11.38	7.71	2.29	2.54	1.35
NSC-74F04PC-P9636SY/3	20.10	12.11	5.41	3.69	2.70	1.53

③ 不同厂家、同一型号的集成电路损伤阈值个体之间的差异。

对于不同厂家生产的同一型号集成电路，它们之间损伤阈值的差异没有内在规律可循。表 6-6 给出了三个厂家生产的同一型号器件 74LS00 及两个厂家生产的同一型号器件 74LS04 在相同实验条件下的效应结果。实验条件为：微波频率 8.9GHz，微波脉冲宽度 1000ns，微波脉冲重复频率 1kHz，器件加电电压 0V。通过分析表中所列数据可知，对于不同厂家生产的同一型号器件，个体损伤功率阈值有些差异较大，接近于 10dB，有些不甚明显。造成这种现象的原因很可能与生产厂家的生产工艺有关，有些厂家生产工艺水平相同或接近，有些厂家则采用了不同工艺，造成器件内部物理结构具有较大的差异，从而致使同一型号器件的微波易损性出现较大差异。

表 6-6　不同厂家、同一型号的集成电路损伤功率阈值　　　单位：kW

器件类型/输入引脚	器件编号										平均功率
	1	2	3	4	5	6	7	8	9	10	
GS-74LS00-9507/2	3.02	3.46	2.16	3.46	2.59	3.89	2.16	2.59	2.81	3.46	2.96
HITJ-74LS00-OM16/2	1.02	1.02	0.56	0.87	0.56	0.87	0.87	1.06	0.56	0.56	0.80
NSC-74LS00-P9942SF/2	0.86	1.06	0.46	0.46	0.86	0.46	1.06	0.56	1.06	0.46	0.73
HITJ-74LS04-1A26/3	0.68	0.68	0.56	0.56	0.56	0.56	0.56	0.56	0.56	0.68	0.60
NSC-74LS04-P9930SG/3	0.67	0.67	0.55	0.55	0.55	0.55	0.55	0.67	0.55	0.55	0.59

④ 集成电路不同注入引脚损伤阈值的差异。

对于同一片集成电路的不同输入引脚，由于其功能不同，内部物理结构的差异也较大，由此造成同一片器件从不同引脚注入微波脉冲得到的损伤阈值也存在较大差异。表 6-7 列出的是日立公司生产的 74LS00-OM16 和 NSC 公司生产的 74LS00-P9942SF 分别从第 2 引脚注入和第 4 引脚注入得到的损伤功率阈值。实验条件为：微波频率 8.9GHz，微波脉冲宽度 1000ns，微波脉冲重复频率 1kHz，器件加电电压 5V。由实验数据可以看到，对于同一片集成电路，微波脉冲从不同引脚注入，器件的损伤阈值差异较大，最大差异可接近 10dB。分析认为，相对于器件的不同引脚，由于其内部物理结构不同，则微波易损性不同，器件内部物理结构差异性越大，微波易损性差异越大，由此相应的损伤阈值差异也越大。

表 6-7 同一集成电路不同注入引脚损伤功率阈值　　　　单位：kW

器件类型	输入引脚	器件编号										平均功率
		1	2	3	4	5	6	7	8	9	10	
HITJ-74LS00-OM16	2	1.02	0.76	0.73	0.73	0.73	0.87	0.87	1.02	0.87	0.76	0.84
	4	1.91	2.14	1.89	1.91	1.91	1.91	2.14	1.91	1.91	1.91	1.95
NSC-74LS00-P9942SF	2	0.56	0.37	0.86	0.46	0.56	0.37	0.86	0.37	0.56	1.13	0.61
	4	3.66	3.43	2.74	3.66	4.57	2.74	3.20	4.12	2.74	4.12	3.50

⑤ 同一型号集成电路军品器件与民品器件的损伤阈值差异。

对于同一型号的集成电路，军品器件一般比民品器件损伤功率阈值高，主要原因可能在于军品器件一般采取了一些特殊工艺，在器件设计上更多地考虑到器件工作的可靠性与稳定性，表 6-8 列出了集成电路军品器件与民品器件损伤功率阈值的差异。实验条件为：微波频率 9.433GHz，微波脉冲宽度 600ns，微波脉冲重复频率为单次，器件加电电压 5V。由表中所列数据可以看到，几乎所有军品器件的损伤功率阈值都比民品器件的损伤功率阈值高，有些器件的差别较大，可达 10dB 以上；但进一步分析可发现，也有部分军品器件与民品器件的损伤功率阈值相差不大，几乎在一个功率水平，这极可能与器件内部物理结构类似有关。

表 6-8 同一型号集成电路军品器件与民品器件的损伤功率阈值　　　　单位：kW

器件类型	输入	器件编号										平均功率
		1	2	3	4	5	6	7	8	9	10	
HITJ-74LS00-OM16	4	2.18	2.08	1.77	2.06	2.06	1.53	1.43	1.22	1.77	2.36	1.85
TII-54LS00-OBDS0045A		6.69	5.60	5.85	4.67	4.80	5.06	4.43	5.01	6.33	6.33	5.48
TII-74F00-6AD58HK	4	0.29	0.29	0.35	0.52	0.52	0.74	0.74	0.63	0.63	0.52	0.52
TII-54F00-7CES		6.52	5.64	2.83	4.94	4.94	4.94	3.44	5.29	3.44	5.29	4.73

续表

器件类型	输入	器件编号										平均功率
		1	2	3	4	5	6	7	8	9	10	
NSC-74LS04-P9930SG	3	3.19	2.97	2.60	2.79	3.18	2.60	2.60	2.79	2.60	3.18	2.85
TII-54LS04-OCCS0046B		3.65	2.87	3.19	4.56	3.82	3.93	6.39	3.11	2.62	4.11	3.83
MOTA-74F04-XXA9244	3	2.32	2.06	1.54	2.32	2.83	2.57	2.20	1.93	1.93	2.57	2.23
TII-54F04-OBBS0013A		28.5	28.5	32.0	28.5	28.5						29.2
MOTA-4069-CPCG0109	3	2.57	2.64	2.64	2.64	2.64	2.69	2.09	2.57	2.64	3.16	2.63
TII-4069-OBS0040C		5.78	5.78	4.52	4.15	3.70	3.36	4.11	7.71	3.85	3.85	4.68

⑥ 具有相同逻辑功能但制造工艺不同的集成电路损伤阈值差异。

对于具有相同逻辑功能但制造工艺不同的集成电路器件，其个体损伤阈值差别很大，没有明显的规律可循，几乎与器件类型无关。例如，具有相同功能的芯片，有的 74F 系列器件损伤功率阈值比 74LS 系列器件损伤功率阈值要大近一个数量级，而有的 74LS 系列器件损伤功率阈值又要比 74F 系列器件损伤功率阈值大近一个数量级。表 6-9 列出了 4 组具有相同逻辑功能的芯片在相同实验条件下获取的损伤功率阈值，实验条件为：微波频率 2.9GHz，微波脉冲重复频率 50Hz，器件加电电压5V，脉冲宽度分别为 30ns、70ns、100ns、300ns、500ns、1500ns。表中所列对应于每一个脉冲宽度的损伤功率阈值均为一组芯片（5 只）的平均阈值。由实验数据不难看出，器件的损伤功率阈值与器件的逻辑功能无关，具有相同逻辑功能但生产工艺不同的器件，微波易损性必然有较大的差异。

表6-9　逻辑功能相同但制造工艺不同的集成电路损伤功率阈值　　单位：kW

器件类型	输入引脚	不同脉冲宽度					
		30ns	70ns	100ns	300ns	500ns	1500ns
GS-74LS00-9507	4	16.1	3.66	2.23	1.83	1.12	0.18
TII-74F00-73CJLLK		2.29	1.42	1.13	1.02	0.71	0.59
MOTA-4011-CPEE0050	2	8.99	1.52	2.45	2.01	1.23	0.45
HITJ-74LS04-1B16	3	2.60	1.99	0.71	0.55	0.61	0.36
NSC-74F04-P9642SG		18.9	11.4	11.4	2.29	2.54	1.35
HITJ-74LS244-5M16		19.2	7.76	3.13	0.97	0.56	0.57
MOTA-74F244-XXAK9322	2	18.9	7.62	7.62	0.95	0.29	0.56
NSC-74HC244-P0006SD		23.3	6.68	6.68	2.20	2.20	0.69
NSC-74LS373-P9930SZ		8.08	0.98	0.98	0.68	0.49	0.14
NSC-74F373-P9324BV	3	20.8	11.0	7.44	0.74	0.93	0.77
HITJ-74HC373-1A46		3.38	1.60	0.92	0.80	0.46	0.21

⑦ 小结。

对于不同样本的集成电路器件，同一厂家、同一型号、同一批次或批次相近的集成电路个体之间损伤阈值较为接近，差异一般不大于 3dB；不同厂家、同一型号的集成电路器件损伤阈值个体之间差异较大，最大可达量级；军品器件损伤阈值一般比民品器件损伤阈值高，有些器件阈值差别可以达到 10dB 以上，但也有部分器件损伤阈值差异不甚明显。

实验发现，集成电路器件的微波易损性与器件的具体逻辑功能无关，决定器件微波易损性的关键因素在于器件的具体工艺及具体引脚的内部物理结构。工艺水平及物理结构相同或相似的器件，损伤功率阈值较为接近，反之则差别较大。

（3）HPM 脉冲参数对集成电路微波易损性影响分析

① 微波频率对集成电路器件损伤阈值的影响。

表 6-10 所示为在其他条件相同的情况下，微波频率分别为 2.9GHz 和 8.9GHz 时近 40 种器件的损伤功率阈值对比情况。实验条件为：微波脉冲重复频率 f_{pps}=10Hz，微波脉冲宽度 τ=1μs，器件加电电压 U=5V。表中每一个效应数据均为一组芯片（10 只）完全损伤时器件的吸收微波脉冲功率。

表 6-10　不同微波频率下集成电路损伤功率阈值　　　　单位：kW

器件类型	2.9GHz	8.9GHz	器件类型	2.9GHz	8.9GHz	器件类型	2.9GHz	8.9GHz
74LS00	0.18	1.06	CD4001	0.20	0.86	74F00	0.59	0.34
74LS03	0.57	0.79	CD4002	0.74	1.23	74F02	0.29	0.36
74LS04	0.36	0.49	CD4011	0.45	1.16	74F04	1.35	3.08
74LS05	0.25	0.78	CD4012	0.54	0.82	74F08	0.82	1.07
74LS06	1.17	2.92	CD401	0.64	1.42	74F10	0.17	0.58
74LS07	1.36	0.55	CD4014	0.53	1.20	74F14	0.15	0.49
74LS08	0.18	0.57	CD4015	0.21	0.14	74F20	0.20	0.84
74LS09	0.51	0.78	74LS244	0.57	1.24	74F30	0.31	0.34
74LS10	0.55	0.94	74LS373	0.14	0.58	74F74	0.31	1.26
74LS11	0.35	0.95	74HC02	0.59	0.91	74F244	0.56	1.20
74HC08	0.14	0.41	74HC10	0.17	0.47	74HC11	0.24	0.86
74HC20	0.37	0.37	74HC21	0.54	0.28	74HC224	0.69	1.63
74F373	0.57	0.83	74HC14	0.66	0.27	74HC373	0.21	0.88

从实验结果可以看到，随着微波频率的增加，器件的损伤功率阈值总体将趋于

增大，但阈值增加幅值变化不大，从概率的角度看，微波频率由 2.9GHz 增大到 8.9GHz 时，器件损伤功率阈值增大约 3dB。

② 加电电压（工作电压）对器件损伤功率阈值的影响。

表 6-11 所示数据是多种器件加电与不加电的效应结果。实验条件为：微波频率 f=8.9GHz，微波脉冲重复频率为单次脉冲，微波脉冲宽度 τ=1μs。表中对应于加电电压的效应数据均为一组芯片（5 只）在不同损伤概率下的器件吸收功率。

表 6-11　不同加电电压下集成电路损伤功率阈值　　单位：kW

器件类型	加电电压							
	0		5V		10V		15V	
	损伤概率							
	0	100%	0	100%	0	100%	0	100%
74LS00	0.22	0.39	0.22	0.39				
74LS05	0.23	0.40	0.23	0.40				
74F02	0.22	0.38	0.22（60%）	0.38				
74F30	0.21	0.37	0.10	0.37				
CD4002	1.03	1.39（40%）	0.53	1.24	0.59（20%）	1.39	0.59（60%）	1.03
CD4008	0.61	1.44	0.58（40%）	1.00	0.04	0.10	0.04	0.10
CD4012	0.94	1.28（40%）	0.94（20%）	1.28	0.94	1.28	0.54（20%）	0.94
74HC02	0.35（20%）	0.97	0.35（40%）	0.97				
74HC21	0.21（80%）	0.37	0.21（60%）	0.37				

实验表明，对于 74LS 系列、74HC 系列、74F 系列，器件加电与否的损伤功率阈值基本不变；对于 CMOS 系列，当加电电压低于 10V 时，损伤功率阈值与不加电基本相当，当加电电压大于 10V 时，大部分器件损伤功率阈值没有变化，只有较少部分器件损伤功率阈值下降。因此可以近似认为，加电电压对器件损伤功率阈值没有明显影响。

③ 微波脉冲重复频率对器件损伤功率阈值的影响。

表 6-12 所示数据是多种器件在不同微波脉冲重复频率下的实验结果。实验条件为：微波频率 f=2.9GHz，微波脉冲重复频率为单次脉冲，微波脉冲宽度 τ=600ns，器件加电电压为 5V。表中对应于每一类器件的效应数据均为一组芯片（5 只）在不同损伤概率下的器件吸收功率。

表 6-12　不同脉冲重复频率下器件损伤概率随器件吸收功率变化效应结果　　单位：kW

脉冲重复频率	器件类型	损伤概率					脉冲重复频率	器件类型	损伤概率				
		20%	40%	60%	80%	100%			20%	40%	60%	80%	100%
10Hz	74F14	0.16				0.29	100Hz	74F14	0.09	0.16		0.29	0.54
	C4013		0.32	0.6		1.02		C4013			0.32		0.59
	HC10	0.09			0.17	0.32		HC10		0.09			0.17
	74F04		1.02			1.65		74F04				1.02	1.65
	LS10				0.54	0.93		LS10					0.29
20Hz	74F14	0.16				0.29	200Hz	74F14			0.09	0.16	0.29
	C4013	0.32			0.59	1.02		C4013	0.32			0.59	1.02
	HC10			0.17		0.32		HC10			0.09		0.17
	74F04			1.02		1.65		74F04	1.02				1.65
	LS10					0.93		LS10		0.15			0.29
50Hz	74F14		0.16			0.29	500Hz	74F14					0.16
	C4013				0.59	1.02		C4013		0.32			0.59
	HC10			0.17		0.32		HC10				0.09	0.17
	74F04				1.02	1.65		74F04		1.02			1.65
	LS10				0.54	0.93		LS10	0.08	0.15			0.29

　　实验表明，在其他条件不变的情况下，单次脉冲损伤功率阈值比重复频率为500Hz 时的损伤功率阈值最大相差 3dB 左右，更进一步的实验表明，重复频率达到 1kHz 时，损伤功率阈值并没有明显降低。因此，对于脉冲重复频率的影响，在要求不太严格的情况下可以忽略。

　　④ 器件损伤功率阈值分布规律。

　　实验获取了多种器件不同批次的损伤功率效应阈值，器件 1 为韩国 GS 公司生产的 74LS00-9507，器件 2 为美国 NSC 公司生产的 74LS00-P9942SF，器件 3 为日本 HITJ 公司生产的 74LS04-1A26，器件 4 为日本 TOSJ 公司生产的 CD4069-HSIA0101WC。实验条件为：微波频率 9.433GHz，脉冲宽度 600ns，脉冲重复频率为单次脉冲，器件 1 和器件 2 的微波脉冲注入引脚为 4 脚，器件 3 和器件 4 的微波脉冲注入引脚为 3 脚。表 6-13 给出了 4 类器件各 20 只在以上实验条件下获得的损伤功率阈值。

表6-13　4种集成电路器件损伤功率阈值　　　　　　单位：kW

器件型号	器件1	器件2	器件3	器件4	器件型号	器件1	器件2	器件3	器件4
1	4.11	1.65	2.05	2.58	11	5.90	2.30	4.62	3.07
2	7.19	1.52	1.75	4.11	12	4.66	2.30	3.69	3.32
3	6.16	2.12	4.11	3.94	13	7.19	2.30	3.94	2.62
4	4.42	1.73	2.70	3.08	14	5.13	3.45	3.23	2.62
5	6.16	2.83	2.15	3.50	15	5.13	3.45	2.95	3.32
6	5.16	2.83	5.65	2.95	16	5.65	3.45	2.95	3.32
7	5.16	2.66	4.62	3.50	17	6.67	3.45	2.33	2.87
8	5.46	3.54	4.11	3.08	18	6.16	3.45	2.95	3.50
9	4.66	2.88	3.50	2.95	19	6.67	3.45	2.33	2.95
10	4.66	2.83	3.50	3.08	20	4.66	2.62	2.87	4.11

图6-10为以上4种器件损伤功率阈值拟合分布曲线，可以发现，器件损伤功率阈值基本呈正态分布，且方差较小，因此器件损伤概率近似服从0-1分布。

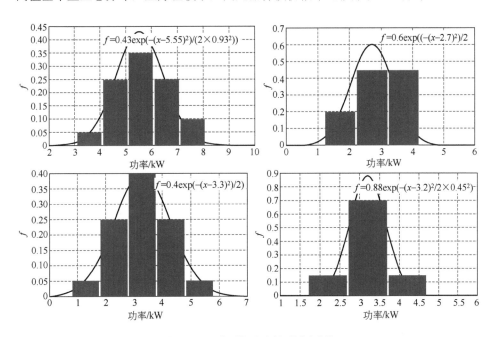

图6-10　四种器件损伤功率阈值分布曲线

确定器件损伤功率阈值分布规律有两个方面的意义：一是可以以较少的实验样本获取较为准确的损伤概率随注入微波脉冲功率变化信息，二是当知道部分损伤概率对应的功率阈值后,可以不通过实验而推算出其他损伤概率对应的损伤功率阈值,这是高功率微波效应预测评估系统完善学习样本的基本依据。

⑤ 器件损伤功率阈值随脉冲宽度变化规律。

关于集成电路器件损伤功率阈值随微波脉冲宽度的变化规律,基本认为是损伤功率阈值随脉冲宽度变化应分三个区域表述。表 6-14 列出了 10 余种集成电路在微波频率 f=2.9GHz,脉冲重复频率 f_{pps}=50Hz 的情况下损伤功率阈值随脉冲宽度变化效应数据。

表6-14　部分集成电路损伤功率阈值随脉冲宽度变化效应数据　　　　单位:kW

器件型号	脉冲宽度					
	30ns	70ns	100ns	300ns	500ns	1500ns
74LS06	12.71	5.06	3.09	1.24	0.95	1.17
4012	14.60	7.36	2.97	1.33	0.92	0.54
74LS00	16.15	3.66	2.23	1.83	1.12	0.18
4069	16.26	5.36	3.30	1.31	1.01	0.84
74F08	16.41	7.91	7.91	2.68	2.68	0.82
74F04	18.88	11.38	11.38	2.29	2.54	1.35
74F244	18.88	7.62	7.62	0.95	0.29	0.56
74LS244（RLI）	19.23	7.76	1.91	0.97	0.56	0.57
74HC08	21.05	4.53	1.71	0.26	0.49	0.14
74HC244	23.31	6.68	6.68	2.20	2.20	0.69

结合表 6-14 所列效应数据,器件损伤功率阈值随脉冲宽度变化曲线如图 6-11 所示。

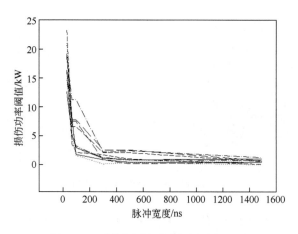

图 6-11　器件损伤功率阈值随脉冲宽度变化曲线

由图 6-11 可以看到，集成电路损伤功率阈值随脉冲宽度变化所对应的三个区域分别为 100ns 以下、100～1000ns、1000ns 以上。如果认为集成电路损伤主要体现为内部 PN 结损伤，则当脉冲宽度小于 100ns 时器件可以等效为 PN 结绝热加热，当脉冲宽度在 100～1000ns 之间时可以等效为 PN 结有传导加热，当脉冲宽度大于 1000ns 时可以认为是 PN 结稳态加热。因此，可以确认损伤功率阈值随脉冲宽度变化曲线的两个拐点区域分别为 100ns 及 1000ns 左右。集成电路损伤阈值随高功率微波脉冲宽度变化规律与本章第一节所述高功率微波脉冲对半导体器件损伤规律相一致。

⑥　小结。

实验表明：集成电路器件损伤功率阈值随着微波频率的增加而整体趋于增大；随着脉冲重复频率的增加而减小；随脉冲宽度的变化较为复杂，总体是随着脉冲宽度的增加损伤功率阈值逐渐降低，但存在一拐点区域（约 100ns），在此区域后，脉冲宽度再增加则器件损伤功率阈值变化不甚明显。对应一批器件，器件损伤功率阈值基本呈正态分布，且方差较小，因此，器件的损伤概率近似于 0-1 分布。

6.2.4　集成电路微波易损性简化评估模型

对于特定的集成电路，我们总希望以较小的实验量来获得尽量多的数据信息，以较少的原始数据来完成对集成电路微波易损性的评估。作为模糊神经网络预测评估系统的辅助手段，根据以上对各类效应规律的分析，我们建立了以下针对特定器件的微波易损性简化实验评估模型。根据这一模型，只需测量某一类器件的 4 个效应阈值点，即可基本做到对此类器件的微波易损性评估。

集成电路的损伤概率 F 与器件吸收功率 P、微波频率 f、脉冲宽度 τ、脉冲重复频率 f_p 及器件加电电压 U 密切相关，如下所示：

$$F_{损伤概率}=f(P_{吸收功率},\ f_{微波频率},\ \tau_{脉冲宽度},\ f_{p脉冲重频},\ U_{加电电压}) \tag{6-1}$$

以上模型反映的基本规律是：在其他条件不变的情况下，损伤概率随吸收功率、脉冲宽度、脉冲重复频率、加电电压的增大而增大，随微波频率的增大而减小。如果知道器件吸收功率、微波频率、脉冲宽度、脉冲重复频率及器件加电电压，则可以对器件损伤概率进行基本判断。下面首先分析器件吸收功率与损伤概率的关系，由前面介绍的内容分析可知，在其他条件不变的情况下，器件的损伤功率阈值基本呈正态分布，且方差很小，如果认为正态分布的方差可以忽略，则器件的损伤概率可近似为 0-1 分布，即

$$F(x)=\begin{cases}0, & x<P_1\\1, & x>P_1\end{cases} \tag{6-2}$$

263

式中，P_1 被认为是损伤阈值，即器件损伤概率接近于 1 时的吸收功率。损伤功率阈值与式（6-2）中的其他参量密切相关，可以用人工神经网络实现以上非线性映射，如图 6-12 所示。

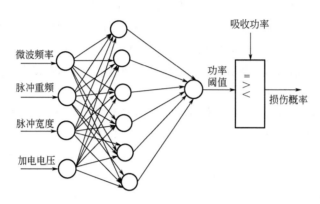

图 6-12 特定集成电路 HPM 效应评估模型示意图

显然，对于特定的器件，网络的预测评估精度是建立在大量的学习样本上，也即建立在大量的实验数据基础上。在许多时候，由于效应源或其他实验条件的限制，获得的效应数据很少，这就需要以上模型进行简化，利用极少量的效应数据来达到较高的预测精度。下面结合前面介绍的集成电路 HPM 易损性规律将以上预测评估模型简化成解析关系式。

（1）器件加电电压（工作电压）对损伤阈值影响的简化

对于 74LS 系列、74F 系列、74HC 系列集成电路，一般加电电压为 5V，最高不超过 6V。实验表明，加电与不加电的阈值基本一样，对于 CMOS 系列芯片，在电压低于 10V 时，损伤阈值与不加电时基本一致；当电压为 10～18V 时，有些器件损伤阈值（均针对固定引脚）没有太大变化，但有些变化较大，甚至能够达到一个量级。

因此，针对实验结果，可以对器件加电阈值变化情况做以下简化：获取任意频率、任意脉宽的一组加电 15V 与加电 0V 的功率阈值，设分别为 $P_{u=0}$ 及 $P_{u=15}$，则对于器件加电电压为 U 的情况，设其功率阈值为 P_u，如果 $U<5V$，则认为 $P_u=P_{u=0}$，如果 $U>5V$，则近似认为损伤功率阈值随加电电压的增大而线性减小，可以得到以下关系式：

$$P_u = P_{u=15} + \frac{15-U}{10}(P_{u=0} - P_{u=15})$$ （6-3）

（2）脉冲重复频率对损伤阈值影响的简化

获取任意脉宽，任意微波频率，加电或不加电重复频率为 1Hz 及 CHz 的功率效

应阈值分别为 $P_{f=1\mathrm{Hz}}$ 及 $P_{f=C\mathrm{Hz}}$，如果认为损伤功率阈值随脉冲重复频率增加而线性减小，则对于相同情况下，重复频率为 $X\mathrm{Hz}$ 的微波脉冲，损伤功率阈值 $P_{f=X\mathrm{Hz}}$ 为

$$P_{f=X\mathrm{Hz}} = P_{f=C\mathrm{Hz}} + \frac{C-X}{C-1}(P_{f=1\mathrm{Hz}} - P_{f=C\mathrm{Hz}}) \tag{6-4}$$

（3）微波频率对损伤阈值影响的简化

获取任意脉宽，任意重复频率，加电或不加电微波频率为 $D\mathrm{GHz}$ 的功率损伤阈值和微波频率为 $E\mathrm{GHz}$ 的功率损伤阈值，$E>D$，设其分别为 P_D 及 P_E，如果认为损伤功率阈值随微波频率增加而线性增大，则对于相同条件下任意微波频率 f 的功率损伤阈值 P_f 为

$$P_f = P_D + \frac{(f-D)(P_E - P_D)}{E-D} \tag{6-5}$$

（4）脉冲宽度对损伤阈值影响的简化

如前所述，脉冲宽度与损伤功率阈值在其他条件不变的情况下大致符合以下规律：

$$P_\tau = C_4\tau^{-1} + C_5\tau^{-\frac{1}{2}} + C_6 \tag{6-6}$$

利用其他条件相同、脉冲宽度不同的三个功率点 $P_{\tau=20\sim40\mathrm{ns}}$，$P_{\tau=80\sim120\mathrm{ns}}$，$P_{\tau=500\sim1000\mathrm{ns}}$ 求出常数 C_4、C_5、C_6，则任意脉宽对应的功率阈值即可确定。

由以上分析，对一批同一厂家生产的同一批次固定器件的固定输入引脚：

① 求出微波频率为 $D\mathrm{GHz}$，脉冲重复频率为 $1\mathrm{Hz}$，加电电压为 $0\mathrm{V}$，分别对应于脉宽 $20\sim40\mathrm{ns}$，$80\sim120\mathrm{ns}$，$500\sim1000\mathrm{ns}$ 的三个损伤功率阈值 $P_{\tau=20\sim40\mathrm{ns}}$，$P_{\tau=80\sim120\mathrm{ns}}$，$P_{\tau=500\sim1000\mathrm{ns}}$，求出常数 C_4、C_5、C_6。

② 固定其他条件不变，求 $P_{f=D\mathrm{GHz}}$ 及 $P_{f=E\mathrm{GHz}}$（$E>D$）。

③ 固定其他条件不变，求 $P_{f_\mathrm{p}=1\mathrm{Hz}}$ 及 $P_{f_\mathrm{p}=C\mathrm{Hz}}$（$C>1$）。

④ 固定其他条件不变，求 $P_{u=0}$ 及 $P_{u=15}$。

则对于任意微波频率 f（$D<f<E$），任意脉冲宽度 τ，任意重频 f_p（$1 \leqslant f_\mathrm{p} \leqslant C$），加电电压为 U，其损伤功率阈值为

$$P(f, f_\mathrm{p}, \tau, U) = (C_4\tau^{-1} + C_5\tau^{-\frac{1}{2}} + C_6)\left[1 + \frac{(f-D)(P_E/P_D - 1)}{E-D}\right] \times$$

$$\left[1 + \frac{(f_\mathrm{p}-1)(P_{f=C\mathrm{Hz}}/P_{f=1\mathrm{Hz}} - 1)}{C-1}\right] \begin{cases} \left[\dfrac{P_{u=15}}{P_{u=0}} + \dfrac{15-U}{10}\left(1 - \dfrac{P_{u=15}}{P_{u=0}}\right)\right], & U>5\mathrm{V} \\ 1, & U \leqslant 5\mathrm{V} \end{cases} \tag{6-7}$$

以上表达式可进一步简化：

① 认为器件加电与不加电损伤功率阈值不变。

② 认为脉冲重复频率最高为 1kHz，重复频率为 1kHz 时的损伤功率阈值比同等条件下单次损伤功率阈值小约 3dB，认为从 1Hz～1kHz 阈值下降近似为线性，如果脉冲重复频率为 f_p，则损伤功率阈值与重复频率为单次的损伤功率阈值相比下降为：$(1-1/2\times f_p/1000)$ 倍。

③ 求出微波频率约 1GHz 和 10GHz 的损伤功率阈值 $P_{f=1GHz}$ 及 $P_{f=10GHz}$，认为从 1～10GHz 阈值上升近似为线性，则对于任意微波频率 f，与微波频率为 10GHz 时损伤功率效应阈值相比，减小倍数为

$$B=1-\frac{10-f}{9}\left(1-\frac{P_{f=1GHz}}{P_{f=10GHz}}\right) \tag{6-8}$$

④ 求出微波频率为 10GHz，单次脉冲，不加电，脉冲宽度为 20～40ns、80～120ns、500～1000ns 之间的任意三个脉宽阈值，求出常数 C_4、C_5、C_6。

则对于任意脉冲宽度 τ（一般大于 20ns）、任意微波频率 f（一般在 1～10GHz 范围内）、任意脉冲重复频率 f_p（一般单次～1kHz）、加电电压 U（一般约 5V），其对应的损伤功率阈值为

$$P(f,f_p,\tau,U)=(C_4\tau^{-1}+C_5\tau^{-\frac{1}{2}}+C_6)\left(1-\frac{1}{2}\times\frac{f_p}{1000}\right)\left[1-\frac{10-f}{9}\left(1-\frac{P_{f=1GHz}}{P_{f=10GHz}}\right)\right] \tag{6-9}$$

式中，C_4、C_5、C_6 由微波频率为 10GHz，脉冲重复频率为单次，不加电，脉冲宽度分别为 20～40ns、80～120ns、500～1000ns 时所对应的损伤功率阈值决定。$P_{f=1GHz}$、$P_{f=10GHz}$ 为相同条件下，微波频率分别为 1GHz 及 10GHz 时的效应阈值，对于以上经验公式，只需测量一类器件的 4 个效应阈值点，即可基本推断此类器件所有情况的效应阈值。

损伤概率为

$$F=\begin{cases}0,P<P(f,f_p,\tau,U)\\1,P\geqslant P(f,f_p,\tau,U)\end{cases} \tag{6-10}$$

6.2.5 集成电路高功率微波效应小结

本节用较大篇幅系统介绍了集成电路器件尤其是数字集成电路器件窄带高功率微波效应的实验方法、实验结果，对效应机理进行了简单分析，对效应规律进行了概括性总结。分析认为，高功率微波对集成电路器件的损伤功率阈值基本在 100W 量级，最高能量利用效率对应的微波脉冲宽度约为 100ns，脉冲重复频率在达到 kHz 以后器件损伤阈值变化不大。这些效应结果及规律，为高功率微波武器参数设计提供了参考依据。需要说明的是，本节介绍的集成电路器件的集成度均相对较低，经过近 20 年

的发展，集成电路器件的集成度越来越高，在性能大幅度提高的同时，其高功率微波损伤阈值必定会大幅度下降。根据效应规律可以推测，当前高集成度的电子器件的高功率微波损伤阈值估计在 10W 量级，这为高功率微波武器的应用提供了新的机遇。

6.3 微波类器件高功率微波效应

与单个分立器件或单个集成电路器件不同，许多微波类器件可能是多个器件的组合体，类似于一个小的电子系统，典型如低噪声放大器，其内部结构往往既包括集成电路器件也包括电阻、电容、电感等分立器件，但其外在表现类似单一器件的功能。因此，在高功率微波效应研究领域，将这类具有单一电功能的电路模块均归结为器件类进行研究，其实验研究方法也与集成电路器件一致，均使用注入法。

6.3.1 限幅器高功率微波效应

微波限幅器是各类接收机前端的保护器件，其作用是防止过高的功率由接收通道直接进入电子系统的后端器件或设备，对后端器件造成损伤，典型的应用有雷达接收机、通信接收机等。理论上讲，微波限幅器是高功率微波武器的克星，当高功率微波武器向目标电子系统发动攻击时，目标电子系统能够通过限幅器将高功率微波脉冲功率进行有效拦截，则高功率微波武器的效能及应用场景将大打折扣。因此，研究限幅器高功率微波效应对高功率微波武器应用及武器参数优化具有重要的指导意义。当前，微波限幅器[7]主要有两种类型：一类是基于气体放电的限幅器，又叫TR 限幅器；另一类是基于半导体器件的限幅器，又叫 PIN 限幅器。下面对两类器件的高功率微波效应分别进行简要介绍。

（1）TR 限幅器高功率微波效应

TR 限幅器通俗的称谓是 TR 管或气体放电管，是 Transmission-Receiver 的简写，是随着雷达对快速转换开关的需要而发展起来的，其最初应用于雷达天线的开关中，是天线开关的重要组成部分，并且决定了天线开关的主要性能[8,9]。TR 管的主要功能是防止雷达发射机发射的功率进入接收通道，对接收通道的滤波器、放大器等微波器件造成损伤。作为雷达接收机保护器的重要组成部分，TR 管在现代雷达中发挥着重要作用，在有源雷达中是不可或缺的器件。

20 世纪 70 年代以来，世界各国相继研制出可以填充放射性元素的 TR 气体放电管，克服了传统有源 TR 管寿命短、噪声高等缺点，并在现代雷达应用中快速普及开来[8]。典型如氚型 TR 管，内部充有激发态的氚气，产生低能级的射线，在 TR

管内以混合物的形式形成氚电极薄膜，使 TR 管寿命提高了一个量级，由几百小时提高到了 5000 小时左右。由于无源 TR 管不需要激活电压，不需要外加电源，当雷达关机时，也不需要用于保护接收机不受外来强电磁辐射破坏的机械断路器，在减小体积、质量的同时也提高了可靠性。

我国于 20 世纪 80 年代中期也研制出了氚型 TR 管，并在 80 年代末应用于雷达接收机的保护电路中，显示了良好的工作特性。但随着高功率微波武器的出现，TR 管作为接收机前端保护器件面临新的不足，这主要是由 TR 管的响应时间及恢复时间的固有物理特性决定的。

TR 限幅器通常由气体放电管和谐振腔两部分组成，按照其结构不同又可分为两种类型：一种是谐振腔与放电管设置在一起，称为内附腔式，一般应用于微波频率比较高的场所；另外一种是谐振腔与放电管分开设置，称为外附腔式，通常用于频率比较低的场合。

TR 限幅器还可以按其频带的宽窄分为宽频带 TR 限幅器和窄频带 TR 限幅器。宽频带 TR 限幅器一般是内附腔式的，通常由一段矩形波导构成，两端有两个谐振窗，窗口用高频玻璃或陶瓷密封，一般较小的一个窗口接收机，管内充有惰性气体。波导内在各相距 1/4 波导波长的距离上安装 2～3 个由放电电极和金属膜片组成的谐振元件，在紧靠输出端的那个放电电极处还有一个辅助电极，当发射机发射时，微波功率很高，这个电极的谐振间隙首先击穿打火，然后其前面放电电极谐振间隙的电压由于驻波的形成而近似增高一倍，进一步导致该电极打火，此后，前面电极依次打火，一直到输入窗口打火，一旦前面放电电极打火，后面放电电极打火将会消失[9]。一种 Ku 波段的 TR 限幅器实物如图 6-13 所示。

图 6-13 一种典型的 Ku 波段 TR 限幅器

TR 限幅器打火放电，对输入大功率微波形成全反射，保护 TR 限幅器后端接入器件的安全，但利用气体放电进行接收机保护的 TR 限幅器并不是一个理想的开关，其在射频高功率信号作用下击穿并迅速电离实现全反射，但在电离期间总有一些射频功率泄漏到其后的通道，典型的射频泄漏随时间变化的包络如图 6-14 所示。在泄漏脉冲最前端是持续时间很短、幅度较大的尖峰，该尖峰是由于 TR 限幅器电离击穿具有一定的响应时间而造成的，这部分泄漏被称为尖峰泄漏[7]，尖峰泄漏的脉冲宽度决定了 TR 限幅器可有效工作的脉冲雷达信号的宽窄程度。在 TR 限幅器中的气体电离后，通过 TR 限幅器的射频泄漏功率将大大降低，远远低于尖峰泄漏功率。泄漏脉冲比较稳定的这部分功率的高低直接决定了

TR 限幅器电离时对射频高功率脉冲的衰减能力。当尖峰内能量过大或稳定部分功率过高时，可能直接导致通道后端微波器件损毁，接收机失效。另外，当 TR 限幅器输入射频高功率信号消失后，TR 限幅器还有一个消除电离的过程，这一过程称为恢复时间，决定了雷达近距离工作的能力，通常体现为雷达工作时发射脉冲的重复频率。

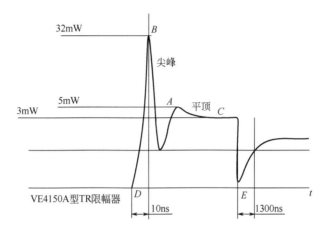

图 6-14　典型 TR 限幅器泄漏脉冲随时间变化示意图

对 TR 限幅器开展高功率微波效应研究主要关注三个方面的问题：

① 高功率微波脉冲泄漏脉冲宽度及功率。

② 高功率微波脉冲作用后 TR 限幅器的恢复时间。

③ TR 限幅器带外泄漏情况。

2017 年，电子科技大学的姚丹对 TR 限幅器的高功率微波效应进行了比较深入的研究，下面以其实验结果为例，对 TR 限幅器高功率微波效应进行分析[10]。其设计的 TR 限幅器实物如图 6-15 所示，实验系统框图如图 6-16 所示，搭建的实验系统如图 6-17 所示。

图 6-15　一种 S 波段 TR 限幅器实物

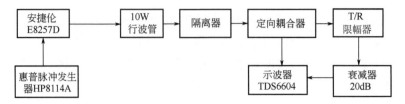

图 6-16　TR 限幅器实验框图

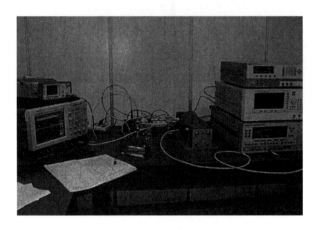

图 6-17　TR 限幅器实验系统

　　首先进行了带内实验测试。在输入微波频率 2.85GHz、脉冲宽度 10ns、脉冲功率 10W 条件下获得了图 6-18 所示波形；在输入频率不变，功率不变，脉冲宽度 1μs 时获得了图 6-19 所示波形。改变脉冲宽度，研究者又分别获得了 50ns、100ns、200ns 等其他脉冲宽度对应的实验波形，并读取了峰值泄漏功率，绘制了峰值泄漏功率随脉冲宽度变化曲线，如图 6-20 所示。

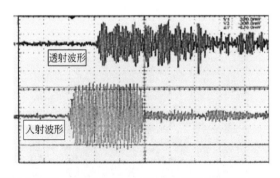

图 6-18　微波频率 2.85GHz、脉冲宽度 10ns、脉冲功率 10W 条件下 TR 限幅器入射及透射波形

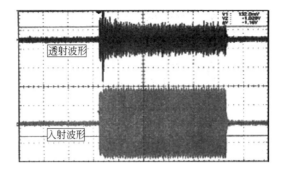

图 6-19　微波频率 2.85GHz、脉冲宽度 1μs、脉冲功率 10W 条件下 TR 限幅器入射及透射波形

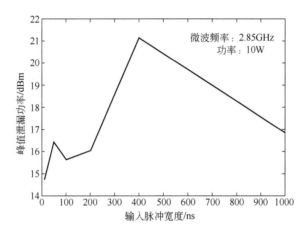

图 6-20　峰值泄漏功率随脉冲宽度变化曲线

由于高功率微波脉冲宽度普遍在 100ns 以下，由图 6-20 似乎可以得出高功率微波对 TR 限幅器无效的结论，但实际情况可能并非如此，观察图 6-18 所示透射波形发现，并没有得到典型的与图 6-14 一致的透射波形，其根本原因是输入脉冲功率过低。在第 4 章脉冲压缩技术相关章节中有关开关的分析中可以知道，气体击穿既与输入微波脉冲的脉冲宽度有关，又与脉冲功率有关，还与脉冲上升沿有关。对于高功率微波脉冲来说，其最典型的特征是高功率、快上升沿。理论分析表明，在注入功率满足一定条件下，几个 ns 量级的高功率微波可以比较容易地经 TR 限幅器透射 100W 级的功率，足以对通道后端的微波放大器造成致命损伤。即使以本小节介绍的电子科技大学的姚丹所取得的实验数据为依据，当输入功率为 10W 时，对应于 10ns 脉冲宽度的透射功率约为 15dBm，当 GW 级高功率微波武器对目标发动攻击时，通道内接收功率往往能够达到 1～10kW 量级，如果依线性比例推算，则该 TR

271

限幅器的透射功率将会达到几十 W 量级,这对低噪声放大器来说依然是一个很难承受的功率。

有关 TR 限幅器高功率微波效应需要关注的另外一个问题是限幅器的恢复时间,这需要用高重复频率微波源进行实验。通常研究表明,气体在发生击穿后其恢复时间是比较慢的,通常在几百μs～ms 量级,这也是各类高功率微波源采用气体开关脉冲重复频率很难突破 kHz 量级的主要原因。基于 TR 限幅器的恢复时间限制,利用脉冲重复频率很高的高功率微波源对雷达进行阻塞时干扰从技术上讲并不存在障碍。仍然以电子科技大学的姚丹所取得的实验结果为例,其在保持微波频率及输入功率不变的条件下,固定输入脉冲宽度为 50ns,改变脉冲重复频率,获取 TR 限幅器透射功率随脉冲重复频率变化曲线如图 6-21 所示。其最终的结论是该 TR 限幅器的恢复时间达到 ms 量级。

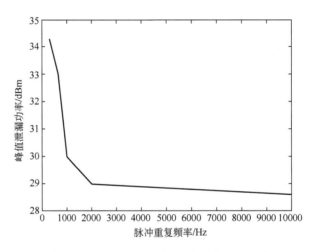

图 6-21 TR 限幅器泄漏功率随脉冲重复频率变化曲线

对于 TR 限幅器带外泄漏问题,由于限幅器采取了谐振腔结构,对于带外微波TR 限幅器处于某种失配状态,其透射功率有可能比带内更大,实验也证明了这一判断。仍然以电子科技大学的姚丹所取得的实验结果为例,其固定输入功率为 10W,脉冲宽度为 100ns,改变微波频率,测量泄漏脉冲能量,其随微波频率变化曲线如图 6-22 所示,中心频率 f_0 为 2.85GHz。

由图 6-22 可知,当微波频率偏离中心频点时,泄漏能量(功率)会有不同程度的增加,分析认为,一方面由于 TR 限幅器谐振腔的失谐能量会有部分泄漏,另一方面由于频率偏移,TR 限幅器中击穿电极位置并非处于最佳位置,导致电极打火的难度增加,即在 TR 限幅器输入更高的功率或持续更长的时间才能出现打火,TR

限幅器显示的现象是耐受功率提高，即最低保护电平提高。根据 TR 限幅器带外脉冲功率泄漏的效应特点，高功率微波武器在对带有 TR 限幅器的电子系统发动攻击时，选择高功率微波武器的工作频率稍微偏离电子系统的中心频率也许更为高效。但这只是基于 TR 限幅器效应的有限结论，整个武器系统的参数选择还应当充分考虑微波滤波器及放大器的效应规律，在后续部分将会有进一步的介绍。

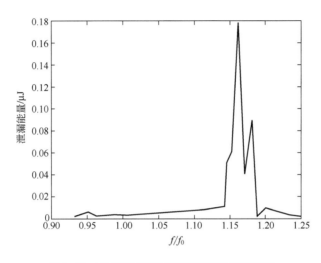

图 6-22 TR 限幅器泄漏能量随微波频率变化关系曲线

（2）PIN 限幅器高功率微波效应

TR 限幅器耐受功率高，自身不易损伤，但保护功率门限偏高，高功率微波透射功率较大，透射脉冲宽度较宽，这与气体放电阈值较高及完全击穿时间较长的固有物理特性有关。为此，研究人员希望能够研制一类响应时间更快、恢复时间更快且保护门限更低的限幅器。这类限幅器很快研制成功并得以应用，由于其核心器件基于半导体 PIN 二极管，因此又被称为 PIN 限幅器。

PIN 二极管在射频、超高频以及微波等电路中应用广泛，是一种可以用直流激励控制电阻的控制器件[7]，它的一个显著特点就是可以用较小的直流电流控制较大的射频功率。PIN 二极管是由 P 型材料重掺杂构成的 P 层和由 N 型材料重掺杂构成的 N 层，以及这两层中间夹杂着的一层由高电阻率轻掺杂的本征层构成的 I 层，三层结构构成的半导体二极管。P 层和 N 层重掺杂是因为它们经常要做欧姆接触，I 层则是根据 intrinsic 本征的意思命名的。在突变结的情况下，PIN 二极管的耗尽层宽度与其掺杂浓度都较低的 P 区或者 N 区的电阻率是成反比的。在耗尽层宽度增大的同时，结上单位面积的电容也会随之减小。因为电容越小，PIN 二极管在反向偏置下的阻抗就越高，它的开路效果也就越好，所以 PIN 二极管也可以用作微波开关。

273

PIN 限幅器用于接收机前端保护系统不被大功率烧毁，同时在波段内对小信号只有较小的插入损耗。单节 PIN 限幅器是结构最为简单的一种，其原理如图 6-23 所示。这是一种最传统、最基础的电路形式，它由一个 PIN 二极管和 RF 扼流电感并联而成。RF 扼流电感为二极管提供直流通路，并且在直流偏置下短路而在高频下开路，便于与 RF 信号隔离。由于该电路使用了扼流电感，会增大整个限幅器的插入损耗，适当调整扼流电感值以及与 PIN 二极管的距离，可以适当减少小信号插入损耗。PIN 限幅器可以被描述成一种受入射的微波功率控制的可变电阻，通常在小功率水平下，PIN 二极管的微波阻抗呈现最大值，因此产生最小的插入损耗，一般少于 0.5dB。当功率变大时，超过阈值功率时，由于 PIN 二极管自身的电导调制作用，二极管的微波阻抗降低至很小的值，大部分的功率因阻抗失配而反射，因而实现限幅功能。

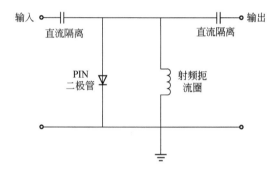

图 6-23 单级 PIN 限幅器

单级 PIN 限幅器通常只能提供 20～30dB 的隔离度，而实际情况下需要更高的隔离度去保护灵敏接收机元器件，因而多级限幅器应运而生。图 6-24 所示为两级 PIN 限幅器示意图，由前后两个 PIN 二极管级联而成，放在输入端的为前级厚的 I 层 PIN 二极管，放在输出端的为后级薄的 I 层 PIN 二极管，且两级之间相距一段 $\lambda/4$ 波长传输线。厚的 I 层 PIN 二极管能够承受较大的功率容量，而薄的 I 层 PIN 二极管具有较小的尖峰泄漏、较快的响应速度，二者的级联能兼顾功率容量和响应速度而被多数实际的工程设计所采纳。当高功率微波能量进入多级限幅器时，后级薄的 PIN 二极管对高功率微波响应较快，而先行导通。导通后对微波能量形成低阻抗短路，由于 $\lambda/4$ 波长传输线的阻抗变换性质，在前级厚的 PIN 管处形成高阻开路状态，前级厚的 I 层 PIN 管承受大部分能量。因 PIN 二极管自身的寄生并联电容以及本征 I 层的厚度不同，多级限幅器的插入损耗主要由前级的厚的 I 层 PIN 二极管决定，而后级薄的 I 层 PIN 二极管则决定限幅器的响应时间特性。

在实际应用中，隔直电容和接地电感是为了让 PIN 二极管更好地导通，接地电感也是为了造成直流回路，还有一定的保护功能。在 PIN 限幅器中，PIN 二极管的作用可看成一个可变电阻器。脉冲信号激励时：当信号刚输入，PIN 二极管还没有来得及完全导通，经过几个射频周期后，I 层内才能积累稳定的载流子，使得 PIN 二极管在整个射频周期内呈现为一个较低的电阻。在这个积累电荷的过程中，限幅器的输出比较大，暂时的最大的输出即所谓的尖峰泄漏。当 I 区内积累了足够的稳定电荷时，输出电平也就变得平坦，此时的输出又被称为平坦泄漏[7]，如图 6-25 所示。

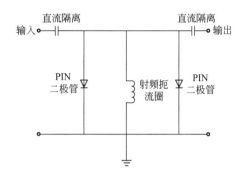

图 6-24 两级 PIN 限幅器   图 6-25 尖峰泄漏与平坦泄漏示意图

脉冲微波信号通过后，I 区内的载流子并不会马上消失，而是以一个时间常数呈指数式衰减。这个时间常数与载流子平均寿命相等。这段时间定义为恢复时间，在恢复时间内，限幅器仍然呈现为较高的隔离，而且插损较大，因此它保护接收机的灵敏度比较低。不同参数的 PIN 二极管，其尖峰泄漏、平坦泄漏、恢复时间等指标都不尽相同。这些差异主要和 PIN 二极管的 I 层厚度、载流子寿命等参数有关。一般来说，I 层较厚的 PIN 二极管尖峰泄漏往往较大，尖峰持续时间较长，平坦泄漏较高，恢复时间较长，起限门限值较高；而 I 层较薄的 PIN 二极管尖峰泄漏较小，尖峰持续时间较短，平坦泄漏较低，恢复时间较短，起限门限值较低。这些参数是在实际使用时，选用何种 PIN 二极管的主要参考。

与 TR 限幅器类似，PIN 限幅器高功率微波效应关注的问题依然包括：

① 高功率微波脉冲泄漏脉冲宽度及功率。

② 高功率微波脉冲作用后 TR 限幅器的恢复时间。

③ TR 限幅器带外泄漏情况。

但与 TR 限幅器效应研究最大的不同是，高功率微波直接对 PIN 限幅器器件的损伤是该类效应研究的重点。由于 PIN 限幅器的核心是 PIN 二极管，其组成结构相对独立清晰，理论分析及数值模拟建模关联条件较少且更能够从底层揭示高功率微波效应机理，因此，PIN 限幅器高功率微波效应研究得到研究人员的青睐，一直都是高功率微波器件效应研究的热点。中国工程物理研究院、西安电子科技大学、电子科技大学等单位持续开展了对 PIN 限幅器的效应研究，最近的研究成果已经延续到 2021 年。下面就典型效应结果举例介绍。

2011 年，电子科技大学的胡凯[11]在"微波前端高功率微波效应研究"论文中报道了他的研究成果，其选取 Skyworks 公司的 CLA4606 和 CLA4601 限幅二极管分别构建了单级 CLA4606 限幅器、单级 CLA4601 限幅器和多级 CLA4606+CLA4601 限幅器（前级为 CLA4606），如图 6-26 所示。其中 CLA4606 限幅二极管 I 层厚度为 2.5μm，CLA4601 限幅二极管 I 层厚度为 1μm，PCB 基板采用 RO5008，厚度为 10mil❶，限幅器加工采用微组装工艺。建立的实验测试系统如图 6-27 所示。

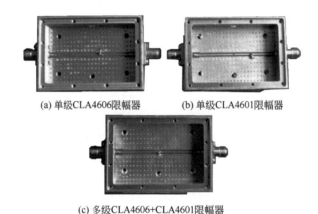

(a) 单级CLA4606限幅器　　　　(b) 单级CLA4601限幅器

(c) 多级CLA4606+CLA4601限幅器

图 6-26　PIN 限幅器样品

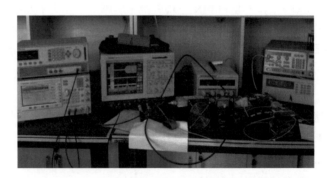

图 6-27　L 波段 PIN 限幅器高功率微波效应注入实验系统

---

❶ 1mil=0.0254mm。

他的研究主要结论为：

① 微波脉冲功率和脉宽是结温升的主要因素，而频率和前沿对结温升影响较小；多级 PIN 限幅器的前级厚 I 层 PIN 管要比后级薄 I 层 PIN 管的结温升高，在高功率微波环境下，先损坏的可能是前级厚 I 层 PIN 管；I 层薄的单级 PIN 限幅器比 I 层厚的单级 PIN 限幅器更容易损伤；PIN 限幅器的损伤程度依赖于不同的脉冲组合形式，脉冲间隔越短，对限幅器的损伤越大；在功率、脉冲间隔一致的情况下，"宽低+窄高"脉冲形式比"窄高+宽低"脉冲形式对 PIN 限幅器的损伤更大。

② PIN 限幅器微波脉冲重频需要 MHz 以上才能产生明显的结温升累积作用。

2013 年，电子科技大学宫振慧在"PIN 限幅二极管微波击穿效应机理研究"论文中介绍了相关研究成果[12]。其建立了 PIN 二极管模型，搭建了如图 6-28 所示的仿真电路，其中 PIN 二极管阳极接地，设信号源内阻为 50Ω，阴极注入上升沿为 1ns、幅值为 140V 的阶跃电压信号，计算仿真终止条件为器件最高结温升达 1680K。图 6-29 所示为输出电压与电流波形，图 6-30 所示为最高结温升曲线。由输出电压与电流波形及温度变化曲线可知，在 0.75ns 附近反向电流迅速增加，发生雪崩击穿；在器件发生热二次击穿过程中，电压与电流迅速降低是由温度迅速提高致使器件烧毁所致。

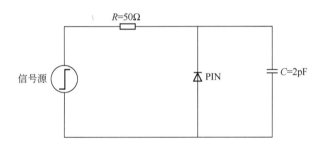

图 6-28　EMP 仿真电路

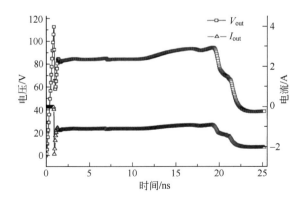

图 6-29　PIN 二极管输出电流与电压波形

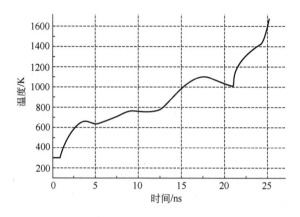

图 6-30 PIN 二极管最高结温升曲线

设置限幅器注入功率为 70dBm，微波脉冲宽度为 50ns 脉宽、5ns 前沿，信号源内阻为 50Ω，扼流电感为 22nH，将 PIN 二极管阴极与扼流电感以及 50Ω 负载并联，观察微波脉冲注入下的负载瞬态响应。图 6-31 所示为最高结温升曲线。

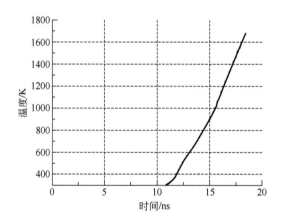

图 6-31 PIN 二极管微波注入最高结温升曲线

他得到的主要研究结论为：尖峰泄漏现象产生与输入功率大小和上升沿时间长短有关；要使 PIN 二极管内部温度升高需一定的功率阈值。微波脉冲注入下，PIN 二极管温度的升高主要分为两个阶段：一是尖峰泄漏阶段，输入功率越大和上升沿时间越短，尖峰泄漏时间越短，限幅器吸收功率越大，温度升高越快；二是平顶泄漏阶段，温度升高速度主要由输入功率决定，输入功率越大，温度升高越快，PIN 二极管易达到热击穿需要的脉宽越短。所以，输入功率越大、上升沿越短，PIN 二极管温度升高越快，在微波脉冲注入下引起热二次击穿所需脉宽越短。

2020 年，中国工程物理研究院的袁月乾在"PIN 限幅器的高功率微波单脉冲效应研究"论文中介绍了他的相关研究成果[13]。采用前后两级管芯均为单个 CLA4601 型 PIN 限幅器进行注入实验，实验原理如图 6-32 所示，图 6-33 所示为高功率微波注入实验平台。将中心频率为 9.365GHz 的大功率微波脉冲和功率为 3dBm、频率为 2.1GHz 的连续波（小信号）经合路器合路后作用于 PIN 限幅器，采用中心频率为 2.1GHz 的带通滤波器滤除大功率微波注入信号，参考信号通过衰减和负向检波器接入示波器，通过示波器检测 HPM 作用结束后限幅器响应特性。示波器读取到的典型波形如图 6-34 所示，在单个大功率微波脉冲作用下，PIN 二极管处于对地导通状态，限幅器处于限幅工作状态，插入损耗增大，小信号电平随之降低。

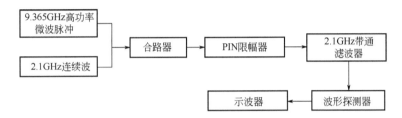

图 6-32　高功率微波注入实验原理

图 6-33　高功率微波注入实验平台

随着大功率微波脉冲的消失，小信号逐渐又恢复为实验前的工作电平。图 6-35 所示为不同脉冲参数下的限幅器限幅恢复过程情况，图（a）为 200ns 脉宽注入条件下，限幅器由限幅状态转变为小信号状态持续时间随注入功率的变化，限幅器限幅持续时间随着注入功率的升高而增加，持续时间为 100ns 量级。由图 6-35（b）中可以看出，在恒定的 40dBm 注入功率条件下，逐渐提高注入的脉宽，限幅器限幅持续时间随着单个注入微波脉冲宽度的增加逐渐增大。实验结果与仿真结果保持一致。

限幅器的限幅持续存在于一定的功率阈值范围，持续增加注入微波脉冲功率，限幅器注入功率由于阻抗适配以及可能的等离子体击穿现象大部分被反射，但限幅器限幅持续时间随着注入功率增加而延长，并逐渐趋于稳定。限幅持续时间增长速率随着注入功率的升高而降低，可能是因为长脉冲 HPM 作用下在限幅器注入端口产生等离子体。

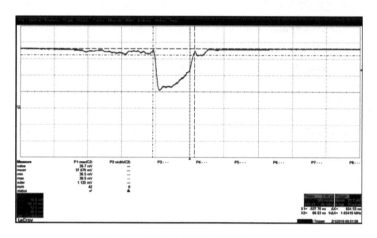

图 6-34　注入实验中示波器测得的典型波形

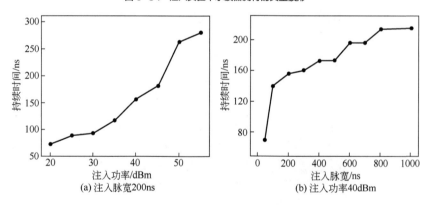

(a) 注入脉宽200ns

(b) 注入功率40dBm

图 6-35　不同脉冲参数下的限幅器限幅恢复过程情况

　　与普通二极管不同，PIN 二极管的 P 区和 N 区之间有一个掺杂浓度较低的 I 区。当微波信号作用于 PIN 二极管时，在外加电压正半周期内，P 区空穴和 N 区电子注入 I 区，在外加电压的负半周期，外加电压将 I 区载流子吸出。注入微波脉冲信号频率比较高时，微波信号周期小于少数载流子寿命。在入射微波功率较低时，正半周期内注入 I 区的载流子在负半周期被完全吸出，I 区不会有载流子的积累，PIN 二极管表现为高阻状态。当高功率微波进入 PIN 限幅器时，在正半周期内注入 I 区的载流子在负半周期不会被全部吸出，经过多个信号周期的积累，I 区载流子浓度逐渐增高，PIN 二极管进入低阻抗导通状态，由于阻抗失配，注入功率大部分被反射。高功率微波作用结束后，限幅器 I 区中的电子和空穴不会立刻消失，而是呈指数衰减，在此期间限幅器处于限幅状态，插入损耗逐渐减小，直至恢复至小信号插损状态。由于外加微波信号作用结束后，I 区过剩载流子的消失只能靠电子和空穴的复合，PIN 二极管从低阻导通到高阻截止状态时间正比于少数载流子寿命。注入功率越高，相同作用时间下积累的非平衡少数载流子浓度越高，对应于少数载流子初始浓度越高，高功率微波作用结束后少数载流子浓度呈现指数下降趋势，限幅器需要更长的时间恢复至高阻状态，恢复过程中仍然具有一定的隔离度，并且随着少数载流子浓度的下降，隔离度逐渐降低直至小信号插损。注入微波脉冲脉宽越宽，在外加电场作用下，PIN 二极管 I 区积累更多的载流子，外加微波脉冲消失后，I 区电子与空穴需要更长的时间来复合，限幅器的限幅恢复时间响应延长。

　　PIN 限幅器的损伤主要是由于 PIN 二极管的结温度在高功率微波作用下不断升高，如图 6-36 所示为电子科技大学李洪平获取的数值模拟结果，图 6-37 是其模拟得到的 PIN 限幅器损伤功率随脉冲宽度变化曲线，该曲线损伤规律与集成电路器件损伤规律基本一致，能量利用效应在百 ns 左右最高。还有诸多有关 PIN 限幅器高功率微波效应研究的论文[14-16]，这里不逐一介绍。总结认为：PIN 限幅器相较于 TR 限幅器具有更快的响应时间，更快的恢复速度，但其抗毁伤能力与分立器件类似，通常为几百 W 量级。因此，高功率微波对 PIN 限幅器的攻击着重于功率的提高，

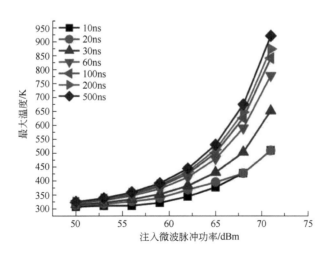

图 6-36　PIN 二极管 PN 结温度随不同高功率微波脉冲参数变化曲线

通过硬损伤 PIN 限幅器后再进一步损伤通道后面的器件；依靠 PIN 限幅器的尖峰泄漏及攻击后的恢复时间对电子系统进行干扰在当前技术条件下实际操作意义不大。

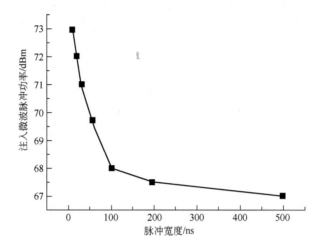

图6-37 PIN 限幅器损伤功率随脉冲宽度变化曲线

6.3.2 滤波器高功率微波效应

微波滤波器作为一种选频器件，在理想状态下，实现无失真地传输特定频谱内的信号，并完全抑制频带外的干扰信号。通常，滤波器是一种二端口器件，其特性可由传递函数表征，分为切比雪夫函数（Chebyshev）滤波器、巴特沃思函数（Butterworth）滤波器、椭圆函数（Elliptic）函数滤波器等。滤波器的基础为谐振电路，任意理想滤波器都可以等效为图 6-38 所示的二端口网络[17]。

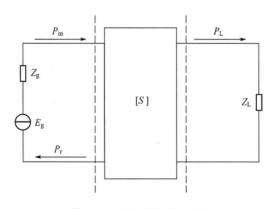

图6-38 滤波器等效二端口网络

282

对于一个无耗的滤波网络，其频率响应特性，即网络的传输函数 τ 可以表示为

$$\left|S_{21}(\mathrm{j}\Omega)\right|^{2}=\frac{1}{1+\varepsilon^{2}F_{n}^{2}(\Omega)} \tag{6-11}$$

式中，ε 为波纹系数；Ω 为频率变量；$F_{n}(\Omega)$ 为 n 阶滤波器的特性函数。

对于滤波器的插入损耗和回波损耗，可以分别表示成下面两个式子：

$$L_{\mathrm{A}}(\Omega)=10\log\frac{P_{\mathrm{in}}}{P_{\mathrm{L}}}=10\lg\frac{1}{\left|S_{21}(\Omega)\right|^{2}}\mathrm{dB} \tag{6-12}$$

$$L_{\mathrm{R}}(\Omega)=10\log\frac{P_{\mathrm{in}}}{P_{\mathrm{R}}}=10\lg\frac{1}{\left|S_{11}(\Omega)\right|^{2}}\mathrm{dB} \tag{6-13}$$

式中，P_{in} 表示信号源的输入功率；P_{L} 表示负载的吸收功率；P_{R} 表示滤波器反射功率。

根据滤波器插入损耗的频响特性，一般将滤波器分为低通、高通、带通和带阻型滤波器，理想的频率响应特性如图 6-39 所示。

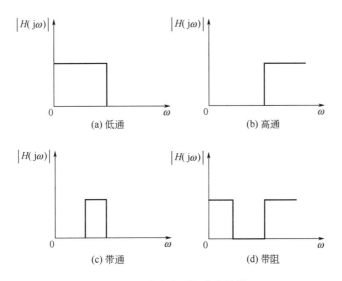

图 6-39　理想滤波器的频率响应特性

传统滤波器可由微带结构、集总元件（LC）、同轴腔结构、介质谐振器、波导等结构实现。其中，微带结构以其低成本、易加工、易集成等优势被广泛应用于微波射频电路中；相较于微带电路，波导结构具有高 Q 值、低插损、功率容量大等优势，但尺寸较大，成本较高，通常被应用于射频收发前端来抑制系统噪声系数和大功率电路中。一种典型微带式滤波器如图 6-40 所示，一种典型腔体式滤波器如图 6-41 所示。

图 6-40　一种典型微带式滤波器

图 6-41　一种典型腔体式滤波器

与限幅器高功率微波效应研究广泛持续开展相比,几乎没有开展滤波器高功率微波效应研究的相关报道,主要原因可能有以下几个方面:

① 首先窄带高功率微波的最有效攻击方式是带内攻击,微波滤波器对于带内高功率微波近似于无衰减传输。

② 对于腔体式滤波器,高功率微波要么传输,要么反射,很难对腔体式滤波器造成损伤。

③ 对于分立器件组成的滤波器,其通常由电阻、电容及电感构成,高功率微波损伤阈值极高,带外衰减极大,损伤也极为困难。

因此,对于工作带宽极窄且带有滤波器的电子系统,如果高功率微波的频率在滤波器带外,则很难对电子系统造成损伤。不过,通信系统一般需要大容量、高带宽,高功率微波频率处于其频带以内并非难事。另外,高功率微波源通常还具有一定的频率调节能力,且工作频率并不稳定,典型如相对论行波管,由于电子束能量不同,输出频率可以在百 MHz 范围内变化,因此透过滤波器进入通道后面的器件是大概率事件。同时,许多电子系统为了拓展带宽,减小损耗并没有采用滤波器,这为高功率微波武器的攻击提供了额外的便利条件。

6.3.3　放大器高功率微波效应

(1) 微波低噪声放大器简介

低噪声放大器[18]是将微弱信号放大的器件,低噪声放大器的核心是半导体有源器件,也包含电容、电感、电阻、传输线等无源器件,以保证器件的工作性能。低噪声放大器性能的优越主要取决于核心半导体器件的性能、输入输出端的阻抗匹配以及噪声匹配情况。低噪声放大器所使用的半导体器件包括 Si 双极型晶体管(BJT)、GaAs 金属半导体场效应晶体管(Metal Semiconductor Field Effect Transistor, MESFET)以及 GaAs 赝配高电子迁移率晶体管(PHEMT)等。20 世纪 60 年代中期，由于半导体制造工艺的发展，BJT 的工作频率跨进微波频段，并成为最早应用于微波低噪声放大器的晶体管。现阶段，BJT 因其工艺成熟，成本较低，在 UHF 频段应用较多，也被应用于 GPS 中。同一时期，随着半导体材料和工艺技术的迅速发展，MESFET 很快成为实用的固体器件，并应用于微波低噪声放大器。MESFET 的工作频率比 BJT 的更高，且噪声系数更低，在 4GHz 以上的低噪声放大器都选用 MESFET。到 1980 年，高电子迁移率晶体管（HEMT）研制成功，随着工艺进步出现了 PHEMT。相比于普通 HEMT，PHEMT 的载流子迁移率更高，性能更优越，其噪声特性和频率特性都要优于 MESFET 和 BJT，其工作频率可以达到几十 GHz 甚至上百 GHz，其工作频率在 Ku 波段以下的制造工艺已相当成熟，成为低噪声放大器中应用最广泛的半导体器件。PHEMT 工作频率范围已覆盖 MESFET 的工作频率，现阶段 PHEMT 已经基本替代 MESFET 在低噪声放大器领域的应用。现阶段低噪声放大器中主要使用的半导体器件为 PHEMT 和 BJT。

双极结型晶体管[19]（Bipolar Junction Transistor，BJT）常简称双极型晶体管，所使用的半导体材料是硅（Si）。作为第一代半导体材料的 Si，资源极其丰富，它的精纯、结晶成长、加工及其应用技术都非常成熟且最为先进。缺点是半导体内的电子移动缓慢，Si 中电子迁移率较低，Si 的电子本征迁移率 μ_n=1350cm^2/(V·s)，空穴本征迁移率 μ_p=450cm^2/(V·s)；Si 的饱和速度也不高，为 1.0×10^7cm/s。受到 Si 材料本身性质的限制，Si 器件的工作频率较低，Si BJT 的工作频率一般低于 4GHz。BJT 是由两个相距很近、方向相反的 PN 结构成的三端器件，有两种基本结构：PNP 型晶体管和 NPN 型晶体管，如图 6-42 所示。晶体管的两个 PN 结分别为发射结和集电结，三个区域分别为发射区、基区和集电区。三个区域分别与金属电极接触并引出导线，供连接电路使用。这三个连接点分别称为发射极、基极和集电极。当双极型晶体管处于正向有源区时，发射结正偏，集电结反偏。对于 NPN 型晶体管，由于发射结正偏且发射区掺杂浓度高于基区，从发射区到基区的电子电流比从基区到发射区的空穴电流大得多。集电结反偏，在集电结边界的基区侧，理想情况下少子（电子）的浓度为零；在集电结边界的集电区侧，理想情况下少子（空穴）的浓度为零。基区中的电子浓度梯度表明发射区注入的电子会越过基区扩散到集电结的空间电荷区中，那里由于电场作用电子会进入到集电区中。希望尽可能多的电子能到达集电区而不与基区中的多子空穴复合。因此，基区的宽度必须远小于少子扩散长度。另一方面，起源于基区的空穴扩散电流表现为基极电流，对集电极没有影响。集电极电流与基极电流的比率为发射结电子扩散电流与空穴扩散电流分量之比。BJT 处于正向有源区时，小信号的正弦电压波加在 BJT 的基极上，会在基极的静态电流上附加一个小幅值的正弦电流。因为集电极电流对基极电流有放大作用，会在集电极的静态电流上附加一个大幅值的正弦电流，从集电极引出的电流就会在合适的负载上获得更大幅值的正弦电压波，从而形成从基极输入到集电极输出的微波信号放大电路。

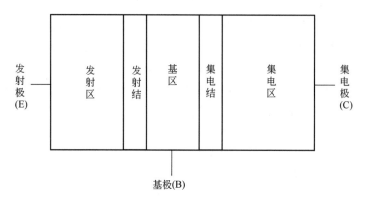

图 6-42 BJT 器件结构示意图

高电子迁移率晶体管[19]（High Electron Mobility Transistor，HEMT）又称调制掺杂场效应晶体管（Modulation Doped Field Effect Transistor，MODFET）以及选择性掺杂异质结晶体管（Selectively Doped Heterojuction Transistor，SDHT），常常通称为异质结场效应晶体管（Heterojuction Field Effect Transistor，HFET）。制作 HEMT 最常用的材料是 GaAs，GaAs 与第一代半导体材料 Si 相比，除了禁带宽度增大外，其电子迁移率与电子饱和速度分别是 Si 的 6 倍和 2 倍，GaAs 器件适合高频工作。但 GaAs 材料的热导率和击穿场强不高，其功率特性受到限制。GaAs 器件比较适合制作高频段、小信号、低噪声放大器件。HEMT 改进的主要目的是提高迁移率和面载流子浓度。增大异质结的带隙差可以提高二维电子气密度。一种方法为选用带隙比 GaAs 更窄的沟道材料，一般选用 InGaAs，形成 AlGaAs/InGaAs 型 HEMT。InGaAs 的带隙小于 GaAs 的带隙，AlGaAs/InGaAs 异质结构的导带不连续性大于 AlGaAs/GaAs 异质结构。GaAs 为 AlGaAs/InGaAs 异质结器件的衬底材料，其与 InGaAs 晶格常数的差异形成赝配（pseudomophic）结构，称为 PHEMT。对于 PHEMT，电子从 AlGaAs 一侧运动到 InGaAs 一侧，空间电荷建立的强电场使得异质结界面处的能带发生弯曲，在 InGaAs 一侧形成量子势阱，电子被限制在这个量子阱中，只能横向运动，不能纵向运动，形成二维电子气。可以通过改变栅极电压来控制 InGaAs 沟道中的电子浓度，从而控制沟道中电流的大小。小信号的正弦电压波加在 PHEMT 的栅极上，就会引起 InGaAs 沟道内的电流作正弦波动，从漏极引出的电流就会在合适的负载上获得更大幅值的正弦电压波，从而形成从栅极输入到漏极输出的微波信号放大电路。HEMT 器件及 PHEMT 器件结构如图 6-43 所示。

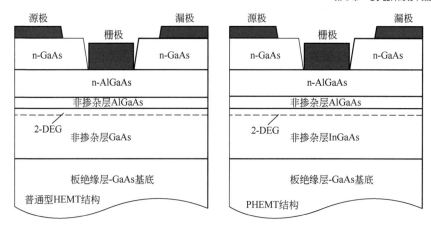

图 6-43　HEMT 器件及 PHEMT 器件结构示意图

低噪声放大器主要用于接收信号的前端，对输入的信号进行第一级放大，低噪声放大器中的半导体器件能在一定的偏置电路中实现功率放大，所以低噪声放大器的噪声系数对于整个系统的信噪比有非常大的影响。低噪声放大器由以下部分组成：半导体器件的直流偏置电路、信号传输线路和低噪声放大器的输入输出匹配网络。低噪声放大器是射频接收机的重要组成部分，它具有以下主要特征。首先，低噪声放大器通常位于接收链路中的第一级，贡献了整个接收链路大部分的噪声系数，为了提高整个系统的信号灵敏度，在设计上要求低噪声放大器的噪声系数越小越好；同时低噪声放大器也要具有一定的增益，但是增益不宜太大，防止低噪声放大器后端的混频器产生非线性失真。其次，由于低噪声放大器输入信号变化的范围比较大，有可能极其微弱，也有可能信号强度较大，所以低噪声放大器必须是线性范围足够大的小信号放大器，最好是可以自动调节增益，这样不会对后端的混频器造成非线性失真。最后，低噪声放大器应该抑制带外干扰，只对带内的信号进行放大，具有频率选择性，所以它一般是频带放大器。低噪声放大器的主要性能参数[18]包括：噪声系数（NF）、频率范围、增益和增益平坦度、动态范围（DR）等。

噪声系数通常用输入与输出端信噪比之比来表示，用来衡量信号通过放大器后信噪比的下降程度。通常噪声系数都大于 1，与系统接收灵敏度密切相关。噪声系数的定义为

$$NF = \frac{SNR_i}{SNR_o} \tag{6-14}$$

一般噪声系数用分贝数表示

$$NF(dB) = 10\lg(NF) \tag{6-15}$$

单级放大器的噪声系数为

$$NF = NF_{min} + 4R_n \frac{\left|\Gamma_s - \Gamma_{opt}\right|^2}{\left|1 - \Gamma_{opt}\right|^2 \left(1 - \left|\Gamma_s\right|^2\right)}$$ （6-16）

式中，NF_{min} 为晶体管的最小噪声系数，由晶体管自身所决定；R_n、Γ_s、Γ_{opt} 分别为晶体管的等效噪声电阻、晶体管的输入端源反射系数、获得 NF_{min} 的最佳源反射系数。多级放大器的噪声系数为

$$NF = NF_1 + \frac{NF_2 - 1}{G_1} + \frac{NF_3 - 1}{G_1 G_2} + \cdots + \frac{NF_n - 1}{G_1 G_2 \cdots G_{n-1}} + \cdots$$ （6-17）

式中，NF_n 为第 n 级放大器的噪声系数，G_{n-1} 为第 $n-1$ 级放大器的增益。级联放大器中噪声特性主要由前级的噪声系数和增益决定，且第一级对整个系统的影响最大。

频率范围是指放大器的工作频带，在其频率范围内要求信号无失真地通过，且要满足各项指标要求，如功率水平、噪声等。放大器工作的频率范围是选择器件和电路设计的前提，所能允许的工作频率与晶体管的特征频率有关。业界通常用相对带宽来表征频率范围，一般相对带宽取 20%左右。

放大器的增益一般指功率增益，它表示对信号的放大能力，定义为输出功率与输入功率之比。功率增益是放大器的重要指标之一，可根据功率增益来选取放大器所需要的晶体管型号和级数。在 LNA 的设计中，增益和噪声是相互矛盾的，必须根据指标要求适当权衡折中处理。增益平坦度一般用来表征工作频带内的增益-频率曲线起伏，曲线起伏越小，平坦度越好。

动态范围通常有两种定义：一种为线性动态范围，定义为 1dB 功率压缩点与基底噪声功率之比，一般适合功率放大器分析；另一种为无寄生动态范围，定义为输出基底噪声功率与三阶互调失真分量功率相等时，信号输入功率与等效输入基底噪声功率之比，一般适合低噪放和混频器的分析。在实际设计中应当考虑动态范围对接收机的影响，以免影响信号的正常检测和电路的非线性失真。

在低噪声放大器的实际设计中，除了要考虑上述基本指标之外，还得考虑一些基本设计原则和步骤：

① 放大器晶体管的选择。在微波电路中，设计性能良好的 LNA，晶体管的选择很重要，不仅需考虑其可靠性、实用性和低成本，同时还要考虑与其他器件连接时具有较好的驻波比等。通常选择的晶体管要具备较小的噪声系数和较高的器件截止频率，一般截止频率要比实际工作的频率高 4 倍以上；另外，还得具备足够的增益和动态范围，保证其工作在线性区域。

② 偏置电路的设计。任何晶体管放大器都必须有一个偏置电路，为晶体管提供

一个直流静态工作点，并抑制温度漂移，保证晶体管稳定工作。偏置电路设计可以分为有源偏置电路设计和无源偏置电路设计。通常无源偏置电路更容易实现，但有源偏置电路的设计更加灵活。一般将晶体管的工作点偏置在 I_C-V_{CE} 曲线（BJT）或 I_D-V_{DS} 曲线（FET）的中部，保证晶体管放大器具有足够的增益而不引起失真。偏置电路的设计除了要设定直流工作状态外，还必须通过高频扼流线圈和隔直电容保证直流偏置与射频信号相互隔离。

③ 稳定性分析。稳定性分析是放大器电路设计中非常关键的一步，必须保证其在工作频带内稳定，因为射频电路在特定的终端条件和某些工作频率下会产生振荡，振荡将造成晶体管静态工作点的偏移，严重时将导致器件损坏。

④ 输入、输出匹配电路设计。匹配是指通过一些耦合网络连接信源和负载，使信源和负载之间的功率传送达到最大。在放大器的设计中，阻抗匹配是最重要的概念之一，它不仅能保证最大功率传送，还能改善信噪比。一般设计匹配网络时需要考虑匹配电路的简单性、带宽、生产工艺以及易调性。LNA 输入端匹配是按照噪声的最佳原则来设计的，而输出端的匹配往往是按照最佳共轭匹配设计，这样既保证了最少的噪声系数，又获得了最大的功率输出和最小的驻波比。通常用 Smith 圆图进行输入输出匹配电路的设计。图 6-44 所示为低噪声放大器器件设计版图及芯片实物，图 6-45 为两只不同结构的低噪声放大器实物。

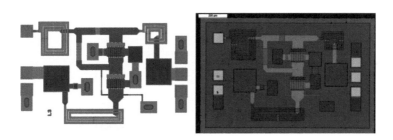

图 6-44　低噪声放大器器件设计版图及芯片实物

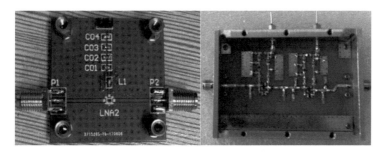

图 6-45　不同结构低噪声放大器实物

（2）低噪声放大器高功率微波效应分析

低噪声放大器高功率微波效应是高功率微波器件效应研究的核心内容之一，其既可以作为单独的器件进行研究，也可以与限幅器、滤波器及混频器一起作为一个典型微波接收机系统进行研究。相对于其他微波类器件，低噪声放大器在整个接收系统中占据着核心地位，另外，由于其高功率微波损伤阈值普遍相对其他类微波器件较低，低噪声放大器往往成为高功率微波武器攻击的首选目标。有关低噪声放大器高功率微波效应研究的成果应该非常多，但由于其直接与高功率微波武器应用相关联，见诸报道的成果还是相对较少的，本小节以部分学者报道的研究成果为例，简要介绍一下有关低噪声放大器高功率微波效应阈值及规律。

2010 年，电子科技大学的许立刚[20]在其硕士论文"低噪声放大器有意电磁干扰效应研究"中报道了他的研究成果，其选择相关参数确定的低噪声放大器进行注入实验，获得了放大器恢复时间随微波脉冲宽度及脉冲功率变化的规律曲线，如图 6-46 所示。

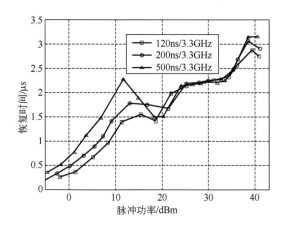

图 6-46 不同脉冲宽度条件下小信号增益恢复时间与脉冲功率参数的关系

其研究得到的主要结论为：低噪声放大器的各项参数，如增益压制时间、晶体管集电极电流 I_c、基极电压 V_b，在一定范围内均随着脉冲功率的增加而相应"增加"。增益压制时间实验结果除在注入功率约为 20dBm 时有一转折点外，其余情况则随着功率的增加而增大；I_c 尖峰电流、后续电流均随功率增加而增大，脉宽较大时后续平顶电流较脉宽小时平滑；V_b 随注入功率增加而减小甚至反偏。低噪声放大器在注入微波脉冲后，微波信号对放大器小信号增益有压制作用，并不随着脉冲结束就恢复正常工作，而是有一定的延长时间，远远超出脉冲宽度，随着注入功率的增加恢复时间越长，甚至出现器件损伤。在注入微波脉宽为 150～250ns 时出现一个拐点，之后对低噪声增益的压制时间的影响不再明显，与 Wunseh-BeU 关系式基本吻合，注入脉宽大于 500ns 时恢复时间基本达到饱和。
实验研究表明，小信号增益恢复时间与电路中的
偏置电容值有关，并随着电容值的增大恢复时间
增加，与电路时间常数相符合。

2014 年，电子科技大学的胡凯将限幅器与
低噪声放大器集成在一起开展了高功率微波效
应研究[11]。其制作的低噪声放大器如图 6-47 所
示，获得了不同脉冲宽度及不同脉冲重复频率
条件下集成器件输出波形，如图 6-48 和图 6-49
所示。

图 6-47　一种低噪声放大器实物

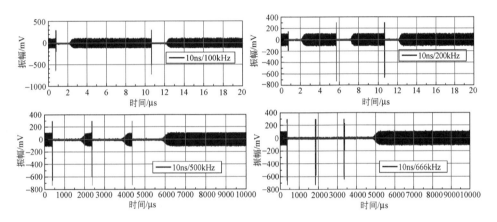

图 6-48　10ns 脉宽不同重复频率下微波脉冲注入前端输出波形

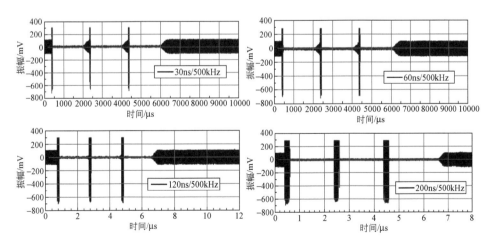

图 6-49　500kHz 重复频率下不同脉宽微波脉冲注入前端输出波形

他研究得到的主要结论为：从重频注入实验的前端输出波形来看，脉冲重复周期小于恢复时间，未对恢复时间产生明显的影响；微波前端恢复时间具有饱和特性，注入微波脉宽大于 120ns 后，相同注入功率下恢复时间变化不大，与模拟计算得到的脉宽饱和规律一致。这一实验结论更多地反映了 PIN 限幅器的恢复特性，对低噪声放大器的损伤阈值情况缺乏研究。

2015 年，国防科技大学的张存波博士在其博士论文"微波脉冲对低噪声放大器的效应研究"中详细报道了其有关低噪声放大器高功率微波效应研究的结果[21]。他对基于 BJT 器件的低噪声放大器及基于 PHEMT 器件的低噪声放大器微波脉冲作用机理进行了详细理论分析，设计研制了工作在 L、S、C、X 4 个频段的器件，中心频率分别为 1.5GHz、3GHz、6GHz 和 10GHz，如图 6-50 和图 6-51 所示。

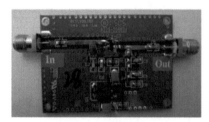

(a) 1.5GHz BJT 型低噪声放大器

(b) 3GHz BJT 型低噪声放大器

(c) 6GHz BJT 型低噪声放大器

(d) 10GHz BJT 型低噪声放大器

图 6-50 L、S、C、X 波段 BJT 型低噪声放大器实物

(a) 1.5GHz PHEMT 型低噪声放大器

(b) 3GHz PHEMT 型低噪声放大器

(c) 6GHz PHEMT型低噪声放大器　　　　　(d) 10GHz PHEMT型低噪声放大器

图 6-51　L、S、C、X 波段 PHEMT 型低噪声放大器实物

该研究的实验系统框图及搭建的实验系统实物如图 6-52 和图 6-53 所示。

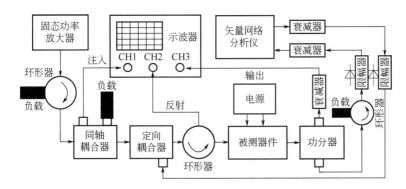

图 6-52　低噪声放大器注入实验系统框图

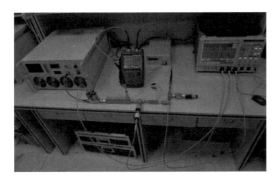

图 6-53　低噪声放大器注入实验系统

　　在实验中,设定微波脉冲宽度为 50 ns,调整微波脉冲频率,测量了频率为 1GHz、1.5GHz、2GHz、2.5GHz 不同注入功率下 BJT 型低噪声放大器的反射和输出功率。图 6-54 和图 6-55 给出了 BJT 型低噪声放大器的反射功率和反射系数随注入功率的变化。反射功率随注入功率增加基本呈线性增加的趋势。在注入功率小于 10dBm 条

件下，反射系数随注入功率增加呈增大的趋势；在注入功率大于 10dBm 且小于 50dBm 条件下，反射系数随注入功率增加基本保持平稳。不同频率间反射系数随注入功率增加的变化趋势一致，但数值上存在差异。反射功率及反射系数与频率的相关性不强。

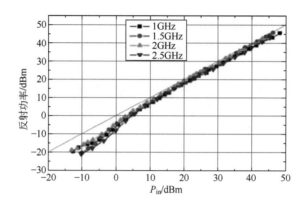

图 6-54 BJT 型低噪声放大器反射功率随注入功率的变化

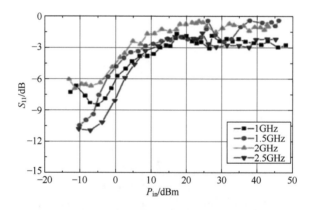

图 6-55 BJT 型低噪声放大器反射系数随注入功率的变化

图 6-56 和图 6-57 给出了 BJT 型低噪声放大器的输出功率和增益随注入功率的变化。当注入功率小于-4dBm 时，输出功率随注入功率增加线性增加，增益基本不变；注入功率为-4~12dBm 时，输出功率不再继续增加，达到饱和，增益持续下降，注入功率大于 10dBm 时，增益下降到小于零；注入功率继续增加，输出功率随注入功率增加反而减小，增益继续减小；注入功率大于 20dBm 时，输出功率随注入功率增加再次增加，增益基本不变。微波脉冲注入时，BJT 型低噪声放大器的输出功率随注入功率增加表现出线性增加、饱和、减小，最后再增加的特性；其增益随注入

功率增加先保持不变，然后持续减小，最后再保持不变。BJT 型低噪声放大器的输出功率及增益随微波脉冲频率的变化不明显。

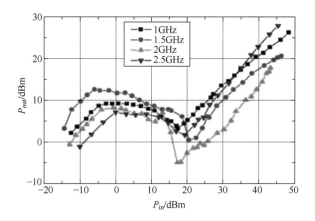

图 6-56 BJT 型低噪声放大器输出功率随注入功率的变化

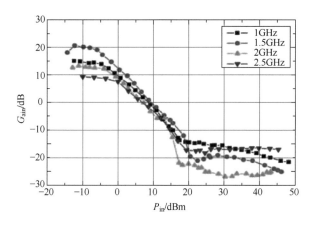

图 6-57 BJT 型低噪声放大器增益随注入功率的变化

对 BJT 型低噪声放大器输出电压波形随注入功率的变化进行监测。不同注入频率下输出电压波形差别较大，但是输出电压波形随注入功率的变化趋势类似。以微波脉冲频率为 2GHz 时为例：当注入功率小于-4dBm 时，输出电压波形为标准的正弦波，输出电压波形幅值随注入功率增加线性增加；注入功率继续增加，输出电压波形幅值不再增加，反而开始下降，注入功率达到 18dBm 时输出电压波形幅值明显减小；注入功率进一步增加到 28dBm 时，输出电压波形出现反向，并且输出电压波形幅值随着注入功率的增加再次增大。微波脉冲注入时，BJT 型低噪声放大器的输出电压波形随注入功率的增加表现出线性增加、饱和、减小，最后反向且再增加的特性。微波脉冲注入下，BJT 型低噪声放大器输出电压波形随注入功率的变化很好地解释了输出功率随注入功率的变化。输出功率达到饱和是由于输出电压幅值不再随注入功率增加而增加；输出功率减小是由于输出电压幅值随注入功率增加反而减小；输出功率再次增加是由于输出电压波形随注入功率的增加出现反向且输出电压幅值再次增加。

对 PHEMT 型低噪声放大器开展高功率微波效应实验研究，图 6-58 和图 6-59 给出了 PHEMT 型低噪声放大器的输出功率和增益随注入功率的变化。当注入功率小于 0 时，输出功率随注入功率增加线性增加，增益基本保持不变；当注入功率在 0～30dBm 之间时，输出功率随注入功率增加变化很小，达到饱和，增益持续下降，

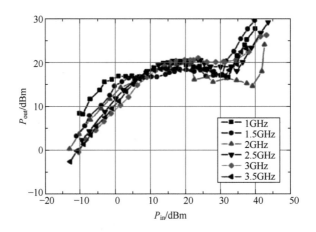

图 6-58 PHEMT 型低噪声放大器输出功率随注入功率的变化

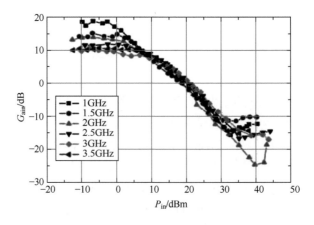

图 6-59 PHEMT 型低噪声放大器增益随注入功率的变化

注入功率大于 20dBm 时，增益下降到小于 0；当注入功率大于 30dBm 时，输出功率随注入功率增加再次增大，增益基本保持不变。微波脉冲注入时，PHEMT 型低噪声放大器的输出功率随注入功率增加表现出线性增加、饱和，最后再增加的特性。PHEMT 型低噪声放大器的增益随注入功率增加先保持不变，然后持续减小，最后再保持不变。不同注入频率下，输出功率和增益随注入功率增加的变化趋势一致。反射功率和输出功率随注入微波脉冲频率的变化不明显。

设定微波频率为 1.5GHz，通过调整微波脉冲宽度，在脉宽为 20ns、50ns、100ns、200ns、500ns、1000ns、2000ns 条件下，开展了单个微波脉冲对两种类型低噪声放大器的注入实验。获得了低噪声放大器的损伤功率随脉宽的变化规律，并用各自100ns 时的损伤功率进行归一化，结果如图 6-60 所示。从图中可知，两种类型的放大器注入损伤功率随脉宽增加的变化趋势基本一致，并可以很清晰地看到，损伤功率随脉宽增加的变化分为两段：第一段，脉宽 20～100ns，注入损伤功率随脉宽增加迅速减小；第二段，脉宽 100～2000ns，随脉宽增加注入损伤功率减小的速率变缓。

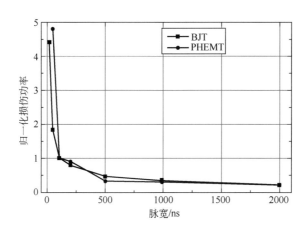

图 6-60　低噪声放大器归一化损伤功率随脉宽的变化

张存波博士对低噪声放大器高功率微波效应开展研究的主要结论概述如下：

利用建立的注入实验系统研究了微波脉冲注入下两种类型低噪声放大器的非线性效应。测量得到 BJT 型低噪声放大器的输出功率随注入功率增加表现出线性增加、饱和、减小，最后再增加的特性；其输出时域波形随注入功率的增加表现出线性增加、饱和、减小，最后反向且再增加的特性。测量得到 PHEMT 型低噪声放大器的输出功率随注入功率增加表现出线性增加、饱和，最后再增加的特性；其输出时域波形随注入功率的增加表现出线性增加、饱和，最后反向且再增加的特性。BJT 型低噪声放大器输出波形幅值的再次增大是 BJT 中 PN 结击穿的宏观表现；PHEMT

型低噪声放大器输出波形幅值的再次增大是 PHEMT 中肖特基结击穿的宏观表现。PN 结击穿和肖特基结击穿是器件热损伤的重要物理过程。

对低噪声放大器损伤时的典型波形进行分析表明，两种类型低噪声放大器的损伤功率随脉宽增加的变化分为两段：第一段，20～100ns，损伤功率与脉宽的关系为 $P \propto t^{-1}$；第二段，100～2000ns，损伤功率与脉宽的关系为 $P \propto t^{-1/2}$。在频率为 1.5～10GHz 范围内，低噪声放大器损伤功率随频率增加呈现出先增加后减小的趋势，器件损伤功率最大值的频率点在 6GHz 附近。BJT 型低噪声放大器的损伤功率随脉冲个数增加基本不变；在脉冲个数小于 100 个时，PHEMT 型低噪声放大器的损伤功率随脉冲个数增加而减小。低噪声放大器加电与不加电时的损伤功率没有差别，器件损伤的能量主要来自微波脉冲。大信号作用下，低噪声放大器输出信号的倍频分量明显增大，器件损伤时晶体管输入阻抗发生突变，导致阻抗失配，使得反射信号突然增大，而输出信号突然减小。

2016 年，上海交通大学的张硕在其硕士论文"高功率微波作用下的低噪声放大器的损坏机理及其防护研究"中介绍了他的部分研究成果[22]。其首先根据 Infineon BFP420 器件设计了一款低噪声放大电路，工作频率为 1.5GHz。Infineon BFP420 为 NPN 硅型双极性三极管，在 GPS、移动无线电话、雷达探测器、卫星电视等领域得到广泛的应用。Infineon BFP420 可作为高增益低噪声放大器，使用频率高至 10GHz，转变频率（Transition Frequency）为 25GHz。对该芯片进行了建模，利用数值模拟方法获得了器件温度升高随脉冲个数的变化规律，如图 6-61 所示，矩形变化的线条代表器件集电极附近的温度变化情况，器件材料为 GaAs。注入功率为 50W，可以看到对器件持续施加多个脉冲时，器件温度会形成不断"升高—降低—升高"的周

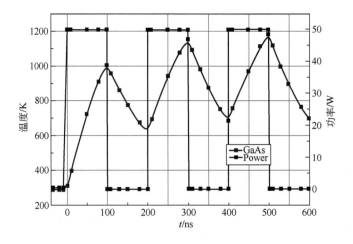

图 6-61 某 GaAs 器件随着脉冲个数的温度累加效应（功率=50W）

期性重复过程，因此会由于热量逐步积累而引起器件热缓慢击穿，但脉冲重复频率对器件温度升高的影响显然偏弱。对于同一个器件来说，其内部温度变化与脉冲宽度相关。由图 6-62 可以看出。脉冲宽度较短时，注入功率恒定条件下，器件温度随脉冲宽度的增大而逐渐增大，具有累加效果；而脉冲宽度增大到一定程度后，器件的内部温度不再升高，这也解释了某些器件在一定脉冲宽度的高功率微波注入后，如果不提高注入功率或提高脉冲重复频率可以一直不被损伤的原因。

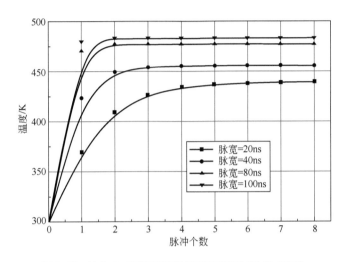

图 6-62　某 GaAs 器件温度随脉冲宽度变化曲线（功率=20W）

　　其随后建立了注入实验系统，图 6-63 所示为低噪声放大器高功率微波效应注入实验系统组成框图。该注入实验平台包括两条微波路径：一条为大功率微波路径，

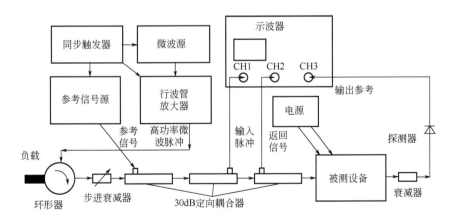

图 6-63　低噪声放大器高功率微波注入实验系统组成框图

一条为小信号微波路径。大功率微波由行波管放大器输出，依次经过环形器、步进衰减器、定向耦合器，最终注入目标器件——低噪声放大器。小信号微波由定向耦合器输入到低噪声放大器的输入端，低噪声放大器的输出信号经过衰减器和检波器接入示波器。在实验过程中，通过观察低噪声放大器的输出信号来实时监测低噪声放大器的增益，判断低噪声放大器是否损伤。实验系统如图 6-64 所示。

图 6-64 低噪声放大器高功率微波注入实验系统

实验结果显示：高功率微波的重复频率对器件的阈值功率基本没有影响，不同脉冲宽度的理论计算阈值功率与实际测试的阈值功率基本吻合。各种重复频率下的放大器注入损伤阈值功率随脉宽增加的变化趋势基本一致：脉冲宽度对器件的阈值功率有较大影响，同一种芯片在同种测试环境的测试结果表明高功率微波的脉冲宽度越大，则半导体器件的阈值功率越低。而且从测试结果中看到阈值功率随着脉宽增加的变化可以大致分为两段：第一段，脉宽 100～500ns，损伤阈值功率随着脉宽增加迅速减小；第二段，脉宽 500～3000ns，随着脉宽增加阈值功率减小的速率迅速变缓，并最终趋于稳定。实验结果与数值模拟结果及规律具有较好的一致性。

（3）低噪声放大器高功率微波效应小结

低噪声放大器是所有微波类器件中最易损伤的器件，也是整个微波链路中最核心的部件，因此，低噪声放大器是高功率微波武器攻击的重点。根据以上几位研究人员的研究成果可以推断，低噪声放大器的高功率微波效应规律与分立半导体器件相似，器件发生损伤随注入高功率微波脉冲变化关系也符合前面分析的相关规律。器件的整体损伤阈值应该在几十 W 量级。部分研究人员得出低噪声放大器损伤阈值与器件是否加电并无关联的结论，这个观点值得商榷，低噪声放大器在高功率微波作用下发生损伤，有可能是放大器芯片 PN 结击穿造成的，也有可能是由于芯片偏置电路在高功率微波作用下阻抗发生变化，依靠放大器自身所加电源形成大电流进而形成短路使放大器功能失效，相关效应依据请参考有关文献，这里不一一赘述。

6.3.4 混频器高功率微波效应

（1）混频器简介

混频器是电子通信系统的重要组成部分之一[23]，是超外差接收机和微波测量仪的前端电路。它是利用固态器件的非线性特性产生一个包含多个频率成分的输出信号的器件，起着频谱搬移的作用，它将一个输入端的射频信号与另一个输入本振通过非线性器件相乘，然后再利用滤波器选出相应频率的信号。一般地，在发射机中把微波混频器称为上变频器，在接收机中把微波混频器称为下变频器。无论是在微波通信系统中的混频电路还是在军用或民用雷达中的混频模块，也无论是卫星通信中遥控系统的微波混频模块还是卫星通信中遥感系统的混频电路，都要把系统天线接收到的频率较高的信号通过混频模块下变频成低频电路可以处理的频率较低的信号，尤其是在现代电子侦察与军用电子对抗系统中，也要把接收到的信号做相似的处理，在民用的许多微波通信测量系统中，也要通过微波混频器做相应的频率变换处理，把频率较高的微波信号用混频器降到频率较低的信号来进行相应的处理。

通信系统的收发信机由接收机和发射机组成，混频器是接收机和发射机的重要组成器件。接收机的主要作用是将系统天线耦合进来的空间辐射信号（一般是微弱信号）经过低噪声放大器 LNA 放大，然后与本地振荡信号经过混频器中的非线性器件下变频，输出包含中频信号分量的电信号，再通过滤波器将有用的中频信号过滤出来后输入 ADC 转换成数字信号，然后进入数字处理部分进行处理。通信系统的接收机由天线、LNA、微波混频器、本振输入回路、各种滤波器等电路模块组成，典型接收机的组成结构如图 6-65 所示。

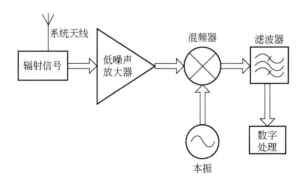

图 6-65 接收机一般结构框图

发射机的主要作用是将 DAC 转换输出的低频模拟信号与本地振荡器的高频载波经过混频器上变频成射频调制信号，然后将调制好的射频信号经过系统的天线辐射到空间去。一般情况下，通信系统的发射机由混频器、功率放大器、天线等各个模块组成。图 6-66 所示为发射机的一般结构框图。

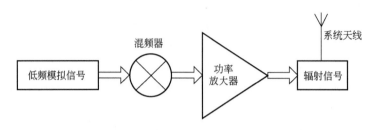

图 6-66 发射机的一般结构框图

　　微波混频器是通信系统，特别是无线通信收发机中的关键部件之一，也是其他微波测量系统中的关键部件之一。它影响并决定着系统的带宽和动态范围。对混频器最基本的要求是：低噪声、大动态范围和低变频损耗。其中，低噪声是指要保证传输的信号有良好的信噪比，使所需要的信号不会被电路产生的噪声淹没；较大的动态范围是为了使较宽功率范围内的信号对所需要信号的增益与频率产生影响较小；低变频损耗是指要求输出的信号相对于输入信号的功率不能有大的功率损耗，这是一个性能良好的接收或发射系统的基本要求。

　　混频器是三端口有源或无源器件。如果在两个输入端口分别输入不同频率的信号，理论上在唯一的输出端口将产生一个和频信号和一个差频信号，这个过程称为频率变换。在混频电路中，射频（RF）信号和本振（LO）信号通过器件的非线性作用产生新的频率信号，称之为中频（IF）信号，当存在多级混频处理时，则称之为第 n 中频。其基本原理表达如下：

$$u_{\mathrm{LO}}(t) = V_{\mathrm{LO}} \cos(\omega_{\mathrm{LO}} t) \qquad (6\text{-}18)$$

$$u_{\mathrm{RF}}(t) = V_{\mathrm{RF}} \cos(\omega_{\mathrm{RF}} t) \qquad (6\text{-}19)$$

$$u_{\mathrm{LO}}(t) u_{\mathrm{RF}}(t) = \frac{1}{2} V_{\mathrm{LO}} V_{\mathrm{RF}} \{\cos[(\omega_{\mathrm{RF}} - \omega_{\mathrm{LO}})t] + \cos[(\omega_{\mathrm{RF}} + \omega_{\mathrm{LO}})t]\} \qquad (6\text{-}20)$$

　　式中，$u_{\mathrm{LO}}(t)$ 为本振信号；$u_{\mathrm{RF}}(t)$ 为射频信号；$u_{\mathrm{LO}}(t)u_{\mathrm{RF}}(t)$ 为混频信号。

　　混频器的基本电路如图 6-67 所示，把输入信号频率变低叫作下变频，其中的中频信号为差频信号；把输入信号的频率变高叫作上变频，中频信号为和频信号。对于接收机而言，中频信号更容易进行有效放大、滤波及优化，从而使接收机的增益和选择性得到大幅提高。中频信号的参数由接收机自身内部的本振信号与输入信号的外差得到。混频器电路可以由二极管、双极性晶体管或场效应管组成，利用过激励或偏置的办法使这些器件工作在非线性区域。混频器的输出端不仅包括两个信号的差频，还包括和频及一系列寄生频率，多数无用信号被混频器中频滤波器所滤除。

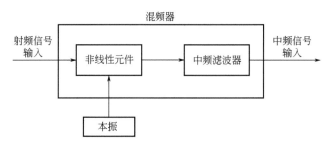

图 6-67 混频器基本电路

根据混频管采用的不同非线性元件可将混频器分为无源和有源两大类[24]。其中，采用二极管作为非线性器件的混频器称为无源混频器。与有源混频器相比，其内部噪声较低，加工更加简单。根据电路拓扑结构及实现方式，无源混频器又可分为三种类型：单端混频器、单平衡混频器和双平衡混频器等，如图 6-68 所示，每种拓扑结构都有自己的特点。

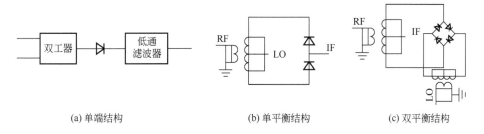

(a) 单端结构　　　　　　　(b) 单平衡结构　　　　　　　(c) 双平衡结构

图 6-68 混频器典型拓扑结构

单端混频器仅由混频二极管、功率混合网络、匹配和滤波电路构成，其结构简单，经济性好。通常利用单个器件能够获得最小的变频损耗，尤其是在巴伦或变化器结构有困难或不可能实现的频率上。但是，单端混频器工作频带窄，抑制互调失真能力差，通常应用于一些要求不高的电子系统中。

单平衡混频器克服了单端混频器在宽带应用中本振能量不易注入的缺点，其使用两个二极管，利用输入功率混合动力将大小相等、满足一定相位关系的信号和本振功率加到两只性能完全相同的二极管上。这种电路拓扑结构动态范围有所增大，另外还能够较好地抑制本振噪声以及某些寄生信号。较单端混频器，单平衡混频器带宽更宽，本振端口与中频、射频之间的隔离度更好。其不足在于采用了混合电桥或巴伦结构，复杂性和变频损耗有所增大，制造成本相对较高。

双平衡混频器是目前常用的混频器，通常由 4 个二极管和 2 个巴伦或混合桥路构成；而双双平衡混频器则需要 8 个二极管和 3 个混合桥路。与单平衡混频器相比，双平衡混频器具有更好的端口隔离度和寄生信号抑制功能，代价是需要较高的本振功率，变频损耗较大。但其抑制互调失真能力更好、带宽更宽，为应用中首选的混频电路形式。图 6-69 所示为一种分布式混频器实物，图 6-70 所示为一种单平衡阻性单片微波集成电路（MMIC）混频器电路图，图 6-71 所示为一种双平衡混频器实物。

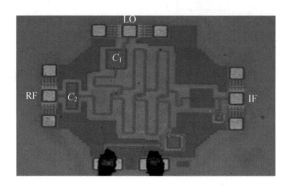

图 6-69　一种分布式混频器实物

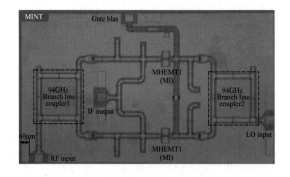

图 6-70　单平衡阻性单片微波集成电路（MMIC）混频器电路图

图 6-71　一种双平衡混频器实物

（2）混频器高功率微波效应分析

与微波滤波器类似，鲜有研究混频器高功率微波效应的报道。电子科技大学李洪平[25]在其论文"微波接收机高功率微波效应及机理研究"中介绍了他的研究成果，他建立了 S 波段微波接收机仿真模型，输入频率为 2.8GHz、功率为 -25dBm 的连续波代表接收机正常接收信号，输入频率为 2.8GHz、功率为 60dBm、脉冲宽度为 60ns、脉冲前后沿为 5ns 的模拟高功率微波信号，混频器在有无高功率微波注入时输出波形如图 6-72 所示。分析认为，在高功率微波脉冲作用期间，混频器有很强的非线性输出，在高功率微波脉冲作用结束后，混频器约有 200ns 没有输出信号。

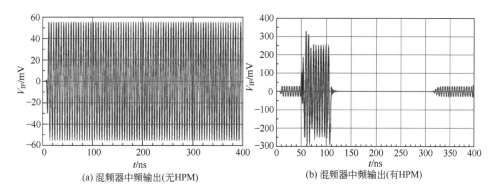

(a) 混频器中频输出(无HPM)　　　　　(b) 混频器中频输出(有HPM)

图 6-72　模拟高功率微波作用前后混频器中频输出波形

2011 年，西北核技术研究院的涂敏在论文"微波混频器高功率微波效应等效电路建立及仿真"中介绍了他的研究成果[26]。其设计并制作了单端混频器电路，开展了高功率微波注入效应实验，获得了一组降级范围为 5.2~31.9dB 的混频器。通过测试二极管的伏安特性曲线和分析失效机理，用拟合方法建立了损伤二极管的等效电路模型。基于此模型建立了损伤混频器等效电路，并对其被高功率微波损伤前后的输入输出特性进行了仿真计算，其变频损耗与混频器损伤后的实验测试结果吻合。结果表明：损伤二极管的等效电路模型为在正常二极管结电阻两端并联一损伤等效电阻，与混频器降级程度相对应，损伤等效电阻的变化范围为 16.5~203.3Ω，其阻值大小反映了混频器的损伤程度，阻值越小，损伤越严重。作者在论文中并未介绍其实验注入模拟高功率微波脉冲的具体参数，且也未报道混频器的确切损伤阈值。

混频器效应研究为什么在高功率微波效应领域遭遇冷遇？笔者认为可以从以下两个方面进行分析：

① 在微波传输通道中，混频器通常位于低噪声放大器的后面，而低噪声放大器是所有微波器件中最易损伤的器件，如果低噪声放大器在高功率微波作用下损毁了，混频器损毁与否意义并不太大。

② 混频器的核心是二极管，其损伤阈值规律与分立器件基本一致，与 PIN 二极管并无太大差别，损伤阈值估计都在几百 W 量级。因此，研究 PIN 限幅器效应，其损伤规律大致可以应用于对混频器的分析，且 PIN 限幅器电路相对简单，更适合

代表二极管作为高功率微波效应的研究对象。

尽管有关混频器高功率微波效应的研究较少，但是有一种情况应该值得关注：在许多特殊的应用场合，典型如某些导弹的导引头，为了简化电路，微波接收通道可能既没有限幅器，也没有低噪声放大器，天线接收到的微波信号直接进入混频器变成中频信号，然后再对中频信号进行放大、比较，在这种情况下，混频器将直接面对高功率微波武器的攻击，其损毁阈值与规律值得进行深入研究。

6.4 小结

高功率微波效应研究纷繁复杂，本章分三部分，分别对分立器件高功率微波效应、集成电路器件高功率微波效应及微波类器件高功率微波效应进行了简要介绍。其中，集成电路高功率微波效应相关内容主要基于笔者自己的研究成果，其他效应结果主要基于国内相关学者的研究成果，应该说，所报道的相关效应阈值、规律大多是基于特定条件下的研究成果，许多结果及规律并不具备普适性条件。但有几点规律性的认识希望能够介绍给读者：

① 对于中小规模集成电路、半导体分立器件及以半导体芯片为核心的微波器件，典型高功率微波脉冲功率损伤阈值为几十 W~kW 量级，对于集成度更高的器件，其损伤功率阈值可能会更低。

② 电子器件的损毁大多源于 PN 结击穿，随着注入高功率微波脉冲宽度变化，普遍有一个最佳能量利用范围，实验表明在百 ns 量级。

③ 高功率微波脉冲重复频率对器件损伤阈值在单次至 100Hz 之间有明显影响，但当脉冲重复频率达到几百 Hz 后，器件损伤功率阈值几乎不再降低。

④ 对于微波类器件，高功率微波的频率必须处在器件的工作频带范围内才能对器件造成扰乱或损伤，如果处于频带以外，则由于通道滤波衰减很难进入微波器件；对于非微波类器件，高功率微波直接损伤器件的可能性较小，通常需要在器件所处的电路结点产生扰乱电压、电流，利用器件自身所处电子系统外加能量造成器件损伤，这就是所谓的刺激烧毁效应。实验表明，产生刺激烧毁效应的阈值往往大大低于利用高功率微波对器件直接损伤所需功率阈值。刺激烧毁效应将电子器件高功率微波效应与电子系统高功率微波效应关联起来，是由电子器件效应机理过渡到电子系统效应机理认识的桥梁，在下一章节，我们将对电子系统高功率微波效应进行详细介绍。

参考文献

[1] 黄文华，刘国治. 高功率微波效应实验室建设进展 [C]. 第三届 HPM 会议，1991.

[2] 乔登江. 电子元器件高功率微波效应 [J]. 抗核加固，1993，10（2）：1-12.

［3］陈琅轩，王艳，蔡武川，等．超宽带电磁脉冲辐照单元电路实验进展［C］．第三届全国高功率微波学术讨论会，1999．

［4］范菊平．典型半导体器件的高功率微波效应研究［D］．西安：西安电子科技大学，2014．

［5］何洋洋．HEMT 器件高功率微波损伤的热分析［D］．西安：西安电子科技大学，2017．

［6］谭璐．GaAs 基 PIN 二极管的高功率微波毁伤机理研［D］．西安：西安电子科技大学，2017．

［7］怀特．微波半导体控制电路［M］．北京：科学出版社，1983．

［8］刘国靖，刘国治，潘泉．高功率微波短脉冲雷达接收机保护装置设计［J］．西安电子科技大学学报（自然科学版），2002，29（2）：236-240．

［9］西维尔斯．雷达接收机［M］．北京：高等教育出版社，1957．

［10］姚丹．TR 管的高功率微波效应研究［D］．西安：西安电子科技大学，2007．

［11］胡凯．微波前端高功率微波效应研究［D］．成都：电子科技大学，2011．

［12］宫振慧．PIN 限幅二极管微波击穿效应机理研究［D］．成都：电子科技大学，2013．

［13］袁月乾，陈自东，马弘舸，等．PIN 限幅器的高功率微波单脉冲效应研究［J］．强激光与粒子束，2020，32（6）：57-62．

［14］高川．PIN 二极管的高功率微波毁伤机理研究［D］．西安：西安电子科技大学，2014．

［15］郑俊平．GaAs 基 PIN 限幅器设计与研究［D］．西安：西安电子科技大学，2013．

［16］赵振国，马弘舸，赵刚，等．PIN 限幅器微波脉冲热损伤温度特性［J］．强激光与粒子束，2013，25（7）：1741-1746．

［17］Weinberg L. Network Analysis and Synthesis［M］. RE Krieger Publishing Company，1975．

［18］Bahl I，Bhartiaz P. 微波固态电路设计［M］. 2 版. 郑新，赵玉清，刘永宁，等译．北京：电子工业出版社，2006．

［19］Sze S M，Kwok K N G. 半导体器件物理［M］. 耿莉，张瑞智，译．西安：西安交通大学出版社，2008．

［20］许立刚．低噪声放大器有意电磁干扰效应研究［D］．成都：电子科技大学，2010．

［21］张存波．微波脉冲对低噪声放大器的效应研究［D］．长沙：国防科学技术大学，2015．

［22］张硕．高功率微波作用下的低噪声放大器的损坏机理及其防护研究［D］．上海：上海交通大学，2016．

［23］龙中华．高线性微波混频器的研究与设计［D］．成都：电子科技大学，2010．

［24］魏萍．超宽带微波混频器的研究［D］．成都：电子科技大学，2008．

［25］李洪平．微波接收机高功率微波效应及机理研究［D］．成都：电子科技大学，2015．

［26］涂敏，黄文华，李平．微波混频器高功率微波效应等效电路建立及仿真［J］．强激光与粒子束，2011，23（11）：2845-2849．

第 7 章

电子系统高功率微波效应

　　毋庸讳言，开展电子系统高功率微波效应研究的目的就是直接为高功率微波武器寻找有效的攻击目标。电子系统种类繁多，功能纷繁复杂，很难对其进行有效分类。笔者认为，以电子系统是否有明确的工作频率可分为有频电子系统和无频电子系统两大类别。对于雷达、通信设备、电子侦察设备、导航设备等，系统均具有明确的工作频率或频带，可归纳为有频电子系统的大类；对于计算机、车辆电控系统等则属于无频电子系统；而有些类别的电子系统，典型如电子引信，可能部分属于有频电子系统，部分属于无频电子系统。对于有频电子系统，高功率微波最有效的作用方式是通过前门耦合进行攻击；对于无频电子系统，高功率微波只能通过后门耦合进行攻击[1]。由于电子系统高功率微波效应研究的敏感性，笔者本章仅就见诸报道的几类典型电子系统高功率微波效应进行简要介绍，相关结论仅具有一般性参考价值。

7.1　电子系统高功率微波效应实验方法与实验装置概述

　　有关高功率微波效应的实验方法在第 5 章中已有详细介绍，本节再就电子系统高功率微波效应研究方法做简要介绍。电子系统高功率微波效应方法通常采取辐照法，但对于雷达类有明确微波通道的电子系统也可以采用注入法。典型辐照法效应实验框图如图 7-1 所示。

　　作为效应物的电子系统一般放于微波暗室，HPM 效应源通过辐射天线将微波脉冲辐照到暗室空间。电子系统的工作状态有两种监测方法：一种方法是电子系统自成独立工作体系，通过电子系统自带的监控系统监测，如引信用点火头判断是否点火，计算机通过显示器观察程序是否运行正常等；另一种方法是通过与主体电子系统相连的设备进行监测，如通过网络用另一台计算机监测受辐照的计算机及其网络是否工作失常，通过接收小天线观察电子引信是否停振等。

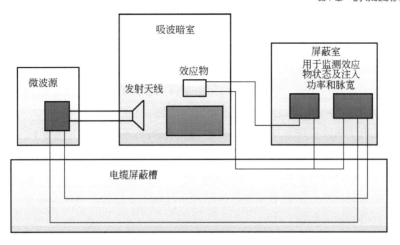

图 7-1 辐照法效应实验示意图

图 7-1 所示为电子系统高功率微波效应实验基本框图，涉及具体实验，则在实验装置上有较大的不同，例如，笔者带领的研究团队分别利用 L 波段 kW 级源、S 波段 MW 级源、C 波段 800kW 源及 X 波段 200kW 源对计算机、雷达、电子引信、导航定位仪等多类电子系统进行了系统效应实验。这些高功率微波效应源各有特点，但普遍存在以下不足：一是获取极窄脉冲宽度（10ns 量级）脉冲的能力较差；二是输出脉冲功率还不够高；三是不具有拍波输出能力。为了获得较为完备的效应数据，在具体实验中笔者主要采取了以下具体措施：

① 利用气体击穿方法产生窄脉冲微波。高功率微波效应研究的主要目的之一是获取典型高功率微波脉冲对效应物作用时的效应规律。如果利用真正的 GW 级高功率微波源直接进行效应实验，则费效比很高，当前普遍的做法是利用常规的 kW 级或 MW 级高功率微波模拟源进行效应实验，这些微波源通常又被称为高功率微波效应源。当前研制成功的高功率微波源输出脉冲典型脉宽一般只有几十 ns，而用于效应研究的微波源一般输出脉冲宽度在百 ns 量级甚至更宽。以笔者开展效应研究的 X 波段 200kW 效应源为例，其输出脉冲宽度仅有 0.5μs、1μs、1.5μs、2μs 四种可调，显然不能很好地满足效应研究的需要，为此，研究团队提出了利用气体击穿的方法产生窄脉冲微波，取得了较好的实验结果。利用气体击穿获取窄脉冲微波的理论基础是高功率微波大气击穿理论[2,3]，在入射微波脉冲功率、脉宽一定的情况下，通过调整实验波导段内的气压很容易获得不同脉宽的窄脉冲。实践表明，利用气体击穿获取窄脉冲微波方法简单可靠，形式较为灵活，可以作为高功率微波效应源扩展性能的辅助手段应用于电子器件、系统的高功率微波效应研究中。

② 利用脉冲压缩方法产生高功率微波。如前所述，利用气体击穿获取窄脉冲微波是改善高功率微波效应源的一种有效方法，但这种方法也存在一些不足，即获得的窄脉冲微波最大功率与微波效应源输出功率基本相当。例如，微波源输出功率为 200kW，脉冲宽度为 2μs，通过气体击穿后获得的脉冲宽度一般为几十 ns，脉冲功率最大约 200kW，90%以上的微波能量将完全损耗。为了提高脉冲能量的利用效率，研究团队采用了脉冲压缩方法产生高功率微波窄脉冲，分别建成了 S 波段及 X 波段脉冲压缩高功率微波系统，利用脉冲压缩方法获取高功率微波窄脉冲，可以将常规微波效应源的输出功率提高 1～2 个量级，脉冲功率达到百 MW 水平，建立的脉冲压缩实验装置成功地应用到卫星接收机高频头及电子引信辐照效应实验中，并获取了许多有价值的效应数据。

③ 利用初级源功率合成法产生高功率微波拍波。在高功率微波效应研究中，探讨各类源参数变化对电子系统易损性影响始终是一个研究重点。普通的高功率微波效应源一般单频工作，即输出的微波脉冲中只包含一个主频率，由于各类电子设备一般工作于较低频段，故作用效果不甚理想。基于高功率微波效应机理分析，有学者提出如果用两个或多个主频率不同的微波脉冲同时作用于电子设备，通过系统非线性作用有可能检波出差拍频率，如果差拍频率与系统工作频率（如计算机主频率）接近，则将大大提高高功率微波对电子系统的干扰损伤效果。为了进行高功率微波拍波效应实验研究，笔者带领的研究团队提出了利用初级源功率合成方法产生高功率微波拍波。利用 S 波段 MW 级速调管效应源，产生了 S 波段拍波，拍波最大输出达 2MW，脉冲宽度由几百 ns～2μs 可调，拍波重复频率最高可达 500Hz，拍波拍频范围由 5MHz～120MHz 可变。笔者将这种产生拍波的方法成功地应用到计算机、电子引信、程控交换机等电子系统的辐照效应实验中，并获得了一些有意义的效应结果。

如前所述，超宽带高功率微波具有后门耦合的天然优势，因此，探寻利用超宽带高功率微波武器对各类电子系统扰乱甚至损伤的阈值及规律也是电子系统高功率微波效应研究的重点内容。但由于超宽带高功率微波不具有中心载频，很难通过天线辐射到较远距离，超宽带高功率微波更多地应用于反无线电近炸引信、反电子地雷引信及反无人机等方面，有关超宽带高功率微波反无人机效应尤其应当值得关注。

7.2 计算机高功率微波效应[4-7]

计算机与人类生活息息相关，既可以独立工作，也可与其他电子设备组合形成具有特定功能的电子系统，计算机是诸多功能性电子系统的大脑，这也是计算机又称为电脑的主要原因。开展计算机高功率微波效应研究具有重要意义，想象一下，如果一种携带高功率微波武器的导弹从城市上空飞过，整个城市的电脑瞬间瘫痪死机，此时的城市该是一个怎样的景象。

下面首先介绍一下笔者开展计算机高功率微波效应的相关研究结果，需要说明的是，这些实验成果都是在 20 世纪 90 年代末取得的。计算机 HPM 效应实验方法通常为辐照法。由于计算机用途不同，型号多种多样，因此在效应物的选取上必须科学合理。根据计算机的不同用途，笔者选取商用计算机、工业控制计算机、军用计算机及单片机等 10 余种型号的机型，分别在 S、C、X 波段高功率微波效应源及超宽带高功率微波源上进行了系统的效应实验。由于不同用途的计算机具体构成有较大差异，因此在具体实验操作上也有所不同，通常用两种方法监测计算机的工作状态：一种是计算机整机辐照，动态运行一个可执行程序，通过显示器观察计算机在高功率微波脉冲作用前后状态变化情况；另一种方法是计算机主机辐照，通过联网或外加监测设备（示波器）等实时观察计算机运行状态。图 7-2 所示为某控制计算机高功率微波效应实验系统示意图。

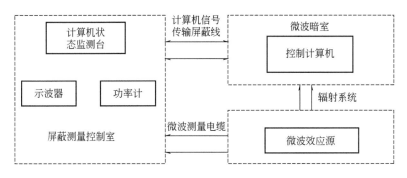

图 7-2 某控制计算机 HPM 辐照效应实验系统示意图

由图 7-2 可以看到，计算机的运行状态可以由状态监控台实时监测，这种监测方法的好处在于可以观察到计算机出现扰乱而非死机时计算机程序运行状态，如果利用显示器与整机一体辐照，且采用非网络方法进行监测，则计算机运行出现扰乱的情况不易被观察和记录下来。让计算机运行一计算程序，在显示器上输出正弦波形，通过观察计算机输出波形变化判断计算机是否受到干扰或死机。通过辐照实验发现，计算机在满足特定参数的高功率微波作用下很容易出现干扰或死机。图 7-3 所示即计算机受到干扰或死机时计算机状态监视器所显示的典型输出波形。

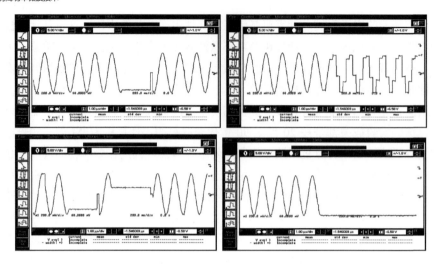

图 7-3　某军用计算机受到扰乱/死机时输出典型波形

通过实验获得以下基本认识：

① 决定计算机扰乱、死机阈值的主要因素是计算机加固程度，计算机机型为次要因素。表 7-1 给出了某商用计算机及某军用计算机在同等条件下的扰乱/死机阈值对比情况。实验结果表明，军用计算机的扰乱阈值普遍比商用计算机高很多，说明军用计算机抗辐射加固较好，高功率微波脉冲很难进入计算机内部对计算机形成干扰或损伤。另外，实验还发现，军用计算机辐照方位变化对阈值影响较大，而商用计算机辐照方位变化对阈值影响较小。说明军用计算机尽管有很好的加固，但仍然有薄弱环节，在机箱的某些位置可能存在高功率微波易于耦合的孔缝，当高功率微波辐照方向与这些孔缝的耦合方向形成一致时，能够获得较低的计算机扰乱阈值；而商用计算机则完全没有加固，几乎机箱的每一个侧面都有易于高功率微波耦合的孔、缝或电缆，因此在辐照实验中表现为扰乱阈值与辐照方位的关联性不强。

表 7-1　某军用计算机和商用计算机扰乱阈值

机型	微波频率/GHz	脉冲重复频率/Hz	脉冲宽度/ns	扰乱阈值	备注
PC8088 商用	9.37	单次	22.0	$130W/cm^2$	军用计算机辐照方位变化对阈值影响较大；商用计算机位置变化对阈值影响较小
某军用计算机				$2k\sim18kW/cm^2$	
PC8088 商用	2.856	单次	$60\sim1500$	$6\sim5W/cm^2$	
某军用计算机				$20\sim200W/cm^2$	
PC8088 商用	UWB 脉冲	单次～25Hz	1.0	$33V/cm$	
某军用计算机				$300\sim500V/cm$	

② 所有给定的效应阈值均为计算机在某一特定状态下得到的,如正面辐照或侧面辐照等,同一台计算机在不同状态下的阈值有着明显差异,对于军用计算机差异尤其明显,在结论①中已经对该现象进行了初步分析。表 7-2 所示为某军用计算机正面辐照及侧面辐照阈值对比情况。

表 7-2　某军用计算机正面辐照及侧面辐照扰乱阈值及死机阈值

计算机受辐照状态		微波频率 /GHz	脉冲重复频率 /Hz	脉冲宽度/ns	扰乱阈值 /(W·cm⁻²)	死机阈值 /(W·cm⁻²)
某军用计算机	正面	9.37	单次	22.0	15.4	17.8
	侧面				2.09	2.10
	正面	2.856	单次	60~1500	57.0	>150
	侧面				41.0	41.0

③ 计算机整机高功率微波扰乱阈值随微波频率变化的基本趋势是随着微波频率的降低而减小,表 7-3 中的实验数据支持这一结论。分析认为,当频率较低时更容易由电子系统的孔、缝或电缆耦合进入计算机内部。另外,机壳孔缝、机箱腔、线路以及电子器件的特征频率对入射微波频率的响应能力不同,高功率微波频率的影响应该是对三者综合响应的结果。

表 7-3　某军用计算机扰乱阈值与微波频率的关系

机型（状态）	微波频率/GHz	脉冲重复频率/Hz	脉冲宽度/ns	扰乱阈值 /(W·cm⁻²)
某军用计算机	2.856			16.0
	5.4			>150
	9.37	500	1000	>140
某军用计算机	2.856			18.0
	5.4			50.0
	9.37			>140

④ 计算机干扰死机阈值随脉冲宽度增加而降低,但存在一拐点区域（几十~几百 ns）,此区域过后,脉冲宽度再增加,则阈值基本保持不变,如图 7-4、图 7-5 所示。其规律与电子器件损伤阈值随高功率微波脉冲宽度变化规律有极大的相似性。

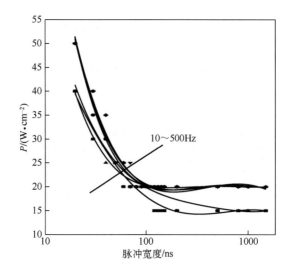

图7-4 不同重复频率下某军用计算机正面辐照死机阈值随微波脉冲宽度的变化

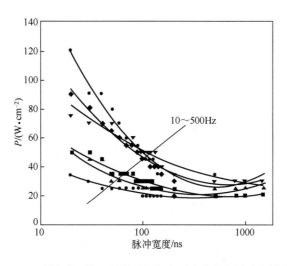

图7-5 不同重复频率下某军用计算机侧面辐照死机阈值随微波脉冲宽度的变化

⑤ 计算机受到单次微波脉冲辐照干扰、死机阈值与受到连续微波脉冲辐照干扰、死机阈值基本相当，可以认为计算机干扰、死机阈值与脉冲重复频率关系不大，尤其是在脉冲重复频率较高时。在效应实验中可以发现，大部分计算机在受到干扰出现程序紊乱后，很快即死机，但也有计算机受到严重干扰后仍不死机的现象，尤其是单次脉冲辐照效应，因此脉冲重复频率可以看成促进计算机由干扰状态转为死机状态的重要因素。脉冲重复频率大于100Hz后，一般对阈值不再产生影响，重复频率小于100Hz，视脉冲宽度而定。例如，某计算机在超宽带高功率微波效应实验

中，超宽带脉冲上升沿约为 500ps，下降沿约为 300ps，脉冲宽度约为 1ns，单次正面辐照 E_{max}=300V/cm 计算机即死机，当脉冲重复频率 f_p=25Hz，正面辐照 E_{max}=240V/cm 时计算机仍不死机，很难找到重复频率为 25Hz 时连续辐照与单次辐照的阈值差别，这可能主要是由于脉冲宽度较窄的缘故。

⑥ 计算机扰乱阈值与死机阈值一般差别不大，因此可以认为二者基本是一致的，计算机干扰具有典型的数字特征，干扰率由 0 上升到 100%，功率密度阈值变化很小。以某军用计算机效应实验数据为例，结果如表 7-4 所示。

表 7-4 某军用计算机扰乱阈值及死机阈值比对

机型（状态）	微波频率/GHz	脉冲重复频率/Hz	脉冲宽度/ns	无扰乱/(kW·cm^{-2})	扰乱阈值/(kW·cm^{-2})	死机阈值/(kW·cm^{-2})
飞控机正面	9.37	单次	22.0	15.4	17.8	17.8
飞控机侧面				2.09	2.1	2.1

⑦ 同一类（商用、工业用、军用）计算机所得阈值只能对同类计算机效应评估具有一定的参考价值，表 7-5 总结了一般商用计算机、工业用控制计算机及军用计算机实验获得的效应阈值，可以发现三者之间的阈值有量级上的差别。

表 7-5 典型商用计算机、工业用控制计算机及军用计算机扰乱阈值

机型	微波频率/GHz	脉冲重复频率/Hz	脉冲宽度/ns	扰乱阈值
商用计算机	1～2		>20ns	<10W/cm^2
	2～4			1～10W/cm^2
	4～8			10～20W/cm^2
	8～12			10～50W/cm^2
	UWB 脉冲		1～10ns	1～10kV/m
工业用控制计算机	1～2	单次或一定重复频率	>20ns	<50W/cm^2
	2～4			20～50W/cm^2
	4～8			50～100W/cm^2
	8～12			100～2000W/cm^2
	UWB 脉冲			1～10kV/m
军用计算机	1～2		>20ns	<50W/cm^2
	2～4			20～200W/cm^2
	4～8			200～1000W/cm^2
	8～12			2～20kW/cm^2
	UWB 脉冲			10～50kV/m

2006 年，电子科技大学姜治北在其硕士论文"高功率微波作用下的计算机系统失效机理研究"中介绍了他开展计算机高功率微波效应研究的成果[4]。其选择的效应物为一台 586PC 机，核心为一块 super7 主板，主板由总线分配器、总线缓冲驱动器、DMA控制器、时序电路、中断控制器、定时计数器、动态存储器（DRAM）、紫外线可擦除存储器（EPROM）以及 8 个 PC 总线扩展槽等构成，并配有 CPU、显卡、硬盘、电源等。计算机操作平台为 WIN98 系统。建立的实验系统连接如图 7-6 所示。

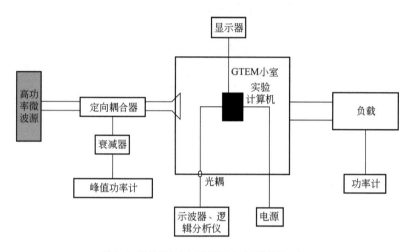

图 7-6　计算机高功率微波效应实验系统连接示意图

通过实验研究，获得的基本结论为：在 HPM 作用下，计算机出现显示数据紊乱、自检程序跳转、花屏、重启和死机等现象。对计算机的不同侧面进行辐照，结果表明正面辐照时效果最明显。同时，对干扰和死机时计算机数据线进行检测，得到干扰信号的波形。计算机重启是因为干扰信号使得 CPU 的复位引脚在两个机器周期内同时检测到了高电平，而死机则是由于电磁干扰使得程序计数器内容改变，读取程序错位，使执行程序进入死循环。实验还对计算机的内存进行了测试，结果在计算机承受功率密度为 $7.384W/cm^2$、辐照时间为 20s 时，受测的两内存一好一坏；当功率密度加至 $10.865W/cm^2$、辐照时间不变时，两内存均损坏，损坏的内存条在表面上看不到明显的烧伤痕迹。采用 2.565GHz 的高功率微波辐照计算机，逐步加大脉冲宽度，发现计算机的干扰阈值在脉宽小于 100ns 并递增的过程中，干扰阈值明显下降，在超过 100ns 以后，干扰阈值则基本维持不变。其获得的计算机干扰阈值随脉冲宽度变化规律如图 7-7 所示。

2018 年，杨杰等在论文"L 波段高功率微波对计算机的损伤效应试验研究"中

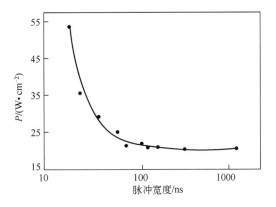

图 7-7　计算机正面辐照时干扰阈值随脉冲宽度变化曲线

详细报道了他们开展计算机高功率微波效应的研究成果[5]。他们建立了计算机高功率微波效应实验系统，如图 7-8 所示。实验系统包括高功率微波模拟源、辐射和接收天线、高频传输电缆、衰减器、频谱分析仪以及微波暗室、屏蔽测试间等保障系统。实验时，利用高功率微波模拟源产生微波脉冲，通过喇叭天线进行发射，受试计算机和接收喇叭天线放置在一起，接收天线接收到的信号通过高频屏蔽电缆传输至屏蔽测试间内的频谱仪等测量仪器，而后计算得到受试计算机位置的能量密度。

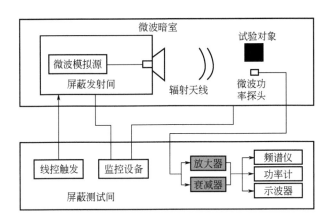

图 7-8　计算机高功率微波效应实验系统框图

效应物为 IBM8179 微型台式计算机（主机尺寸为 42cm×40cm×37cm，显示器尺寸为 43cm×30cm），其配置参数如下：CPU 主频为 Pentium4/2.4GB（外频 100MHz，24 倍频）；内存为 DDR SDRAM 1024MB 1333 MHz；硬盘为 ST360015A 500GB；主板为 QDI P2DI-AL/UC（型号），ATX 架构，Intel 845 主芯片组，前端总线频率 400MHz，

317

集成网卡，集成声卡；显卡为 GeForce2 MX/MX400，64MB 显存，频率为 166MHz；操作系统为 Windows XP SP3。

通过研究不同脉宽（0.2μs、0.5μs、1μs）、不同重复频率（2kHz、1kHz、500Hz）、不同极化方式（水平极化和垂直极化）、不同辐照角度（正面、侧面和背面辐照）、受试计算机系统的不同连接线缆处理方式（是否连接鼠标、键盘线）、受试计算机系统的不同设置（内存条根数、容量的改变）等因素对实验结果的影响，确定了最低微波能量密度或场强峰值作为设备的损伤阈值，并得到了对应的微波源和计算机系统工况的设置情况。在以上研究的基础上，总结了高功率微波对受试计算机系统的损伤规律，分析了计算机系统的损伤机理。

显示器实验时效应物设置为：A1——主机置于吸波材料中，仅显示器正对辐射波，垂直极化；A2——主机置于吸波材料中，仅显示器侧对辐射波，垂直极化；A3——主机置于吸波材料中，仅显示器背对辐射波，垂直极化；A4——主机置于吸波材料中，仅显示器正对辐射波，水平极化。

显示器实验时效应物损伤情况：B1——屏幕闪烁，偶有白色横道，功率降低后消失（干扰）；B2——显示器黑屏，显示器指示灯常亮，开关失效，微波发射功率降低后自动重启正常（扰乱）；B3——显示器黑屏，显示器指示灯常亮，其开关失效，人工断电重启后恢复正常（毁伤）；B4——显示器黑屏，显示器指示灯常暗，其开关失效，人工断电后无法重启。显示器受到微波脉冲辐照的干扰图像如图 7-9 所示，效应实验结果如表 7-6 所示。

(a) 显示器花屏　　　　　　　(b) 显示器横纹花屏　　　　　　　(c) 显示器黑屏

图 7-9　计算机显示器高功率微波脉冲辐照效应典型现象

表 7-6　L 波段高功率微波对计算机显示器的损伤效应实验结果

序号	脉冲宽度/μs	重复频率/kHz	脉冲个数/个			能量密度/(J·m⁻²)			效应物设置	损伤情况
			样本 1	样本 2	样本 3	样本 1	样本 2	样本 3		
1	0.2	2	650	80	1100	0.1339	0.1035	0.1783	A1	B1
2	0.2	1	800	950	1300	0.1648	0.1229	0.2107	A1	B1
3	0.2	0.5	900	1400	1400	0.1956	0.1811	0.2269	A1	B1

续表

序号	脉冲宽度/μs	重复频率/kHz	脉冲个数/个			能量密度/(J·m⁻²)			效应物设置	损伤情况
			样本 1	样本 2	样本 3	样本 1	样本 2	样本 3		
4	0.5	2	300	450	600	0.0822	0.0701	0.1294	A1	B1
5	0.5	1	500	650	600	0.1370	0.1013	0.1294	A1	B1
6	0.5	0.5	650	750	850	0.1781	0.1169	0.1833	A1	B1
7	1	1	150	200	300	0.0616	0.0442	0.1021	A1	B1
8	1	0.5	250	250	500	0.1027	0.0553	0.1701	A1	B1
9	1	1	400	400	500	1.7131	1.1292	1.3356	A2	B1
10	1	1	200	250	300	0.0952	0.0719	0.1196	A3	B1
11	1	1	250	250	300	0.1267	0.0856	0.1169	A4	B1
12	1	1	150	250	300	0.2709	0.2646	0.6023	A1	B2
13	1	1	800	650	550	2.1419	1.1367	1.6371	A1	B3
14	1	1	750	900	1100	8.2561	6.3820	9.3134	A1	B4

主机实验时效应物设置为：A5——显示器置于吸波材料中，主机正对辐射波，带键盘、鼠标，内存 1024MB，垂直极化；A6——显示器置于吸波材料中，主机侧对辐射波，带键盘、鼠标，内存 1024MB，垂直极化；A7——显示器置于吸波材料中，主机背对辐射波，带键盘、鼠标，内存 1024MB，垂直极化；A8——显示器置于吸波材料中，主机正对辐射波，带键盘、鼠标，内存 1024MB，水平极化；A9——显示器置于吸波材料中，主机正对辐射波，不带键盘、鼠标，内存 1024MB（两根），垂直极化；A10——显示器置于吸波材料中，主机正对辐射源，带键盘、鼠标，内存 512MB（单根），垂直极化。

主机实验时效应物损伤情况：B5——显卡出错，显示内容丢失，屏保出现卡顿现象，微波发射功率降低后恢复正常（干扰）；B6——鼠标和键盘失效，系统死机，发射源关闭后自动重启正常（扰乱）；B7——鼠标和键盘失效，系统死机，屏幕蓝屏，发射源关闭后人工重启正常（毁伤）；B8——鼠标和键盘失效，系统死机，屏幕蓝屏，而后自动掉电，发射源关闭后无法自动重启，人工断电数分钟后重启正常。计算机主机受到微波脉冲辐照的干扰图像如图 7-10 所示，效应实验结果如表 7-7 所示。

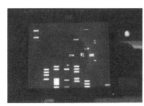

(a)显卡出错，显示内容丢失　　　(b)文件损坏，系统瘫痪　　　(c)系统蓝屏错误

图 7-10　计算机主机高功率微波脉冲辐照效应典型现象

319

表 7-7　L 波段高功率微波对计算机主机的损伤效应实验结果

序号	脉冲宽度/μs	重复频率/kHz	脉冲个数/个			能量密度/（J·m⁻²）			效应物设置	损伤情况
			样本 1	样本 2	样本 3	样本 1	样本 2	样本 3		
1	0.2	2	1200	850	1100	0.6025	0.6240	0.4541	A5	B5
2	0.2	1	1250	1000	1200	0.6276	0.7341	0.4954	A5	B5
3	0.2	0.5	1300	1300	1500	0.6527	0.9543	0.6192	A5	B5
4	0.5	2	200	450	550	0.1599	0.1798	0.3614	A5	B5
5	0.5	1	250	550	400	0.1998	0.2198	0.2629	A5	B5
6	0.5	0.5	350	700	400	0.2797	0.2798	0.2629	A5	B5
7	1	1	30	450	60	0.0423	0.1675	0.0695	A5	B5
8	1	0.5	80	500	90	0.1127	0.1861	0.1042	A5	B5
9	1	1	80	400	50	0.2747	0.4215	0.1412	A6	B5
10	1	1	80	500	80	0.1402	0.3153	0.1153	A7	B5
11	1	1	70	550	60	0.1164	0.2787	0.0820	A8	B5
12	1	1	70	550	100	0.3348	1.4862	0.3933	A9	B5
13	1	1	80	600	80	0.1492	0.6279	0.1227	A10	B5
14	1	1	200	550	200	0.9500	0.9334	0.7812	A5	B6
15	1	1	150	700	150	202377	3.3870	1.8400	A5	B7
16	1	1	150	700	150	16.8580	26.2309	13.8614	A5	B8

研究者总结的高功率微波对计算机系统的损伤规律如下：

① 计算机显示器比主机更易受到高功率微波损伤。

② 计算机主机/显示器正对辐射波时最易受到高功率微波损伤，背对辐射波时次之，侧对辐射波时最不易受到损伤，且损伤阈值远高于前两者。

③ 辐射波极化方向对计算机主机、显示器损伤阈值影响较小。

④ 窄带高功率微波，脉冲越宽、重复频率越高，计算机主机、显示器越易被损坏。当脉冲宽度和重复频率乘积相等时，设备损伤阈值亦存在较大差别，宽脉冲、低重复频率脉冲比窄脉冲、高重复频率脉冲短时有效能量更大，更易损伤计算机主机及显示器，即脉冲宽度比重复频率对损伤阈值的影响更大。

⑤ 电源线、鼠标线、键盘线等线缆对设备的损伤阈值影响很大，其耦合效应对计算机运行的影响远大于孔缝的耦合效应，使计算机主机、显示器对电磁波更加敏感，降低其损伤阈值，使计算机主机及显示器更易被损坏。

⑥ 鼠标和键盘是整个计算机系统的另一个薄弱环节，易被损伤。

⑦ 计算机主机内存越大，损伤阈值越低。

最后实验总结的计算机主机及显示器高功率微波损伤阈值如表 7-8 所示。

表 7-8 计算机系统的损伤阈值范围

损伤等级	样本的损伤阈值范围/（J·m⁻²）		扩展后的损伤阈值范围/（J·m⁻²）	
	显示器	主机	显示器	主机
干扰	0.0442 ～0.1021	0.0423～0.1675	0.0074～0.1021	0.0071～0.1675
扰乱	0.2646 ～0.6023	0.7812～0.9500	0.0441～0.6023	0.1302～0.9500
毁伤	1.1367～2.1419	13.8614～26.2309	0.1895～201419	2.3102～26.2309

7.3 雷达高功率微波效应

雷达——广义地讲包括各种以收发微波信号来完成探测任务为核心的高频电子设备，主要有测高雷达、制导雷达、测绘雷达、预警雷达、监视雷达、导航雷达等。在高功率微波武器可能攻击目标中，雷达是首要的攻击目标之一，其必备的收发天线是高功率微波武器进攻的"前门"，从"前门"耦合进入的微波可能较容易破坏雷达的前端高频器件，如限幅器、低噪高放、混频器等。雷达发射机一般工作于较高功率，通常认为高功率微波武器对其损伤是极其困难的，一般不予考虑。雷达高功率微波效应研究的关键设备是雷达的接收机部分，典型雷达接收机的主要组成如图 7-11 所示。其中，TR 管能够起到对雷达"前门"进入的高功率阻塞、压缩、损耗作用，连同限幅器一起对后端微波器件起保护作用；低噪声放大器用于放大接收的微波信号，以提高雷达的灵敏度；然后是微波混频器，其输出中频信号最终到接收机的信号处理设备。从雷达前端电路分析，高功率微波要破坏雷达接收机，其易损伤的器件主要有限幅器、低噪高放、检波器、混频器等。因此，首要研究的问题是高功率微波能否以及如何有效地进入这些器件？其次是由于这些器件的损伤将导致的结果是什么？前端器件效应结果对后端器件损伤有什么影响？雷达高功率

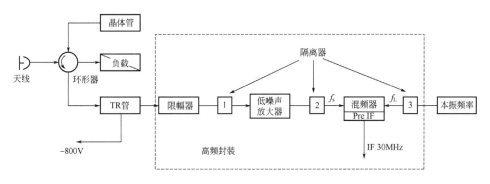

图 7-11 典型雷达接收机前端组成框图

微波效应研究的前提是各类微波器件的高功率微波效应，在电子器件高功率微波效应章节中已经进行了详细介绍，这里根据笔者的研究成果，对相关器件的效应规律再做一下简单概述。

7.3.1 雷达接收机常用器件高功率微波效应规律概述

典型雷达接收机通道由天线至后端信号处理部分依次为 TR 管、PIN 限幅器、低噪声放大器、混频器（检波器）、中频放大器等[8]。

对于典型 TR 管，笔者开展的实验研究表明有以下高功率微波效应规律：

① 不同的 TR 管的尖峰透过功率随注入功率变化的规律基本相同，存在尖峰泄漏功率窗。

② 有源 TR 放电管在加电和不加电时透过尖峰功率差别很大，一般在一个数量级以上。有源 TR 放电管加电工作时透过尖峰功率最小，不加电时透过尖峰功率最大；无源 TR 放电管的透过尖峰功率介于二者之间，而且它没有明显的尖峰泄漏功率窗。

③ TR 放电管的尖峰泄漏能量随注入功率变化主要受透过脉宽的影响，在尖峰泄漏功率窗内，TR 管击穿不稳定，在注入功率大于尖峰泄漏功率窗时，尖峰泄漏能量随注入功率变化较小。

④ TR 放电管的尖峰泄漏脉宽随注入微波功率的增大而减小。在 TR 管的尖峰泄漏功率窗附近，泄漏脉宽变化较大；在大于功率窗以后，泄漏尖峰的脉宽基本稳定在 3~7ns 附近，而且随注入微波脉宽的变化不大。

⑤ 在注入微波脉宽大于 200ns 以后，脉宽增加对尖峰泄漏功率影响不大；在脉宽小于 100ns 以内时，在 TR 管的尖峰泄漏功率窗内，脉宽越短（脉冲前沿快）尖峰泄漏功率越大；在注入功率较小或远大于 TR 管的尖峰泄漏功率窗时，泄漏功率、能量、尖峰脉宽与注入微波脉宽基本无关。

⑥ 重复频率的提高明显提高了 TR 管的放电稳定性，重复频率在 500Hz 以上时才明显降低尖峰泄漏功率。对于有源 TR 放电管，在不加电时，随着重复频率增大，TR 管击穿阈值降低，稳定击穿时的尖峰泄漏功率下降。在 TR 管加电工作时，重复频率对尖峰泄漏功率的影响不大。

⑦ 带外工作时，在低功率下，TR 管的透过功率比带内要小，其减小的幅度与 TR 管对应的该带外频率点的损耗一致；在大功率下，达到 TR 管的尖峰泄漏功率窗时，带外尖峰泄漏功率迅速增大，漏过功率接近其带内漏过功率。但对于不加电的有源 TR 管，在尖峰泄漏功率窗以上的注入功率下，其带外尖峰泄漏能量比带内要大两个量级以上。

⑧ 不同 TR 放电保护管的恢复时间在 2～4μs，随重复频率和脉冲宽度的增加变化不大，而且与 TR 放电管的工作状态关系不大。X 波段典型 TR 管的泄漏特性如表 7-9 所示。

表 7-9　X 波段典型 TR 管的泄漏特性

波段	型号	状态	最大尖峰泄漏功率/W	最大尖峰泄漏功率/μJ	稳定击穿尖峰脉宽/ns
X	RX7100	无源	2000	56	2～20
	RX211A	加电	200	0.5	2～7
		不加电	2000	60	2～20
	RX211	加电	250	5	4～23
		不加电	6000	180	2～24

对于典型 PIN 限幅器，笔者开展的实验研究表明其高功率微波效应规律如下：

① PIN 限幅器的插损随注入功率增大而增大，但是其最大的插入损耗是有限的。一般国产的限幅器最大衰减为 30dB 左右，而单管限幅器最大衰减小于 20dB，美国进口的 PIN 管芯生产的单级限幅器的衰减在 20～40dB，多级限幅器最大衰减可达 50～60dB。

② PIN 管随着其反向击穿电压的提高（I 层厚度增加）和管芯面积增大，限幅功率阈值增加，泄漏功率增大，承受功率提高。

③ PIN 限幅器在单次脉冲下很难损伤，一般 PIN 限幅器要在重复频率脉冲作用下或长脉冲下才能损伤。因为其损伤需要的微波能量在 10mJ 量级，在短脉冲下势必要求有上百 kW 的脉冲功率，而许多限幅器是微带结构的器件，如此高的功率是很难进入微带电路的。

④ 国产 PIN 管芯的限幅能力比进口器件差，承受功率能力也低。

⑤ 在连续脉冲下，PIN 限幅器的损伤功率阈值在 64～80dBm（2.5～100kW）量级，单脉冲能量在 0.5～20mJ 量级；单次脉冲损伤功率阈值大于 70dBm（10kW），单脉冲能量在 3～50mJ 量级，而且损伤阈值随脉宽和重复频率的增加而降低。

⑥ 不同限幅器电路形式对限幅器损伤阈值有重要影响。没有直流接地恢复电路的限幅器承受功率低。

⑦ PIN 限幅器的损伤有两种情况：限幅器在 PIN 晶体管击穿短路后，插损增加，一般为-25～-7dB，而且失去限幅作用；在 PIN 晶体管开路后，插损不变，但失去限幅能力。

部分 PIN 限幅器高功率微波效应结果如表 7-10 所示。

表 7-10 部分 PIN 限幅器的高功率微波效应结果

器件	最大衰减/dB	最大泄漏功率/dBm	损伤功率/dBm	损伤单脉冲能量/mJ
单级 4601	～39	41	～64	0.8～2.2
2981060	～52	27.8	50～73	0.5～2
JWL1	46～56	23	～70	～0.7
218L	～55	27	73～77	12～30
218H	～50	25	～76	2～7
VJX10	～31	43～53	57～73	0.5～3.5
	～31	43～53	44～50	～0.1

笔者实验研究获取的典型低噪声放大器效应规律为：

① 低噪声放大器的高功率微波带内损伤功率阈值为 10W 量级，随着脉宽和重复频率的增加功率阈值下降；损伤功率阈值随脉宽变化的拐点在 100ns，脉宽大于 100ns 以后功率阈值变化不大；随重复频率变化的拐点在 100Hz，这时功率阈值比单次脉冲时下降 8dB 以上，而在 100Hz 时损伤功率阈值已经趋近于常数。

② 低噪高放单次脉冲损伤的能量在 0.2～6μJ 量级，在脉宽小于 1μs 时，随着脉宽的增加能量阈值变化不大，但脉宽再增加能量阈值就有增加的趋势，这在重复频率情况下比较明显。

③ 工作频率越高、灵敏度越高、饱和功率越小的场效应管，损伤功率阈值越低。

④ 低噪高放在注入功率达到 10dBm 以上时，就会造成对正常信号的压制阻塞效应。

⑤ 低噪高放承受着-20～10dBm 连续波信号作用的同时，高功率微波对其损伤更加容易，短脉冲微波的损伤功率阈值下降 6～15dB。

部分低噪声放大器的高功率微波效应结果如表 7-11 所示。

表 7-11 不同低噪高放损伤效应结果（单次脉冲）

效应器件		脉宽/ns	注入功率/dBm	注入能量/μJ	效应结果	
型号	频带及增益				增益/dB	损伤原因
HDF-1	9.1～9.7GHz 20dB	22	47	1.1	12	第一管芯坏
		300	47	1.5	-1	第一管芯坏
JWA-0208	2～8GHz 20dB	22	40	0.2	-17	第一管芯和电源引线烧毁
		24	46	1.0	3	第一管芯坏

效应器件		脉宽/ns	注入功率/dBm	注入能量/μJ	效应结果	
型号	频带及增益				增益/dB	损伤原因
JWA-0208	2～8GHz 20dB	24	50	2.4	0～2dB	第一管芯坏
		500	38	3.2	4	第一管芯坏
		1000	37.7	5.9	−18	第一管芯和电源引线烧毁
C-NINT01	3.4～8.5GHz 20dB	20	−23～22	0.003	无损伤	压制干扰
		30	40	0.3	−5～0	第一管芯坏
LS-NINT02	1～4GHz 20dB	30	43	0.6	−5～0	第一管芯坏
L-NINT03	10～1000MHz 30dB	20	47～49	1.0～2.0	—	管芯坏
		40	46	1.6	—	管芯坏
		100	42	1.5	—	管芯坏
		500	35	1.5	—	管芯坏
		910	32	1.5	—	管芯坏

笔者实验研究获取的典型检波器效应规律为：

① 检波器在高功率微波脉冲作用下，存在明显的输出信号幅度压缩现象。微波功率大到 25dBm 以上，检波器输出检波信号会产生幅度压缩。

② 检波器的损伤首先是检波管的局部击穿，造成反向击穿电压下降，但正向检波特性不变化，在严重损伤时检波性能才明显降低。

③ 硅点接触宽带微波检波管，典型如 2V8C 和 2V10A 的局部击穿功率阈值在 30～45dBm，所需要的单脉冲能量为 0.03～5μJ。

④ 单次脉冲情况下，导致检波器检波性能下降的损伤功率阈值比检波管局部击穿功率阈值要高 10～30dB。例如，脉宽为 30ns、单次脉冲使检波器性能下降的损伤功率阈值为 61～72dBm；脉宽大于 100ns、单次脉冲使检波器幅度下降 50%以上的功率阈值为 50～56dBm；所需要的单脉冲能量为 30～400μJ。

⑤ 导致检波器检波性能下降的损伤功率阈值随脉宽增加明显下降，下降曲线的拐点在脉宽为 100ns 处；损伤功率阈值随重复频率提高逐渐下降。

⑥ 重复频率对检波器的损伤功率阈值影响很大，10Hz 重复频率就将单次短脉冲下的损伤功率阈值降低了 24dB，100Hz 左右就将损伤功率阈值降低到局部击穿功率阈值的水平。10Hz 以上脉冲重复频率下，脉宽为 30ns 时，检波器的损伤功率阈值为 40～48dBm，所需要的单脉冲能量为 0.6～1.2μJ。

表 7-12 所示为笔者实验获得的典型检波器损伤阈值。

表 7-12　典型检波器损伤阈值

重复频率/Hz	脉宽/ns	局部击穿		性能损伤	
		功率阈值/dBm	单脉冲能量/μJ	功率阈值/dBm	单脉冲能量/μJ
单次	30	30～45	0.03～5	61～72	30～400
	>100	30～45	0.03～5	50～56	10～400
10～100	30	30～45	0.03～5	40～48	0.6～1.2
	>100	30～45	0.03～5	～45	—

　　笔者通过实验获得的混频器效应规律与检波器是类似的，混频器在高功率微波脉冲作用下存在明显的输出信号幅度压缩现象。微波功率大于 10dBm，对混频器混频输出的中频信号会产生压制。混频器在高功率微波脉冲作用下，存在明显的瞬时损伤，即在高功率微波脉冲作用后，仍然造成短时（1～500μs）压制中频信号或无中频信号输出。单次脉冲时，典型混频管局部击穿阈值为：脉宽 24ns，功率 46～47dBm，能量 0.96～1.2μJ；脉宽 670ns，功率 37～41dBm，能量 3.4～8.4μJ。混频管局部击穿的功率阈值随脉宽、重复频率变化较小。单次脉冲时，混频管性能失效的损伤阈值为：脉宽 24ns，功率 65～73dBm，能量 76～480μJ；脉宽 670ns，功率 41～45dBm，能量 8～22μJ。混频管性能下降的损伤功率阈值，随脉宽、重复频率变化十分明显，同检波器的效应规律。而在重复频率大于 100Hz 后，混频管局部击穿损伤阈值和混频性能失效的损伤阈值差别不大，脉宽 24ns 时由 65～73dBm 变为 47dBm，单脉冲能量为 1.2μJ；脉宽 670ns 时变化不大。混频管性能下降所需损伤功率比局部击穿时要高，与检波器的效应规律一致。表 7-13 所示为笔者获得的典型混频器损伤阈值。

表 7-13　典型混频器损伤阈值

重复频率/Hz	脉宽/ns	局部击穿		性能损伤	
		功率阈值/dBm	单脉冲能量/μJ	功率阈值/dBm	单脉冲能量/μJ
单次	30	46～47	0.96～1.2	65～73	76～480
	>500	37～41	3.4～8.4	41～45	8～22
10～100	30	45～47	1～1.2	～47	～1.2
	>500	37～41	3.4～8.4	41～45	8～20

　　总结 TR 管、PIN 限幅器、低噪声放大器及混频器、检波器高功率微波效应规律，整体概述如下：

　　① 在注入功率达到 10dBm 以上时，低噪高放、检波器和混频器都会对正常信号产生压制阻塞效应。低噪高放是因为功率饱和而使正常信号输出幅度下降直至无

信号输出；检波器是使检波脉冲输出幅度下降甚至于反向；混频器对混频输出的中频信号幅度会产生压制。

② 低噪高放、检波器和混频器的损伤功率阈值随着脉宽和重复频率的增加而下降；损伤功率阈值随脉宽变化的拐点在 100ns，脉宽大于 100ns 后功率阈值变化不大；重复频率对短脉冲高功率微波的损伤功率阈值影响很大，特别是检波器和混频器的损伤功率阈值，随重复频率变化的拐点在 10～100Hz，重复频率下的损伤功率阈值比单次脉冲时的要下降两个量级以上。因此，采用重复频率的高功率微波炮攻击雷达类接收机微波器件是十分有利的。

③ 在伴随着低功率（使器件处于饱和工作状态的功率水平）的连续波功率作用下，微波器件的高功率微波损伤功率阈值明显降低。低噪高放承受着-20～10dBm连续波信号作用时，损伤功率阈值下降 6～15dB；混频器承受着 7dBm 连续波信号作用时，损伤功率阈值下降 20dB。因此，高功率微波武器攻击雷达接收机目标时，采用中功率水平的连续波源作辅助攻击，有利于降低器件损伤阈值，提高高功率微波武器作战效能。

表 7-14 所示为笔者对自己通过实验研究获取的典型雷达应用微波器件高功率微波损伤阈值的总结。

表 7-14 典型雷达应用微波器件高功率微波损伤功率阈值

器件		功能变化		性能损伤			
		压制干扰	局部击穿	单次		100Hz	
				<100ns	>500ns	<100ns	>500ns
低噪高放	功率/dBm	10	—	40～49	32～40	32～41	—
	能量/μJ	—	—	0.2～1.8	1.5～6	0.1～1.4	—
检波器	功率/dBm	25	30～45	61～72	50～56	44～48	40～45
	能量/μJ	—	0.03～5	40～400	65～140	0.7～1.2	0.6～0.9
混频器	功率/dBm	10	37～47	65～73	41～45	47	41～45
	能量/μJ	—	0.96～8.4	76～480	8～22	1.2	8～22

7.3.2 雷达接收机整机高功率微波效应

如前所述，雷达的种类很多，对其进行高功率微波效应研究既可以采用辐照法，也可以采用注入法。本小节以笔者开展的雷达高功率微波整机效应研究为例，简单介绍雷达高功率微波效应的一些基本现象及规律。

（1）干扰压制效应

雷达接收机在短脉冲作用下，存在短时的大信号输出现象和压制性干扰暂时损伤。这个效应结果显然是高功率微波对混频器产生的压制现象，同前一小节介绍的单个器件效应的结果一致。实验结果如表 7-15 所示。

表 7-15　某 X 波段雷达接收机的干扰效应结果

工作状态	脉冲数	脉宽/ns	注入功率/dBm	压制干扰时间/μs	备注
整机在外场 TR 管不加电	1	22	69	50	大噪声干扰并瞬时损伤
			77～80	170	
整机在实验室正常工作	1	30	50～74	1.6～2.3	大噪声干扰
		380～580	74～80	3～3.4	瞬时损伤
		1000	43～75	2～2.5	大噪声干扰
		1000	77～80	4	瞬时损伤
	10	1000	43～80	2～2.5	大噪声干扰
TR 管不加电	1	30	42～63	1.4～2	大噪声干扰
	1	22	66～67	～2ms	大噪声干扰

以上实验结果说明：

① 短脉冲高功率微波可以对雷达接收机造成较长时间的强噪声干扰和瞬时损伤。

② 注入雷达接收机的高功率微波脉冲脉宽大于 20ns 后，脉宽增大对雷达接收机的干扰损伤效应没有明显的影响，分析认为是 TR 管击穿作用的结果。

③ 外场效应实验中，注入 22ns 脉宽的高功率微波脉冲产生瞬时损伤的时间达到几十至上百μs，比注入 1000ns 脉宽的高功率微波脉冲产生的影响还大。可能是由于 22ns 脉宽的高功率微波脉冲的前沿更快，透过 TR 管的尖峰泄漏功率大，而其他的高功率微波脉冲前沿在 15～30ns 量级，无论脉宽多少，透过 TR 管的尖峰泄漏功率都被限制在较小的值，所以效应结果反而不佳。

（2）损伤效应

雷达接收机在正常工作时，不易损伤；但是，当雷达整机不加电或 TR 放电保护管不加电时，可能会发生损伤。实验结果如表 7-16、表 7-17 所示。

表 7-16　X 波段雷达接收机在 TR 管正常工作时的损伤结果

高频组件		脉宽/ns	重复频率	注入功率/dBm	损伤情况
限幅器	低噪高放				
原装微带单极限幅器	HDF-2	30	单次	≤73	无损伤
	HDF-2	1000	单次	≤80	无损伤

续表

高频组件		脉宽/ns	重复频率	注入功率/dBm	损伤情况
限幅器	低噪高放				
	HDF-2	1000	1kHz	≤80	无损伤
VJX10	HDF-1	22	单次	61~83	无损伤
L17	HDF-1	22	单次	66~80	无损伤

表 7-17　X 波段雷达接收机在 TR 管不加高压时单次脉冲损伤效应

高频组件		脉宽/ns	注入功率/dBm	损伤情况
限幅器	低噪高放			
原装微带单级限幅器	HDF-2	22	67.5	高放坏，G_p 下降>6dB
	1# HDF-2	30	62	高放坏，G_p 下降>6dB
	2# HDF-2	34	72	高放降级，G_p 下降 1.4dB
	3# HDF-2	55	62	高放坏，G_p 下降 6~11dB
	4# HDF-2	335	62	高放坏，G_p 下降 3~6dB
	5# HDF-2	1000	62	高放坏，G_p 下降 32dB
VJXW1	6# HDF-2	22	67.5	高放坏，G_p 下降 18.5dB
VJX10	HDF-1	22	61~83	无损
L17	HDF-1	22	66~80	无损
L01	VJG9739	22	72	高放坏，G_p 下降 4dB
L02	VJG9739	22	76	高放降级，G_p 下降 1dB
L01	VJM01	22	65.5	高放坏，G_p 下降 3dB
L02	VJM01	22	60~74	无损

　　雷达接收机整机的损伤效应实验结果也进一步证明了低噪声放大器是雷达前端最易损的器件。另外，TR 放电保护管对高功率微波的限制作用十分有效，PIN 限幅器的性能好坏直接影响着接收机低噪声放大器能否被损伤。在对雷达接收机通过"前门"进行攻击时，高功率微波脉冲如何有效地通过 TR 保护管和限幅器是最为关键的问题。X 波段雷达接收机中各部分器件的损伤结果总结如表 7-18 所示。

表 7-18　X 波段雷达接收机中各部分器件的损伤结果

部件	损伤功率/dBm	脉宽/ns	重复频率/Hz	损伤结果	备注
低噪高放	32	24	单次	G_p 下降 8~20dB	二级场放 G_p=20dB
	47	34	单次		

部件	损伤功率/dBm	脉宽/ns	重复频率/Hz	损伤结果	备注
限幅器	>49	80~1000	10~100	插损增加 7~24dB	国产二级限幅器
	>69	24	单次		
高频组件	53	34	单次	G_p 下降 16dB	配原装国产限幅器
	67~80	20~1000	单次	G_p 下降 1~3dB	配进口器件组装的限幅器
接收机整机（配原装国产限幅器）	83	1000	<1000	无损伤	TR 管加电
	62	1000	单次	G_p 下降 32dB	TR 管不加电
	62	30	单次	G_p 下降>6dB	

对于雷达高功率微波效应，依据笔者的实验结果可以得到以下一些结论性认识：

① 利用微波器件效应结果，结合各种雷达类接收机的组成结构，可以分析给出不同雷达接收机的高功率微波"前门"耦合干扰损伤的可行性和效应阈值。

② 高功率微波从"前门"耦合进入射频通道对雷达接收机进行压制、致盲是可行的。高功率微波的这种压制、致盲效应，对高功率微波源的工作频率没有瞄频的要求，只要高功率微波源频率在雷达的工作频段内就可以，而且在雷达工作频段以上的微波频带内，也存在一些离散的通频带可能允许高功率微波对雷达进行干扰压制。

③ 雷达接收机有源 TR 管正常工作时，高功率微波从"前门"耦合很难直接损伤雷达接收机。在雷达有源 TR 管不工作（或装无源 TR 管）时，高功率微波有可能导致接收机的损伤。

④ 接收机组件的损伤效应表明，高功率微波损伤没有 TR 管的雷达类接收机是可行的。

由于雷达是高功率微波武器的直接攻击目标，相信各国有关雷达高功率微波效应的研究都开展得比较具体和深入，针对不同工作方式的雷达建立了较为丰富的效应数据库，但基于众所周知的原因，相关效应研究的报道很少。笔者的研究结果仅具有一般参考意义，希望读者结合其他相关文献对相关研究结论做出合理的判断。

7.4　电子侦察接收机高功率微波效应[9,10]

电子侦察接收机主要组成有天线、高频接收组件、中频处理电路、信号识别电路（频率识别、体制识别等）、信息传递或控制输出等。其中，宽带工作的高频部件是其"前门"通道，是高功率微波武器攻击的主要对象。天线作为信号的入口，其工作频带一般可达 2～18GHz，而且其方向性、增益、频响、驻波等参数是准确可知的，同时天线一般是无源器件，不存在易损元件，研究中可以将天线略去，采用直接注入法进行研究。高频接收组件是电子侦察接收机的核心部件，其主要组成如图 7-12 所示。与雷达高功率微波效应类似，在实验中，主要研究限幅器、低噪声放大器（低噪高放）、混频器等的损伤阈值。

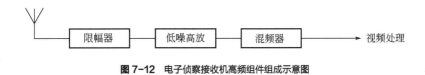

图 7-12 电子侦察接收机高频组件组成示意图

在电子侦察接收机中，高频器件都必须具有宽带性能，典型 PIN 限幅器工作频带为 2～18GHz。PIN 限幅器是接收机"前门"唯一的保护电路，所以其保护能力、响应性能就决定了接收机高频部件在高功率微波作用下是否能够损伤；低噪高放是电子侦察接收机的核心器件，其性能好坏直接决定了电子侦察接收机的整体功能是否能够实现。本节首先以典型宽带 PIN 限幅器及宽带低噪声放大器为例，介绍笔者通过实验获得的相关器件高功率微波效应结果，在此基础上进一步获取典型电子侦察接收机高频组件的效应阈值，最后对电子侦察接收机高功率微波效应研究规律进行简要总结。

宽带 PIN 限幅器在电子侦察接收机中是唯一的专用高频保护器件，其损伤与否、限幅能力直接关系到后面接收机低噪声放大器的安全。不同限幅器由于级数不同、电路形式不同，所以承受功率和限幅能力大不相同。电子侦察接收机所采用的限幅器限幅能力较强，可推测电子侦察接收机并不像想象中那么容易损坏。表 7-19 列出了几种限幅器主要性能对比。JWA 型 2～8GHz 低噪声放大器是两极放大的模块式放大器，其功率增益约为 20dB。该放大器是某型电子侦察接收机的核心器件，表 7-20 给出了该宽带低噪声放大器在微波频率 2.85GHz 单次脉冲作用下的损伤结果。

表 7-19 几种限幅器主要性能对比

器件	JWL1（美国）	VJX10（中国）	VJX2（中国）	VJX9（中国）
最大衰减/dB	46～56	31	29	29
限幅值/mW	35	30	20～30	25
最大输出/W	0.2	20～200	500	—

表7-20　JWA型2~8GHz宽带低噪声放大器在微波频率2.85GHz单次脉冲作用下损伤结果

效应器件	脉宽/ns	注入功率/dBm	效应结果	
			损伤情况	损伤原因
JWA 2	24	50	$G_p=0\sim2dB$	第一管芯坏
JWA 3	24	50	$G_p=0$	第一管芯坏
JWA 4	24	46	$G_p=3dB$	第一管芯坏
JWA 5	22	37	正常	—
JWA 6	22	37	正常	—
JWA 7	22	37	正常	—
JWA 5	22	40	$G_p=-17dB$	第一管芯坏，电源丝烧断
JWA 6	22	40	$G_p=-17dB$	第一管芯坏，电源丝烧断
JWA 7	23	40	$G_p=-17dB$	第一管芯坏，电源丝烧断
JWA 8	23	38	正常	—
	30~500	37	正常	—
	1000	36.8	正常	—
	1000	37.7	$G_p=-18dB$	第一管芯坏，电源丝烧断
JWA 9611	23~200	38	正常	—
	500	38	$G_p=3.6dB$	

从实验结果可得出以下初步结论：

① JWA放大器单次微波脉冲损伤功率在40dBm左右。

② 损伤功率阈值变化极快，38dBm以下就很难造成损伤。

③ 脉宽变化对损伤功率阈值影响很小。

④ 损伤主要是第一级管芯坏，在40dBm时电源丝也损坏，而功率较大时（如46~50dBm）反而只损坏管芯，推测其中存在功率窗效应。

⑤ 一般窄带低噪高放，如X波段雷达用HDF-1、HDF-2等，其损伤的功率阈值在47dBm左右，而且损伤阈值随脉宽变化也不太大。这说明宽带和窄带高放的易损性是相似的，但由于窄带高放的管芯和电路几何尺寸相对大，损伤的功率和能量略高。

在宽度低噪高放效应实验基础上，笔者对限幅器＋低噪高放组成的接收高频组件进行实验，其结果基本代表了整个接收机通过"前门"耦合高功率微波完全损伤的可能性。实验结果见表7-21。实验中，注入功率明显受到同轴电缆的限制，在功率到100kW后，微波脉冲脉宽增加将产生严重的击穿，所以效应实验结果只做到80dBm。

表 7-21　S 波段宽带电子侦察接收机高频组件在微波频率

2.85GHz 单次脉冲作用下的损伤结果

效应器件		脉宽/ns	注入功率/dBm	效应结果	
				低噪高放	限幅器
JWA0208 No.1	L1	30	67.5	正常	插损上升 0.5dB
		—	73.5	正常	插损上升 1dB
		100	80	正常	插损上升 3dB
	L2	100	78	正常	插损上升 0.3dB
		—	80	正常	插损上升 1dB
	L3	50	73~80	正常	无损
		30	73	正常	插损上升 0.4dB
	L4	30	73~80	正常	无损
	L5	80	80	正常	插损上升 0.4dB
	L4	200	76	正常	插损上升 1.1dB
	L5	500	76	正常	插损上升 1.5dB
		1000	71	正常	无损
	L6	500	76	正常	无损
		1000	70.5	烧毁	烧毁

　　由实验结果可以发现，高功率微波通过前门对电子侦察机进攻时需要达到几 kW 以上的功率才能对宽带低噪声放大器造成损伤；造成限幅器损伤功率在67dBm 以上，限幅器损伤后插损增加 1~3dBm，对整个系统影响不是很大。这与通常大家认为电子侦察接收机是最易于被高功率微波攻击的印象并不相符。有关电子侦察接收机高功率微波效应的研究报道较少，笔者的研究针对的是特定电子侦察接收机部件及组件，且样本数量较少，仅具有一般参考价值。

7.5　卫星通信系统高功率微波效应

　　卫星通信在现代社会生活中不可或缺，同时也是军用通信的一个重要途径。在卫星通信系统中，地面接收机是一个重要环节，它主要由地面接收天线、高频头、中频接收机主机、接收信号的输出设备等组成。其中，高频头是暴露在外的重要半导体组件，它包括了低噪高放、高频混频、中频放大等高灵敏度的半导体部件，是一个复杂的电路模块，也是卫星地面接收设备的核心。由于其处于整个卫星接收机最前端，接收机天线接收的能量首先进入高频头，因此，卫星接收机高频头也成为高功率微波武器最直接攻击的目标，它的损伤将导致整个卫星通信线路的中断[11]。通信卫星接收机效应研究的核心是高频头效应，本节第一部分首先介绍通信卫星地面接收机高频头的相关效应结果。

7.5.1 通信卫星接收机高功率微波效应

（1）实验方法

如前所述，高频头效应是卫星接收机效应研究的核心，笔者主要针对普通卫星电视接收机高频头进行了工作频带内和工作频带外高功率微波干扰损伤实验研究。卫星电视及通信地面接收机高频头常用的工作频率是 3.7～4.2GHz，接收端口一般为 BJ40 型波导接口。实验为辐照法，建立的效应实验装置如图 7-13 所示。

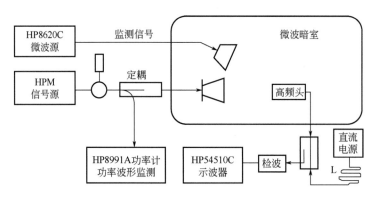

图 7-13 辐照法高频头高功率微波效应实验装置示意图

卫星地面接收机高频头的高功率微波效应是在其正常工作状态下进行的动态干扰、损伤实验研究。高频头被注入或接收到由 HP8620C 微波源输出并已经调制的监测微波信号，高频头加电工作时，接收到的信号经放大混频处理后通过交直流隔离电路耦合输出中频信号，经检波后输出调制信号由 HP54510 示波器监测。HPM 效应源分别采用了 HP8620C 小信号源、百 W 级 TWT 放大源（6～16GHz）、X 波段百 kW 级磁控管源，在辐照效应中，由标定的辐射天线参数计算出高频头接收器口面上的 HPM 信号功率密度。

（2）C 波段卫星地面接收机高频头效应结果

在连续波的干扰损伤效应实验中注入的微波频率 f=4.0GHz，并分别采用了 CW、AM 不同的信号调制方式。实验表明，卫星接收机高频头接收信号约为−45dBm 时，载波已开始饱和，大于−33dBm 时则完全饱和，且导致 AM 调制信号 $A(t)$无输出。在注入 CW 波时，高频头接收工作状态变化见表 7-22。

表 7-22　注入连续波时对高频头的影响（P_{in} 为注入功率，G_p 为高频头增益）

P_{in}/dBm	G_p/dBm	高频头状态变化	载噪比/dB
-93	69.2	正常	10
-79.4	67.6	正常	28
-68	67	正常	39
-56	65	正常	45
-45	60	开始饱和失真	51
-33	48	完全饱和	49

对实验结果分析可知，调制信号的失真原因源于高频头对载波信号的饱和以及大量的谐波干扰。当高频头接收正常 AM 调制信号 f_s=4.0GHz 时，输出正常 AM 调制信号（1MHz 正弦波），外加连续波干扰信号频率在 2～9.0GHz 范围内变化时，都存在严重的干扰。

在高频头接收正常 f_x=4.0GHz、AM（1MHz，90%调制）调制的信号时，直接辐照带天线馈源的高频头以输入高功率微波信号。结果表明：在短脉冲单次高功率微波作用下，高频头存在 μs～ms 级的暂时失效，期间高频头无信号输出。实验结果如表 7-23 所示。高频头损伤情况如表 7-24 所示。

表 7-23　高频头在微波脉冲作用下扰乱实验结果

f/GHz	脉宽/ns	功率密度[①] /(W·cm^{-2})	干扰脉冲宽度 /μs	无信号输出时间 /μs	恢复正常时间 /μs
9.37（单次）	24～33	3～6	0.75～1.0	—	1.0
		11～16	0.75～1.0	—	5～7
		21	0.98		6.5
		57	1.0	10	>30
		68	1.0	11	>30
	54	16.6	0.7	—	2.4
		31.7	1.0	10	>20
	134	72.5	1.0	14	>60
	240	43	0.3	>12	>60
	607	44.2	0.7	>20	>100
	716	42	0.72	>20	>100

续表

f/GHz	脉宽/ns	功率密度[①]/ (W·cm⁻²)	干扰脉冲宽度/μs	无信号输出时间/μs	恢复正常时间/μs
9.37（单次）	890	53.8	0.9	>100	>200
	880	37.2	1.0	72	210
	1000	37.2	1.0	65	220
		41.7	1.0	>100	280
		89	1.0	230	460
		95.6	1.0	240	460

① 功率密度是指辐照到高频头馈源口面的值。

表 7-24 单次 HPM 干扰损伤 C 波段高频头效应

HPM 频率/GHz	脉宽/ns	注入功率	辐照功率密度/ (W·cm⁻²)	损伤情况
9.3	22	—	5k	瞬时扰乱
			20k	灵敏度下降大于 40dB
	22	—	4.4k 6.8k 10.4k 20k	瞬时扰乱 瞬时扰乱 灵敏度下降小于 10dB 灵敏度下降大于 40dB
	22		4k 10k 20k	瞬时扰乱 灵敏度下降小于 10dB 灵敏度下降大于 40dB
5.4	0.5～2μ	—	0.005～0.2	2～8μs 的瞬时干扰
	0.5μ	—	0.2～0.23	灵敏度下降 20～30dB
	0.5μ	—	2.4～2.5	灵敏度下降 30dB
	60～80	—	0.4	瞬时扰乱
	70～80	—	1～1.5	灵敏度下降 20～30dB
	80～100	—	7.5～10	灵敏度下降 30dB
3.8	50	−60dBm	—	瞬时扰乱
		20W	—	灵敏度下降 10dB 以上
2.856	50	−40dBm	—	瞬时扰乱
		30～40W	—	灵敏度下降 10dB 以上

由实验得到的主要结论为：

① 微波频率 f=9.37GHz、脉宽为 1μs、高频头接收口面功率密度 $P \geqslant 95.6\text{W/cm}^2$ 时，高频头仍无损伤；脉宽为 22ns、高频头接收口面功率密度 $P \geqslant 10\text{kW/cm}^2$ 时，高

频头永久损伤。可见单次微波脉冲对 C 波段高频头损伤比较困难,主要原因可能是耦合能量太少。

② 引起瞬时扰乱的功率阈值随高功率微波频率变化很大,在高频头工作频带附近变化都将造成阈值有两个以上量级的变化,因此对卫星通信系统进行压制式干扰采用的高功率微波频率应该在高频头工作频带范围内。

③ 高频头在高功率微波作用下,脉宽在 22ns～1μs 的单次脉冲将造成高频头几十 μs 以上的暂时损伤,因此可利用具有一定重复频率的高功率微波对高频头进行连续的压制式干扰。

(3) Ku 波段卫星地面接收机高频头效应结果

采用辐照法为主,注入法为辅,获取了 Ku 波段卫星地面接收机高频头高功率微波效应实验数据,如表 7-25 所示。

表 7-25　Ku 波段高频头的辐照实验数据

频率/GHz	脉宽/μs	脉冲个数	注入功率/W	辐照功率密度	损伤情况
5.4	0.5	单次	—	8mW/cm²	2～4μs 的瞬时扰乱
	0.6	3000 个	—	35mW/cm²	2～4μs 的瞬时扰乱
	1.0	单次	—	32mW/cm²	2～4μs 的瞬时扰乱
	0.4	4000 个	—	32mW/cm²	2～4μs 的瞬时扰乱
	0.3	4000 个	—	100mW/cm²	2～4μs 的瞬时扰乱
	1.0	单次	—	100mW/cm²	2～4μs 的瞬时扰乱
9.3	22	单次	—	8kW/cm²	瞬时扰乱
			—	13kW/cm²	瞬时扰乱
			—	20kW/cm²	瞬时扰乱
			—	24kW/cm²	灵敏度下降大于 20dB
			—	27kW/cm²	灵敏度下降小于 40dB
			—	36kW/cm²	灵敏度下降大于 50dB
			—	41kW/cm²	灵敏度下降大于 60dB
12.5	0.5～1	单次～30	0.01	—	瞬时扰乱
	0.5	单次	12～42	—	瞬时扰乱
	0.5	100	47	—	瞬时扰乱

从以上实验数据可以看出,用带外的高功率微波对抗高频头所需微波功率很大,比较困难,而用带内或接近带内的高功率微波对付高频头却相对较为容易。用带内

或接近带内的高功率微波攻击卫星地面接收机高频头，会产生两种结果，即瞬时扰乱和永久灵敏度下降损伤。瞬时扰乱所需微波功率很小，为 10~150mW，且瞬时扰乱时间与高功率微波脉宽有关，高功率微波脉宽越宽，瞬时扰乱时间越长，一般用 μs 级高功率微波脉宽可以造成 2~8μs 的瞬时扰乱。对永久损伤，当脉宽为 70~500ns 时所需微波功率为 5~40W。

7.5.2　通信卫星转发器高功率微波效应

通信卫星转发器输入频率为 5.925~6.425GHz，输入功率为-69dBm~-59dBm，输出频率为 3.7~4.2GHz，内部有 4 级放大。效应实验采用直接注入法，图 7-14 所示为实验原理。主要实验结果为：带内瞬时扰乱功率为-50dBm；单次脉冲脉宽为 100ns 对应的损伤功率为 10W，灵敏度下降 20dB；脉宽为 50ns、脉冲功率为 20W 时，灵敏度下降 35dB，第一级放大器损伤。

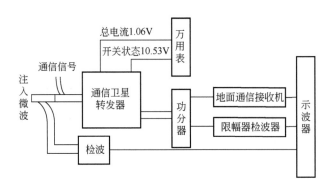

图 7-14　通信卫星转发器高功率微波效应实验框图

7.5.3　卫星通信系统其他相关效应研究成果

通常情况下，对于雷达、卫星通信系统的高功率微波效应重点研究对象是接收机部分，也即高功率微波能够通过前门耦合产生显著效果的部分。2017 年，西安电子科技大学的李阳独辟蹊径，在其硕士论文"高功率微波对 Ku 波段卫星发射机的非线性效应研究"中报道了高功率微波通过后门耦合对卫星发射机效应的研究结果[12]。

高功率微波通过"前门"和"后门"耦合到发射机链路中，会对电子系统产生干扰效应或者损伤效应，该作者重点针对 Ku 波段的卫星通信系统，研究了高功率微波的耦合以及对发射机非线性的影响，建立了系统级的发射机非线性互调产物的计算模型，并运用 ADS 仿真软件分析了高功率微波对功放的非线性互调效应和损伤效应。通过仿真计算得到以下成果和结论：

① 建立了高功率微波在抛物面天线上的耦合计算模型，通过一个实例仿真，确定了耦合量与天线方位角、俯仰角以及入射频率的变化规律。当高功率微波发射天线和卫星发射天线在空间上正对时，两个天线的空间隔离度最小，卫星天线所接收到的干扰功率最大。与此同时，耦合功率的大小与高功率微波频率和工作频率的频率间隔息息相关，频率间隔越小，耦合功率就越大。

② 构建了高功率微波作用下发射机的非线性干扰模型，通过数值分析对高功率微波产生的互调干扰功率电平进行了计算，根据互调抑制比的定义确定了干扰阈值，并用 ADS 仿真软件对一个实际中应用的 Ku 波段的功率放大器进行建模，得出非线性产物会随着干扰功率的增大而增大，并得到该功率放大器的干扰阈值为 28dBm。

③ 分析了高功率微波作用下发射机的损伤效应。高功率微波干扰电压会引起功率放大器电路性能下降。从仿真结果可见，随着注入干扰电压幅值的增大，电路的增益减小，放大效率也减小。干扰电压在晶体管器件的栅极加载时产生的损伤效应要大于其在漏极产生的效应，这是由晶体管器件本身的物理性能决定的，同时也受到 ADS 仿真软件局限性的影响。

应该说，研究发射机高功率微波效应具有一定的创新性，且能够填补相关效应研究的空白，但由于接收机更易于损伤，即使接收机在高功率微波后门耦合条件下，其相较于发射机的扰乱或损伤阈值也会更低，更何况接收机最难应对的是高功率微波前门攻击。从这个角度看，研究发射机效应仅仅具有一定的学术意义，并不具备太多的实用价值。

7.6　卫星导航接收机高功率微波效应

卫星导航系统可提供高精度、全天候、实时连续的导航、定位和授时服务，是当今国民建设不可或缺的重要空间基础设施，该系统在国民经济众多领域应用非常广泛，已形成庞大的卫星产业，在军事领域是实现武器平台精确导航定位和制导武器远程精确打击的关键支撑，是现代高科技、信息化战争的重要保障，对世界新变革具有积极的推进作用，已成为一个影响国计民生的重要基础设施。全球导航系统是当今世界信息技术发展水平的集中展示，反映了一个国家在科技和经济领域的实力，是衡量一个国家综合国力的重要标志[13]。

7.6.1　卫星导航概述[13-15]

20 世纪 70 年代，美国和苏联开始研发卫星导航系统 GPS 和 GLONASS。GPS

系统由自由分布在 6 个轨道面的 24 颗卫星组成，具备全球覆盖高精度导航能力。GLONASS 系统星座由分布在 3 个轨道面的 24 颗卫星组成，于 1982 年发射首颗卫星。全球范围内基本建成或正在积极筹划、实施的系统还有欧洲的 Galileo 系统、日本的 QZSS 系统和印度的 IRNSS 系统等。

北斗一号卫星定位系统是我国自主研制的第一代卫星定位系统，为主动式定位系统，可为中国全境和周边部分区域的用户提供定位、授时、通信服务，该系统由两颗地球静止轨道卫星、一颗在轨备份星、一个地面控制中心、若干标校机和各类用户终端组成。北斗一号系统定位精度为 20m，授时精度达到 20ns，拥有 GPS 系统不具有的短报文通信功能，通过地面控制中心的中转，实现多个用户终端间的实时信息传递。北斗一号卫星定位系统使我国继美国和俄罗斯后，成为第三个拥有卫星导航定位系统的国家，该系统投入使用后，我国具备在境内和周边进行卫星导航定位的能力，摆脱了对 GPS 系统的依赖，大幅度提高了我军战斗力，初步满足我军局部战争对导航定位的需求。北斗二号卫星导航系统采用单向测距的触动式导航体制，具有三维无源定位、测速和授时等功能，以满足地面和近地空间各类用户全天候、高精度、连续实时的导航定位需求，用户数量不限，卫星具有以上导航信息处理功能。北斗三号系统建设是我国北斗系统"三步走"发展战略的第三步。相比北斗二号系统，北斗三号系统不仅使卫星组网从区域走向全球，同时技术更先进，建设规模更大，系统性更强。北斗三号卫星将增加性能更优的互操作信号，在进一步提高基本导航服务能力的基础上，按照国际标准提供星基增强服务及搜索救援服务。北斗三号采用星载氢原子钟，其精度将比北斗二号的星载铷原子钟提高一个数量级。北斗三号全球导航系统的定位精度将提升 1~2 倍，达到 2.5~5m 水平，建成后的北斗全球导航系统将为民用用户免费提供约 10m 精度的定位服务、0.2m/s 的测速服务，并且将为付费用户提供更高精度等级的服务。同时，卫星设计寿命达 10 年以上。随着北斗地基增强系统提供初始服务，可提供米级、亚米级、分米级甚至厘米级的服务。当前，北斗三号卫星已经完成全球组网，未来，中国北斗的精度将与美国 GPS 相媲美，并额外提供 GPS 卫星并不具备的多项功能。

7.6.2　卫星导航接收机结构组成[16]

卫星导航接收机是在相关载体上实现卫星定位的核心设备，也是高功率微波武器攻击的重要目标。卫星导航接收机有单频和双频、军用和民用、数字与模拟、手持与车载等多种分类。在形式上可以是单个接收机，也可以嵌入到其他系统中。在不同的系统中，接收机的构造和实现形式可能有一些差异，但是它们内部的基本软硬件模块和工作原理大致相同。接收机的内部结构及其工作流程的先后顺序如

图 7-15 所示。

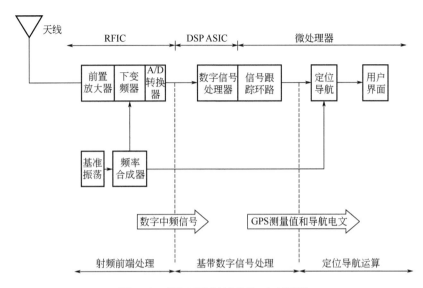

图 7-15　典型卫星导航接收机的三大功能模块

由图 7-15 可知，首先是射频前端模块，天线接收到卫星导航信号，经过前置滤波器和前置放大器滤波放大后，与本机振荡器产生的正弦波本振信号进行混频得到中频信号，再经过数字处理模块将中频信号离散化处理得到数字中频信号，最后将数字信号传输到定位导航模块进行导航处理。接收机接收通过信道传播的信号，提取出有用信号。接收机一般具有以下性能参数：接收机灵敏度、噪声系数、信号增益等。接收机灵敏度是指接收机所能接收到的最小信号功率强度，单位为dBm；噪声系数是对系统的输入和输出之间的信噪比递降的一种量度；增益表示接收机对有用小信号的放大能力，通常定义为输出功率和输入功率的比值，一般用 dB 表示。

卫星导航接收机实现架构可分为超外差式接收机、零中频接收机等。超外差式接收机以牺牲元器件数量和系统信噪比来获取系统较高的稳定性。超外差结构将信号通过混频器进行频谱搬移，降到频谱中间的位置，然后对该中频信号进行滤波放大等处理。这种结构的接收机适合处理频带较窄、载波频率较高的信号。超外差式接收机的结构如图 7-16 所示。另外一种零中频式接收机结构如图 7-17 所示，直接处理调制信号，天线接收的信号不经过任何下变频的处理，直接与正交的两路本振信号进行混频。这种结构能降低接收机的体积和生产成本，但是也存在直流偏差和本振泄漏问题。

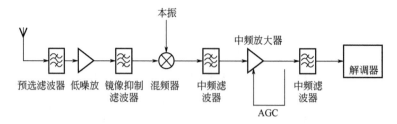

图 7-16 超外差式接收机结构

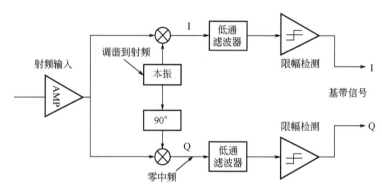

图 7-17 零中频式接收机结构

7.6.3 导航接收机效应研究

有关导航卫星接收机高功率微波效应研究的报道较少，下面介绍一下笔者针对 GPS 接收机开展的部分高功率微波效应实验结果。效应方法为辐照法：GPS 接收机固定于某一位置正常工作，微波源通过天线对其进行辐照，通过观察 GPS 接收机面板接收信号变化情况及信息显示情况判别 GPS 接收机是否受到干扰。

（1）带外高功率微波效应实验

利用 L 波段 1kW 行波管源配增益为 20dB 的天线对手持式及车载式两种 GPS 进行干扰实验，源工作频率不在 GPS 接收机工作频带内，在距离辐射天线 5m 以内，GPS 接收机仍能正常工作。

（2）带内高功率微波效应实验

针对 GPS 卫星频率 1.57542GHz 进行连续波辐照干扰。手持式 GPS 接收机与车载式 GPS 接收机压制干扰的功率阈值基本相同（源发射功率-50dBm，利用增益为 20dB 天线进行辐射，GPS 接收机距离天线<10m 即可实行压制式干扰）。实验又表明，车载式 GPS 接收机的干扰带宽是 2MHz（源发射微波频率必须满足 1.57442<f<1.57642），手持式 GPS 接收机干扰带宽是 20MHz。

（3）超宽带效应实验

辐照的超宽带脉冲电压上升沿为 500ps，下降沿为 300ps，脉冲宽度为 1～4ns，重复频率为 25Hz。确认辐照到引信处电场强度大于 1kV/cm，GPS 接收机受到压制式干扰，UWB 源停止发射后，GPS 接收机工作正常；辐照的超宽带脉冲电压上升沿为 500ps，下降沿为 500ps，脉冲宽度为 1～4ns，重复频率约 1kHz，辐照到引信处电场强度约 10V/cm，手持式 GPS 接收机受到压制式干扰，UWB 源停止发射后，GPS 接收机工作正常。

（4）效应结果分析

由窄带微波效应实验可知，GPS 接收机在受到带外攻击时，基本保持正常工作，因此，利用高功率微波对抗 GPS 接收机没有优势。由超宽带效应实验可知，利用低重复频率高功率超宽带源（重复频率＜25Hz，发射功率＞1GW）对 GPS 接收机进行压制式干扰，距离有限（几十米），利用高重复频率低功率超宽带源（重复频率约 1000Hz，发射功率＞20kW）对 GPS 接收机进行压制式干扰，距离同样有限（小于 10m），因此，利用超宽带对抗 GPS 接收机效费比很低。针对 GPS 卫星频率 1.57542GHz 进行连续波辐照干扰，源发射功率为-50dBm，利用增益为 20dB 的天线进行辐射，GPS 接收机距离天线＜10m 即可实行压制式干扰。如果提高发射机功率至 1W，则干扰距离可达几十公里，因此用常规电子对抗手段对付 GPS 接收机仍然具有高功率微波不可比拟的优势。

7.7 反辐射导弹高功率微波效应[17]

反辐射导弹是一种防空压制性武器，专门用于攻击雷达等微波辐射源。它有两大类型：一种是发射后直接攻击目标的常规型反辐射导弹；另一种是具有巡航能力的反辐射无人驾驶飞行器，即通常所说的反辐射无人机。反辐射导弹属于一种精确制导武器，它由导引头、战斗部、发动机和控制系统组成。其飞行速度快（2～3 马赫），射程远（20～100km），在战机受到敌防空雷达引导的导弹攻击之前，就能抢先把敌防空雷达系统摧毁。因此，反辐射导弹是提高作战飞机生存能力的一种有效武器。反辐射无人机是在无人驾驶飞机上配装被动雷达导引头和战斗部而构成。它通常在战场上空巡航，当目标雷达开机时，机载导引头便立即捕获目标，随即实施攻击。它与反辐射导弹相比，具有造价低、巡航时间长、使用灵活等优点。

从 20 世纪 50 年代末美国开始研究乌鸦座反辐射导弹，至今反辐射武器技术的发展已有 60 多年历史。其发展历程大致可分为以下四个阶段。第一代反辐射导弹以国外 20 世纪 60 年代装备部队的反辐射导弹，如美国的"百舌鸟"AGM-45A/B、法国的"玛特尔"和苏联的"鲑鱼"AS-5 为代表。其特点是：导引头只能对准一个较窄的频段，射程较短、速度低，因而性能较差，无法对抗雷达关机，命中率较低。第二代反辐射导弹以 20 世纪 70 年代装备部队的反辐射导弹，如美国"百舌鸟"改进型和"标准"反辐射导弹以及苏联的"王鱼"AS-6 为代表。与第一代反辐射导弹相比，其战术性能有所提高，射程远、速度高、威力大、频带宽，并具有记忆能力，但体积与质量都比较大。第三代反辐射导弹于 20 世纪 80 年代装备部队。这一代反辐射导弹有美国的"哈姆"AGM-88A/B/C、英国的"阿拉姆"、法国的"阿玛特"、苏联的"海峡"AS-9 和"凯尔勒"AS-11 等。其中，以美国的"哈姆"反辐射导弹为代表型号。其主要特点是：导引头频带宽、灵敏度高，采用复合制导，射程远、速度快、战术使用灵活。新研制的反辐射导弹可以划归为第四代反辐射武器，如美国研制的"默虹"AGM-136、北约的"斯拉姆"、俄罗斯的 AS-17 以及以色列的"星"-1 和德国的 ARAMIS 反辐射武器系统等，采用毫米波技术，其覆盖频段将大为扩展，具有远距离发射、自主搜索和锁定目标及巡逻能力，而且可截获多种体制的雷达信号。

反辐射导弹在战争中的作用主要有以下几个方面：

① 清理突防走廊。实战时防空（地空）导弹采取多层次的纵深梯次配置，可首先用反辐射导弹摧毁多层次防空体系中的雷达，使防空体系失去攻击能力，为攻击机扫清空中通道。

② 防空压制。用反辐射武器摧毁敌方的防空武器系统中的雷达或迫使对方防空系统中的雷达处于长时间关机状态，使敌方失去防空能力，从而发挥己方后续的空中优势。

③ 空中自卫。攻击性的飞机携带反辐射武器，用来攻击摧毁武器系统中的雷达，使之失去攻击能力，以达到自卫的目的。

④ 为突防飞机指示目标攻击机装载带有烟雾战斗部的反辐射导弹,首先将这种反辐射导弹射向雷达阵地，攻击机根据爆炸的烟雾进行攻击。

反辐射导弹在战斗中主要采用以下三种方式攻击目标：

① 直接瞄准攻击。载机在中、高空平直或小机动飞行，故意使雷达照射跟踪，以达到发射反辐射导弹的有利条件。发射后仍按原航线继续飞行一段，以便导弹导引头稳定可靠地跟踪目标雷达。这种方式下，导弹的命中率很高，但载机被击落的危险也相当大。这种攻击方式的示意图如图 7-18 所示。现在，基本上采用发射后不管的方式，即载机不再沿原航线继续飞行。

② 间接攻击方式。载机远在目标雷达搜索距离之外，从低空发射反辐射导弹，导弹按既定的制导程序水平低空飞行一段后爬高，进入敌方目标雷达波束即转入自

动寻的。这种攻击方式对载机是比较安全的。该方式示意图如图 7-19 所示。

③ 伺机攻击方式。在间接攻击方式状态下，如果目标雷达关机，反辐射导弹将丢失跟踪信号，此时它将打开降落伞（如"阿拉姆"反辐射导弹）悬浮或转入巡航状态（如"沉默彩虹"反辐射无人机），等待目标雷达再次开机，一旦目标雷达开机，就立刻转入攻击状态，摧毁目标雷达。

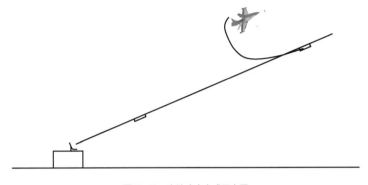

图 7-18　直接攻击方式示意图

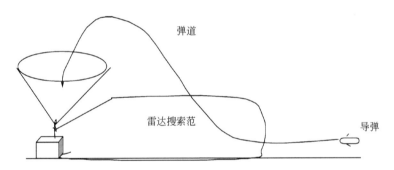

图 7-19　间接攻击方式示意图

雷达发射机的发射功率普遍在几百 kW～MW 量级，反辐射导弹欲攻击雷达，必须能够对雷达信号进行探测，因此其导弹导引头的灵敏度应当根据主流雷达的发射功率来确定。如果将雷达的发射功率由 MW 量级提高到 GW 量级，则反辐射导弹（反辐射无人机）接收的功率也将提高 3 个量级，轻则使导引头饱和丢失目标，重者导引头低噪声放大器或混频器将会永久损伤，反辐射导弹从功能上被摧毁，发射功率达到 GW 量级的设备事实上就是高功率微波武器。有理由相信反辐射导弹很有可能是高功率微波武器设定的主要攻击目标，国内外仅有部分学者从理论上探讨了高功率微波对抗反辐射导弹的可行性，相关实验效应研究成果出于保密原因很难见到报道。

7.8 无线电引信高功率微波效应

引信是高功率微波武器尤其是超宽带高功率微波武器较为"感兴趣"的一类目标。引信的种类繁多，作用机理各不相同，对于有固定工作频率的引信，高功率微波对其作用路径兼具前门耦合及后门耦合，利用超宽带高功率微波武器进行地雷清除及提前引爆带有近炸引信的炮弹具有一定的实用价值。国内军械工程学院的魏光辉教授带领的研究团队对此进行了系统研究，解放军理工大学工程兵工程学院的高振儒、工程兵技术装备研究所的罗根新等也有较为系统的研究成果[18-22]。本节主要结合笔者的实验研究结果，对高功率微波作用不同类型引信的效应阈值及规律进行简要介绍。

7.8.1 引信及引信效应方法简介

引信按工作方式可分为碰炸、定时、近炸三大类型。碰炸引信大部分为机械构造，高功率微波对此种引信基本无效；定时引信按组成结构可分为电子定时和机械定时两大类，高功率微波对机械定时引信基本无效，对电子定时引信有一定作用，但如果电子引信外壳全金属封闭，则高功率微波也很难有效。因此，引信高功率微波效应主要的研究对象是无线电近炸引信。

近炸引信的种类很多，主要有多普勒无线电引信、调频无线电引信、脉冲无线电引信、毫米波近感引信、电容近炸引信、电磁感应近炸引信等，近炸引信与目标之间的关系是既不直接相接触，但又密切联系。当有目标存在时，它将通过本身的物理性质、几何形状、运动状态及其周围的环境等，反映出各种信息，近炸引信通过探测目标的各种信息来确定目标的存在与方位，以控制引信适时作用。近炸引信按其借以传递目标信息的物理场的来源可分为主动式、半主动式和被动式三大类。近炸引信主要由三部分组成：

① 敏感装置。感受外界物理场由于目标存在所发生的变化，并把所获得的信息能量变为电信号，这部分是近炸引信的核心部分。对于主动式近炸引信，敏感装置内还包括辐射能量装置。

② 信号处理装置。在一般情况下，敏感装置所获取的目标信息能量小，因而输出的初始信号也小，不能直接去推动后面的装置工作，必须将此初始信号加以放大。此外，初始信号除了目标的信息外，还混杂有各种干扰信号和无用信号，因此必须经过频率、幅度、时间和波形等选择和处理，去伪存真，提取主要的和有用的信号，在确定目标是处在最佳炸点位置时推动后一级执行装置工作。

③ 执行装置。将信号处理装置输出的控制信号转变为火焰能或爆轰能的装置，

它由开关、储能器、电点火管（或电雷管）组成[23]。

本节主要介绍三类近炸引信高功率微波效应结果：电磁感应近炸引信效应、多普勒无线电近炸引信效应及电容近炸引信效应。近炸引信的效应方法为辐照法，实验框图如图 7-20 所示。

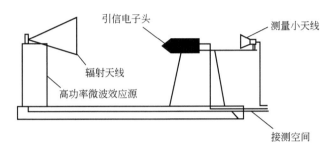

图 7-20 引信高功率微波辐照效应实验装置示意图

7.8.2 电磁感应近炸引信高功率微波效应

（1）电磁感应近炸引信简介

典型电磁感应近炸引信主要由振荡电路、定时电路、感应放大电路、判断控制电路及触发点火电路组成，其构成如图 7-21 所示。

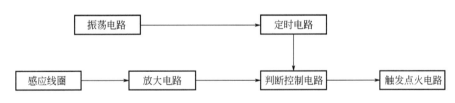

图 7-21 典型电磁感应近炸引信电路构成框图

引信基本工作原理及工作过程为：由振荡电路提供基准时间标准，定时电路确定待命及自毁时间，在引信处于待命状态时，由感应线圈感应外界电磁场变化，变化量经放大电路放大后传给判断控制电路，判断控制电路根据预先设定的经验阈值与外界电磁变化量进行比对，如果变化量符合设定标准，触发点火电路工作，电雷管起爆，引信及弹体爆炸，否则整个引信将仍处于待命状态。如果在待命时间内外部电磁场变化不能触发引信点火，它将在限定的时间内实施自毁[23]。

（2）效应结果及认识

选择 GLD22A、GLD22B、GLD26X 及 GLD11X 4 种电磁感应近炸引信，利用

347

超宽带高功率微波源及窄带高功率微波效应模拟源开展了系统效应实验研究，实验采用辐照法，由流向引信电源地的电流是否发生突变判断引信是否点火。实验结果如表 7-26～表 7-28 所示。

表 7-26　电磁感应引信 GLD22A 在不同效应源作用下的实验结果

效应物	微波频率/GHz	脉冲重复频率/Hz	脉冲宽度/ns	点火阈值
电磁感应引信（GLD22A）	UWB 脉冲	单次～25	1～4	>55kV/m
		1000		>1kV/m
	9.37	500～2k	500～1500	>150W/cm^2
		单次	22	>84kW/cm^2
	5.4	500～2k	500～1500	>160W/cm^2
	2.856	单次	100～1500	>80W/cm^2
		10～500	100～1500	20～50W/cm^2

表 7-27　电磁感应引信 GLD22A 在连续微波脉冲作用下阈值 P
随脉冲宽度 τ 及脉冲重复频率 f_{pps} 变化实验结果

$P/(\mathrm{W \cdot cm^{-2}})$ f_{pps}/Hz	τ/ns				
	100	200	500	1000	1500
500	23	23	21	20	18
200	23	21	20	19	18
100	24	23	20	20	19
50	22	23	21	21	20
10	54	36	34	28	22

注：微波频率为 2.856GHz，τ 为脉冲宽度，f_{pps} 为脉冲重复频率，P 为使引信点火时作用于引信的峰值功率密度，即功率密度（W/cm^2）阈值。

表 7-28　电磁感应引信（GLD22B、GLD26X 及 GLD11X）部分效应实验结果

引信型号	微波源	作用距离/m	功率密度或场强	点火概率/%
GLD22B 塑壳引信	UWB，脉宽 1～4ns，源辐射功率 1GW，天线增益 15dB	15～30	130～270V/cm	95
GLD11X 型引信		4～8	0.5～1kV/cm	90
GLD26X 塑壳引信		4～8	0.5～1kV/cm	100
	9.3GHz，22ns	—	2kW/cm^2	80

GLD22B、GLD26X 及 GLD11X 三种电磁引信与 GLD22A 电磁引信构造基本相同，由于封装不同，效应阈值有一些差异，但反映的基本效应规律是一致的。根据效应实验结果，得到以下一些认识：

① 当微波频率很高，脉冲宽度很窄时，引信点火的可能性较小。对于单个微波脉冲，即使微波脉冲宽度相对较宽（≥100ns），作用于引信的功率密度相对较大（≥80W/cm²），尚不能引起此种电磁引信点火。另外，其他实验表明，当脉宽更窄时（≤25ns），即使单个微波脉冲作用于引信上的功率密度达到 kW/cm² 量级也不能使引信点火，由此可以认为，此种电磁感应引信在单脉冲微波辐照下的生存能力较强。

② 在脉冲串作用下，当作用于引信的峰值功率密度达到一定阈值时，引信能够点火，一个脉冲串内所含脉冲个数越多，点火阈值相对越低，在脉冲个数相同的情况下减小脉冲宽度，功率阈值则相对升高。由此可以判断，此种电磁引信在微波脉冲串辐照下的生存能力一般，其峰值点火功率阈值在几十 W/cm² 量级。

③ 当脉宽很宽时，脉冲重复频率变化对引信点火功率密度阈值影响不大；当重复频率较高时，点火功率密度阈值随微波脉冲宽度的变化也不明显。基本结论是：重复频率不高（≥50Hz）、功率密度不太大（作用于引信的峰值功率密度≥20W/cm²）的连续微波脉冲即可对此类引信产生很强的干扰效果，此种情况下引信的生存能力很差。

7.8.3　多普勒无线电近炸引信高功率微波效应[24,25]

（1）多普勒无线电近炸引信简介

选取三种多普勒近炸引信 DR1X、DR2X 和 H3X 开展高功率微波效应实验，引信实物如图 7-22 所示，基本电路组成如图 7-23 所示。

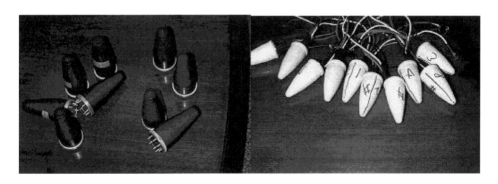

图 7-22　DR2X 及 H3X 多普勒近炸引信实物

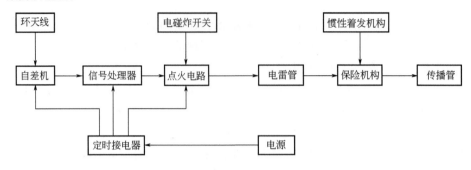

图 7-23 DR2X 多普勒无线电近炸引信组成框图

DR2X 多普勒无线电近炸引信的工作体制为连续波多普勒体制，其主频约 400M，当多普勒频移电压幅度大于设定值后，引信触发点火，点火电压大于 20V，瞬态电流可达 2A。

（2）效应现象及认识

① 引信高频暂时停振现象。正面辐照，单次脉冲对引信干扰波形随功率变化情况如图 7-24 所示，脉冲宽度为 500ns，功率密度为 10.5W/cm²。图 7-24 中，通道 1 为微波脉冲，通道 2 为引信振荡信号，通道 3 为多普勒信号，通道 4 为点火脉冲信号。

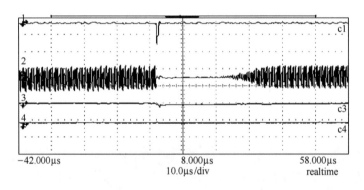

图 7-24 在窄带高功率微波脉冲作用下多普勒无线电近炸引信出现暂时高频停振现象

② 引信高频逐渐永久停振现象。如果效应源输出的是重复频率微波脉冲，则引信的高频振荡暂时停振会随着脉冲作用个数的增加而延时，最后直至永久停振。图 7-25 所示为引信逐渐永久停振波形，效应源工作频率为 5.4GHz，脉冲重复频率为 400Hz，脉冲宽度为 1μs，引信类型不同，完全停振所需微波功率密度有所差异。

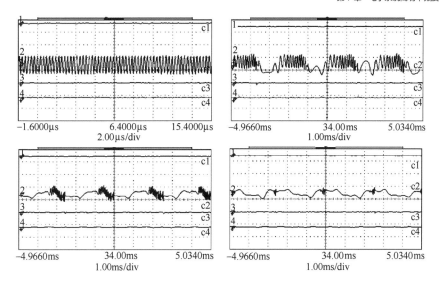

图 7-25　引信逐渐永久停振过程

③ 引信高频瞬时停振现象。如果作用到引信的微波功率密度达到很高强度，则引信会出现高频瞬时永久停振现象。图 7-26 所示为 DR2X 高频瞬时永久停振波形，效应源为 X 波段窄带高功率微波源，脉冲宽度为 22ns，脉冲重复频率为单次，作用到引信处的微波功率密度达到几十 kW/cm^2 量级。

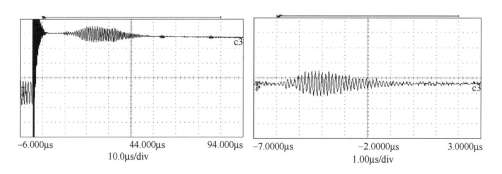

图 7-26　引信瞬时永久停振现象及停振后不规则振荡波形

④ 引信多普勒信号受到干扰现象。在超宽带（UWB）脉冲作用下，可以观察引信多普勒信号变化情况，图 7-27（a）所示为引信正常输出的多普勒信号，图 7-27（b）所示为 UWB 源发射时测得的引信多普勒信号。由多普勒信号变化情况看，在 UWB 脉冲作用下，引信工作可能会出现异常。

351

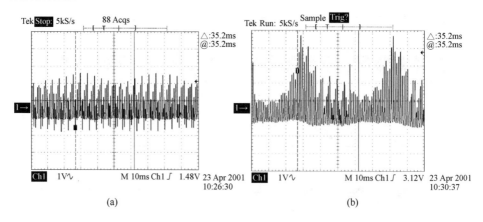

图 7-27　引信正常输出的多普勒信号和 UWB 源发射时引信的多普勒信号

⑤ 引信点火（早炸）现象。利用点火头或发光二极管连接引信的点火信号输出端，在高功率微波脉冲作用下可以观察引信是否点火，发现在功率密度达到极高条件下，引信大多出现永久停振现象，直接点火的概率很低。

7.8.4　电容近炸引信高功率微波效应

电容近炸引信与多普勒近炸引信工作机理相差很大，其工作机理主要由引信接近目标后引起相关电路中等效电容发生变化，根据电容变化决定是否点火。实验选取榴弹引信 LD1 和火箭弹引信 HJD1 两种电容近感引信。这两种引信的实物如图 7-28 和图 7-29 所示。

图 7-28　LD1 电容近炸引信实物

图 7-29　HJD1 电容近炸引信实物

电容近炸引信是利用静电场工作的引信。当在由引信产生的静电场范围内出现第三导体时（含介质变化），引信电极上的电荷分布将发生变化。可以把这种变化（变化量或变化率）检测出来作为目标信号加以利用，控制炸点。引信电极上电荷分布的这种变化在电路里表现为电容的变化，即可利用引信电极间的电容变化（变化量或变化率）识别目标和控制炸点。电容近炸引信的高功率微波效应实验采用辐照法，引信头安装在真实的弹壳上，弹壳内去除炸药，内接电池和点火头。电容近炸引信效应实验装置主要由高功率微波效应源、效应物及测量设备三部分组成。两种引信效应实验结果如表 7-29 和表 7-30 所示。

表 7-29　LD1 电容近炸引信效应实验结果

微波频率	编号	脉宽	重复频率	微波功率密度	引信状态
f=9.3GHz	D81	0.5μs	2kHz	20.8kW/m²	正常
	D103				点火
	D105				正常
	D117				正常
	D81	0.5μs	2kHz	113.2kW/m²	正常
	D103				正常
	D105				正常
	D117				点火
	D81	0.5μs	1kHz	481kW/m²	正常
	D103				正常
	D105				正常
	D117				点火
UWS 微波源	D81	1.6ns	100Hz	650V/cm	点火
	D103				正常
	D105				点火
	D117				正常
f=2.85GHz	D81	0.5μs	50Hz	82kW/m²	正常
	D103				正常
	D105				正常
	D117				正常
	D81	0.5μs	50Hz	398kW/m²	损坏，无检波电压
	D103				损坏，检波电压 16.4V
	D105				损坏，检波电压 17.7V
	D117				损坏，无检波电压

表 7-30 HJD1 电容近炸引信效应实验结果

微波频率	编号	脉宽	重复频率	微波功率密度	引信状态
f=9.3GHz	1243	0.5μs	100Hz	19kW/m²	正常
	2004				正常
	2160				正常
	1243	0.5μs	2kHz	22kW/m²	正常，检波电压稍有降低
	2004				正常，检波电压稍有降低
	2160				正常，检波电压稍有降低
UWS	1243	2.3ns	10Hz	480V/cm	点火
	2004				点火
	2160				点火
	1243	2.3ns	10Hz	200V/cm	正常
	2004				正常
	2160				点火
	1243	2.3ns	100Hz	200V/cm	正常
	2004				点火
	2160				点火
f=2.85GHz	1243	0.5μs	50Hz	59.6kW/m²	点火，转90º 不点火
	2004				点火，转90º 不点火
	2160				点火，转90º 点火
	1243	0.5μs	50Hz	39.8kW/m²	点火
	2004				不点火
	2160				点火
	1243	0.5μs	50Hz	29.8kW/m²	不点火，转90º 不点火
	2004				不点火，转90º 不点火
	2160				点火，转90º 不点火

　　窄带高功率微波和超宽带高功率微波均可以使榴弹电容近炸引信和火箭弹电容近炸引信点火。榴弹电容近炸引信在 X 波段，微波脉冲重复频率为 2kHz、脉宽为 0.5μs、功率密度为 20.8kW/m² 时，点火概率为 25%；在 UWS 微波源的脉宽为 1.6ns、微波脉冲重复频率为 100Hz、微波场强为 650V/cm 时，引信点火概率为 50%。火箭弹电容近炸引信在 UWS 微波源的脉宽为 2.3ns、微波脉冲重复频率为 100Hz、微波场强为 200V/cm 时，引信点火概率为 70%；在 S 波段，微波脉冲重复频率为 50Hz、脉宽为 0.5μs、功率密度为 39.8kW/m² 时，点火概率为 70%，且引信的点火概率与方

向性有关；在 X 波段，微波脉冲重复频率为 2kHz、脉宽为 0.5μs、功率密度为 22kW/m^{2}时，引信没有点火。

7.8.5　引信高功率微波效应小结

由 GLD22A、GLD26X、GLD22B、GLD11X 电磁引信窄带高功率微波效应实验结果可知，当辐照到引信处的微波脉冲功率密度达到几十～几百 W/cm^2 时，可以使这些引信点火。这些引信一般应用于地雷（反坦克雷或反步兵雷），因此，利用窄带高功率微波在一定范围内进行扫雷是可行的；由 GLD22A、GLD26X、GLD22B、GLD11X 电磁引信 UWB 高功率微波效应实验结果可知，当辐照到引信处的 UWB 脉冲电压达到几百～几千 V/cm 时，可以使这些引信点火，因此，利用超宽带高功率微波在一定范围内进行扫雷也是可行的。

由 DR1X、DR2X、H3X 多普勒近炸引信高功率微波效应实验结果可知，微波脉冲几乎不能使这类引信直接点火，即使辐照到引信处的微波脉冲功率密度达到很大（几十 kW/cm^2），因此，利用高功率微波对抗多普勒近炸引信欲使其直接点火十分困难；又由效应实验结果可知，引信在受到辐照时有瞬时停振现象，停振时间为几十μs，因此如果高功率微波源脉冲重复频率能够达到较高程度，则可以进行压制式干扰；引信在受到很高功率微波脉冲辐照时，能够在瞬间（小于 0.1s）永久停振，如果引信永久停振，则必将完全丧失近炸功能，因此，利用发射功率很大（大于 1GW）的微波源对多普勒近炸引信辐照使其损伤基本是可行的。

由 LD1 及 HJD1 电容近炸引信窄带高功率微波及超宽带高功率微波效应实验可知，在一定条件下，利用超宽带高功率微波源或窄带高功率微波源使电容近炸引信失效或早炸是完全可能的。

需要强调与说明的是，本节所有引信的型号都是笔者研究团队根据研究需要自己命名的，请勿与实际使用的相关引信对号入座。另外，本节介绍的效应结果均是在满足特定相关条件下得到的，并不具有普适性，仅具有一般规律的参考价值。

7.9　无人机高功率微波效应[26,27]

无人飞机问世于 20 世纪 20 年代末，早期主要用作靶机，后装上航空照相机成为无人侦察机。20 世纪 70 年代以来，随着微电子、光电子、隐身、新材料、计算机与信息处理、通信与网络及航天等高技术的迅猛发展，为大幅度提高无人机的性能奠定了物质基础，使无人机从常规靶机、侦察机跃升为能完成多种作战任务的全新高技术装备。2000 年以来，无人机的重大军事价值为各国军方所公认，其发展势头更加强劲。无人机的主要特点是：无人自动飞行；体积小，重量轻，易采用先进的气动设计和隐身技术，飞行机动灵活，不易被发现；成本和全寿命费用低，不存在飞行员伤亡或被俘的危险；不受气候条件限制，可长时间全天候执行任务。由于无人飞机以上诸多优点，其在军事、民用领域得到广泛应用。在和平时期可以为防空作战演习提供靶机，在恶劣环境下，进行实时成像侦察，为政府部门提供及时的灾情险报；在战场上可以作为诱饵机保护重要目标，作为侦察机进行图像和电子侦察，作为干扰机进行无源干扰和有源干扰；另外，还可以作为反辐射机、反导弹机、攻击机及轰炸机等。

关于无人机作为反辐射武器的高功率微波效应情况在前面章节中已有介绍。无人机高功率微波效应比较复杂，高功率微波既可以通过无人机自身携带的通信天线进入其接收通道实施干扰、损伤，也可以通过无人机机壳的孔缝及电缆进入无人机内部电路实施干扰，是前门耦合与后门耦合综合效应的典型目标。近年来，民用小型无人机得到快速发展，其可以组群对相关目标实施侦察、骚扰甚至攻击，具有小、散、慢的特点，越来越成为机场、军事敏感区域重点防备的目标。理论上讲，高功率微波应该是对抗无人机的良好手段。有关无人机高功率微波效应结果的报道很少，其中，军械工程学院的张勇强等[27]进行了某无人飞行器机体和控制导线在超宽带高功率微波辐照下的效应及耦合实验研究，利用回输信号模拟器使实验具有重复性；采用改变控制导线的长度、辐照方位、辐照部位等措施，使实验具有普适性。研究结果表明：

① WB-HPM 对飞行器和控制导线辐照，可使飞行器系统产生两种故障效应。控制指令紊乱主要由控制导线感应的差模电压所致，控制箱死机主要由控制导线感应的共模电流造成。

② WB-HPM 辐射源场强越大，在线缆终端处控制箱感应的共模电流和差模电压越大，产生的故障效应越明显；当设备所处的环境场强超过 25kV/m 时，便可使飞行器失去性能；在 UWB-HPM 最大场强峰峰值为 180kV/m 时，感应共模电流峰峰值可达 10.2A，差模电压峰峰值可达 983.4V。

③ 制导线与电场极化方向相同时，在终端上的各种感应幅值较大；控制线与辐射方向同向时，越靠近终端处辐照，终端处感应越明显；增加线缆的辐照长度，各种感应幅值增加不明显，但能量增加，响应频率下降。

④ 端加装滤波器，可以使干扰幅值降低，滤掉一定的高频成分，但还需要加装其他防护措施。

笔者针对无人机的自动驾驶仪进行了高功率微波效应研究。飞控设备正常工作，通过地面控制台控制飞机并监视飞机的状态变化。实验采用辐照法，分别在 UWB 高功率微波源、S 波段和 X 波段高功率微波模拟源上进行了整机辐照效应实验。实验结果如表 7-31 所示。

表7-31 无人飞机的 HPM 干扰损伤效应结果

频率/GHz	脉宽/ns	重复频率/pps	功率密度	辐照部位	无人飞机效应结果
0.4～2	1000	100～1000	0.17W/cm²	两侧、尾部	正常
9.37	22	单次	2～10kW/cm²	两侧及头尾部	数据通信受到轻微干扰，不影响飞行
			26kW/cm²	左侧	数据通信发生自激，断电后再次飞行又正常
				右侧	数据通信偶尔受到严重干扰
2.856	30	10～200	88W/cm²	左侧、尾部	正常
	60～200	100～500	88W/cm²		通信受到干扰，不影响飞行
	300～400	50～100	88W/cm²		数据通信受到严重干扰
	500	50～100	35W/cm²		数据通信受到严重干扰
		50	78W/cm²		前舵放大电路损伤；数据通信受到严重干扰
		100	88W/cm²	头部	正常
UWB 源脉冲宽度约 1ns		10～50	290V/cm	两侧	数据通信偶尔受到干扰
		单次	400V/cm	两侧	数据通信偶尔受到干扰
		10～20	400V/cm	两侧、尾部	通信长时间紊乱，复位后正常；再重复，发生累积效应，通信电路自激复位；微波辐照时出错
UWB 源脉冲宽度约 2ns		1～100	400V/cm	两侧、尾部	数据通信受到严重干扰

实验研究表明：

① 无人飞机在高功率微波辐照下，主要效应现象是数据通信受到干扰，严重时影响飞机的飞行，但很少导致部件的损伤。

② 功率密度相同时，飞机受到的干扰随微波脉宽和重复频率的提高而明显严重。重复频率高功率微波的干扰阈值比单次要低。

③ 在 S 波段、重复频率为 50Hz、脉宽为 500ns、微波功率密度为 78W/cm² 下作用几秒，前舵放大电路损伤，飞机失控，数据通信受到严重干扰。效应研究结果支持了利用高功率微波武器反无人机的可行性判断。

357

7.10　小结　　电子系统是高功率微波武器的直接作用目标，因此，电子系统的高功率微波效应具有高度的敏感性，大多处于保密状态，对电子系统高功率微波效应进行详细介绍存在一定的非技术障碍。本章结合能够获得的部分效应研究数据，分别介绍了计算机、雷达、电子侦察接收机、卫星通信系统、卫星导航接收机、反辐射导弹、引信及无人机等典型电子系统高功率微波效应阈值及规律，部分结论具有一般性参考价值。高功率微波对电子系统扰乱或损伤的作用途径有前门耦合及后门耦合两条途径，对于雷达、电子侦察接收机、反辐射导弹等具有明确工作频率的电子系统，前门耦合占主导地位；对于以计算机为代表的没有明确工作频率的电子系统，后门耦合占主导地位；对于引信、无人机等，则是前门耦合与后门耦合的综合效应。实验研究表明，高功率微波作为一类武器，在特定条件下对电子系统进行扰乱或损伤是完全可能的，效应研究结果决定了高功率微波武器的参数优化方向及最终武器效能。

参考文献

[1] Bäckström M G，Lövstrand K G. Susceptibility of electronic systems to high-power microwaves：summary of test experience［J］. IEEE Trans．on electromagnetic compatibility，2004，46（3）：396-403.

[2] 刘国治，刘静月，黄文华，等. HPM 大气击穿研究［C］. 第二届 HPM 会议文集，1996.

[3] Mayhall D J，Yee J H，Alvarez R，et al. High power microwave bandwidth broadening by air breakdown［J］. Ultrawide and Radar，1991，92：283-298.

[4] 姜治北. 高功率微波作用下的计算机系统失效机理研究［D］. 成都：电子科技大学，2006.

[5] 杨杰，李跃波，闫民华. L 波段高功率微波对计算机的损伤效应试验研究［J］. 微波学报，2018，34（2）：80-85.

[6] 王振坤，宁辉，蒋廷勇. 高功率微波对建筑物内计算机作用效果评估方法［J］. 强激光与粒子束，2018，30（4）：48-51.

[7] 闫二艳，马弘舸，赵刚. 计算机机箱/电路板耦合及效应机理实验研究［J］. 微波学报，2014（6）：144-146.

[8] 明友，汪学刚. 雷达系统［M］. 北京：电子工业出版社，2006.

[9] 李应希. 数字信道化接收机系统设计及硬件实现［D］. 成都：电子科技大学，2007.

[10] 胡建波. 数字信道化侦察接收机的研究与实现［D］. 哈尔滨：哈尔滨工程大学，2011.

[11] 杨雨川，谭吉春，盛定仪，等. 高功率微波武器对卫星的威胁及防范措施［J］. 航天电子对抗，2007，23（5）：12-15.

［12］李阳. 高功率微波对 Ku 波段卫星发射机的非线性效应研究 ［D］. 西安：西安电子科技大学，2017.

［13］苏雪梅. 导航卫星发展概述 ［J］. 科技经济导刊，2016，25：81-82.

［14］吴炳福，杨霖. 北斗卫星定位导航系统的发展综述 ［C］. 2015 年第七届全国平行管理会议，2015.

［15］刘春保. 2019 年国外卫星导航系统发展综述 ［J］. 国际太空，2020，495：25-29.

［16］胡锐. 卫星导航接收机强电磁脉冲耦合机理研究 ［D］. 北京：北京交通大学，2018.

［17］沙祥. 抗反辐射导弹诱饵系统设计及仿真分析 ［D］. 成都：电子科技大学，2007.

［18］魏光辉，魏明，孙永卫. 高功率微波对无线电引信的作用机理研究 ［J］. 中原工学院学报，2003，8（14）：134-137.

［19］王韶光，魏光辉，陈亚洲，等. 无线电引信的超宽谱辐照效应及其防护 ［J］. 强激光与粒子束，2007，19（11）：1873-1878.

［20］罗根新，方向，高振儒. 地雷电引火头的高功率微波效应研究 ［J］. 解放军理工大学学报（自然科学版），2003，4（1）： 79-81.

［21］罗先南，方向，高振儒，等. 复合材料地雷壳体 X 波段 HPM 辐照效应实验研究 ［J］. 功能材料，2013，9（44）：1261-1264.

［22］高振儒，方向，罗根新，等. 高功率微波对地雷电子引信的辐照效应研究 ［J］. 探测与控制学报，2003，25（4）：17-20.

［23］方进勇. 电子器件、系统 HPM 效应模糊神经网络预测评估系统研究 ［D］. 西安：西北核技术研究所，2002.

［24］熊久良，武占成，孙永卫. 连续波多普勒引信超宽谱高功率微波辐照效应试验 ［J］. 强激光与粒子束，2015，27（10）：178-182.

［25］方少军，孙少华. 高功率微波对脉冲多普勒引信效应仿真研究 ［J］. 舰船电子工程，2013，225（25）：50-52.

［26］闫军凯，郝文析，刘小龙，等. 无人机系统强电磁环境效应检测技术 ［J］. 强激光与粒子束，2016，28（3）：178-182.

［27］张勇强，魏光辉，安霆. 超宽带辐照对飞行器干扰效应实验研究 ［J］. 中北大学学报（自然科学版），2010，31（6）：634-640.

第 **8** 章
生物高功率微波效应

"在一座山坡上，几只山羊正在安静地吃草，陡然之间山羊血肉模糊，原来它们遭受了一种定向能武器的攻击，这种定向能武器被称为高功率微波武器。"这是 20世纪 90 年代高功率微波技术刚刚引入我国时获取到的情报信息。"印度军队非法侵入了我方边界的某个山头，正当他们准备在此驻扎之时，士兵们突然感到胸闷、恶心，且症状越来越严重，进而可能有生命危险，印军不得不灰溜溜地撤出该区域，原来印度军队受到了我方高功率微波武器的攻击。"这是 2020 年我国某著名评论家就中印边界冲突发表的"高论"。坦率地讲，将生物高功率微波效应单独列为一章，从技术上看似乎过于单薄，但基于本书科普性与专业性兼顾的特点，有必要对生物高功率微波效应进行详细介绍，以厘清人们对高功率微波武器效能较为混乱的认识。以上两个说法是否有一定科学依据支撑？读完本章内容您自然会做出自己的判断。

8.1 生物高功率微波效应概述[1-3]

有关生物的微波效应研究在高功率微波出现之前就已经系统开展，相关技术是一门成熟的交叉学科，国内外多所大学均开设了相关专业课程。高功率微波技术出现后，相关从事医学或生物学研究的科研人员迅速行动起来，掀起了生物高功率微波效应研究的热潮，国内以第三军医大学、第四军医大学及军事医学科学院为研究主力，持续开展了十余年的相关研究。研究者最初的目的是为高功率微波武器攻击生物体提供实验及理论支撑，但持续开展多年的研究表明，高功率微波武器直接攻击生物体并达到相关效果似乎比较遥远，其效能甚至比不上以常规电真空器件为核心应用于雷达的大功率微波源。近年来，生物高功率微波效应研究的热潮逐渐退去，研究的重点转向高峰值功率微波脉冲能否打开人脑内的相关屏障，提高人脑的用药效果；另一方面，高平均功率毫米波效应也在系统开展，其研究目的是为高平均功率拒止武器寻找应用场景，论证该类武器在反恐应用时并不会对生物体造成永久性损伤，是一类比较人道的微波武器。如前所述，高平均功率毫米波通常采用回旋管器件产生，微波脉冲宽度 ms 量级甚至能够连续波输出，与传统意义上高功率微波脉冲宽度在百 ns 量级以内差别很大，已经超出传统高功率微波效应研究的范畴。但在诸多文献中，这类基于高平均功率的武器系统仍然被归纳为高功率微波武器的典型应用，为与国内外文献论述保持一致，本书将其归纳为特殊高功率微波武器应用类别，此类武器的效应机理是高平均功率微波在作用生物体时瞬间灼伤生物体皮肤，进而使生物体失去相关行动能力，达到预防或阻止恐怖活动的目的。

生物高功率微波效应实验方法为辐照法，可以直接利用 GW 级窄带高功率微波源对实验生物体进行辐照，也可以利用前面章节介绍的高功率微波模拟源进行辐照，在实际应用中，后者占据主导地位。由于超宽带高功率微波很难辐射，其作用半径通常在 km 量级，且平均功率极低。以辐射功率 10GW 超宽带高功率微波源为例，如果脉冲宽度为 1ns，脉冲重复频率为 100Hz，则平均功率约为 1kW，尚不及一台普通家用较大功率微波炉的平均功率，很难得到明显的生物效应，实验研究也验证了该判断。因此，开展生物超宽带高功率效应研究的意义不大，也很难得到有价值的成果。

生物高功率微波效应研究的重点各有不同，下面根据获得的相关文献，分别就高功率微波对神经系统、视觉系统、生殖系统、免疫系统以及心脏、肝脏、脾脏等器官的效应结果进行简要介绍。限于笔者并非生物学方面的专家，相关专业术语完全引用相关文献的表述，是否准确请读者结合其他专业文献自己做出判断。

8.2　神经系统高功率微波效应

军事医学科学院的学者以海马神经元为主要研究对象，对神经系统高功率微波效应进行了系统研究。王德文等[4]在其论文"HPM 和 EMP 所致几种神经元和细胞膜穿孔效应及其意义研究"中得到以下结论：

① HPM 和 EMP 可以造成多种细胞（海马和下丘脑神经元及垂体和心肌细胞）的损伤和发生细胞膜电穿孔，而γ射线照射后并不引起细胞膜电穿孔，提示二者致伤机制不同。

② 细胞膜电穿孔引起细胞内多种离子外流，并导致细胞活力下降、细胞凋亡和坏死增加。

③ 高功率微波（HPM）组的细胞膜电穿孔损伤程度较电磁脉冲（EMP）组更为严重。

杨瑞等[5,6]在其论文"高功率微波辐射对大鼠海马的损伤效应"中讨论认为：

① 微波辐射对海马的生物效应问题研究多集中在低功率、低频段微波的范围内，而且研究结果相差较大。一般认为，一定强度的微波辐射可以引起学习和记忆功能的损害，而海马与学习和记忆功能密切。该文献的研究结果提示，HPM 可明显损害大鼠的学习能力；对照射前或照射后学会的技能，HPM 均可损害其记忆能力。这一结果与其他频率和功率微波生物效应的研究结果一致。HPM 由于辐射能量较高，在不产生明显热效应的情况下就可以引起组织结构的改变，这是不同于一般微波损伤的特点。其研究发现，HPM 照射后 1d，海马组织出现明显水肿、变性和坏死等改变，并在 7d 内呈进行性加重趋势。病变的进展及修复过程尚待进一步研究。不同剂量 HPM 照射结果显示，微波辐射与海马损伤呈剂量-效应正相关。

② 尼氏体是由神经元中的粗面内质网和游离核糖体组成。尼氏体减少或消失为神经元损伤的表现。研究者发现，HPM 可引起尼氏体减少甚至消失，且其变化规律与组织 HE 染色结果一致。

③ 神经元凋亡是海马组织损伤的重要标志之一，而原位末端标记是检测凋亡的敏感手段。其原理是凋亡细胞会产生许多断裂的 DNA 羟基末端，TdT 可将标记的 dUTP 连接在羟基末端，从而实现对凋亡的检测。该文献的研究结果提示凋亡是 HPM 损伤的主要表现之一。

④ 生理条件下，NSE 表达于神经元和神经内分泌细胞的胞浆中，在组织损伤时，NSE 表达增高，若细胞坏死，NSE 会漏出胞外，进入组织间隙、脑脊液和血液中。该文献的研究发现，HPM 辐射后 3d，细胞中 NSE 表达增加，并可见到组织间隙和血管中有阳性表达。该结果提示海马神经元发生损伤，NSE 参与了 HPM 对海马损伤的病理过程。

⑤ 生理条件下，GFAP 表达于星形胶质细胞中，可视为星形胶质细胞的标志物。GFAP 的含量与其在胞内的分布对于星形胶质细胞突起的形成和结构稳定至关重要。当中枢神经系统损伤时，星形胶质细胞表现为胞体的突起和肥大，形成反应性星形胶质。该文献的研究显示，HPM 辐射后 3d，细胞中 GFAP 表达增加，沿轴突分布的 GFAP 变短、变粗，提示海马组织发生损伤，GFAP 亦参与了 HPM 对海马损伤的病理过程。

孟丽等[7]在其论文"S 波段高功率微波对大鼠下丘脑垂体肾上腺轴的功能及形态影响"中报道了以下结果：研究者采用 $2\sim90\text{mW/cm}^2$ 的 S 波段 HPM 辐照 130 只二级雄性 Wistar 大鼠，分别于照后 6h、1d、7d、14d、28d 及 3 个月活杀取肾上腺垂体及下丘脑。采用放射免疫法检测血清中相关激素的变化，采用光镜（HE、TB、Peace 和 Agnor 染色）、电镜和图像分析技术，定量研究上述组织损伤的形态变化。分析认为：S 波段 HPM 辐照后内分泌功能发生改变，表现为血清中皮质醇（CS）下降、促肾上腺皮质释放激素（ACTH）与生长激素（GH）升高。辐照后 HPA 轴各器官均见组织损伤，肾上腺束状带实质细胞、垂体远侧部细胞及下丘脑神经元见变性与坏死；肾上腺束状带细胞嗜银蛋白减少而腺垂体细胞嗜银蛋白增加；腺垂体嗜碱细胞颗粒呈升高趋势；下丘脑神经元尼氏体减少。上述改变呈现一定的剂量相关性。研究获得的相关肾上腺束状带细胞及神经元细胞特征图片如图 8-1 及图 8-2 所示。

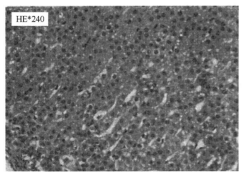 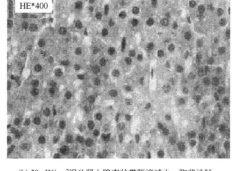

(a) 对照组示肾上腺束状带正常结构　　　　(b) 50mW/cm²组6h肾上腺束状带脂滴减少，胞浆浊肿

图 8-1　对照组与实验组显微结构

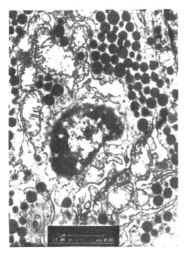 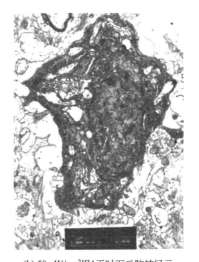

(a) 10mW/cm²组1天时腺垂体远侧嗜酸性　　　(b) 50mW/cm²组1天时下丘脑神经元
细胞线粒体肿胀、空化，滑面内质网扩　　　　皱缩，线粒体空化(标尺=2μm)
张，核染色质浓集、边移(标尺=1μm)

图 8-2　神经元皱缩、核膜浓染、线粒体空化显微照片

赵黎等[8]在其论文"微波辐射致大鼠海马神经元线粒体损伤效应及机制研究"

中得到以下结论：①5mW/cm² 微波辐射未引起大鼠海马组织结构和线粒体超微结构明显改变，10mW/cm² 和 50mW/cm² 微波辐射可引起大鼠海马组织结构破坏及神经元线粒体结构损伤；②50mW/cm² 微波辐射可引起大鼠海马组织 mRNA 和蛋白表达增加，提示一定剂量的微波辐射可能激发海马神经元线粒体自身修复过程，并通过提高呼吸链效率改善细胞损伤。

胡韶华[9]在其博士论文"抗辐灵活性成分对 Nrf2-Keapl 信号通路激活在微波辐射后神经细胞损伤的保护作用研究"中以大鼠原代海马神经元及类神经元大鼠嗜铬细胞瘤细胞系（ratpheochromocytoma cell line，PC12）细胞作为研究对象，利用适用于激光共聚焦实时观察的脉冲微波辐射装置，并结合微速摄影（time-1apse）技术，采用 Flu04 和重组钙指示剂质粒 RP 研究了电磁辐射与神经细胞的早期相互作用，即各亚细胞结构（胞浆、线粒体及胞核）[Ca²⁺]，以期探寻微波辐射致神经细胞损伤的机制，得到了一些结论性认识，这里不做详细介绍。

如前所述，相关生物效应研究多是利用窄带高功率微波模拟源完成的，有关超宽带高功率微波对神经系统的影响只有很少的研究报道。其中，第四军医大学的李静等在其论文"超宽谱高功率微波辐照对大鼠记忆功能的影响"中介绍了一类他们发现的有趣的实验现象[10]。研究者选择健康雄性 SD 大鼠 40 只，于 UWB 辐照前 5 天，用大鼠水迷宫测量和分析自动化系统对大鼠进行游泳训练。然后将大鼠随机分为对照组（CTR）、1 万脉冲（G1）、10 万脉冲（G10）和 40 万脉冲（G40）共 4 组，分别接受 0 次、1 万次、10 万次和 40 万次 UWB 脉冲辐照，UWB 场强为 100kV/m，脉宽为 2.0～2.46ns，脉冲前沿为 600～700ps，脉冲重复频率为 100pps。从辐射后当天对大鼠进行水迷宫训练测试，连续 7 天，并对大鼠在水迷宫内游泳潜伏期等指标进行评价。结果显示，UWB 辐照后 G1 组与 CTR 组相比，内环游泳时间百分比（ITP）显著增加（$P < 0.05$），外环游泳时间及其百分比（OTP）均显著减小（$P < 0.05$）。辐射后当天，G1、G10 和 G40 组与对照组相比，潜伏期显著缩短（$P < 0.05$）；其 ITP 显著大于 CTR 组，而 OTP 较 CTR 组显著减小（$P < 0.05$）；辐射后当天至辐射后第二和第三天的三次检测中，对照组 ITP 均显著小于 G1 组（$P < 0.05$），OTP 显著大于 G1 组（$P < 0.05$）；第四天以后，各主要指标恢复正常。实验结果表明，在该辐射条件下，UWB 可对大鼠已经形成的记忆产生影响。

研究者分析认为：UWB 辐射后当天，大鼠记忆功能不但未显著降低，反而某些指标较正常对照组更好。例如，UWB 辐射后，受辐照动物在水池内距站台较近的范围探索时间更长，而对照组动物则在远离站台的范围搜索时间更长，表明 UWB 辐射对大鼠记忆具有一定的刺激作用或维持效应，且该效应从辐射后当日持续至辐射后第三天，保持了约 48h。由 G1、G10 和 G40 各组的变化可以看出，G1 组的变化较显著，持续的时间也较长，这意味着小剂量 UWB 脉冲辐射对大鼠的记忆功能存在短期刺激效应。

8.3 视觉系统高功率微波效应

眼睛是非常脆弱的器官，也是生物高功率微波效应研究的重点。军事医学科学院的专家同样对生物视觉系统高功率微波效应进行了比较深入的研究。其中，陈鹏博士在其论文"HPM 长期辐照的眼生物效应研究"[11]中有以下报道：研究者采用自行研制的 HPM 效应模拟源（远场平面波峰值功率密度为 50W/cm^2）分 3 个不同平均功率水平，每天 6min 持续照射 1 个月，并在照后 5 个时间点通过眼底镜、裂隙灯观察、组织病理学方法等研究 HPM 长期照射对动物眼重要部位结构的生物效应。结果发现，HPM 照射后眼角膜、晶状体、眼底等组织结构都出现了不同程度的病理变化，并呈现出一定的时效和量效关系。其中，角膜病变依剂量不同可分别于照后 2~6 个月恢复正常，而晶状体病变在观察期内（照后 6 个月）仍未见恢复，照射后动物眼底动静脉和毛细血管稍有扩张充血，但未见瘢痕、裂隙、出血等表现。研究表明，实验所用剂量范围内的 HPM 重复照射可以对动物角膜、晶状体、玻璃体等部位造成一定程度的生物效应，并呈现出一定的量效关系；在实验的观察期内，角膜和眼底依照射剂量不同可分别于照后不同期间恢复正常，但晶状体混浊在观察期末仍未见恢复，能否发展成微波白内障尚需观察。

陈鹏博士在其另一篇论文"高功率微波单次辐照对眼视网膜组织结构的影响"[12]中对高功率微波对视觉系统的效应又做了进一步介绍与分析，主要研究结果及结论如下：

① 眼睛因其含水量高、血循环分布特殊、散热性差以及眼对微波照射无回避反应等特点，是微波作用的敏感靶器官，其中视网膜效应是微波眼损伤研究的重点。

② 实验中所用的 S 波段 HPM 属于高频微波，波长约 10cm，远大于大鼠眼球直径，因此对视网膜的损伤是弥漫性的。从部位来看，视网膜各层的微波损伤程度有所不同，即视网膜由外向内（依次为外节、内节、外核层、外丛状层、内核层等），损伤由重到轻。而内外节层是感光细胞的感光部位，外核层又是感光细胞的细胞核所在部位，可见 HPM 主要引起感光细胞的损伤。

③ HPM 照后感光细胞损伤较重的原因，可能是由于大鼠视网膜血管位置较浅，血管仅分布到神经节细胞层，而感光细胞的外核层及内外节层均无血管分布，其能量单纯由脉络膜血管经 RPE 运输，因此散热性能差，从而对 HPM 热效应的防御能力较低，这或许是感光细胞对 HPM 敏感的主要原因之一。

④ 实验中还发现，HPM 的视网膜损伤伴有部位特异性，即以近视乳头区最敏

感，损伤最重，实验观察期末仍未见恢复，并形成局灶性瘢痕。其原因可能与大鼠近视乳头区血液供应与结构特点有关。首先，大鼠视网膜血管为"全血管型"，近视乳头区血管分布少，散热能力差，对微波热效应的防御能力低下；此外，越靠近视乳头，外核层较厚，内核层渐渐变薄至消失，而感光细胞对 HPM 非常敏感，视乳头区感光细胞聚集，所以损伤相对集中，而且当感光细胞的内节损伤较重以至于无法再生外节盘膜时，可导致整个感光细胞的凋亡，最终出现了视乳头区的局部瘢痕修复。

⑤ 实验进一步发现，RPE 在 HPM 照射后发生了明显的病理改变，RPE 对维持感光细胞的功能非常重要。RPE 作用之一就是吞噬脱落的外节盘膜，这对维持感光细胞的正常生理功能至关重要。HPM 照后即刻就出现了 REP 损伤，说明可能是 HPM 的直接作用。此外，引起的感光细胞外节损伤，也会导致 REP 继发性萎缩。REP 结构改变会导致其代谢功能障碍和吞噬功能下降，从而影响到感光细胞的正常功能。

⑥ 生物膜是细胞的细胞膜和内膜系统的统称。分析认为，微波对生物膜的作用是微波生物效应的机制之一，可解释各种所谓的微波非热效应。已有大量研究表明，细胞膜是电磁辐射作用于生物组织的靶点，微波可通过影响细胞膜电位、通透性和膜蛋白来改变生物膜的物理与化学性状。视网膜中的生物膜结构很丰富，尤其是感光细胞内外节层，分别含有大量线粒体和盘膜。实验观察发现证实视网膜的内外节对 HPM 非常敏感，是损伤最重的部位，此外视网膜其他各层的膜结构也都存在不同程度的破坏，所以生物膜可能是损伤的主要靶点，对生物膜结构的破坏是 HPM 视网膜损伤的重要原因之一。

同为军事医学科学院的周游等在其论文"S 波段高功率微波对家兔眼的损伤效应"[13]中介绍了她的研究成果，她首先认为 HPM 对机体的作用是一种整体效应，对全身各个系统包括神经、免疫、心血管等都有一定影响。在 HPM 照射时虽然对家兔的身体进行了屏蔽，但在平均功率 175mW/cm^2、60min 组和平均功率 100mW/cm^2、30min 组分别发生了兔的即刻和照后 2d 死亡。说明在大于 100mW/cm^2 的剂量下，仅照射兔头部足以引起动物死亡。此外动物未麻醉时微波照射可出现热应激，但在麻醉后自身调节和适应能力降低，动物麻醉比未麻醉更易受微波损伤，这可能也是造成家兔死亡的原因之一，研究的重点考察在 HPM 辐照下眼中重要部位的改变。眼睛暴露在身体表面，对微波极为敏感，其中角膜、晶状体和视网膜的 HPM 生物效应又存在一定差异。下面是研究者对眼睛各个部分高功率微波效应的具体分析。

① 角膜。角膜上皮细胞具有很强的再生能力，发生损伤时，邻近的上皮细胞可在 1h 内伸出伪足，并加速有丝分裂，所以 HPM 引起急性损伤后角膜很快恢复

了正常。

② 晶状体。眼属于高含水组织，其中晶状体含水量高达 65%，容易吸收微波能量。并且晶状体无血管分布，散热差，更加重了对微波损伤的敏感性。微波可引起晶状体混浊，又称微波白内障。晶状体混浊（白内障）是一种永久性改变，所以最初的微波眼损伤研究多集中在微波晶状体损伤上。微波白内障的形成是一个渐进过程，需要一定的潜伏期，一般为 1～6d，平均 3.5d，潜伏期长短与动物年龄无关，而与微波辐射强度有关。实验研究也证实了这一点，照射剂量越大，晶状体后皮质混浊出现的时间越早，损伤越重。而且，白内障是一个随时间进行性发展的病变。若长期观察则可预计晶状体后皮质混浊的范围逐步扩大，发展到实质混浊，最终引起视力减退。流行病学调查显示，职业人群微波白内障与动物实验性微波白内障相似，也具有潜伏期。从出现最初的白内障征象到出现晶状体内多处混浊斑往往需要数月或数年。HPM 最初引起晶状体后囊膜下后皮质混浊，而晶状体其他部位未见混浊。这种部位的特异性与微波频率有关，不同频率的微波穿透组织的深度不同，引起的热点也不同。频率越高，组织穿透深度越浅。同样，眼内各部位对不同频率的微波能量的吸收也有差别，存在对应某一频率的最大效应点。能引起兔眼白内障的微波频段为 0.8～10GHz，波长为 20～30cm，有关实验表明，频率为 2.45GHz 的微波比 10GHz 和 0.918GHz 的微波更容易引起白内障。8.5cm 波长的微波先引起晶状体前囊混浊，12.5cm 波长的微波照射则先引起晶状体后囊混浊，随着剂量增大，病变区域扩大。该文献选取的波长为 10cm，介于 8.5cm 和 12.5cm 之间，所以推断此波段微波在后皮质与后囊、后囊与玻璃体交接处可产生界面反应，使能量集中在后皮质而出现局部热点，故出现后皮质混浊。

③ 视网膜。视网膜对微波同样敏感，除了含水量高，血循环分布特殊外，眼对微波辐射无回避反应也是重要原因之一。为避免光辐射的损伤，眼睛本身具有良好的调节功能，可本能地避开强光。然而，当辐射源没有明显的可见光成分，如微波或单纯的红外线，这种本能的回避反应不存在时，视网膜赤裸裸地暴露在微波辐射下，很容易损伤。实验表明，在动物散瞳后，虹膜微波吸收减少，而视网膜吸收了更多微波能量，致使视网膜损伤较未散瞳时更严重。另外，视网膜组织病理切片结果与 Kues 等猴眼微波损伤研究结果一致，Kues 报道脉冲微波照射后猴眼黄斑处发生了视网膜脱离，感光细胞核溶解，感光细胞外节退行性变，色素上皮细胞核固缩和视网膜外层血管增生等改变。HPM 弥漫性视网膜损伤，视乳头下方视敏感区损伤重，其他部位较轻，这与兔眼眼底结构有关。兔眼视乳头位于眼底中心偏上，椭圆形兔眼无黄斑凹，只有黄斑区即视敏感区，它位于中心之下的狭长区域。兔视网膜血管属于"部分血管型"，视敏感区无血管分布，故损伤较重。此外，实验中还观察到感光细胞的内外节层以及外核层较视网膜其他层损伤重。仅神经纤维层，兔视网

膜血管浅在。感光细胞内外节层、外核层处无血管，散热差，对 HPM 防御能力低下。感光细胞作为一个整体，如果它的一部分（外节、内节）损伤，其他部位必然受到牵连，则感光细胞的细胞核所在部位外核层也出现严重损伤，反之亦然。组织恢复时，两者也趋于一致。另外，已有研究证实，微波能影响视网膜的功能，并且这种功能改变可不伴有病理改变，具有可逆性。视网膜电图是经典的检测视网膜功能的视觉电生理方法，兔在 3GHz 微波脉冲、平均功率 0.7mW/cm^2 下，照射 3～4h，照后即刻暗适应 ERG 的 b 波幅值降低，c 波幅值升高，30min 后恢复。Kues 开展的微波猴眼效应实验中，注意到视锥细胞的暗适应单闪光刺激 ERG 下降 50%～60%，视杆细胞 30Hz 闪烁 ERG 下降 90%，但在一周后恢复。该文献研究者在实验 14d 后未见恢复且伴有病理学改变，说明在该文献 HPM 照射条件下，视网膜功能与结构都有损伤，较难恢复。通过对兔眼的 S 波段 HPM 生物效应的全面考察，综合分析认为 HPM 平均功率＞60mW/cm^2，照射时间＞30min，照射兔眼可导致角膜、晶状体和视网膜不同程度的损伤：弥漫性视网膜损伤，多处连续视网膜全层隆起呈丘状，视乳头下方视敏感区损伤重，内外节组织崩解，外核层排列紊乱。受损后的视网膜显微照片如图 8-3 所示。

图 8-3 HPM 辐照后视网膜照片（HE*400）

姜涛等在其论文"高功率微波对兔眼辐射损伤的研究"中报道了他的相关研究结果[14]。其采用高功率微波辐照青紫蓝兔，长期动态观察角膜、晶状体及视网膜的病理变化，以探讨 HPM 对视觉系统的影响。其利用 6 种功率密度的 HPM 辐照 35 只青紫蓝兔，并于照射后 30d、90d、180d 和 360d 应用裂隙灯、检眼镜、光镜和电镜观察角膜、晶状体和视网膜的病理变化。结果发现眼部各组织对 HPM 辐射损伤以晶状体最为敏感，角膜次之，视网膜轻微。辐照后 30d，晶状体上皮细胞以变性为主。照后 90～360d，晶状体囊膜增厚，上皮细胞增生，晶状体后皮质水肿、空泡形成，白内障发生。损伤具有剂量效应相关性。其认为：HPM 可导致晶状体后皮质混浊、白内障发生，辐射功率与病理改变呈正相关。

解放军第三军医大学的汪峰等在论文"家兔视网膜组织结构在高功率微波辐照后不同时间的变化"中介绍了他们的研究成果[15]。研究者通过观察高功率微波辐照后不同时间家兔视网膜组织结构的变化，探讨其对视网膜所产生的急性损伤效应。选择青紫蓝大灰兔 28 只，随机分为假性辐照组和辐照后 0h、3h、6h、12h、24h、72h 组。用 90W/cm^2 微波全身辐照 15min，对各组取材包埋固定，光镜观察其视网膜层厚度和细胞计数的变化。各组家兔视网膜的组织结构与假辐照组相比均有不同程度改变，实验表明：高功率微波辐照后 6h，是家兔视网膜组织厚度易发生显著性降低的一个重要时间点；高功率微波辐照后 72h，家兔视网膜细胞数量明显升高。高功率微波造成家兔眼视网膜组织的急性损伤，其损伤强度与暴露后时间存在一定的时效关系。

8.4　生殖系统高功率微波效应

生物的生殖系统显然也是高功率微波作用的一类较为有效的靶向目标。生殖系统的核心包括雄性动物的睾丸和雌性动物的卵巢。国内第四军医大学的杨瑛教授带领的研究团队对生物生殖系统高功率微波效应进行了系统研究，其所指导的硕士研究生尉春华在其硕士论文"HPM 辐照对大鼠生殖系统的影响"中详细报道了她们的研究成果[16]。

研究人员应用 S 波段不同平均功率密度的 HPM 对固定放置的大鼠进行不同时间长度的全身照射，通过照后不同时间取材，发现 HPM 可引起大鼠生殖器官组织发生变性、坏死等明显的病理性改变，诱导大鼠生殖细胞发生凋亡。损伤与 HPM 照射的时间长度及照射的平均功率密度成正相关，辐照后不同时间的损伤表现并不相同。主要结果如下：

① 大鼠睾丸组织在平均功率密度为 $20mW/cm^2$ 时，1min 组大鼠睾丸结构大致正常；5min 组出现水肿，少量中性粒细胞浸润，组织略充血；10min 组生精细胞发生变性，畸形精子增多；20min 组和 $40mW/cm^2$、1min 组可见生精细胞明显坏死脱落，组织出血严重等改变。随着照射剂量和照射时间增加，上述改变更加明显。大鼠卵巢组织变化与睾丸组织相同，不同的是 $40mW/cm^2$ 辐照 1～5min 出现病理性改变，$80mW/cm^2$ 辐照 10min 出现坏死。上述结果说明 HPM 辐照效应和 HPM 辐照剂量之间存在着剂量效应（时间效应）。因此，安全辐照时间应随着功率密度的增加而相应缩短。

② 大鼠睾丸组织在平均功率密度为 $20mW/cm^2$ 照射 20min 时出现坏死，卵巢组织在该条件下变化不明显；二者在 $80mW/cm^2$ 照射 20min 均出现坏死性改变，即在相同 HPM 辐照条件下，大鼠睾丸组织损伤阈值明显低于卵巢组织，说明大鼠睾丸组织对 HPM 辐照的敏感性强于卵巢组织。

③ 大鼠睾丸组织在不同功率密度（$10mW/cm^2$、$20mW/cm^2$）的 HPM 辐照 5min 时出现凋亡细胞增加，即 HPM 辐照睾丸组织 5min 即可引起大鼠生殖细胞发生另一种形式的细胞死亡，提示在该功率密度条件下，雄鼠接受 HPM 辐照的时间以小于 5min 为宜；大鼠卵巢组织在 $40mW/cm^2$ 辐照 10min 时凋亡细胞增加明显，提示在该

功率密度条件下，雌鼠接受 HPM 辐照的时间以小于 10min 为宜。

④ HPM 辐照后 Bcl-2 蛋白和 C-mye 蛋白的表达增加，说明在 HPM 辐射诱导后，卵巢和睾丸组织中通过这两种基因产物的同时活动来参与凋亡的调节机制。实验发现，HPM 辐照可引起大鼠睾丸组织发生病理性改变，通过辐照后不同时间取材可见，在 HPM 辐照后 48h 内，组织的损伤性变化明显，尤其是辐照后 24h 组织损伤最为严重，应为损伤防护治疗的重点时期。图 8-4 所示为大鼠正常曲细精管与受到 HPM 辐照后的曲细精管对比显微照片。

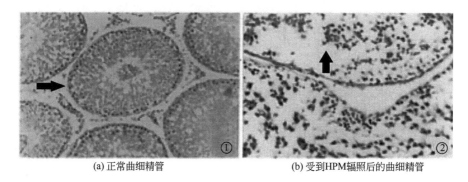

(a) 正常曲细精管   (b) 受到HPM辐照后的曲细精管

图 8-4　大鼠正常曲细精管与受到 HPM 辐照后的曲细精管对比图

军事医学科学院的王水明等在其论文"高功率微波辐射所致大鼠睾丸损伤的病理学研究"中报道了他们的研究结果[17]。研究的目的是探讨高功率微波（HPM）辐照后睾丸组织的病变特点、动态变化规律。研究者选取 165 只二级 Wistar 雄性大鼠经 0、3mW/cm²、10mW/cm²、30mW/cm²、100mW/cm² HPM 辐照 5min，于照后 6h、1d、3d、7d、14d、28d、90d，采用光镜、电镜观察睾丸组织形态学及附睾精子畸形的变化。观察结果为：3～100mW/cm² 辐照均可引起大鼠睾丸生精细胞损伤，主要病变为生精细胞变性、坏死、脱落，多核巨细胞形成，精子减少，间质水肿。生精细胞损伤历经死亡脱落期、"空虚"期和再生修复期，具有局灶性、不均一性、阶段性等特点，且功率密度越大，病变越严重，3mW/cm² 辐照 1d 后见散在生精小管生精细胞变性、坏死、脱落；10mW/cm² 辐照后 6h 与 3mW/cm² 辐照后 1d 病变相似，但出现多核巨细胞；1～7d 时上述病变明显加重；30mW/cm²、100mW/cm² 辐照后 6h，不仅见生精小管生精细胞的变性、坏死脱落明显增加，还可见单个生精小管内灶性坏死及精子明显减少或缺失。在 3mW/cm² 辐照后 3d，10mW/cm² 辐照后 1～7d，30mW/cm²、100mW/cm² 辐照后 6h～7d，附睾畸形精子率显著性增加（$P<0.01$ 或 $P<0.05$）。实验研究表明，HPM 辐照可引起大鼠睾丸生精细胞损伤，其损伤存在剂量效应和时间效应关系。部分观察的显微照片

如图 8-5～图 8-8 所示。

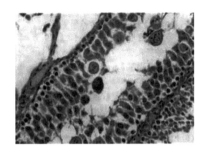

图 8-5　10mW/cm² HPM 辐射后 6h，大鼠睾丸
生精小管内多核巨细胞形成（HE×400）

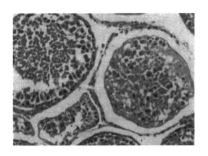

图 8-6　10mW/cm² HPM 辐射后 7d，大鼠睾丸
生精小管生精细胞变性、坏死脱落（HE×200）

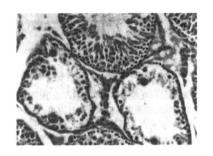

图 8-7　10mW/cm² HPM 辐射后 14d，大鼠睾丸
生精小管生精上皮明显变薄，腔内空虚（HE×200）

图 8-8　30mW/cm² HPM 辐射后 6h，大鼠睾丸
生精小管精子缺失（HE×200）

　　同为军事医学科学院的姚华等开展了三种波段电磁辐射致大鼠睾丸损伤的比较研究[18]。研究的目的是对比性探讨电磁脉冲（EMP）、S 带高功率微波（S-HPM）和 X 带高功率微波（X-HPM）三种波段电磁辐射致睾丸组织受损的近期和远期效应及其相关敏感指标。研究者选取雄性 Wistar 大鼠 192 只，随机分为 EMP 组、S-HPM 组、X-HPM 组和对照组，于照后不同时间点采集睾丸组织称重，使用光镜观察睾丸损伤，并用图像分析技术对曲细精管病变进行定量分析。结果表明：三种波段电磁波辐照后睾丸结构和生精细胞形态损伤基本相似，早期睾丸重及睾丸重/体重比值呈下降趋势；曲细精管生精上皮变薄，生精细胞排列紊乱，精原细胞变性坏死并有管壁脱落，精母细胞和精子数量减少并团聚于管腔中央，支持细胞和间质细胞不同程度变性；曲细精管受损百分率显示 EMP 组最重，S-HPM 组最轻，生精细胞受损数量与程度显著增加（$P<0.05$）。分析认为，三种波段电磁辐射对睾丸生精细胞的损伤，具有速发性、时相性、分布不均一性特点，损伤程度呈 EMP>X-HPM>S-HPM；睾丸曲细精管受损百分率可定量反映其损伤程度，有望成为评估电磁辐射致睾丸损伤的敏感指标之一。

第四军医大学的曾丽华等利用超宽带高功率微波开展了对雄性大鼠生殖细胞影响的研究[19]。研究者采用激光扫描共聚焦显微镜观察受不同参数超宽带高功率微波辐照后的大鼠精子细胞内 Ca^{2+} 的变化，同时观察了辐照后大鼠的生殖细胞微核率、畸形率、精子数量存活率和顶体酶反应的变化。实验表明：超宽带高功率微波辐照对雄性大鼠的生殖细胞微核率和畸形率没有明显的损伤效应，但 4×10^5 次脉冲的高功率微波辐照对大鼠的顶体酶反应有较明显的抑制作用，可能通过改变细胞内第二信使的 Ca^{2+} 浓度来影响其生殖细胞功能。分析认为，超宽带高功率微波产生生物效应以非热效应为主，辐照没有对雄性生殖细胞产生明显的损伤效应，可能是由于超宽带脉冲频率范围较宽，持续时间很短，集中到可能对该指标产生效应的"频率窗"的能量很少的缘故。

8.5 免疫系统高功率微波效应

免疫系统无疑是生物最重要的系统之一，也是生物高功率微波效应研究的重点。军事医学科学院的陈忠民等对生物免疫系统高功率微波效应进行了系统研究，在其发表的论文"S 波段微波照射对大鼠免疫功能的影响"中详细介绍了他们获得的研究成果[20]。研究者希望通过实验观察 S 波段微波照射大鼠后免疫细胞及免疫球蛋白的变化，了解免疫系统的损伤情况，为 S 波段微波损伤防护提供实验依据。

研究者观察到，微波照射后 1d，$2.5\sim10mW/cm^2$ 剂量下大鼠白细胞计数及淋巴细胞数从高于正常逐渐至接近正常，而 $20mW/cm^2$ 剂量下的数据又有增高，提示 S 波段微波对大鼠白细胞及淋巴细胞同时具有刺激及损伤作用，小剂量情况下表现以刺激为主，剂量增大后，以损伤效应为主，而增至 $20mW/cm^2$ 时可能启动动物的应激导致白细胞计数的暂时升高。照射后 3d 及 7d，$2.5mW/cm^2$ 照射大鼠白细胞计数及淋巴细胞数缓慢下降，但仍略高于正常，随后缓慢下降；$5mW/cm^2$ 及 $10mW/cm^2$ 照射后，在 3d 时下降，7d 后先增高后持续下降，进一步表明 S 波段微波具有刺激及损伤两种作用，并且刺激作用时间短暂而损伤作用较为持久。

研究者对 S 波段微波对 T 淋巴细胞亚型的影响进行了进一步观察。从实验中可以看出，S 波段微波对 $CD3^+$、$CD4^+$、$CD8^+$ 影响较为一致，均呈先升后降的不对称U 形曲线，但波动较大。一般认为，$CD3^+$ 细胞代表成熟的总 T 细胞，$CD3^+$、$CD4^+$ 细胞是辅助 T 细胞，$CD3^+$、$CD8^+$ 是细胞毒 T 细胞（CTL），$CD4^+$、$CD8^+$ 是非成熟 T 淋巴细胞。实验结果表明，S 波段微波对成熟 T 淋巴细胞影响较为一致，为滞后的刺激效应及随后的损伤效应，也进一步表明 S 波段微波对成熟 T 淋巴细胞同时具有刺激及损伤效应，其表现随剂量大小而不同。S 波段微波对未成熟 T 淋巴细胞损伤不明显，提示未成熟 T 淋巴细胞对 S 波段微波的损伤较成熟细胞不敏感。

　　研究者发现免疫球蛋白对 S 波段微波损伤较不敏感。照射后早期（1 天），IgG 及 IgM 均有下降，随后基本稳定在正常水平，而 IgA 较为稳定。这可能是由于 B 淋巴细胞对 S 波段微波不敏感，也可能是由于免疫球蛋白本身对损伤不敏感，而 B 淋巴细胞虽有损伤，但通过代偿导致免疫球蛋白相对稳定。其具体情况及机制仍需进一步探讨。

　　研究者认为 S 波段微波对白细胞及成熟 T 淋巴细胞同时具有刺激及损伤效应，其表现随剂量大小而不同，小剂量情况下表现以刺激为主，剂量增大后，以损伤效应为主，并且刺激作用时间短暂而损伤作用较为持久。未成熟 T 淋巴细胞及免疫球蛋白对 S 波段微波损伤较不敏感。具体机制仍需实验进一步研究。

　　同为军事医学科学院的崔玉芳等也开展了免疫系统高功率微波效应研究，在其论文"高功率微波对小鼠免疫组织淋巴细胞影响的初步研究"中介绍了她们的研究成果[21]。研究者希望通过实验观察不同强度高功率微波对小鼠免疫组织和外周血淋巴细胞的影响及其作用机制，应用 TUNEL 和 FCM（Annexin-V/PI 双标法）技术研究小鼠胸腺、脾脏、淋巴结和外周血淋巴细胞凋亡的发生规律。实验结果为：$10\sim30mW/cm^2$ HPM 辐照后，C57 小鼠外周血 WBC 出现降低，而淋巴细胞凋亡率明显升高，与 WBC 的变化呈较好的对应关系，且在 $0\sim15mW/cm^2$ 内呈一定的剂量效应关系；照后 7d，C57 小鼠免疫组织淋巴细胞凋亡率均出现明显升高，而在 $0\sim15mW/cm^2$ 范围内与辐照剂量呈一定的量效关系；不同剂量辐照后 3d，129 小鼠免疫组织淋巴细胞凋亡率均出现明显升高，而以脾组织淋巴细胞凋亡率与剂量呈一定的量效关系。淋巴结经 $15mW/cm^2$ 辐照后 3d、7d 和 14d，其凋亡率的升高与照后时间显示一定的时效关系。分析认为：虽然对非热效应的生物学影响及其机制仍存在争议，然而研究者获得的实验结果明确指出，微波对机体免疫机能影响的非热效应还是比较明显的，有关机制尚需进一步阐明。

8.6　心脏高功率微波效应

　　心脏是生物体最核心、最重要的器官，当然也是生物高功率微波效应重点研究的靶向目标。军事医学科学院的研究人员对有关心脏的高功率微波效应进行了系统研究，潘敏鸿等在其论文"S 波段高功率微波辐射对大鼠心脏结构与功能的影响研究"中详细介绍了他们的研究成果[22]。研究者的基本观点或结论如下：

　　① 电磁辐射与生物体相互作用机制的研究有两个不同的方向：生物热效应和非热效应。非热效应主要研究电磁波能量不高、在体内产生的热量较少、体温升高不明显的情况下对生物体造成的影响。生物热效应已基本阐明，而非热效应是各国学者研究的重点。该研究通过测定辐照前及辐照后即刻大鼠肛温，发现照射后大鼠肛温升高不到

373

0.5℃，认为属于非热效应，为深入研究 HPM 对心脏损伤非热效应及机制提供了依据。

② 微波辐射时，由于心肌细胞能量代谢障碍，引起不同程度的细胞损伤和心功能障碍。当细胞受损时，由于细胞膜的完整性受到破坏，各离子之间的平衡也会受到影响，[Na⁺]、[K⁺]及[Cl⁻]离子之间的交换紊乱，从而引起血清离子浓度失调。AST 主要存在于心肌细胞，当心肌细胞受损时，AST 即可从胞内释放入血。因此，血清 AST 浓度是反映心肌细胞受损的敏感指标之一。该研究显示，S 波段 HPM 辐照后血清离子浓度失调，即[K⁺]和[Cl⁻]升高，而[Na⁺]降低，势必影响心肌细胞的兴奋性，从而引起心肌细胞的节律性改变。该研究还显示，HPM 辐照后 1d 血清 AST 升高，表明 HPM 辐照造成了心肌细胞的损伤，势必导致心脏功能的异常。上述改变均有一定的剂量效应关系，即照射剂量越大，效应越明显。

③ 有关低强度连续微波辐射对心率、血压的研究报道较多。大量流行病学调查结果显示，微波暴露人群可出现不同程度的心脏功能改变，表现为心动过速、过缓、房室传导阻滞等心电图异常。长期反复受功率密度为 $100\mu W/cm^2$ 以上微波作用，人的心血管系统可出现功能性改变，如低血压、心率缓慢、心房和心室传导延时、心电图波形改变等。Jauchem 等利用 $60mW/cm^2$ 微波照射大鼠时出现心率显著加快，平均动脉压升高，至结肠温度达 41～41.5℃后下降。但微波辐射对心脏功能损伤的规律至今尚未阐明。James 等利用频率为 1.2～1.4GHz、峰值功率密度为 14.6～51.6kW/cm² 的高功率脉冲微波照射大鼠，其心率和血压均无明显改变。该研究采用 $10mW/cm^2$ 和 $50mW/cm^2$ 的 S 波段 HPM 辐照大鼠，发现其心率于照后 6h 加快，1d 和 3d 分别减慢的双相改变，血压的各项指标均于照后 6h 和 3d 升高，表明 S 波段 HPM 可影响大鼠心脏的泵功能。其详尽机制有待进一步阐明。

④ 微波辐射对心脏组织结构损伤的报道少见。有学者用 $1mW/cm^2$、$10mW/cm^2$ 和 $20mW/cm^2$ 的 2450MHz 微波照射大鼠 1h 后，发现各组心脏组织均出现不同程度的改变，主要为心肌线粒体形态异常、嵴缺损及空泡化，细胞核膜皱褶增多，并偶见肌丝松散，但其剂量效应关系并未明确。既往研究采用 X 波段 HPM 辐照大鼠，发现心肌纤维排列紊乱、透明样变，肌浆凝集成收缩带甚至断裂、坏死，但对心脏传导组织的病理形态观察少见报道。该研究采用 2～50mW/cm² 的 S 波段 HPM 辐照大鼠，综合应用 HE、Masson 三色和 PTAH 染色技术，发现 $10mW/cm^2$ 以上 HPM 辐射可引起心脏组织结构的损伤，尤以传导组织更为严重，表现为 Purkinje 纤维溶解，P 细胞核浓缩、坏死。上述改变呈一定的剂量效应关系，为明确其损伤效应提供了形态学基础。

⑤ 基于实验现象分析可以认为，一定功率密度的 S 波段 HPM 可造成大鼠心肌组织结构的损伤，导致血清离子浓度失调，AST 升高，进而引起心率和血压的改变，且呈一定的剂量效应关系。该条件下的辐照效应属于生物的非热效应，其确切机制有待进一步深入研究。

在潘敏鸿等几位学者发表的另外一篇论文"S 波段高功率微波辐射对原代培养乳鼠心肌细胞的影响"中，他们又直接研究了高功率微波对心肌细胞的影响[23]。研究者认为：S 波段 HPM 辐射可增加心肌细胞凋亡和坏死率，使细胞[Ca²⁺]升高以及细胞膜穿孔，是 HPM 辐射致心肌细胞损伤的重要机制之一。主要结论为：

① 究者前期研究发现，S 波段 HPM 辐射可以造成大鼠心脏结构和功能的异常。为深入探讨其损伤机制，研究建立了 S 波段 HPM 辐射体外培养心肌细胞损伤模型，通过 PI 和 Annexin-V 双标记，发现辐射后 6h，$5mW/cm^2$ 组凋亡率略有增加，$10mW/cm^2$ 组以凋亡为主，$30mW/cm^2$ 组以坏死为主。表明 S 波段 HPM 辐射可引起培养心肌细胞的死亡，其死亡方式为凋亡和坏死并存，随辐射剂量增大，坏死细胞增多。由于心肌细胞凋亡和坏死，活细胞数量减少，必将影响心肌细胞的功能，为进一步研究 HPM 对心脏损伤的机制提供了形态学基础。

② Ca^{2+}在电磁辐射对生物体影响的信号转导机制中起关键作用，电磁辐射可通过增加能量和 Ca^{2+}与细胞膜之间的碰撞频率影响 Ca^{2+}的运动。静态磁场可迅速增加电容性 Ca^{2+}内流，脉冲电磁场可直接抑制钙泵，使 Ca^{2+}转运受阻，从而引起心肌细胞的一系列变化。Brovkovich 等也认为，微波辐射对心脏的影响与心肌细胞内肌浆网对 Ca^{2+}吸收速率加快有关。该文献研究者发现，$30mW/cm^2$ 的 S 波段 HPM 辐射后，心肌细胞内 Ca^{2+}浓度即刻明显升高，表明 HPM 辐射引起了心肌细胞的钙超载。因此，可以认为，HPM 辐射后心肌细胞凋亡和坏死率增加，胞内钙超载可能是触发因素。

③ 电穿孔是细胞膜在电场的作用下，膜表面形成微小的孔道，导致生物大分子、离子异常跨膜转运。有研究发现，X 波段 HPM 辐射和电磁脉冲均可引起心肌细胞膜穿孔。该文献研究者应用 S 波段 HPM 辐射原代培养的乳鼠心肌细胞，经 AFM 扫描发现，$30mW/cm^2$ 的 S 波段 HPM 辐射后，心肌细胞膜形态结构即刻发生改变，细胞膜表面趋于平滑，突起明显减少甚至消失，有多量凹陷和明显的穿孔现象发生，表明膜穿孔在 HPM 辐射损伤中起重要的作用。

同为军事医学科学院的邓桦等在其论文"高功率微波辐照对原代培养心肌细胞超微结构及肌动蛋白表达的影响"中介绍了他的研究成果[24]。研究者发现，在 HPM 辐照后，心肌细胞明显肿胀，细胞膜受损严重，除了伪足和微绒毛变短或消失外，还可见细胞膜的凹陷、穿孔、破裂以及在严重受损时出现的典型髓鞘样结构。同时，肌动蛋白的表达明显降低而且降低程度与辐照剂量密切相关。上述结果表明，HPM 辐照对心肌细胞的结构产生明显影响，上述变化共同导致了高功率微波辐照引起的心肌细胞和心脏结构功能的改变，心肌细胞在蛋白质合成、能量产生和利用、细胞搏动性等方面均严重受损。但是，同时观察到心肌细胞在损伤后表现出了较强的修复功能，在 HPM 辐照后第 5 天，细胞重新伸出伪足，线粒体数量增多，内质网和高尔基体肿胀减轻，细胞质内囊泡状结构减少，糖原颗粒增多，结构趋于正常。这一细胞损伤至修复的发展过程，在其他相关实验中得到进一步的验证。

华东师范大学的李芬系统开展了毫米波对生物心脏的效应研究，在其硕士论文"高功率毫米波局部辐照大鼠热痛应激对皮肤、心脏的损伤观察"中详细介绍了其研究成果[25]。研究者采用平均功率密度为 7.5W/cm² 高功率毫米波局部辐照大鼠背部，不仅引起直接的表皮损伤，也引起间接内脏器官的损伤。损伤及恢复情况如下：

① 直接的表皮损伤：辐照 15s 时，表皮组织发现轻微的嗜酸性红染，真皮层毛根附近出现空洞，分布不均匀，毛囊根部开始碎裂；30s 组真皮层血管坏死，出现空洞，毛囊根部发生坏死、崩解，皮下组织骨骼肌细胞发生小面积的聚集，整个皮肤发生严重的损伤；50s 组嗜酸性红染到达皮下组织，毛根、毛囊分布杂乱加剧，脂肪组织大部分消失，即损伤随辐照时间的延长而加重。

② 生化指标的变化：AST、LDH、CK 随辐照剂量的增加而变化，AST、LDH、CK 被称作心肌酶谱，其变化表明高功率毫米波局部辐照一定时间可能引起心脏器官的损伤。

③ 心脏形态学变化：光镜观察表明，辐照时间大于 30s 时，心肌细胞出现不同程度的病变，随着辐照时间的增加，损伤呈加重趋势；电镜观察表明，辐照时间大于 20s 时，随着辐照时间的增加，肌纤维出现扭曲，线粒体肿大异形、外膜溶解，嵴缺损及空化等。

④ 心脏损伤恢复规律：辐照时间延长，引起心肌损伤加重，辐照时间超过 30s 会引起大鼠部分死亡，辐照时间越长，死亡率越高。研究获得的实验结果如图 8-9 所示，Control 组［图（a）］心肌胞核为椭圆形，胞浆染色均匀，个别毛细血管有红细胞出现；0s 组［图（b）］相对于 Control 组形态上无明显差异，都属于基本正常；10s 组［图（c）］心肌形态也基本正常；30s 组［图（d）］则出现点状性充血；60s 组［图（e）］出现较大面积充血，成纤维细胞增生，胞浆浑浊散开，细胞开始变性；180s 组［图（f）］充血现象加重，细胞与细胞之间界限模糊，心肌细胞变形，成纤维细胞增生加剧，细胞变性坏死。

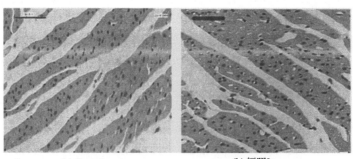

(a) Control   (b) 辐照0s

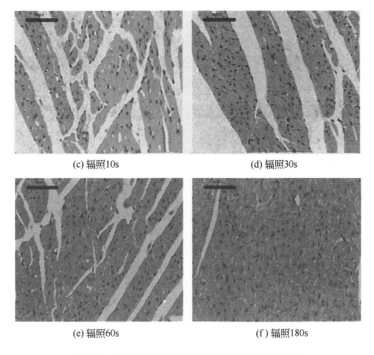

(c) 辐照10s   (d) 辐照30s

(e) 辐照60s   (f) 辐照180s

图 8-9 毫米波辐照不同时间后大鼠心脏组织的 HE 染色

8.7 肝脏及脾脏高功率微波效应

　　肝脏及脾脏都是生物体重要的功能性器官，从学术研究的角度分析，开展肝脏及脾脏高功率微波效应研究是非常必要的。但与神经系统、视觉系统及生殖系统相比，开展这两类器官高功率微波效应研究的报道比较少。第四军医大学的李珍等在其论文"高功率微波辐照后大鼠肝组织的形态学改变"中介绍了她们所获取的生物体肝脏高功率微波效应研究成果[26]。研究者希望通过辐照实验的方法探讨高功率微波辐照后对大鼠肝组织形态结构的影响。实验过程为：选取雄性 SD 大鼠 36 只，随机分为实验组（24 只）和正常对照组（12 只），在微波辐照后 6h、24h 和 48h 及 7d 活杀大鼠，取肝脏组织；30mg/L 戊二醛固定，进行常规扫描电镜标本制备；甲醛固定制备光镜标本。观察发现，对照组可见肝板排列整齐，肝窦正常，肝小叶结构完整。实验组可见：辐照后 6h，肝脏组织结构无明显改变，肝细胞肿胀不明显，肝板排列尚整齐；辐照后 24h，肝细胞肿胀，肝板排列紊乱，细胞结构不清，部分细胞周围出现空泡，汇管区炎细胞浸润，肝窦内充血；辐照后 48h，肝细胞明显肿胀，肝板排列严重紊乱，肝细胞周围空泡化现象明显，中央静脉和肝窦内高度淤血；辐照后 7d，肝细胞轻微肿胀，肝窦淤血明显减轻，肝板排列基本恢复，中央静脉周围有空泡变现象。辐照后肝脏组织的显微照片如图 8-10 所示。分析认为，高功率微波辐照对肝组织的损伤主要是发生肝细胞肿胀和肝窦淤血，这可能与辐照的致热效应，以及电场、电离作用等有关。有关高功率微波源具体辐射参数在该文中并未介绍。

(a) 辐照后6h，肝细胞轻微肿胀，肝板排列尚整齐

(b) 辐照后24h，肝板排列紊乱，肝窦狭窄明显

(c) 辐照后48h，血管扩张，血小板聚集

(d) 辐照后7d，肝板围绕中央静脉，排列基本正常

图 8-10 高功率微波辐照后肝脏组织显微照片

对于脾脏的高功率微波效应研究，军事医学科学院的王炜等学者在其论文"3种波段电磁辐射致大鼠脾脏损伤的定量比较研究"中介绍了他们的研究成果[27]。研究者希望通过实验方法比较 3 种不同波段电磁波全身照射后脾脏损伤病理变化的差异。实验过程为：分别采用电磁脉冲（EMP）、S 波段高功率微波（S-HPM）和 X 波段高功率微波（X-HPM）全身照射 Wistar 大鼠 120 只，并设伪照射 40 只为对照组；分别于辐照后 6h、1d、3d、7d、14d、28d、6m、12m 分批麻醉活杀，取脾脏组织，制作石蜡切片和超薄切片，进行组织学和超微结构观察；根据淋巴细胞凋亡数、增生程度、脾小体萎缩程度和间质纤维组织增生程度对辐射损伤的生物学效应

进行定量检测和分级。观察发现：电镜下在不同时期均可观察到凋亡和坏死图像；光镜下 3 个实验组大鼠辐照后脾脏发生相似的损伤效应，即早期以淋巴细胞凋亡为主，伴随脾小体不同程度的萎缩，中晚期淋巴细胞开始增生和间质以纤维组织增生为主；病变经历平台期、高峰期和修复期，各期出现的时间、平台期持续时间以及损伤程度均存在组间差异：上述变化均以 X-HPM 组和 S-HPM 组重于和早于 EMP 组，尤其以 X-HPM 组最为明显。分析认为，3 种不同波段电磁波均可导致脾脏基本相似的时相性辐射效应，表现为淋巴细胞凋亡、脾小体萎缩、淋巴细胞增生和间质纤维组织增生，所致效应的程度及其时相性变化因辐射源的种类和频率的不同而各有其特点。

8.8 小结

本章主要依据国内学者开展的生物高功率微波效应研究情况，简要介绍了神经系统、视觉系统、生殖系统、免疫系统及部分脏器的效应研究结果与结论。还有一些学者开展了其他方面的生物高功率微波效应研究，如研究高功率微波消杀细菌可行性、高功率微波杀灭植物害虫的可行性、高功率微波对人体损伤及防护等，这里不一一赘述。也许部分读者读完本章仍然对本章开头提出的两个问题表示困惑，这只能说明该部分读者对生物高功率微波效应的特点及高功率微波武器的特点并没有很好地把握，笔者在本章的结尾有必要再重点强调一下。

生物高功率微波效应研究普遍具有辐射平均功率高（几十mW/cm^2）、辐射时间长（分钟～几十分钟量级）的特点；而真正的高功率微波器普遍具有峰值功率高，工作时间有限（分钟量级）的特点。以典型 GW 级高功率微波源为例，假设源输出功率为 1GW，脉冲宽度为 20ns，脉冲重复频率为 100Hz，配备增益为 50dB 的天线进行辐射，则距离天线 5km 处的微波功率密度约为 32W/cm^2，请读者注意，该功率密度为峰值功率密度，如果换算成平均功率密度则为 64μW/cm^2，离能够产生相关效应的平均功率阈值差 3～4 个量级。另外，研究表明，生物体越大，相关阈值越高，如利用大鼠开展研究获得的阈值，如果换成兔子，则阈值将会出现明显提高，对于大型哺乳动物，典型如狗、羊等，则需要更高的微波功率辐照。笔者在配合第三军医大学、第四军医大学及军事医学科学院的学者做有关生物效应实验研究时，峰值功率 MW 级的微波源往往需要辐照几十分钟才能够产生可观察或检测到的效应现象，与其称为高功率微波效应研究，不如称之为脉冲微波效应研究更为恰当。但约定俗成，大部分学者在发表论文时仍然称之为生物高功率微波效应研究，其研究结论只能表明在极其极端的条件下，如将生物直接放置于高功率微波源喇叭辐射端口，生物也许会出现不同的损伤效应，但要利用高功率微波武器将生物直接致死，恐怕并没有相关科学依据。

相关读者可能注意到华东师范大学的李芬在其硕士论文"高功率毫米波局部辐照大鼠热痛应激对皮肤、心脏的损伤观察"中报道的毫米波对生物效应研究的结果[25]，研究者采用平均功率密度为 7.5W/cm² 的高功率毫米波局部辐照大鼠背部，不仅引起直接的表皮损伤，辐照时间超过 30s 会引起部分大鼠死亡，辐照时间越长，死亡率越高。引起大鼠死亡的原因可能是由于皮肤温度的急剧升高，生物体产生过激的应激反应，导致心脏受到不可恢复的损伤，心功能障碍导致生物体死亡。该报道采用的平均功率之高远远超出了常规高功率微波源技术指标，如果非要将其归纳为高功率微波效应范畴，则正如本章开头概述中所介绍的情况，这是一类超高平均功率的微波源，其主要应用以美国的拒止武器为代表，在当前技术条件下，其作用距离估计也就百米量级，只能对人体皮肤表面产生灼伤效应，且对人体其他部位是否会产生不可逆损伤并无定论。因此，此类武器虽然很早就有报道，但真正的实用效果如何，仍有待进一步分析与评估。

参考文献

[1] 吴瑛，赖声礼. 毫米波的生物效应及毫米波疗法研究进展 [J]. 第一军医大学学报，2001，21（1）：62-64.

[2] Adair R K. Effects of weak high-frequency electromagnetic fields on biological systems [J]. Life Sciences，1994，274：207-221.

[3] Cherkasov I，Nedzvetsky V，Gilenko A. Biomedical effects of millimeter radiowaves [J]. Oftalmologicheskii Zhurnal，1978，33（1）：87-90.

[4] 王德文，邓桦曹，晓哲，等. HPM 和 EMP 所致几种神经元和细胞膜穿孔效应及其意义研究 [C]. 第三届电磁辐射与健康国际研讨会暨 2003 年全国电磁辐射生物学术会议论文集，2003：7-1.

[5] 杨瑞，彭瑞云，高亚兵，等. S 波段高功率微波对大鼠海马组织辐射损伤效应的研究 [C]. 第七届全国激光科学技术青年技术交流会论文集，2003.

[6] 杨瑞，彭瑞云，高亚兵，等. 高功率微波辐射对大鼠海马的损伤效应 [J]. 中华劳动卫生职业病杂志，2004（3）：211-214.

[7] 孟丽，彭瑞云，高亚兵，等. S 波段高功率微波对大鼠下丘脑垂体肾上腺轴的功能及形态影响 [J]. 军事医学科学院院刊，2005（1）：25-29.

[8] 赵黎，彭瑞云，郝延辉，等. 微波辐射致大鼠海马神经元线粒体损伤效应及机制研究[C]. 中国毒理学会第七次全国毒理学大会暨第八届湖北科技论坛论文集，2015.

[9] 胡韶华. 扰幅灵活性成分对 Nrf2-Keap1 信号通路激活在微波辐射后神经细胞损伤的保护作用研究 [D]. 北京：军事医学科学院，2015.

[10] 李静，郭国祯，郭鹞，等. 超宽谱高功率微波辐照对大鼠记忆功能的影响 [C]. 第八届全国激光科学技术青年学术交流会论文集，2005.

[11] 陈鹏，肖瑞，梁洁，等. HPM 长期辐照的眼生物效应研究 [J]. 激光生物学报，2010，19（4）：439-442.

［12］陈鹏，梁洁，马萍，等．高功率微波单次辐照对眼视网膜组织结构的影响［J］．保健医学研究与实践，2010，7（3）：4-6.

［13］周游，单清，苏镇涛．S 波段高功率微波对家兔眼的损伤效应［J］．军事医学科学院院刊，2005（1）：21-24.

［14］姜涛，王德文，张建，等．高功率微波对兔眼辐射损伤的研究［J］．军事医学科学院院刊，2004（5）：452-455.

［15］汪峰，余争平，张广斌．家兔视网膜组织结构在高功率微波辐照后不同时间的变化［J］．辐射研究与辐射工艺学报，2006（4）：229-232；

［16］尉春华．HPM 辐照对大鼠生殖系统的影响［D］．西安：第四军医大学，2004.

［17］王水明，彭瑞云，高亚兵，等．高功率微波辐射所致大鼠睾丸损伤的病理学研究［J］．中华男科学杂志，2006，12（6）：486-495.

［18］姚华，王德文，朱茂祥，等．三种波段电磁辐射致大鼠睾丸损伤的比较［J］．中国实验动物学报，2010，18（6）：467-470.

［19］曾丽华，郭国祯，任东青，等．高功率微波辐照对雄性大鼠生殖细胞的影响［J］．强激光与粒子束，2005，17（8）：1267-1271.

［20］陈忠民，潘秀颉，杨陟华，等．S 波段微波照射对大鼠免疫功能的影响［J］．辐射防护，2008（2）：79-82.

［21］崔玉芳，杨姝娅，徐菡，等．高功率微波对小鼠免疫组织淋巴细胞影响的初步研究［J］．感染、炎症、修复，2006，6（7）：70-73.

［22］潘敏鸿，彭瑞云，高亚兵，等．S 波段高功率微波辐射对大鼠心脏结构与功能的影响研究［J］．中国体视学与图像分析，2004，9（3）：147-151.

［23］潘敏鸿，彭瑞云，王水明，等．S 波段高功率微波辐射对原代培养乳鼠心肌细胞的影响［J］．中华放射医学与防护杂志，2006（6）：625-627.

［24］邓桦，王德文，张飒，等．高功率微波辐照对原代培养心肌细胞超微结构及肌动蛋白表达的影响［J］．环境与职业医学，2004（21）：117-120.

［25］李芬．高功率毫米波局部辐照大鼠热痛应激对皮肤、心脏的损伤观察［D］．上海：华东师范大学，2010.

［26］李珍，黄晓峰，王春梅，等．高功率微波辐照后大鼠肝组织的形态学改变［J］．中华放射医学与防护杂志，2005，25（2）：180-182.

［27］王炜，王德文，左红艳，等．3 种波段电磁辐射致大鼠脾脏损伤的定量比较研究［J］．中国体视学与图像分析，2008，13（2）：79-85.

第9章

高功率微波武器系统

开展高功率微波技术研究的目的就是研制高功率微波武器。作为三大定向能武器之一,高功率微波武器被各国寄予厚望,其潜在应用由陆基、海基、空基逐渐向天基过渡,被广泛认为是一类具有战略价值的武器,是先进国家未来武器竞争的制高点。本章结合国外报道的相关文献,就高功率微波武器系统的组成、结构、关键技术及可能的应用做概略性介绍。

9.1 高功率微波武器应用概述

图 9-1 和图 9-2 所示为某文献绘制的高功率微波应用场景[1,2]。从原理上讲,如果高功率微波武器对以计算机为代表的民用设施发起攻击,整个攻击区域的电子系统可能均处于瘫痪状态,这类场景是有可能实现的。

图 9-1 高功率微波武器攻击城市想象图

图 9-3 所示为俄罗斯推销其 SINUS 系列及 RADAN 系列高功率微波源时设定的一种高功率微波武器应用场景,RANETS-E 机动式高功率微波防御系统由俄罗斯科学院无线电研究所研制[3],武器系统由雷达、指控系统及高功率微波发射系统组成,

主要用于扰乱航空电子设备，对付精确制导弹药，用于装备的电磁易损性试验。该系统输出功率超过 500MW，脉冲重复频率为 500Hz，工作频段为 X 波段，作用距离为 1～10km。根据电子系统高功率微波效应结果，利用高功率微波武器对飞行器进行干扰甚至损伤其电子系统并不存在理论上的障碍。

图 9-2 高功率微波弹区域攻击想象图

图 9-3 高功率微波武器防空对抗想象图

　　2018 年，中国兵器科学研究院的王宁、金雪雁在其论文"高功率微波国外发展现状以及与电子战的关系"中对美国及部分欧洲国家高功率微波武器的发展及应用做了系统完整的概述[4]。笔者认为其论述及评论非常客观中肯，值得与读者共享，本节下面的内容将主要引用该论文的相关报道及论述。

　　美国于 1997 年制订了"高功率微波先进防御技术领域计划"，最具代表性的是雷声公司为机场开发的"警惕鹰"（Vigilant Eagle）高功率微波武器防御系统，用于防止飞机在起降时受到便携式地对空导弹的攻击，该防御系统由导弹预警系统、指控系统及固态高功率微波发射系统组成，如图 9-4 所示。2006—2009 年，"警惕鹰"的各个子系统分别进行了演示验证，并在外场测试中证实了其对抗便携式防空导弹的有效性[4]。

图 9-4 "警惕鹰"机场防御系统演示试验示意图

2016 年 10 月，雷声公司发布报告，该公司最初为美国陆军开发的高功率微波演示样机获得了国防部其他机构的关注。从 2013 年开始，该公司就在陆军希尔堡基地演示了利用高功率微波演示样机使小型无人机失效的能力，研制的代号为"Phaser"的微波定向能武器样机如图 9-5 所示，系统安装在 1 台 6m 长的拖车上，电源由内部的柴油发电机提供。公开的演示试验中，该系统完成了对 Flanker 和 Tempest 两种无人机的探测、跟踪、打击过程，未来可用于反精确制导弹药和无人机蜂群[4]。

图 9-5 "Phaser"的微波定向能武器样机

美国从 20 世纪 90 年代开展弹载 HPM 武器研制工作。2012 年 10 月 16 日，在"反电子设备进导弹项目（CHAMP）"的支持下，波音公司利用高功率微波巡航导弹在犹他州试验训练靶场开展反电子设备高功率微波试验，如图 9-6 所示，CHAMP 按照既定路线在犹他州沙漠低空飞行 1h，在沙漠上空自毁前使 7 个不同目标中的电子系统降级或失效。CHAMP 飞过时，沿线房屋中放置的计算机全部黑屏，甚至试验记录用的遥控 TV 相机也被攻击失效，此次试验获得了军方的肯定[4]。

图 9-6 美国 CHAMP 计划及巡航导弹攻击演示试验

德国长期开展高功率微波效应和军事应用研究。其中，莱茵美特公司和迪尔公司联合开发了一种降落伞型高功率微波战斗部，演示样机型号为 RDS1000M，该战斗部采用了降落伞共形天线辐射高功率电磁脉冲，其辐射功率为 1GW，工作频率为 100MHz～1GHz，作用距离为 10～100m，攻击目标包括区域防御系统、雷达系统、指挥控制和通信系统[4]。

毫米波主动拒止系统（ADS）依靠微波源产生频率为 95GHz 的微波，经天线作用于人体后可使皮肤产生灼痛感，从而驱散可疑目标人员。图 9-7 所示为美国研制的机动式主动拒止系统，该系统输出功率为 100kW，天线口径为 1.6m，作用距离为 750m，但是由于该系统采用超导聚焦技术，影响了作战使用，目前美国陆军与非致命武器计划署正在联合开展全固态拒止系统研制，用于代替现有的系统[4]。

图 9-7　机动式主动拒止系统及全固态微波源系统样机

美国陆军实验室以及"尤里卡"宇航公司于 20 世纪 90 年代开始先后开展了高功率电磁脉冲对车辆的效应试验，主要测试不同车辆的敏感频率及迫停所需的功率密度。美国陆军实验室研制了窄谱微波车辆迫停系统样机，并且依据财年制定了详细的发展规划。德国迪尔公司基于宽谱高功率微波技术，研制开发了多种车辆迫停设备并对典型的目标车辆进行了效应试验，2014 年，法国巴黎防务展上该公司推出了"car stop"车辆迫停系统，如图 9-8 所示。该系统采用两元宽谱阵列电磁脉冲合成技术，辐射场强距离积可达 300～400kV@1m，辐射系统被集成至城市越野车内部，隐蔽性强，可在 3～15m 距离范围阻停目标车辆，未来还有望用于对抗无人飞行器、简易爆炸装置等[4]。

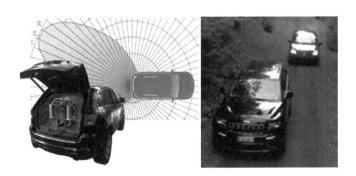

图 9-8　德国迪尔公司研制的"car stop"车辆迫停系统

2015 年，英国 E2V 公司对外发布了一种微波车辆迫停系统样机。该系统工作在 L 或 S 波段，脉冲工作比为 10%，质量为 350kg，在 UPS 供电的条件下，可待机 2h，连续工作 12min，可在 50m 的距离上使目标车辆熄火。为了降低传统喇叭天线的体积，该系统目前完成了高功率微波平板裂缝阵列天线测试，如图9-9所示。

图9-9 英国E2V微波车辆迫停系统试验和平板阵列天线改进系统

　　高功率微波可使电子设备瞬间失效，因此可用于扫雷和排除简易爆炸装置。美国空军研究实验室在2007—2012年期间开展了"MAXPOWER"高功率微波扫雷排爆技术研究，研制的系统如图9-10所示，搭载平台为一辆轮式卡车，采用阵列天线辐射。该系统于2015—2016年间在阿富汗开展了为期9个月的战场环境测试，接着在新墨西哥开展反简易爆炸装置技术评估和后续改进工作[4]。

　　在2015年的土耳其国际防务展上，ASELSAN公司展示了集探测和扫除一体化的反IED设备，该设备的核心是被称为"EJDERHATM"的高功率微波辐射系统，如图9-11所示。"EJDERHATM"系统能够辐射ns量级的极强电磁场，辐射场强距离积为400kV@1m，可在远场使IED内部动作机构瞬间失效，从而达到在安全距离清除IED的目标。该车辆平台的下方集成了IED探测设备[4]。

图9-10 美国基于高功率微波技术的扫雷排爆设备　　**图9-11** ASEISAN公司的车载式强电磁脉冲反IED系统

　　高功率微波武器事实上提供了一种新的电子战手段。美军对电子战中关于电子进攻概念的最新阐述，明确增加了高功率微波定向能武器。2017年5月，美国空军研究实验室定向能处高功率电磁部（RDH）宣布，授予雷声公司价值1000万美元的合同，开展"高功率电磁网络电子战应用"（HPEMCEWA）项目研究。HPEMCEWA项目旨在通过开展实验、论证概念、记录结果，找到将高功率电磁（HPEM）技术用于军事网络及电子战领域的方法；将通过研究HPEM技术在网络及电子战领域的潜在应用场景，更好地运用现有及新兴 HPEM 射频源、软件技术，推动网络及电子战未来发展。另一方面，未来的武器装备将向着无人化、智能化方向发展，其电子设备和信息系统将更加复杂，所以耐受高功率微波的能力将持续下降，这也为高功率微波武器应用创造了有利条件。从未来发展角度而言，高功率微波武器必将引发电子战领域的深刻变革，即从以电磁信息为基础的软杀伤阶段到以电磁能量为基础的硬杀伤阶段的飞跃，相对于传统的持续性电子压制手段，高功率微波武器能够提供一种对人员非致命、对电子系统形成瞬间致命毁伤能力的新型作战样式。同时，电子战的不断发展也将牵引高功率微波武器快速走向应用，电子战人员可为微波定向能提供更多的作战经验、任务规划、交战规则、目标确定和第三级效应的理解等，这些能确保微波武器更加适应未来的战场条件[4]。高功率微波武器既可以损伤各类信息传感器，实现信息致盲，也可以毁伤通信、数据链设备，还可以扰乱计算机网络及武器控制单元，因此，在空间攻防对抗、信息对抗和反精确打击等方面具有巨大的军事应用潜力。同时，该武器具有人员非致命、光速攻击、攻击波束面覆盖等能力，是未来战争中潜在的重要电磁打击手段，高功率微波新技术发展，必将引发电子战领域的深刻变革。

进入 21 世纪以来，高功率微波技术在近程防空、电磁压制、特种作战等领域实现了武器应用的逐步推进，某些装备甚至在战场得到了验证和测试。虽然高功率微波技术及其武器化应用所需各项关键技术已经取得重大进展，但是也存在一定不足，主要是部分关键系统体积庞大，能量转换效率不高，搭载在巡航导弹、无人机等小尺寸作战平台时，输出功率较小，导致作战距离较近。所以，各国在寻求发展频率覆盖更宽、输出功率更高的高功率微波武器装备，一方面，为了获取更远的作用距离，利用阵列天线进行脉冲功率合成进一步提高峰值功率，同时注重辐射天线的共形及抗击穿技术研究；另一方面，为了达到毁伤阈值能量利用最优，通过增加输出微波的脉冲宽度或者脉冲重复频率，提高作用到靶目标上的平均功率，或通过不同频率的高功率微波脉冲合成形成新的攻击模式，以进一步提高攻击效果。高功率微波技术未来将朝着小型化、阵列化、可合成化方向发展。

9.2 窄带高功率微波武器系统及其关键技术

9.2.1 窄带高功率微波武器系统组成

对于窄带高功率微波武器，通俗地可以分为三种类型，即所谓的"机""弹""炮"。

"机"，即"强力干扰机"的简称，强力干扰机的组成核心为大功率电真空器件，利用功率合成获取极高的平均功率（百 kW 级），用于干扰对抗，在高功率微波技术发展初期曾经开展过一段时间的研究，后来逐渐淡出高功率微波技术领域，随着固态微波集成电路功率水平的发展，该项技术近期又有所研究，但从应用角度看似乎并不太理想，这也限制了该项技术的进一步发展。所谓"弹"，即"高功率微波弹"的简称，典型代表为美国的 CHAMP 高功率微波巡航导弹，限于高功率微波源小型化水平，该类微波弹输出功率普遍不高（通常<1GW），单次或极低重复频率运行，运行时间通常在秒级，天线增益很小，作用到目标的功率密度很低，很难达到理想的攻击效果，攻击距离通常都在公里量级。局限于导弹的实际承载质量、能源供给及可利用空间，在高功率微波源小型化取得实质性突破之前，高功率微波弹的实际作战性能近期很难有大的提高，只能作为一类战术性武器应用于局部特殊场景。所谓"炮"，即"高功率微波炮"的简称，该类高功率微波武器发射功率当前可达 10GW 量级，可重复频率间歇式长时间运行，多为地基或海基，是当前高功率微波武器的主流装备。

典型地基 GW 级窄带高功率微波武器（炮）组成框图如图 9-12 所示。整个高功率微波炮武器系统由能源系统、驱动源、高功率微波器件、传输发射系统、跟踪瞄准系统、运载平台系统及附属保障系统等部分组成。

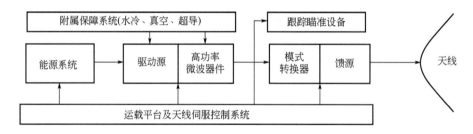

图 9-12 典型地基 GW 级窄带高功率微波武器（炮）组成框图

① 能源系统，直接为高功率微波武器提供所需电能。鉴于高功率微波源的效率，GW 级高功率微波武器配置的电源系统平均功率通常需要达到百 kW 量级，可以用移动式发电车进行电力保障。

② 高功率微波源系统，包括驱动源及高功率微波器件两大部分，在窄带高功率微波产生技术相关章节中已有详细介绍。

③ 发射系统，包括模式转换器、馈源及辐射天线。模式转换器的主要作用是将高功率微波器件产生的不利于辐射的微波模式转换成利于辐射的微波模式；馈源的主要作用是将辐射微波脉冲相位、幅度控制在一定范围，便于后续抛物面天线辐射，

应用于高功率微波武器系统的馈源与天线焦点处的馈源完全不是一个概念，在接下来的关键技术中会有进一步的介绍；GW 级高功率微波武器的天线通常采用抛物面天线，一方面该天线结构简单、辐射效率高，更为关键的是该类型天线的抗电磁击穿能力强，有利于超高功率微波脉冲辐射。

④ 瞄准跟踪系统，通常由微波探测雷达加光学跟瞄设备共同组成，其主要作用是发现目标、瞄准目标、引导高功率微波武器对目标发动攻击。

⑤ 附属保障系统，包括水冷设备、真空设备及超导设备等。由于高功率微波器件及驱动源整体效率很低，高功率微波武器工作时，大部分电能将转换成热能，需要尽快散去以保障系统重复频率运行；高功率微波器件、模式转换器及高功率微波馈源需要工作在相对较高的真空环境，这需要由真空设备来进行保障；当前具有较高重复频率且输出功率达到 3GW 以上的高功率微波源大多采用相对论返波管作为产生高功率微波的器件，该级别的返波管需要很强的外加磁场，多数条件下需要超导系统进行保障。

⑥ 运载平台及天线伺服系统。运载平台主要用于承载高功率微波武器并能够满足一定的机动条件，大型抛物面天线俯仰及方位的运动需要单独的伺服驱动系统进行保障。

9.2.2　窄带高功率微波武器关键技术

窄带高功率微波武器相关核心技术很多，包括驱动源技术、高功率微波器件技术、高效传输与发射技术等。为了提高发射脉冲峰值功率或探索新型的组合攻击模式，高功率微波功率合成技术也是当前研究的一个热点。驱动源技术及高功率微波器件技术在前面章节已有详细介绍，本小节简略介绍高功率微波传输发射技术及高功率微波合成技术。

9.2.2.1　窄带高功率微波传输与发射技术

（1）窄带高功率微波传输与发射技术发展概述

高功率微波传输与发射系统是高功率微波武器的重要组成部分，而高功率微波天线又是传输与发射系统的核心部件，决定着能否将高功率微波源所产生的微波能量有效地辐射或集中作用到目标上。从技术特征上讲，高功率微波辐射天线是传统微波辐射天线的继承和延伸，因此可以借鉴传统天线较为成熟的理论基础和工程经验。然而由于高功率微波具有峰值功率高、脉冲宽度窄等特点，高功率微波源产生的微波模式较为复杂，高功率微波馈电波导多为过模波导等现实工程问题，又赋予了高功率微波天线新的内涵和要求。

在高功率微波辐射系统中，为了提高整个系统的效率，除了要求高功率微波源具有单一的模式输出外，还要求天线具有良好的匹配和辐射特性。天线的分类方法多种多样，按其结构形式可分为线天线、面天线和阵列天线。对于高功率微波天线来说，一般采用面天线和阵列天线，其中面天线是应用最为广泛的形式之一。喇叭天线、抛物面天线、双反射面天线等均属于面天线的范畴，较为适于在微波波段形成定向辐射的笔状波束[5]。

由于高功率微波产生器件和传输波导均工作在真空度小于 10^{-2}Pa 的真空状态下，相对于低气压状态或大气条件能够承受更高功率的微波。馈源介质窗处于大气压与真空的交界处，所以大多数高功率微波击穿都发生在介质窗的大气压侧。当高功率微波进入大气时，如果局部电场将电子能量加速到足以使气体电离，就会造成微波击穿，形成对电磁波进行反射或吸收的等离子体导电区，不仅容易破坏介质窗的性能，还可能大大降低天线的辐射效率[5]。随着高功率微波源技术的快速发展和产生功率水平的大幅提高，高功率微波辐射系统的强场击穿问题也日渐突出，因此设计高功率微波辐射天线必须首先考虑功率容量问题。

高功率微波天线主要有以下一些类型[5]：

① Vlasov 天线。Vlasov 天线是一种基于准光学转换的天线，主要用于毫米波波段，是由俄罗斯科学家于 1974 年提出的。高功率微波源大多产生 TM_{01} 模式，由于输出的电场是轴对称分布的，如果直接辐射会使方向图的中心场强最小，不利于高功率微波定向辐射。Vlasov 提出用非对称的末端结构，将轴对称模式辐射出去，形成有一定方向性的空间辐射。该天线的结构并不复杂，加工也较为简单，但其辐射方向图的旁瓣电平较高，增益较低。鉴于此，过去的几十年里，很多科研人员对其进行了改进，例如在传统 Vlasov 天线上增加反射面，使得辐射天线口径加大，场强分布更为均匀，辐射天线的波束实现了一定程度上的圆周对称。不过，天线的最大不足之处仍然是辐射场最大值方向偏离轴向，并且随频率变化，因此它在工程应用方面存在某些局限性。

② COBRA 天线。COBRA 天线针对 TM_{01} 模式的电力线轴对称分布的特点，先以反射面口径中心为原点，分为对称的区域，再调整每个区域反射面到馈源的距离，使得各个区域的口面场相位达到近似一致，通过调整对称扇区距离，使得波在往返的过程中产生 1/2 波长的波程差，这样两个对称扇区的电场方向调整为同方向，从而得到较高的增益。其主要优点是不需要模式转换器就可以实现 TM_{01} 模式到类 TE_{11} 模式的转换和辐射；其主要缺点是系统调整难度较大，口径效率较低。

③ 插板式模式转换天线。该天线利用在同轴线中沿轴向插入金属薄板，将同轴线中的 TEM 模式转换成扇形波导中的 TE_{11} 模式，扇形波导的 TE_{11} 模式只是作为过

渡模式，利用不同扇形截面波导中的相速不同，经过一定长度的波导传输，进而改变电场分布的轴对称性，将同轴线中的 TEM 模式转换为圆波导中的 TE_{11} 模式。插板式模式转换天线具有输入输出共轴的特点，在 10%带宽内的转换效率可以大于90%，功率容量可达 GW 级，不过对加工精度要求较高。

④ 行波天线。该类天线具有较高的口面效率，在与某些应用平台的共形设计上具有很好的应用前景，不过单个馈线所承受的功率容量有限，需要组阵后才能得到较高的天线增益值。

⑤ 反射面天线。反射面天线是获得高增益的常用天线，其功率容量较高，适合于高功率微波定向辐射。通常，高功率微波通过喇叭馈源和反射面天线辐射出去，从而获得较高的天线增益。目前，国内已研制成功多套高功率微波波束波导双反射面天线，通过避免微波传输通道的局部聚束，提高了辐射系统的功率容量，利用波束波导方位和俯仰旋变，实现了天线的波束扫描，具有较强的工程实用性。不过由于 HPM 喇叭馈源介质窗的击穿问题和馈源照射效率较低等原因，高功率微波波束波导双反射面天线的效率相对较低，有待进一步提高。

⑥ 螺旋阵列天线。日本学者 Nakano 提出螺旋天线阵列的馈电方式。由于电耦合会造成高功率微波天线内局部场增强，在高功率微波辐射时，存在微波击穿的风险。西南交通大学刘庆想教授等通过将馈电方式改为磁耦合方式，提高了天线的功率容量，将其应用在高功率微波传输与发射系统中。测试结果表明，36单元的螺旋天线阵列在 C 波段的功率容量为 1GW，增益为 19.2dB，口面效率约为 42%。不过，要获得更高的天线增益，需要更多的阵列单元数目，调整难度也相应加大。

目前，高功率微波传输与发射技术需要重点研究的问题大致有以下几个方面[5]：

① 现有高功率微波辐射系统的功率容量还不能很好地满足高功率微波武器工程应用的要求，特别是随着高功率微波源产生功率的持续提升和脉冲宽度的加大，高功率微波馈源介质窗的功率容量和使用寿命将遭受更加严峻的挑战。因此，迫切需要加强有限结构尺寸下高功率容量馈源的优化设计，研制适合于高功率微波武器应用的 GW～10GW 级高功率喇叭馈源。

② 高功率微波辐射天线的增益和效率还有待进一步提高。在以往的高功率微波辐射技术研究中，由于片面强调了高功率微波辐射系统的功率容量，对馈源及面天线的一体化设计重视不足，造成高功率微波辐射天线的增益和效率较低。随着高功率微波各项关键技术的发展，高功率微波武器系统应用要求不断提高，迫切需要进一步提高高功率微波天线的增益和效率。

③ 高功率微波辐射的极化形式有待拓展。目前，高功率微波辐射天线的极化形式大多是线极化，线极化的高功率微波针对某些线极化接收的电子设备作用效果较

好，但对于圆极化接收的电子设备作用效果却不能充分发挥，部分能量将由于极化不匹配而损失。因此，为了提高高功率微波天线的作用效果，拓展高功率微波武器的应用范围，需要发展和丰富圆极化辐射技术。

④ 高功率微波辐射系统中的击穿诊断及功率容量测量技术还有待完善。国际上尚未形成高功率微波击穿诊断测量规范以及被普遍认可的功率容量测量方法，且大部分高功率微波测量方法仍然存在较大的不确定度。所以，需要对高功率微波辐射系统功率容量的测量方法以及测量手段进行研究，提高测量结果的准确性，进一步指导高功率微波传输与发射系统优化设计。

（2）窄带高功率微波传输与发射系统组成示例

对于窄带高功率微波传输与发射技术，西安电子科技大学的秋实博士和张治强博士都有深入的研究及详细的论述，有关高功率微波武器系统传输与发射技术更为详细的论述请参阅两位博士的相关论文。如前所述，高功率微波武器系统可用的发射天线可有多种类型，下面以最有代表性的基于波束波导的反射面天线系统为例，对模式转换器、高功率微波馈源及波束波导天线进行简要介绍。

基于波束波导的高功率微波传输与发射系统如图 9-13 所示，系统主要由模式转换器、高功率馈源及波束波导天线组成。高功率微波器件产生的特定模式的微波脉冲经由模式转换器转换成适合辐射的模式，利用高功率微波馈源进行扩束形成高斯波束，经由波束波导天线的第一反射镜、第二反射镜、第三反射镜到达抛物面天线面焦点馈源，由焦点馈源将电磁波反射到天线主面，再由天线主面辐射出去[6]。

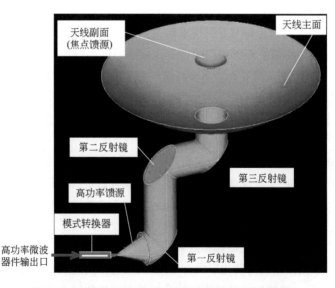

图 9-13　一种基于波束波导的高功率微波传输与发射系统示意图

① 模式转换器。

现代的很大一部分 HPM 器件（磁绝缘线振荡器、相对论返波管、相对论速调振荡器、虚阴极振荡器）产生的电磁波都是旋转对称成空心圆锥状的 TM_{0n} 模式，这些模式不能用于直接发射，必须转换成利于辐射的 TE_{11} 或者 HE_{11} 模式。在微波技术中，实现 $TM_{01} \sim TE_{11}$ 模式转换的方法通常有三种：

a. 使用圆波导弯曲或者是半径微扰来达到模式转换的目的。这种方法的优点是带宽比较宽，功率容量大，转换效率高；缺点是尺寸比较大，难以满足某些尺寸要求严格的应用。

b. 使用 Vlasov 天线。这种天线能够实现 TM_{01} 到 TE_{11} 模式转换并且直接辐射出去，但是目前还不太成熟，最大辐射方向偏离轴线的问题难以解决。

c. 直圆波导插片型。这种变换器结构紧凑，输入电磁波和输出电磁波同轴，带宽比较窄，在特定的频率和尺寸下不能够得到让人满意的转换效率。

图 9-14 所示为电子科技大学朱贤能设计研制的一种高功率微波模式变换器实物[2]。

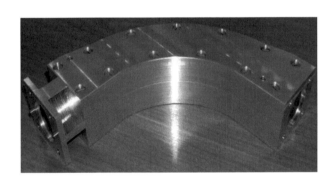

图 9-14　一种高功率微波模式变换器实物

② 高功率馈源。

在波束波导天线系统中，馈源是非常重要的一个环节，波束波导需要根据馈源的场分布来设计，反射面天线的设计又需要根据波束波导中的场分布来设计，所以馈源的性能直接影响了整个波束波导天线系统的性能。波束波导对馈源的要求：一是馈源辐射出的波束中，高斯基模的比例要高；二是主瓣的方向图要能够圆周对称；三是副瓣低，交叉极化低；四是相位中心要比较稳定。

一般来说，高斯馈源主要采用双模圆锥喇叭还有波纹圆锥喇叭。这两种喇叭的高斯基模耦合效率都比较高，波纹圆锥喇叭可以达到 98%以上，双模圆锥喇叭可以达到 96%以上，都是比较理想的高斯馈源。波纹圆锥喇叭性能更好些，但是加工难度大，特别是高频时；而双模圆锥喇叭发射性能略差，但是结构简单容易加工。图 9-15 所示为张治强博士设计研制的一类高功率微波馈源[5]，在模式转换器与高功率馈源之间连接有圆极化器，使高功率微波传输与发射系统能够辐射圆极化波，进一步增强了高功率微波武器的实用性。

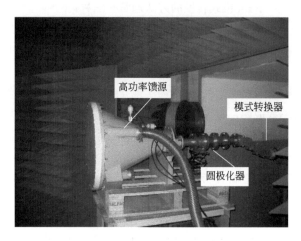

图 9-15　一种高功率微波馈源系统

③ 波束波导天线。

波束波导天线具有波束窄、驻波小、旁瓣低、增益高的优点，还具有以下传统的天线所没有的优点：波束波导本身具有宽频带特性，极低的损耗；馈源的摆放位置不再受到面天线焦点位置的制约，可以放置在准实验环境中，利于安装和维护；消除了馈源遮挡，避免由于馈源遮挡带来的驻波比提高、旁瓣性能恶化的问题；需要波束扫描时，馈源可以不动，只需要转动波束波导和面天线即可；功率容量高，适用于极高功率微波辐射。西安电子科技大学的秋实等在其论文"三镜波束波导在高功率微波天线中的应用"中详细介绍了一种高功率微波波束波导天线设计[7]，其设计的天线利用由三面反射镜组成的波束波导对一个由两个抛物面镜组成的双反射面天线进行馈电，实现了波束的快速扫描。该天线工作在 X 波段，功率容量大于1GW，天线增益大于 50dB。三反射镜波束波导馈电的双反射面天线的结构与图 9-13类似，其中，波束波导由一个抛物面反射镜和两个平面镜组成。首先利用偏馈抛物面反射镜将馈源辐射的球面波转换为平面波，再利用两个平面反射镜经过两次反射，形成对天线副面的有效照射。由于电磁波从第一反射面到天线主面的整个传输过程中不再周期性聚焦，从而大大提高了波束波导的功率容量。同时，由于波束波导中传输的是平面波，所以副反射面不同于卡塞格仑天线的双曲副反射面，也不同于格里高利天线的双曲副面，而是一个与主反射面共焦的抛物反射面。

给天线系统逐渐馈入一定功率的微波，在天线远场监测接收到的微波信号，通过观察波形是否发生尾蚀或脉宽变窄，即可判断天线是否存在击穿现象。图 9-16 给出了输入为 X 波段、功率为 1.1GW、脉宽为 20ns 的近似方波时在远场测量得到的微波脉冲波形。可以看出，辐射场波形脉宽较宽，波形饱满，为近似方波信号，天线系统没有发生击穿，功率容量满足大于 1GW 的设计指标要求。

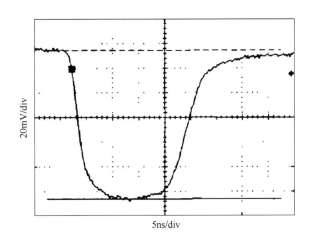

图 9-16 基于波束波导天线的高功率微波传输与发射系统远场测量微波脉冲波形

9.2.2.2 窄带高功率微波合成技术

由于单台高功率微波源在输出功率、脉冲宽度及脉冲重复频率方面的有限性，为了获取更高的高功率微波武器攻击效能、更广的应用范围及更远的攻击距离，需要开展高功率微波功率合成技术研究。

从合成效果看，高功率微波合成技术可以分为能量合成技术及功率合成技术两大类。所谓能量合成，即利用多台高功率微波源实现脉冲重复频率合成、脉冲宽度合成，达到能量倍增的目的；所谓功率合成，即利用多台高功率微波源实现输出总脉冲功率倍增，提高脉冲峰值功率，当然，脉冲功率增加则总能量必定增加，所以可以将功率合成看成是能量合成的一类特殊形式。一般意义上讲，进行脉冲重复频率或脉冲宽度合成属于非相干合成，对高功率微波源输出微波脉冲的工作频率、相位要求较低或不做要求；而功率合成则对高功率微波源输出微波脉冲的工作频率、相位有严格要求，属于相干合成。

从高功率微波合成实现形式上，该项技术又可分为空间合成和通道合成两种类型。空间合成需要用阵列天线实现，在当前技术条件下很难实现功率相干合成，但随着固态大功率半导体器件的发展，空间功率合成将逐渐成为可能，随着高功率微波源不断朝模块化、阵列化发展，空间合成技术将会迎来较大的发展。但短期来看，利用多台高功率微波源进行通道合成还是比较现实的一种选择，利用波导传输通道既可以实现同一频率的高功率微波脉冲功率倍增，也可以实现不同波段的高功率微波源共用一套发射天线，更可以实现高、低功率及短、长脉冲组合发射，拓展高功率微波武器攻击频段，提高高功率微波武器攻击效能。

2014 年，西北核技术研究院的宋玮等在其论文"高功率微波合成技术进展"中对高功率微波合成技术当时的发展状况进行了很好的概括及总结[8]。论文同时提出了一种基于过模圆波导滤波器的高功率微波同极化合成器，该合成器利用频率的差异实现两路微波的隔离，其结构如图 9-17 所示，由中心频率分别为 f_1、f_2 的带通滤波器 F_1、F_2，90°弯曲圆波导和微波提取/合成结构组成。其中滤波器 F_1 对 f_1 为通带、对 f_2 为阻带，滤波器 F_2 对 f_1 为阻带、对 f_2 为通带，因此，当两路高功率微波分别从两个端口注入，经滤波器后都会被反射进入提取装置。微波提取采用磁耦合轴向提取的方式，经 6 路波导再合成到同一圆波导中输出，这种滤波与合成方式使整个合成器具有较高的功率容量。高功率微波合成的关键在于过模圆波导模式滤波器 TM_{01} 合成器能实现两路微波信号的同极化通道合路，并有效提高合成器的功率容量；在此基础上形成的滤波器及合成器网络，能够实现高功率微波多波段、多频率工作或产生拍波。另外，功率合成的关键在于对单个高功率微波源的频率和相位的控制，基于小信号相位牵引的新方法，实现了 GW 量级的高功率微波相位控制，注入功率比接近-43dB。同时，结合强流电子束加速器的同步控制，大功率固态注入源及相控阵天线等关键技术的发展，该项研究可为高功率微波源空间功率合成技术奠定基础。

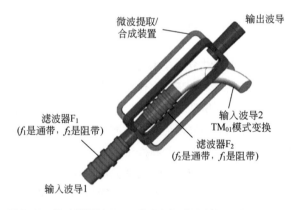

图 9-17 基于过模圆波导 TM_{01} 模式滤波器的高功率微波合成器示意图

2019 年，西北核技术研究院的李佳伟又进一步完善了该项技术，在其博士论文

"高功率微波脉冲合成技术研究"中详细介绍了该类合成器设计、研制及测试情况[9]：开展了低功率测试和高功率考核，结果表明该合成器合成效率大于 95%，功率容量大于 4GW/20ns、2GW/100ns，满足在 GW 级 HPM 条件的使用要求；开展了利用合成器产生超高功率的拍波技术研究，利用两台 ns 精度的同步 HPM 源，实现了脉冲间隔时间为 ns～ps 量级的组合脉冲输出，以及数倍于短脉冲功率的拍波输出，实验发现 HPM 脉冲引发的等离子体放电恢复时间在 μs 量级；进行了 30Hz 的重频可靠性考核，验证了 HPM 合成器的功率容量与重频稳定性，获取了不同间隔的合成规律和典型波形。建立的实验测试平台如图 9-18 所示。

图 9-18　一种高功率微波合成器测试平台

同为 2019 年，电子科技大学的张宇航在其硕士论文"双频高功率微波合成技术研究"中介绍了他设计研制的 X、Ku 波段链路共口径合成器[10]。其中，X 波段输入通道在 8～8.5GHz 上回波损耗大于 19dB，插入损耗小于 0.5dB，对 Ku 波段电磁波的隔离度能做到 39dB 以上，功率容量大于 1GW；Ku 波段的输入通道在 14.9～15.3GHz 上回波损耗大于 20dB，插入损耗小于 0.5dB，对 X 波段电磁波的隔离度能做到 55dB 以上，功率容量大于 0.5GW。这种双波段高功率微波合成器结构如图 9-19 所示。

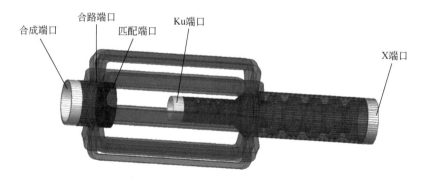

图 9-19　一种双波段高功率微波合成器结构示意图

早在 2008 年，国防科技大学的研究人员即利用矩形栅阵列实现了 L/X 波段的正交极化共馈输出[11]。研究者利用如图 9-20 所示的矩形栅阵列对空间谐波的选择性，通过优化间距 d 和宽度 w，使 TE 极化波在 X 波段上透射率达到 99.5%，TM 极化波在 L 波段上反射率达到 99.5%。两个波段的能量经过各自的馈源进去，由于矩形栅对极化特性的差异，一个发生全透射，一个发生全反射，最后在辐射端同极化方向辐射出去，功率容量高达 5.6GW。图 9-21 所示为其结构示意图。

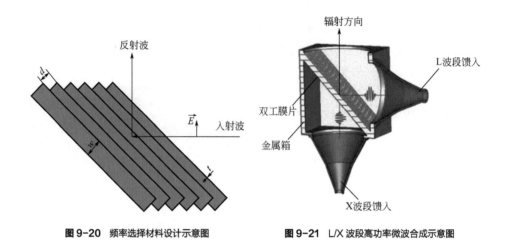

图 9-20　频率选择材料设计示意图　　图 9-21　L/X 波段高功率微波合成示意图

　　2011 年，笔者带领的研究团队首次提出了利用长缝耦合结构来对两台高功率微波源输出功率进行非相干合成[12]。如果两台高功率微波源频率相位能够可控，则理论上可以实现功率倍增，如果频率有一定偏差，则可以实现非相干合成。高功率微波通道合成器设计原理如图 9-22 所示，两只结构尺寸完全一致的背靠背圆波导，中间开连续耦合长缝，副波导（1）端口注入垂直极化的 H_{11}^0 模式，经过连续耦合结构，功率由（3）端口输出；主波导（4）端口注入水平极化的 H_{11}^0 模式，由于与垂直极化模式正交，因此通过耦合结构到达（2）端口的能量极少，微波能量主要由（3）端口输出，由此达到微波由两个端口（1）、（4）输入一个端口（3）输出的目的。这里将副波导形成的微波耦合通道称为副通道，主波导形成的微波传输通道称为主通道。

图 9-22　极化隔离高功率微波通道合成器结构原理

设计的 X 波段 GW 级 HPM 合成器主要组成包括输入段、耦合段及输出段，如图 9-23 所示。输入段的作用是实现微波由两个端口注入，包括一个直段圆波导及一个 90°弯波导，中间耦合段的作用是实现微波能量全部由副波导耦合进入主波导，输出段为一长一短两个背靠背圆波导，其中短波导与副通道相连，终端视隔离度要求直接加短路面或吸波材料，长波导与主通道相连，为合成后的公共输出端，研制的合成器连接高功率微波测试系统如图 9-24 所示。

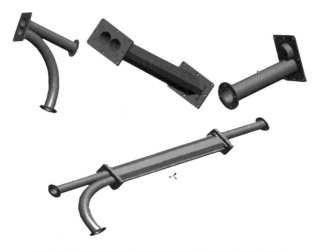

图 9-23 X 波段极化正交型高功率微波合成器组成结构示意图

高功率测试的主要目的是验证合成器主通道的传输效率、副通道的耦合效率及功率容量，实验测试装置如图 9-25 所示。高功率微波源输出的是 E_{01}^0 模式的微波，经 E_{01}^0 定向耦合器、$E_{01}^0 \sim H_{11}^0$ 模式转换器、HPM 合成器及 H_{11}^0 定向耦合器，最后经辐射喇叭辐射到微波暗室。测量装置包括以 E_{01}^0 定向耦合器为核心的在线测量装置 1、以 H_{11}^0 定向耦合器为核心的在线测量装置 2 及以开口波导为核心的辐射场测量装置 3，开口波导距辐射喇叭中心的距离始终保持不变。首先通过波形比对的方法确定合成器功率容量，逐渐增大微波源输出功率，通

图 9-24 X 波段 GW 级高功率微波合成器及实验系统

过比对测量装置 2 与测量装置 1 获取的波形判断合成器内部是否发生击穿；通过比

对辐射场测量功率密度的方法获取合成器主通道传输效率及副通道耦合 E_{01}^0 效率。固定微波源输出功率,则合成器加入前后测量装置 1 测量的功率将始终保持不变,固定开口波导距辐射喇叭的距离,则合成器加入与否测量的功率密度将会发生变化,此变化则可以反映主通道的传输效率及副通道的耦合效率。在测试中,将 $E_{01}^0 \sim H_{11}^0$ 模式转换器输出保持水平或旋转 $90°$,则可实现合成器主通道输入 H_{11}^0 水平极化模式及副通道输入 H_{11}^0 垂直极化模式。

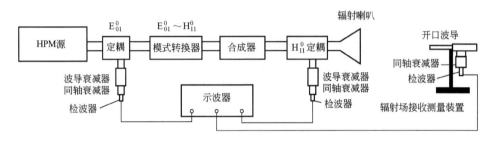

图 9-25 GW 级 HPM 合成器测试系统框图

未加合成器时测量 10 次,HPM 平均发射功率为 950MW,对应的辐射场平均接收功率为 9.15kW;加合成器主通道传输时测量 10 次,HPM 平均发射功率为 1.06GW,对应的辐射场平均接收功率为 9.78kW;加合成器副通道耦合时测量 10 次,HPM 平均发射功率为 847MW,对应的辐射场平均接收功率为 7.76kW。综合比对可知,合成器主通道传输效率约为 96%,合成器副通道耦合效率约为 95%。后续功率容量测试表明,合成器副通道耦合功率容量大于 1.2GW,理论上利用该合成器可以获得大于 2.4GW 的总功率。图 9-26 所示,主通道传输 1.5GW 时的测试波形,图 9-27 所示为副通道耦合 1.2GW 时的测试波形。

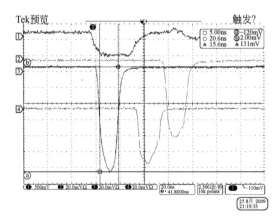

图 9-26 主通道传输 1.5GW 时的测试波形

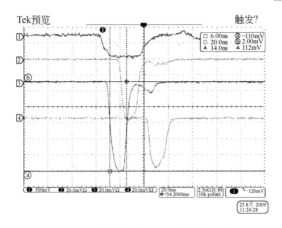

图 9-27　副通道耦合 1.2GW 时的测试波形

图 9-26 和图 9-27 中，示波器通道 1 为 HPM 源二极管电压波形，通道 2 为测量装置 2 测试波形，通道 3 为测量装置 1 测试波形，通道 4 为测量装置 3 测试波形，主要通过比对装置 1（示波器通道 3）及装置 2（示波器通道 2）测试波形对传输线内是否发生击穿进行判断。当副通道的耦合功率大于 1.2GW 时，由对比波形可以判断合成器出现一定的击穿现象。图 9-28 及图 9-29 分别为副通道耦合功率为 1.3GW 及 1.4GW 时的测试波形，由波形可初步判断，合成器副通道的功率容量约为 1.2GW，对应的微波脉冲宽度约为 20ns。

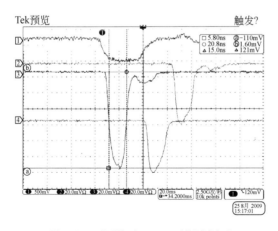

图 9-28　副通道耦合 1.3GW 时的测试波形

当前，通道内高功率微波合成仍然是高功率微波技术领域研究的一项重点内容。在短期内可以解决两台甚至多台高功率微波源共用一套天线的问题，能够实现不同频段高功率微波源组合攻击，能够实现长、短脉冲组合攻击，有利于提高高功率微波武器效能，但局限于高功率微波传输通道的功率容量，馈源及天线的功率容量，通道合成的极限功率很难达到 10GW 水平。未来如果研制需要发射功率达到 10GW 以上的高功率微波武器，空间合成可能是唯一能够实现的技术手段。

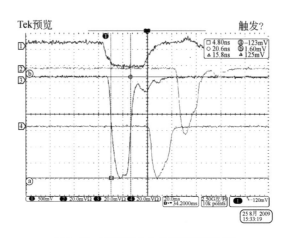

图 9-29　副通道耦合 1.4GW 时的测试波形

9.3　超宽带高功率微波武器系统及其关键技术

相较于窄带高功率微波武器，超宽带高功率微波武器系统组成相对要简单许多。由于超宽带大部分频谱能量很难辐射，超宽带高功率微波武器的主要用途基本定位于近程防御，典型应用为利用超宽带高功率微波系统进行扫除地雷，或引爆近炸引信，降低带有无线电引信炮弹的威力[13,14]。理论分析认为，基于当前的技术水平，超宽带高功率微波武器的有效作用范围很难超过公里量级。对于超高重复频率超宽带高功率微波武器，其当前的主要用途为干扰对抗，与传统电子对抗手段相比真正的优势好像并不明显。当前，为超宽带高功率微波武器寻找更有价值的攻击目标似乎更为迫切。

由于 GW 级超宽带源系统的驱动源、传输线、开关及辐射天线需要一体化设计，因此，从形式上看，一台典型的 GW 级超宽带高功率微波源配上引导装置即可变成一套超宽带高功率微波武器系统；对于超高重复频率超宽带源，其体积、质量很小，更类似于一套可以独立工作的设备。有学者认为，利用超宽带高功率微波武器可以有效对抗小型无人机的攻击，解放军军械工程学院的张勇强等在其论文"超宽带辐照对飞行器干扰效应实验研究"中介绍了他们的研究成果[13]。研究者采用改变控制导线的长度、辐照方位、辐照部位等措施，使实验具有普适性。研究结果表明，飞行器在超过 25kV/m 场强的超宽带高功率微波辐照下，会受到干扰并使其坠毁，干扰能量的耦合机理是电磁脉冲通过控制导线进入控制箱，并影响控制指令的形成。以超宽带高功率微波对抗无人机为例，整个武器系统组成框图如图 9-30 所示。

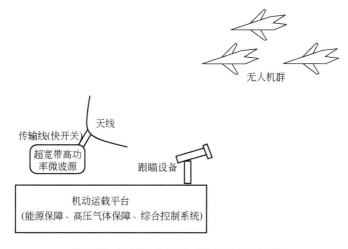

图 9-30 超宽带高功率微波武器对抗无人机示意图

超宽带高功率微波武器关键技术包括驱动源技术、快开关技术、脉冲整形技术及高效辐射技术等，在前面有关超宽带高功率微波产生技术章节中已有详细解释，这里不再赘述。

9.4 小结

本章根据相关文献，简要介绍了高功率微波器系统的系统组成及关键技术，着重介绍了窄带高功率微波器传输与发射技术及合成技术。局限于高功率微波武器应用的敏感性，笔者对高功率微波武器如何应用及发展并没有什么倾向性认识可以提供给读者，但可以就当前高功率微波武器两种极端化的认识与读者共同讨论。当前一个观点认为"高功率微波武器无所不能"，陆基、海基、空基、天基、反导、反卫、反雷达、反导航等不一而足，甚至可以作为生物武器直接杀伤、控制敌方士兵。客观地看，局限于当前高功率微波武器的体积、质量、功耗及器件功率容量，陆基、海基是可实现的，空基、天基会有较大困难，反导、反卫、反雷达、反导航是可能的，但作为生物武器是不现实的。与前面的观点恰恰相反，又有许多人认为"高功率微波武器几乎无用"，作用距离短、作用目标有限，目标进行抗高功率微波加固以后，高功率微波武器的效能更是大打折扣。对于高功率微波武器无用论应该用发展的眼光来看待，姑且不说高功率微波武器是否有用，单论高功率微波技术在国内外能够持续发展几十年且仍然是当今各个大国研究的热点技术就能说明，高功率微波武器不但有用而且具有非常广阔的应用空间。举两个简单的例子，由高功率微波对商用计算机的效应研究结果进行推断，利用高功率微波武器瘫痪城市的局部基础电信设施是完全可行的，在瘫痪城市的同时并不会造成人员死伤，相较于其他类型的杀伤性武器，高功率微波武器的"人道"特色独显，符合未来人类对抗的发展规律；当前太空对抗的可能性日益加大，高功率微波武器可以攻击大多数卫星的微波器件及设备，轻则造成卫星功能降低，重者卫星功能完全丧失，但与动能反导相比不会产生空间碎片，未来，高功率微波武器在太空中部署极具想象空间。

参考文献

[1] 张硕. 高功率微波作用下的低噪声放大器的损坏机理及其防护研究 [D]. 上海：上海交通大学，2016.

[2] 朱贤能. 高功率微波传输与模式变换研究 [D]. 成都：电子科技大学，2014.

[3] Benford J，Swegle J A，Schamiloglu E. 高功率微波 [M]. 江伟华，张驰，译. 北京：国防工业出版社，2009.

[4] 王宁，金雪雁. 高功率微波国外发展现状以及与电子战的关系 [J]. 航天电子对抗，2018，34（2）：61-64.

[5] 张治强. 高功率微波圆极化辐射技术研究 [D]. 西安：西安电子科技大学，2014.

[6] 何其胜. 基于波束波导的高功率微波天线的研究与设计 [D]. 成都：电子科技大学，2016.

[7] 秋实，刘国治，焦永昌，等. 三镜波束波导在高功率微波天线中的应用 [J]. 强激光与粒子束，2010，22（1）：131-134.

[8] 宋玮，黄文华，李佳伟，等. 高功率微波合成技术进展 [J]. 现代应用物理，2014，5（1）：12-20.

[9] 李佳伟. 高功率微波脉冲合成技术研究 [D]. 合肥：中国科学技术大学，2019.

[10] 张宇航. 双频高功率微波合成技术研究 [D]. 成都：电子科技大学，2019.

[11] Li G，Shu T，Yuan C，et al. Simultaneous operation of X band gigawatt level high power microwaves [J]. Laser & Particle Beams，2010，28（1）：35-44.

[12] 方进勇，黄惠军，张治强，等. X 波段百兆瓦级高功率微波合成器设计及实验研

究 [J]. 物理学报，2011，60（8）：088402.

[13] 张勇强，魏光辉，安霆. 超宽带辐照对飞行器干扰效应实验研究 [J]. 中北大学学报（自然科学版），2010，31（6）：636-640.

[14] 周璧华，陈彬，高成. 现代战争面临的高功率电磁环境分析 [J]. 微波学报，2002，18（1）：88-92.

第**10**章
高功率微波防护技术

  高功率微波（HPM）武器对电子设备的毁伤主要是通过"前门"和"后门"两条耦合路径进行的[1-3]。"前门"通道指系统的天线和传感器等，窄带高功率微波（Narrow Band HPM，NB-HPM）主要通过这些"前门"途径耦合进入系统内部，对系统薄弱部位造成损伤。"后门"通道指系统表面或者内部的孔缝、电缆等，超宽带高功率微波（Ultra Wide Band HPM，UWB-HPM）主要通过这些"后门"途径耦合进入系统内部，对系统薄弱部位造成损伤[4,5]。HPM 的防护主要就是针对这些耦合通道进行防护。

  本章在介绍 HPM 防护需求的基础上，重点针对 HPM"前门"防护技术、"后门"防护技术以及新型告警技术进行详细讨论。

10.1 防护需求

  针对各种可能出现的高功率微波威胁，世界各技术强国已对本国军事关键电子装备及民用重要基础电子系统的防护加固技术予以充分的重视。对高功率微波的防护需求是基于以下条件引起的[6]：

  ① 高速、高度集成电子技术的飞速发展导致电子设备电磁敏感度越来越高。现代军事和民用电子系统不断升级，试图包含电子学现代技术水平。采用极高速集成电路和微波单片集成电路的电子学新技术正在更频繁地出现。快速、小型、低功率、轻量化等技术的发展提高了军民用电子设备的能力。但与此同时，高功率微波环境更加容易干扰、扰乱甚至损伤这些新型系统中未曾适当防护的电子器件。

  ② 未来战争中电磁环境的严重恶化。随着微波技术的广泛应用，民用和军用微波发射机的数目正在不断增加，并且峰值功率越来越高。虽然这些发射机并非有意的电磁攻击武器，但它们对电子设备的威胁是实实在在的，并且这种威胁越来越严重。另外，高功率微波武器正在投入使用，现在和将来的军用系统将不得不工作在

比现在预期的更为严重的电磁环境中。

③ 电磁恐怖主义的威胁日益严重。现代社会活动对快速信息流和精细自动控制的要求越来越高,这导致人们在日常生活中对复杂电子系统的依赖性越来越强。这些电子系统及其所在部门有可能在不久的将来成为恐怖分子的电磁攻击目标,如通信交换设备、交通枢纽、电台/电视台、电力网、金融系统、机场控制塔台等。由于简易电磁辐射装置技术越来越容易掌握,加上苏联部分实验室高功率微波与脉冲功率技术的流失,恐怖分子有可能掌握具有较大破坏能力的高功率微波装置。凭借电磁攻击的隐蔽性和快速性,他们可以对国民经济造成重大损失,并导致恐慌心理的蔓延。正因为如此,高功率微波对民用基础设施重要电子系统功能造成的威胁日益受到各国的重视,民用电子设备抗高功率微波的防护技术研究也迅速开展起来。

④ 现有电磁防护技术的一些固有缺陷。学术界已经认识到,要对抗高功率微波等强电磁环境的影响,传统电磁兼容方法是不完备的,因为从根本原理上看,这是一种新的电磁环境。现有的电磁防护的重点是电磁兼容和电子战而不是高功率微波,而在高功率微波环境下,非线性效应、防护退化、微波孔缝穿透以及带内前门瞬态脉冲防护等问题变得非常重要,这是现有电磁兼容方法所不能完全解决的。

10.2 传统防护技术

设备及器件的高功率微波防护,主要以电磁兼容三要素为设计依据,即辐射源、耦合通道、敏感元件[7]。由于设备及器件面临高功率微波攻击的瞬时性及攻击方向的不明确性,很难通过限制敌方辐射源的方式来阻止敌方攻击。因此,设备及器件的高功率微波防护主要从耦合通道和敏感元件两个方面入手。一般的高功率微波防护技术如图 10-1 所示。

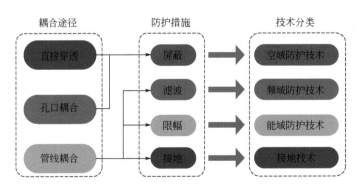

图 10-1 高功率微波基本防护技术

① 空域防护技术。空域防护技术是利用特定的屏蔽物品，如具有高电导率和高磁导率的材料，将受防护器件或者敏感空间与毁伤性电磁能量隔离，使设备与系统工作空间的电磁环境电平满足设备免遭毁伤和干扰的要求。在任何屏蔽体内都会有出入口、通风口，因此，可以采用金属网、波导、旁路电容对其进行防护。对于完整屏蔽体（屏蔽室和屏蔽盒），可以在其表面覆盖连续屏蔽体，完整屏蔽体之间的通信采用光纤。对于非完整屏蔽体（孔缝、金属网孔），可以采用衬垫、金属薄膜等进行防护。

② 频域防护技术。通过滤波的方法，将电磁脉冲中的大部分频率成分去除，抑制 HPM 的破坏作用。对于耦合如电缆、电源线内的能量，可以采取频率防护的方法。其中，滤波器可以选取电容、电阻或者电感类的有源或者无源滤波器。滤波器可分为反射滤波器和损耗滤波器。反射滤波器是将不需要的频率反射掉，分为低通、高通、窄带和带阻滤波器；损耗滤波器可以将不需要的频率成分直接损耗掉，其形式有铁氧体制成的柱状、管状和环状等。

③ 能域防护技术。能域防护一般采用浪涌保护器，其方法是在 HPM 浪涌输入端连接浪涌保护器，对各种线路可能产生的强大的瞬时电压或电流，在浪涌干扰电压超过某一阈值时，浪涌保护器立即击穿将电位钳住（稳定在一定范围内），并使电流从旁路分流至大地。一般的浪涌保护器可分为开关型和非开关型。开关型保护器一般在电力系统中采用，属于击穿性器件，产品主要有闸流管和充气电火花闸。进行 HPM 防护的浪涌保护器主要是指非开关型，此类器件使用一氧化铌和二氧化铌等新型材料，具体器件有二极管型、齐纳型和变阻型等。

④ 接地技术。通过埋入大地的接地体，为导体上的电磁脉冲感应电流提供流入大地的道路，使其快速流入大地，以免造成对设备的干扰。从电磁防护的角度看，接地分为安全接地和信号接地。其中，安全接地又可分为设备安全接地和防雷接地。

对一个电子系统而言，其"前门"防护和"后门"防护的技术问题明显不同，要求的方法也不同。接下来，将从"前门"防护和"后门"防护两个方面具体介绍高功率微波防护技术。

10.2.1　前门防护技术

对前门防护而言，所选择的防护方法必须达到一个基本要求，即保持前门通路对系统正常工作信号的通畅。前门防护从原理上来看有两种基本的选择，即限制对前门天线或传感器的耦合，或者限制耦合进入前门通道的脉冲传输到系统内部的能力。第一种选择是降低进入点的有效面积，第二种选择是降低进入口和系统内部敏感组件之间的耦合。需要注意的是，在高功率微波环境下防护将会更加困难，这是因为其峰值功率比传统电磁兼容技术涉及的功率水平高出几个数量级，并且脉冲的上升时间在亚纳秒量级甚至更小，这可能会引起一系列的非线性效应。

根据窄带高功率微波主要通过"前门"耦合的特点，防护技术主要包括限幅技术、基于表面电磁结构防护技术等。

10.2.1.1　限幅技术

限幅技术是一种能够让小信号低损耗通过而对大信号进行吸收或者反射的电路防护技术。理想限幅器在输入信号功率低于起限阈值功率时，会让信号几乎无衰减无损耗地通过；当输入信号功率高于起限阈值功率时，输出功率保持为恒定。其可设计于射频接收通道前端，防止前端敏感器件受高功率微波信号的冲击而受损，保障大功率条件下系统的正常工作。

微波限幅器的理论发展于 20 世纪 60 年代，随着平面传输线理论的深入研究和微波固态器件的研制应用，微波限幅器的实现形式也由波导、同轴线过渡到微带线，出现了混合集成电路形式的微波限幅器。由于微波限幅器在军事领域方面的重要应用，使得如何采用先进的设计方法，制造出体积小、重量轻、性能指标优良、工作稳定可靠的限幅器成为微波工程师关注的重点。

无论是波导式、同轴式还是微带式限幅器，其表征指标基本一致，主要包括：功率容量、起限电平、限幅电平、插入损耗、隔离度及响应时间等。

（1）功率容量

限幅器的功率容量指限幅器保持正常工作性能所能承受的最大微波功率，通常指脉冲峰值功率或连续波峰值功率。

（2）起限电平

当输入功率低于某一特定值时，信号通过限幅器时只发生很小的衰减；而当输入功率大于该特定值后，限幅器开始工作，起限幅作用，输出信号功率开始衰减，最终达到稳定。该输入功率特定值被称为限幅器的触发阈值，也称起限阈值电平。通常，起限阈值电平被定义为当输出功率衰减 1dB 时对应输入功率的值。

（3）限幅电平

当输入功率大于限幅器的起限阈值电平时，限幅电路的输出功率几乎保持恒定值，这个恒定输出功率被称为限幅电平，其值大小取决于限幅电路的平坦泄漏功率。

（4）插入损耗

当入射信号功率低于限幅电路的触发阈值时，此时电路不起限幅作用，入射信号传输过程中会发生衰减，此时衰减值称为限幅器的插入损耗，单位用 dB 表示。通常要求插入损耗越小越好，这样对传输的有用信号衰减较小，不会影响接收机的灵敏度。

（5）隔离度

当入射信号功率大于限幅电路的触发阈值时，限幅电路开始工作，把此时入射功率与输出功率比值的分贝数定义为隔离度。当入射功率达到限幅电路的功率容量时，输出功率不再保持恒定，此时对应的隔离度被称为最大隔离度。性能良好的微波限幅器要求低插损及高隔离度，但两者是一对相互抑制的指标。

（6）响应时间

响应时间是指从大功率信号注入限幅电路到限幅电路开始起限幅作用的时间。响应时间越短，限幅器的尖峰泄漏能量越小，限幅器的性能越好，对敏感设备的保护能力越强。

总而言之，限幅器设计的基本要求是：当输入功率低于起限电平时，插入损耗尽可能小；当输入功率高于起限电平时，提供尽可能大的幅度衰减值，即高隔离度[8]（图 10-2）。

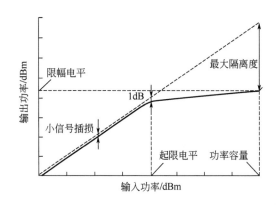

图 10-2　限幅器技术指标示意图

国外对高功率微波限幅技术研究较多的国家主要包括美国、法国、日本、韩国等。

美国研究人员 Brown 于 1967 年发表了一篇关于高功率 PIN 二极管限幅设计的论文[9]。论文中设计的限幅器是用来保护接收机免受高功率微波信号的影响，该限幅器工作在 VHF 频段。当功率为 kW 量级、频率为 300MHz、脉冲宽度为 4μs 的脉冲信号作用时，限幅器的起限阈值功率为 10mW，限幅器输出功率在 10～50mW 之间，最大隔离度接近 80dB。马里兰州陆军研究实验室的科研人员 Tan 等对 I 层厚度为 0.5～10μm 的 PIN 二极管大功率下的尖峰泄漏及恢复时间特性进行了初步的实验研究[10]；此外，还对薄 I 层的 PIN 二极管在功率下的限幅性能做出了进一步的理论分析，证明了尖峰泄漏能量主要受控于载流子渡越时间的影响[11]。Accurate Automation Corporation（AAC）已经生产出了多种类型的限幅器（图 10-3），包括 S、X 频段的波导限幅器,同轴传输以及用于网线的限幅器,产品已经应用于军用及民用系统中。

法国泰雷兹航空防务部的研究人员 Gatard 等采用 PIN 二极管的非线性物理模型设计了一款 S 波段限幅器。在入射峰值功率为 320W 时(脉宽 10μs,占空比 10%),限幅器的泄漏功率≤20dBm[12]。

日本工程师 Koreyasu 等采用同轴谐振腔结构制作了 X 波段大功率低泄漏波导限幅器,其产品实物如图 10-4 所示。该波导器件拥有两级限幅结构,在入射峰值功率为 12.5kW(脉宽 0.8μs,占空比 0.16%)时可实现 48dB 的隔离度,尖峰泄漏≤21.6dBm,平坦泄漏≤20.4dBm[13]。

图 10-3 美国 AAC 公司的限幅器

图 10-4 X 波段大功率波导限幅器

韩国国立忠南大学的研究人员 Yang 等设计了尺寸为 14.4mm×17mm×14.4mm 的 Ku 波段小型化限幅器,如图 10-5 所示,该限幅器由两级 PIN 管芯和一级肖特基管组成。小信号工作状态下,器件的插入损耗≤1.3dB,而在入射峰值功率为 20W 的高功率状态下,限幅器的泄漏功率≤11.7dBm[14]。

图 10-5 Ku 波段同轴限幅器

国内对高功率微波限幅技术的研究单位主要包括南京电子器件研究所、成都亚光电子、航天五院西安分院、清华大学、四川大学等。

中国电子科技集团公司第十四研究所研制的高功率低损耗 L 波段限幅器，可承受连续波功率 20W，限幅隔离度大于 26dB[15]；研制的 S 波段平衡式无源限幅器，可承受峰值功率达 600W（占空比 5%），小信号工作状态下，器件的插入损耗≤1.3dB，输入输出电压驻波比≤1.2[16]；中国电子科技集团公司第五十五研究所研制的 S 波段低泄漏限幅器，可承受 1W 连续波，泄漏功率≤0.55mW，插入损耗≤0.4dB，驻波系数≤1.3[17]；研制的 X 波段无源限幅器，工作频率为 9～10.5GHz，可承受 4W 连续波，泄漏功率≤5mW，插入损耗≤2.0dB，输入驻波系数≤1.5[18]。

成都亚光电子研制的 L 波段有源高功率微带限幅器，工作频率为 1.2～1.4GHz，器件尺寸为 74mm×49mm×14mm，插入损耗≤0.8dB，驻波系数≤1.25，平坦泄漏≤1W，最大承受功率为 2kW（脉宽 300μs，占空比 10%），恢复时间≤2μs；研制的 X 波段高功率波导限幅器，可承受的连续波功率为 50W，泄漏功率≤7.5mW，插入损耗≤0.9dB，驻波系数≤1.2[19]。

航天五院西安分院在高功率微波限幅技术方面开展了大量研究，基于等离子体防护技术与固态防护技术，研制了覆盖 S、C、Ku、Ka 多个频段的高功率微波限幅器（图10-6～图 10-9），可防护功率均在 kW 级以上，响应时间为 ns 量级。其中，S、C 频段限幅器插入损耗小于 1dB，Ku、Ka 频段限幅器插入损耗小于 1.5dB。此外，在双平衡防护技术及一体化防护技术方面进行了深入探索并完成了样件研制，测试结果表明以上两种设计方法可在不影响防护目标自身性能的前提下，大幅提高目标本身的损伤阈值。

图 10-6　C 频段同轴限幅器

图 10-7　Ku 频段波导限幅器

清华大学的陈曦等利用数值求解半导体方程组的方法，对 PIN 二极管的脉冲热效应进行了研究分析[20]。

四川大学的周敏等利用 Pspice 软件计算了 PIN 二极管结温随输入脉冲变化的情况，对尖峰泄漏功率与脉冲频率、上升沿、结温的关系进行了初步研究探讨[21]。

10.2.1.2　基于表面电磁结构的防护技术

针对不同电子设备的高功率微波防护需求，除了限幅技术之外，可以采用频率选择表面（FSS）和能量选择表面（ESS）两种不同类型的防护表面作为天线的防护罩。天线前端采用电磁选择表面，即采用分布式方法，对电磁脉冲在进入天线之前进行空间滤波和空间限幅，减小天线的电磁脉冲耦合，保护射频前端的敏感器件。

图 10-8　S 频段同轴限幅器

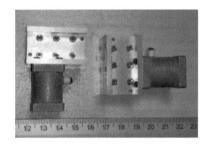

图 10-9　Ka 频段波导限幅器

（1）频率选择表面

频率选择表面（Frequency Selective Surface，FSS）是一种具有空间滤波特性的二维周期性表面结构（图 10-10），对通带内的电磁波可以自由穿过，而对通带外的电磁波则会产生强烈反射，因此又被称为空间无源滤波器[22]。它与不同频率的入射电磁波相互作用时将会呈现出明显的带通或带阻特性，能够对电磁波进行反射或者透射，具有特定的频率选择作用。可以利用频率选择表面的选频通过特性，抑制电子设备通带外的高功率微波电磁脉冲，保护射频前端敏感模块免遭损坏。

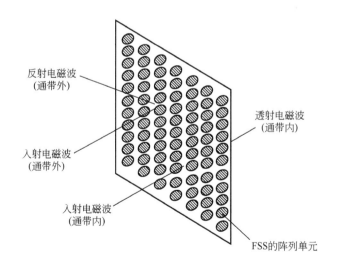

图 10-10　频率选择表面结构示意图

413

FSS 一般由两部分组成，分别为介质基底及其上面呈周期性排列的二维金属阵列。基底的作用不容忽视，在实际应用中发挥着支撑频率选择表面的重要作用；而周期性金属阵列与不同的入射电磁波相互作用会表现出不同的电磁特性，从而使整个 FSS 结构呈现出选择透过性的特点。在 FSS 的研究与设计中，通常会以周期性阵列的单个单元作为分析计算的基本单位。

频率选择表面的分类方式主要有两种。一种是按照传输特性进行分类，共有 4 种类型。这种分类方式与传统的滤波器类似，按传输通带可分为带阻与带通类型，按频率可分为高通与低通类型。而另一种分类方式是按照单元特性进行分类，一般称作贴片型（介质类型）和缝隙型（波导类型），这与 FSS 的设计理念息息相关。

贴片型 FSS 的结构及频率响应特性如图 10-11 所示。从图中可以看出，贴片型 FSS 指的是以特定的金属贴片形状作为周期单元，在介质衬底上按特定周期排列形成的二维阵列结构。它往往对特定频率范围内的电磁波呈现透射特性，而在其他频率段呈现反射特性，因此作为带阻型滤波结构被广泛使用。

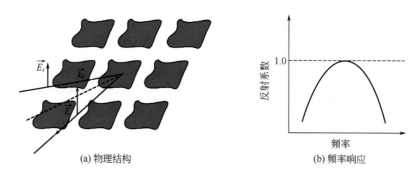

(a) 物理结构   (b) 频率响应

图 10-11 贴片型 FSS 的结构及频率响应特性

缝隙型 FSS 结构及频率响应特性如图 10-12 所示。这种类型与贴片型相反，指

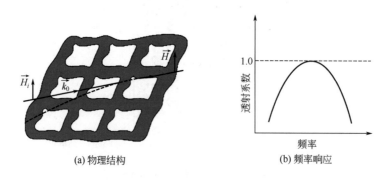

(a) 物理结构   (b) 频率响应

图 10-12 缝隙型 FSS 的结构及频率响应特性

的是在金属板上周期性地开固定形状的缝隙单元所形成的 FSS 结构。它往往对特定频率范围内的电磁波呈现反射特性，而在其他频率段呈现透射特性，从频率响应特性上看对应于带通类型。

然而在实际应用中，关于类型的选择并不是绝对的，有时为了达到特殊的滤波效果，在设计时也会根据不同的频率选择表面结构综合使用。

下面简要介绍 FSS 的设计过程及要点。

基于 Floquet 定理的周期结构中的电磁波传播理论是频率选择表面的理论基础。主要的分析方法有等效电路法、变分法和点匹配法等近似法以及模式匹配法、谱域法和时域有限差分法等全波分析方法。开展频率选择防护表面设计，需要重点考虑多阶谐振、栅瓣和单元尺寸、大角度传输损耗以及功率承受能力等问题。周期单元尺寸过大，导致频率较低时频率选择表面难以实现。常见的频率选择表面周期单元结构形式包括环形单元、中心连线形单元、板形单元以及组合型单元等，这些单元尺寸为谐振波长的 1/2～1/3[23,24]。如果制作一个谐振频率为 1GHz、单元阵列数为 100×100 的频率选择表面，此时单元尺寸达到 10cm，整个频率选择表面的尺寸可达 10m×10m，其工程可实现性非常差。

多阶谐振通带距主通带太近会影响防护效果。理想的频率选择表面应该为在设备的工作频带为通带，在工作频段以外全部为阻带。而实际上，除主通带外，还存在多阶谐振通带，频率选择表面在多阶谐振通带处的防护效能消失。出现多阶通带的原因包括：周期单元杂散分布引起高阶谐振，以及过大的单元尺寸导致结构谐振频率过低。大入射角照射下传输特性恶化，主要表现为中心谐振频率偏移、通带插入损耗增大、通带带宽减小等。主要原因有两个：一是单元间距较大导致栅瓣过早出现，压缩了主谐振特性；二是单元尺寸过大，单元内不同部分的电流相位存在明显差异，导致频率选择表面的谐振特性恶化。

功率容量是频率选择防护表面设计需要考虑的重要因素。当空间电磁脉冲场强高到一定程度时，会使防护表面击穿损坏。引起击穿的主要原因有两个：一是单元间缝隙电场的加强效应，使周期结构缝隙间的场强远大于入射电磁场，达几十甚至上百倍，形成高场强电场击穿；二是有耗介质和单元电导引起的热击穿。因此，需要控制单元间保持合适的距离，减小单元尺寸，并采用合适的介质进行封闭，同时考虑单元的散热问题。根据通量连续性原理，采用介质封闭可以降低单元间的电场强度。但是，在封闭时不能在芯层与介质层之间留空气间隙，否则起不到保护效果。

采用多面互耦的方法可以大幅减小频率选择表面的单元尺寸[25]。这种方法不同于单面频率选择表面单元间通过边缘耦合形成分布电容，而是通过介质板上、下层金属片之间的面面耦合形成分布电容，可以明显降低谐振频率，由于其结构简单，杂散分布小，能够大大改善栅瓣、高阶谐振等问题。

图 10-13 所示为一种 L 波段的频率选择防护表面原理样件。采用贴片与线条复合互补方式，单元尺寸仅为谐振波长的 1/16。仿真分析与测试结果表明，在入射角从 0° 增大至 50° 时，其通带插入损耗仅增加 0.1dB，且中心频率基本没有变化。除了 1.6GHz 附近为通带外，一直到 8GHz 都为阻带，也就是高阶谐振点在 9GHz 以上，远离工作通带频率，如图 10-14 所示。

图 10-13 L 波段频率选择表面样片

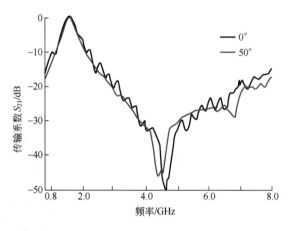

图 10-14 不同入射角下的传输系数测试结果

（2）能量选择表面

能量选择表面（Energy Selective Surface，ESS）属于一种对电磁环境具有自适应特性的二维周期性表面结构，会根据电磁脉冲的强电场效应实时改变其表面阻抗[26]。该表面具有传统强电磁防护结构所不具备的新优势,能够在有效限制高功率微波破坏设备的同时不对设备的正常工作造成影响,兼容了高功率微波防护和设备的正常运转。能量选择表面的主要作用是限制高功率电磁脉冲的通过,可以将其理解为一个具有能量低通特性的空间场强限幅器。这种新型的电磁防护表面结构具有变阻抗特性,且存在一个安全阈值。在低功率的安全电磁波照射下空间场强小于安全阈值,此时 ESS 表面会处于高阻态,电磁脉冲信号可以顺利通过;而在高功率微波入射时材料的导电特性将发生突变,瞬间从高阻变为低阻,阻止强电磁脉冲的通过,达到防护目的,很好地限制了超过安全阈值的高功率微波破坏需防护的设备[27]。与 FSS 类似,在 ESS 的研究中通常也会以周期性阵列的单个单元作为分析计算的基本单位。

能量选择表面的能量选择特性主要表现在对不同功率的入射电磁波的选择透过性上,当空间内场强发生变化时,ESS 的电磁与阻抗特性会发生实时变化,继而使得其对于入射信号表现出不同的传输特性[28]。假设 ESS 的安全阈值为 E_a,它一般理解为设备所可以承受的最大场强,能量选择表面一般有三种工作状态,示意图如图 10-15 所示。

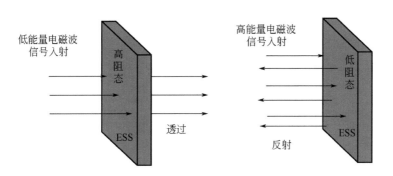

图 10-15 能量选择表面防护机理示意图

当低功率的工作信号入射时,由于空间场强较小,能量选择表面表现为高阻态,呈现透波特性,此时入射信号能够低损耗透过 ESS 继续传播,把电磁波通过时的衰减叫作插入损耗(Insertion Loss,IL);如果逐渐增大入射波的功率,空间电磁场强会逐渐增大,导致插入损耗也逐渐增大[29]。当空间场强增大到一定程度时,空间场强会接近安全阈值 E_a,此时入射电磁波一部分被反射,另一部分通过,这种状态称为过渡模式,传输衰减为插入损耗 IL;当高功率的电磁波入射时,能量选择表面感应出超过安全阈值 E_a 的强电磁场,材料的导电特性会突变为低阻态[30]。此时的 ESS 类似于理想金属,将屏蔽入射信号,使其通过时

发生极大的损耗，将入射信号通过能量选择表面所产生的损耗叫作屏蔽效能
（Shielding Efficiency，SE）。

从表层意义来看，阻抗特性决定着能量选择表面对于电磁波的传输产生何种
影响，而根本原因其实是结构表面的感应电流大小[31]。当电磁波入射到 ESS 结
构时，有些透过表面继续传播，有些被反射，剩余的能量被 ESS 吸收。由感应
定理可知，空间内入射场与散射场共同构成总场，如图 10-16 所示，假设入射信
号由+Z 方向垂直入射，那么 ESS 表面在 X 方向上的电子由于受到电场作用驱使
进行运动形成能量耗散，一部分能量转化为焦耳热被 ESS 所吸收，同时形成感
应电流朝-Z 方向辐射产生反射场，此时向+Z 方向传播的感应电流将与原入射场
叠加形成透射场。

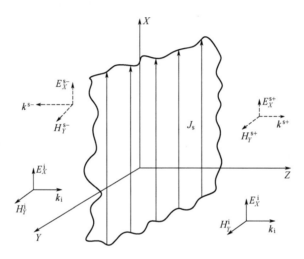

图 10-16 ESS 感应电流辐射场示意图

ESS 在入射电磁波功率很小的情况下表现为高阻态，只会产生很小的感应电流，
此时对入射电磁波表现为透射状态；随着入射波功率逐渐增大到某一值时，能量选
择表面的特性会发生变化，由高阻态突变为低阻态，此时将产生向+Z 方向传播的强
感应电流，由于透射场由感应电流与原入射场叠加形成，强的感应电流将导致总透
射场产生巨幅的衰减，使得 ESS 表现为隔离状态。

能量选择表面的一种典型结构为压控导电结构，主要由三部分组成，如图 10-17
所示，分别为离散的金属连线、基底介质以及导电单元中的 PIN 二极管。假设强电
磁信号的电场方向在垂直入射时与 ESS 结构中的金属连线平行，则连线的两头会产
生感应电压，处于相邻连线间的导电单元 PIN 二极管将被导通，整个 ESS 可以看作
是连通的整块金属网，对高功率入射波表现屏蔽作用；若入射电磁波功率降低，金

属连线两端的感应电压不足以导通 PIN 二极管，使其重新截止，整个 ESS 表现为透波状态[32]。结合上述工作机理，根据导通 ESS 中导电单元方式的不同，可将能量选择表面分为有源和无源两大类。有源 ESS 结构主要通过外加偏压来辅助导通导电单元，而无源类型的表面阻抗只根据空间内的电磁场改变。

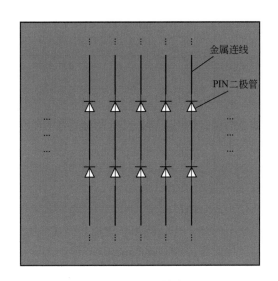

图 10-17　典型压控导电结构能量选择表面

　　根据上述分析可知，处于隔离模式下的 ESS 可等效为一个阻抗很低且容抗很高的金属表面结构，对强电磁入射信号具有良好的屏蔽作用；而处于透波模式下的 ESS 可看作是阻抗与感抗均很高的结构表面，对低功率的入射电磁波表现出良好的透波特性。因此，ESS 可以理解为一个作用于三维空间电磁波的具有能量选通特性的限幅器。

　　总而言之，频率选择防护表面相当于空间带通滤波器，能对通带外的高功率微波电磁脉冲起到防护的效果，但对通带内的高功率微波电磁脉冲则无能为力，可以很好地解决通带内的高功率微波电磁脉冲防护问题。如图 10-18 所示，当高功率微波电磁脉冲照射到能量选择表面时，表面上加载的半导体器件在强电场的作用下导通，改变原有的谐振频率，使其通带位置自动发生移动，让原通带变为阻带，反射强脉冲能量[33-35]；而当高场强消失后，半导体截止，谐振频率复原，实现能量选择。因此，能量选择表面对通带内相对较弱的工作信号可以自由通过，而当通带内的信号达到一定幅值后，就阻止其通过。

　　设计能量选择防护表面时需要考虑两个问题。一是防护启动场强固定，不能同时满足不同的工作需求。对收发共用情况，可能会被天线的辐射场强启动，影响天

419

图 10-18　加载能量选择表面的系统防护原理示意图

线正常信号辐射，甚至危及发射机的安全；而对于敏感设备要求防护场强较低时，防护表面可能起不到保护作用。解决方法是在半导体器件两端增加偏置电路[36]，调整导通电压。二是半导体器件附加电容偏大，使得能量选择防护表面在频率较高时难以实现。解决方法是使半导体器件与特殊结构的分布电容串联，降低单元的等效电容，从而提高防护表面的通带频率。

　　图 10-19 所示为研制的某能量选择防护表面的原理样片。通过仿真设计和验证测试，其主谐振频率为 3.6GHz，带内插入损耗为 0.76dB，1dB 带宽为 200MHz，在小场强条件下与普通频率选择表面功能相同，如图 10-20 所示。进一步采用高功率的微波脉冲场进行测量，当入射脉冲场强低于 300V/m 时，透射场强基本无变化；而当入射脉冲场强达到 700V/m 时，通带内的插入损耗增大至 12dB；当入射脉冲场强增大到 4000V/m 时，通带内的插入损耗增大至 18dB，可以有效抑制高功率微波电磁脉冲信号。

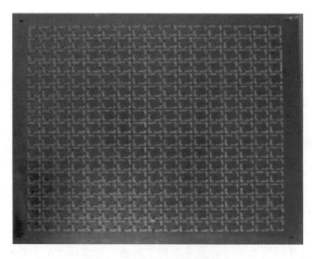

图 10-19　能量选择表面原理样件

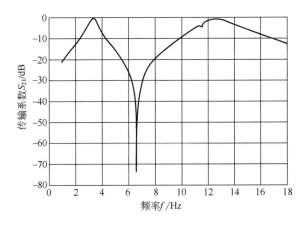

图 10-20　能量选择表面小信号下的传输特性

关于频率选择防护表面和能量选择防护表面均是基于带通特性的防护表面。事实上，具有低通或高通特性的频率选择表面也可以作为特定频率的电磁脉冲防护表面。"十"字形单元的频率选择表面具有低通高阻的滤波特性，它可以用于工作频率较低的接收天线，对较高频率的高功率微波具有较好的抑制效果。而将"十"字形单元的频率选择表面的各单元连接起来形成封闭的网格状表面时，则成为高通低阻的频率选择表面，允许较高频率的电磁波通过，较低频率的电磁波则无法通过，可以用于较高工作频率的微波接收天线，对频率较低的宽带电磁脉冲具有较好的防护作用。也可以借鉴能量选择防护表面的原理，在"十"字形单元的纵向或横向，或者两个方向的缝隙处用半导体器件连接。当照射场强较小时，频率选择表面呈现单元为"十"字形结构的低通高阻滤波器，正常的工作信号可以自由通过；当照射场强达到一定强度时，由于单元上的感应电压使半导体器件导通，使原先表现为"十"字形单元的低通高阻频率选择表面变为单元间连通的呈网格状的低阻高通频率选择表面，原来的通带变成了阻带，隔离高功率微波电磁脉冲信号；而当高功率微波电磁脉冲场消失后，"十"字形单元上的感应电压降低，半导体器件重新回到断开状态，防护表面又变成了低通高阻的"十"字形频率选择表面。

10.2.1.3　小结

限幅器、FSS 及 ESS 能够针对高功率微波前门耦合起到很好的防护作用，但实际使用中，也需考虑其他影响因素，并与其他技术配合使用。

10.2.2　后门防护技术

HPM 后门防护与传统电磁兼容防护处理方法十分相似，只不过需考虑微波频率及更高功率电平的特点。针对 HPM 后门耦合主要是经系统外壳扩散、孔洞缝隙穿透和穿透导体的传导三种模式，后门加固的一般考虑是：

① 对于具有金属外壳的系统，一般不考虑扩散，只考虑孔洞、缝隙和连接处的不良接触的处理。

② 对于非金属外表面的系统，首先考虑的是对其进行整体屏蔽。当然，在整体屏蔽设计过程中，也要考虑孔洞、缝隙耦合与导体穿入耦合的隔离问题。

10.2.2.1 非金属外壳系统的整体屏蔽

目前存在多种类型的复合材料，它们具有优良的力学性能，但从电磁性能来看可能属于不良导体（如石墨环氧结构）、有损耗电解质（如碳环氧结构）或者无损耗电解质。用这类材料做外壳的系统，首先要考虑为其增加整体电磁屏蔽，基本思路是对其外表面增加一层导电体。

（1）火焰喷涂与导电涂料

用火焰喷涂铝涂料或者用导电涂料涂刷复合材料表面使其附加一个导电层，可以提高这类材料的电磁屏蔽效能。例如，用镍和镍合金 EMI/RFI 涂料可以使频率 1GHz 以下微波衰减 50～70dB。这种方法的优点是简单有效；缺点是随着温度的变化，大结构上的导电膜可能出现裂缝，甚至剥落。

（2）嵌入金属网

用金属网作电磁屏蔽已经很久。金属网可以编织、编结或者用金属箔扩口而成。不同的频率要求的编织密度不同。用镀银不锈钢丝、镀铜不锈钢丝或钢丝制成的高密度编织网栅可以屏蔽 10GHz 以上的微波。金属导电网对垂直入射平面波的衰减可计算如下：

$$A_{dB} \approx 10\lg[c/(kf)]^2 \tag{10-1}$$

式中，f 为入射频率；c 为真空中光速；k 可表示为

$$k \approx 2s\ln\left[\frac{0.83}{1-e^{(-\pi d/s)}}\right] \tag{10-2}$$

式中，d 为金属线直径；s 为从中心到中心的金属线间距。

（3）为系统设计电磁屏蔽层

当上述措施仍不能满足系统防护要求时，应为系统设计电磁屏蔽层。对关键系统可以采用双层屏蔽。需要特别注意的是，如果系统由若干具有独立金属屏蔽盒的设备组成，并且这些盒子之间由金属导体连接，必须用周界良好连接的连接器件把各个金属盒连接到一起，使各个金属盒和连接器共同构成完整的屏蔽层。

10.2.2.2　孔洞与缝隙的处理

实际的屏蔽壳体都可能有孔洞、缝隙、接缝以及导体进出等不连续问题。实际屏蔽层的屏蔽效果，就取决于这些不连续问题的处理。

（1）通风口的处理

通风口的 HPM 防护处理可以用导电网栅屏蔽、低截止波导和蜂窝板等方法实现。

用导电良好的金属网栅把通风口覆盖起来，并且使用网栅周边与屏蔽层良好连接可以起电磁屏蔽作用。屏蔽效果取决于编织网栅的金属线的电导率、直径，也取决于编织线密度和入射 HPM 的波长。编织空隙大则屏蔽效果差，编织密度高则影响通风性能，需根据具体要求设计。

用截止波导可以阻止截止频率以下的电磁能量的进入。入射场的衰减取决于入射波的频率，也取决于波导的尺寸和形状。设计 100dB 衰减的低截止波导的经验法则是：

① 波导的最小长度 4 倍于孔洞的直径或特征尺寸。
② 波导口的最大允许尺寸为截止频率的波长除以 3.4。

蜂窝板是许多小金属管以蜂窝状结构形式进行电气连接（或焊接）而制成的。实际上，它是把网栅特征和低截止波导特性结合在一起的装置。和网栅相比，蜂窝板的优点是，同样的敞开面积屏蔽效果更好，同样屏蔽效果前提下，通风更好，且更不易损坏；缺点是体积大，造价高。

（2）窗口的处理

窗口以及像飞机座舱盖罩之类的防护处理必须保持其高透明度。防护办法是使用透明导电层或嵌入金属线网进行屏蔽。

透明导电层可以是金膜，厚 10^{-9}m 左右的金膜可使 100MHz～100GHz 的微波功率衰减约 20dB。此外，在金属膜对微波反射的基础上，使用一些液体（如水或50%水、50%乙烯二醇溶液）的饱和水凝胶聚合物，可把 20～40GHz 的微波衰减20～40dB。

在透明窗口材料中嵌入或粘贴金属线网也可以有效衰减微波。编织网用的金属丝直径为 0.001～0.0025in❶，密度为 100～150 孔/in。这样，100 孔的网栅可以保留 60%的通光面积。用铜镍合金丝加导电衬垫的屏蔽窗口可使 2～4GHz 的微波衰减约 40dB。

此外，还有其他一些方法，如用电子阀门，在 HPM 到达时关闭窗口，主要问题是关闭速度不够高，且失去光学透明；也可以在空腔内附加吸收电场和磁场的材

❶ 1in=25.4mm。

料，缺点是增加了体积和质量。

（3）缝隙的处理

缝隙是由于屏蔽体上的金属连接以及舱口与周边的连接而留下的。缝隙处理不好，对屏蔽效果影响很大。缝隙处理影响屏蔽效果的因素主要有：

① 连接材料的电性能。

② 连接结构的性质。

③ 接合处的接触压力。

④ 接合处年久引起的腐蚀的影响。

⑤ 所用衬垫的影响。

对于永久性缝隙的处理，焊接比螺栓连接或铆接能提供更好的屏蔽效果。如果需要使用铆钉和螺栓连接，需注意铆钉和螺栓的间距，相配合两接触面之间的压力大小以及相配板之间的折叠长度，这些因素会影响屏蔽效果。

对于暂时性缝隙的处理，通常在接触面之间使用低阻抗导电衬垫。用导电衬垫时，需注意法兰盘表面电阻、衬垫与法兰盘的配合、衬垫的压力和衬垫的电导率等影响因素。此外，应特别注意以上因素随时间变化和化学腐蚀带来的影响。

10.2.2.3　穿透导体的防护技术

在 HPM 环境下，穿透系统屏蔽壳体的导体接收的电信号可以沿导体直接传递到系统内部组件上。因此，穿透导体在进入屏蔽体之前必须进行加固处理。穿透导体的防护技术包括使用滤波器，进行合理的接地，以及把作为正常信号载体的导体代之以非导体的光纤。

（1）滤波技术

超宽带电磁脉冲的后门耦合信号会沿线缆传导，抑制这种传导常用的手段为滤波。对于干扰源发出的电磁频谱一般比工作频率要宽，使用滤波器可以限制端接的电子系统输入带宽，以抑制带外频谱能量进入电子系统，从而提高了电子系统的抗干扰能力。

滤波器对输入端口的能量处理特性分为反射型滤波和吸收型滤波等。反射型滤波器，多数情况是由无损耗的电抗元件（如电容、电感）构成的，保证通频带内的插入损耗足够小，使得输入端的工作频率能量经过滤波器的损耗足够小。在阻带内滤波器呈现阻抗失配的状态，阻带内的能量因端口失配而大部分反射回信号源处。低频段大多数场合使用的滤波器均为普通 LC 集总元件滤波器，这类滤波器属于反射型滤波器。

吸收型滤波器的滤波电路中使用了有耗元件，使得不需要的频谱能量在滤波器的电路中转化为热能消耗掉，进而达到滤波效果。常见的吸收型滤波器一般含有铁氧体材料，如磁环。滤波器根据对输入端频率选择的特性可分为常见的 4 种类型，即高通滤波器、低通滤波器、带通滤波器、带阻滤波器。这些滤波器根据需求设置一个或多个截止频率，在截止频率的两侧呈现出导通状态和截止状态两种不同的特性。

（2）接地技术

接地技术就是设备、分系统或系统要安全接地，接地技术不仅是保护设施和人身安全的必要手段，也是控制电磁脉冲干扰、提高设备可靠性的重要技术措施。接地原指与真正的大地连接以提供放电的通路，如避雷针的一端埋入大地，后来成为为电气设备和电力设施提供漏电保护的放电通路的技术措施。现在接地的含义早已延伸，它一般指连接到一个座位参考电位点（或面）的良导体的技术行为。其中的"地"不一定为实际的大地，而是泛指电路和系统的某部分金属导电板线。它可以作为系统中各电路任何电信号的公共电位参考点，理想的接地导体是一个零电阻的实体，任何电流在接地导体中流过都不应该产生压降，各接地点之间不应该存在电位差。

通常电路和用电设备的接地按其功能分成两大类：安全接地和信号接地。安全接地就是采用低阻抗的导体将用电设备的外壳连接到大地上，使操作使用人员不致因设备外壳漏电或故障放电而发生触电危险。信号接地就是在系统和设备中，采用低阻抗的导线（或地平面）为各种电路提供具有共同参考电位的信号返回通路，使流经该地线的各电路信号电流互不影响。

以下介绍几种典型的信号接地方式。

① 浮地（图 10-21）。浮地式即该电路的地与大地无导体连接。其优点是该电路不受大地电性能的影响；缺点是该电路易受寄生电容的影响，从而使该电路的地电位变动，同时增加了对模拟电路的感应干扰。由于该电路的地与大地无导体连接，易产生静电积累而导致静电放电，可能造成静电击穿或强烈的干扰。因此，浮地的效果不仅取决于浮地的绝缘电阻的大小，而且取决于寄生电容的大小和信号的频率。

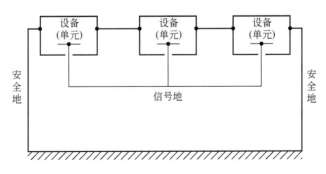

图 10-21　浮地

② 单点接地（图 10-22）。单点接地仅适用于工作频率低于 1MHz 的设备，将整个电路系统看作一个参考点，设备的所有接地都接到这一电上，且只安装了一个安全接地螺栓。单点接地的优点在于能够有效地防止多电路单元串联产生的阻抗的电路性耦合，同时单点接地在防止工频和其他杂散电流在信号线上产生干扰、信号地线应与功率地线和机壳地线相绝缘等方面有着广泛的应用。单点节的局限性在于，只有在功率地、机壳地和接往大地的接地线的安全接螺栓上相连。

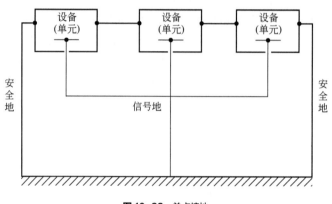

图 10-22　单点接地

③ 多点接地（图 10-23）。工作频率高（>30MHz）的采用多点接地式（即在该电路系统中用一块接地平板代替电路中每部分各自的地回路）。因为接地引线的感抗与频率和长度成正比，工作频率高时将增加共地阻抗，从而将增大共地阻抗产生的电磁干扰，所以要求地线的长度尽量短。

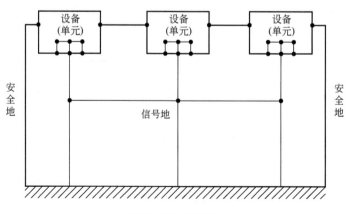

图 10-23　多点接地

④ 混合接地（图 10-24）。工作频率介于 1～30MHz 的电路采用混合接地式。当接地线的长度小于工作信号波长的 1/20 时，采用单点接地式，否则采用多点接地式。为防止各种电路在工作中产生互相干扰，使之能相互兼容地工作，根据电路的性质，将工作接地分为不同的种类，如直流地、交流地、数字地、模拟地、信号地、功率地、电源地等。

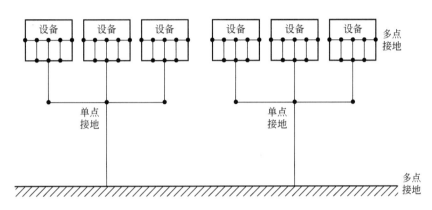

图 10-24 混合接地

总而言之，为了设备和人身的安全，以及电力电子设备正常可靠地工作，必须研究接地技术。接地可直接接在大地上，或者接在一个作为参考电位的导体上。不合理的接地反而会引入电磁干扰，导致电力电子设备工作不正常。因此，接地技术是高功率微波防护中的重要技术之一，应当充分重视对该技术的研究。

（3）光纤传输

光纤传输线不导电，不会像穿透导体那样把自身感生的 HPM 信号传递到系统内部。光纤进入屏蔽层的小孔，可以用波导低截止器件等方法处理。这样，就出现了光纤发射机和光纤接收机。HPM 信号主要通过光纤设备的金属接插件进入系统。采用塑料接插件或者用屏蔽电缆与接插件组合，可以提高设备抗 HPM 能力。但光纤传输也需考虑：一是光纤机械强度差，需要保护；二是光纤对强辐射比较敏感；三是在光纤中传输的是光信号，需要对电信号进行电光转换，而实现这一转换的电子电路又有 HPM 加固问题。

10.2.2.4 小结

许多用于 EMI、EMC 和 EMP 环境下的防护技术，如屏蔽、滤波，也适用于 HPM 后门防护。但在微波频段，这些技术的具体应用需认真考虑。几种后门防护技术对 HPM 典型衰减效果如表 10-1 所示。

表 10-1　后门防护技术带来的典型衰减[4]

后门防护技术			微波频率下的典型衰减/dB
阻止扩散耦合		实心金属壁	＞100
		火焰喷涂与导电覆盖层	50～60
		复合材料	20～40
		导电纤维	20～50
		嵌入金属网栅	20～60
		金属板条与金属涂层	10～30
电缆	带周边的终端	单屏蔽同轴线缆	40～50
		双屏蔽同轴线缆	60～90
		三重屏蔽同轴线缆	70～110
	引线终端	单屏蔽同轴	0～10
		缠绕屏蔽对	0～20
阻止孔洞耦合		金属线网栅屏蔽	20～60
		低截止波导与蜂窝状板	0～100
		透明电涂层	20～40
缝隙与开口		焊接与黏接	＞100
		密封衬垫	15～25
阻止穿透导体的耦合		滤波器	0～60
		光纤	—

　　在具体的防护设计中，将会综合使用以上方法。除此之外，还有一些其他方法可以有效减少 HPM 的伤害，如尽量减少设备表面的孔缝，对设备内部的线路进行合理布局，尽量减少线缆的长度以减少耦合，设备摆放位置合理，设计分机、整机时符合电磁兼容标准以及考虑好分机之间的相互影响。

10.3　高功率微波告警技术

　　航天五院西安分院提出的高功率微波告警技术是一种基于空间微波探测、信号模式识别及通道眼睑技术的防护技术。系统由宽带天线、检波模块、采集模块及判定模块组成，如图 10-25 所示，实物模型如图 10-26 所示。工作时，系统接收空间电磁信号，通过威胁识别比对，进而判定来波是否为高功率微波信号。如图 10-27 所示，若为高功率微波威胁，则快速转动威胁波主瓣所覆盖卫星的天线，进行天线主动规避，同时控制机构控制通道开关闭合，阻塞波导传输结构，确保卫星接收链路安全；若不是高功率微波威胁，则不采取动作。

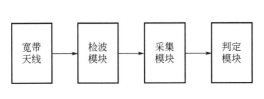

图 10-25　告警系统组成框图　　　　　图 10-26　告警系统实物

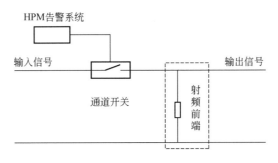

图 10-27　防护示意图

针对 HPM 信号特征，高功率微波告警系统具备以下显著特点：

① 防护阈值高。告警系统需要在高功率微波辐照环境下保证正常工作，首先自身应具备优异的电磁防护能力，保证系统在大功率辐照条件下可正常开展接收、判定等系统业务。

② 工作频带宽。非合作的高功率微波信号频谱未知，可能分布在 L～Ka 任一频段。因此，告警系统需具备相当的工作带宽才能起到接收、预警的功能。

③ 响应时间快。高功率微波信号一般上升前沿陡峭，为 ns 量级。所以，告警系统需具备更快的工作响应时间，才能对信号进行无畸变还原，从而进入后方的判定模块进行威胁分析。

通道开关的基本要求有：①在电子系统处于正常工作状态时，高速射频开关接通，当处于干扰保护状态时，开关断开；②控制阻断响应时间应尽可能少；③高速射频开关插入损耗要足够小；④高速射频开关的功耗及体积足够小。

目前，国内在告警技术研究方面，除了航天五院西安分院开展了系列研究外，其他单位暂无相关报道。

　　国外公开报道的高功率微波告警系统以美国的卫星威胁告警与攻击报告（STW/AR）系统和"快速攻击、识别、探测与报告系统"（RAIDRS）为代表[37]。1999年，美国空军开始研究卫星威胁告警与攻击报告（STW/AR）系统。这种系统将安装在军用、民用系统上，用以探测和识别对美国及其盟国的航天器有威胁的射频和激光干扰，并将这种干扰的特征报告给地面工作站，工作站的专家将根据此情况信息推断这种干扰对其通信、导航、导弹告警或监视等任务会产生什么影响，而且能预测哪些性能会降低。该计划的主要星载敏感器是激光敏感器（2kg）和射频敏感器（<2.3kg）。STW/AR 射频敏感器试验将在 MightysatⅡ.2 试验卫星上进行，名称是微型卫星威胁报告系统（MSTRS）。由几个地基卫星跟踪雷达作为射频干扰源参与 STW/AR 载荷试验。发展这项计划的原因是，美军认为今后反卫星技术将在世界范围内有较快发展，美国的卫星将会受到别国的地基雷达、射频干扰机的干扰或毁坏，因此必须采取防护措施，使美国的卫星"难以发现""难以击中""难以消灭"。

　　综上所述，高功率微波告警技术是一种更加积极、主动、有效的防护手段，未来必将从理论设计走向实际应用。

10.4　高功率微波防护技术发展趋势

　　（1）加强电子设备电磁环境效应机理研究，发展综合防护技术

　　针对强电磁脉冲在电子设备内耦合、传递的途径，确定电磁场对系统的损伤机理和作用规律，结合装备的重要性和生存需要，采用拓扑考虑中的整体防护、分布防护，从器件、电路、分系统、系统层次分别采取全方位综合防护技术成为发展趋势。

　　（2）建立多源、大动态范围的电磁环境防护仿真分析模型，建立基于系统工程理论的多易损对象、多损伤机理的系统防护方法

　　建立射频模块的非线性大信号等效电路模型，开展不同电场强度的数值仿真试验、半实物/实物电磁环境效应试验，从元件布局、材料选型、工艺改进多方面增强射频电路的抗毁伤性能。基于场路耦合理论、孔缝耦合理论以及空间电磁场传播理论，重点研究电子设备的电磁防护仿真分析方法，编写强电磁环境防护能力电磁仿真预测分析软件，构建强电磁环境防护能力电磁仿真平台，具备分析计算电子设备电磁能量分布及易损对象的防护效果的能力。

　　（3）探索强电磁防护新原理、新概念、新方法

　　重点探索电子元器件的电磁脉冲防护新技术、新工艺，通过应用新型半导体材料、综合集成多模式半导体防护技术，可以为电磁防护设计提供理论和技术支撑。

10.5 小结

HPM 防护是个系统级的问题，防护设计必须集成到整个系统的设计之中，与系统完成使命和成本目标相协调。此外，HPM 防护还要在系统质量、尺寸、功率消耗和成本费用等因素之间进行优化选择。对于使命重要性不同的系统，防护程度和防护方法也不应相同。高功率微波防护的目的是在不对系统性能造成不良影响的条件下，降低电子系统对强电磁环境的敏感度。防护技术的核心是降低外部高功率微波信号耦合到敏感组件或器件的能力，需从系统设计角度出发，进行折中选取。

参考文献

[1] Benford J，Swegle J A. High-Power Microwaves [M]. Norwood，Mass：Artech House，1992.

[2] Barker R J，Schamiloglu E. 高功率微波源与技术 [M].《高功率微波源与技术》翻译组，译. 北京：清华大学出版社，2005.

[3] 周传明，刘国治，刘永贵，等. 高功率微波源 [M]. 北京：原子能出版社，2007.

[4] 王泰春，贺云汉，王玉芝. 电磁脉冲导论 [M]. 北京：国防工业出版社，2010.

[5] 方进勇，刘国治，乔登江. 集成电路高功率微波效应手册专辑 [J]. 抗核加固，2002，19（2）：1-166.

[6] 孟凡宝. 高功率超宽带电磁脉冲技术 [M]. 北京：国防工业出版社，2010.

[7] 周壁华，陈彬. 电磁脉冲及其工程防护 [M]. 2 版. 北京：国防工业出版社，2019.

[8] 清华大学《微带电路》编写组. 微带电路 [M]. 北京：人民邮电出版社，1976.

[9] Brown N J. Design concepts for high-power PIN diode limiting [J]. IEEE Transactions on Microwave Theory and Techniques，1967，15（12）：732-742.

[10] Tan R J，Ward A L，Garver R V，et al. PIN diode limiter spike leakage，recovery time，and damage [J]. IEEE MTT-S Digest，1988：275-278.

[11] Ward A L，Tan R J，Kaul R，et al. Spike leakage of thin Si PIN limiters [J]. IEEE Transactions on Microwave Theory and Techniques，1994，42（10）：1879-1885.

[12] Gatard E，Sommet R，Bouysses P，et al. High Power S Band Limiter Simulation with a Physics-Based Accurate Nonlinear PIN Diode Model [C]. Proceedings of the 2nd European Microwave Integrated Circuits Conference，Munich，2007.

[13] Koreyasu M，Takashima T，Kashiwa T，et al. X-band PIN Diode Limiter with Low Spike Leakage Performances using Re-entrant Coaxial Cavity [C]. Proceedings of the 38th European Microwave Conference，Amsterdam，2008.

[14] Yang S S，Kim T Y，Kong D K，et al. A novel analysis of a Ku-Band planar PIN diode limiter [J]. IEEE Transactions on Microwave Theory and Techniques，2009，57（6）：1447-1460.

[15] 殷连生，顾颖言. 高功率低损耗限幅器的设计 [C]. 1991 年全国微波会议论文集，

咸阳，1991.

[16] 马恒泰. S 波段微带平衡式无源限幅器 [C]. 1991 年全国微波会议论文集，咸阳，
       1991.

[17] 顾晓春，徐进. 低泄漏限幅器的研究 [J]. 半导体情报，2000，37（3）：52-54.

[18] 顾晓春. X 波段小型化无源限幅器的研究 [J]. 现代雷达，2005，27（8）：59-61.

[19] 任文贵. X 波段波导高功率限幅器的研制 [C]. 2004 年全国第十届微波集成电路
       与移动通信学术年会论文集，昆明，2004.

[20] 陈曦，杜正伟，龚克. 脉冲宽度对 PIN 限幅器微波脉冲热效应的影响 [J]. 强激
       光与粒子束，2010，22（7）：1603-1606.

[21] 周敏，郭庆功，黄卡玛. PIN 限幅二极管结温对尖峰泄漏的影响 [J]. 强激光与
       粒子束，2008，20（2）：277-280.

[22] Munk B. Frequency selective surfaces：Theory and design [J]. IEEE Signal Processing
       Magazine，2002，18（1）：94-94.

[23] Yang H Y，Gong S X，Zhang P F，et al. A novel miniaturized frequency selective surface
       with excellent center frequency stability [J]. Microwave and Optical Technology
       Letters，2009，51（10）：2513-2516.

[24] Yang G H，Zhang T，Li W L，et al. A novel stable miniaturized frequency selective
       surface [J]. IEEE Antennas and Wireless Propagation Letters，2010，9：1018-1021.

[25] Li W，Zhang T，Yang G，et al. A novel frequency selective surface with improved
       miniaturization performance [J]. Journal of Electromagnetic Analysis and
       Applications，2012，4（3）：108-111.

[26] 刘晨曦. 能量选择表面设计与仿真 [D]. 长沙：国防科学技术大学，2015.

[27] 张龙，魏光辉，胡小锋，等. 能量选择表面材料防护性能研究 [J]. 北京理工大
       学学报，2013，33（11）：1165-1170.

[28] Zhou Q，Liu P，Liu C，et al. A dual-band energy selective surface with hexagonal spiral
       structure [C]. Asia-pacific International Symposium on Electromagnetic Compati-
       bility，2016.

[29] Yan S，Greenwood A D，Jin J M. Nonlinear modeling of plasma shielding effect during
       high-power microwave breakdown [C]. IEEE International Symposium on Antennas and
       Propagation & Usnc/ursi National Radio Science Meeting，2016：627-628.

[30] 刘翰青，刘培国，王轲，等. 一种基于二氧化钒的新型能量选择表面 [J]. 微波
       学报，2016，32（S2）：533-536.

[31] 周鹏. 基于接收机高功率微波防护的 ESS 技术研究 [D]. 西安：西安电子科技大
       学，2018.

[32] 吴欢成，胡进光，钟龙权，等. 电磁能量选择表面的场路协同仿真与实验研究 [J]. 强
       激光与粒子束，2017，29（9）：105-109.

[33] Parker E A，Savia S B. Active frequency selective surface with ferroelectric substrates
       [J]. IEEE Proceeding-Microwave，Antenna and Propagation，2001，148（2）：103-108.

[34] Chang T K，Langley R J，Parker E A. Active frequency-selective surface [J]. IEEE

Proceedings-Microwave，Antenna and Propagation，1996，143（1）：62-66.

［35］Deng F. Design of a new kind active frequency selective surface（FSS）［C］. Procee-dings of 2013 IEEE 5th International Symposium on Microwave，Antenna and Propagation and EMC Technologies for Wireless Communications，Chengdu，2013：332-334.

［36］杨成，黄贤俊，刘培国. 基于压控导电结构的能量选择表面防护机理和仿真实验研究［J］. 中国舰船研究，2012，7（3）：98-103.

［37］周宇昌. 国外空间电子对抗技术发展［J］. 空间电子技术，2015（1）：11-16.

433

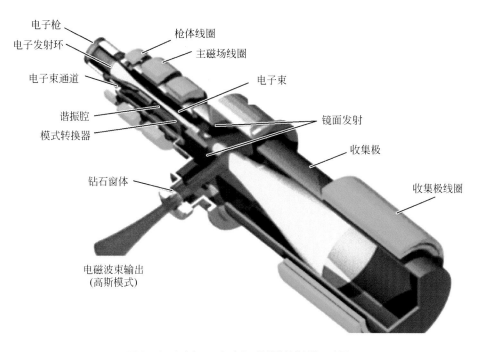

图 2-52　高功率 MW 级功率回旋管的总体结构示意图

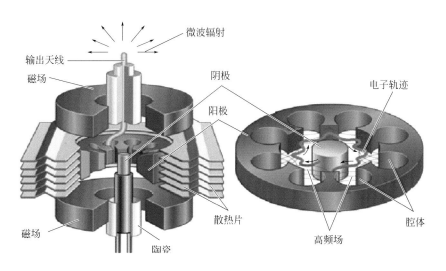

图 2-65　磁控管基本结构

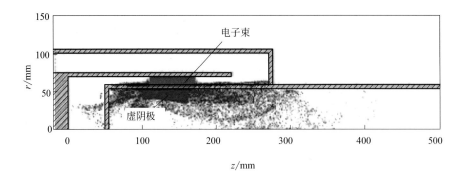

图 2-73　反馈型同轴虚阴极振荡数值计算结构

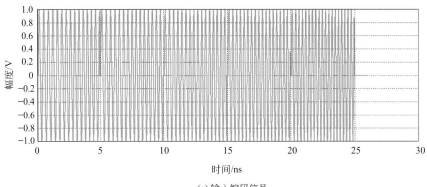

(a) 输入编码信号

(b) 编码压缩后输出信号(蓝色所示)

图 4-55　单一路径条件下电磁波速度调制的脉冲压缩仿真结果（5ns）

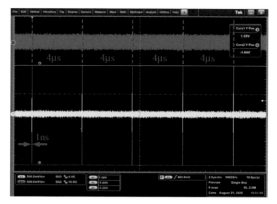

(a) 4μs长脉冲压缩后的1ns脉冲压缩信号

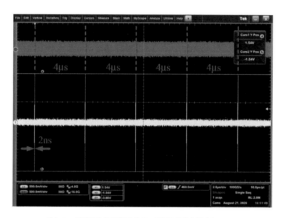

(b) 4μs长脉冲压缩后的2ns脉冲压缩信号

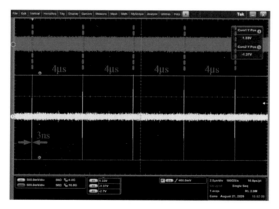

(c) 4μs长脉冲压缩后的3ns脉冲压缩信号

图4-61　4μs长脉冲不同脉宽的压缩信号

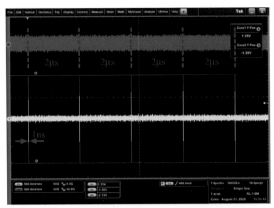

(a) 重频500kHz、脉宽1ns的压缩波形

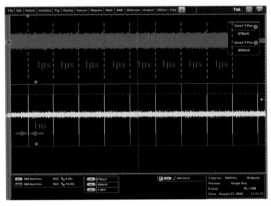

(b) 重频1MHz、脉宽1ns的压缩波形

图4-62 不同重频下脉宽 1ns 的脉冲压缩信号

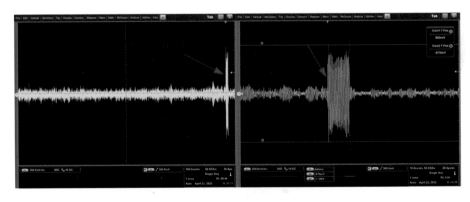

图4-67 利用路径编码脉冲压缩系统获取的 GW 级高功率微波脉冲波形